C000150343

1 MONTH OF
FREE
READING

at

www.ForgottenBooks.com

By purchasing this book you are eligible for one month membership to ForgottenBooks.com, giving you unlimited access to our entire collection of over 1,000,000 titles via our web site and mobile apps.

To claim your free month visit:

www.forgottenbooks.com/free716221

ISBN 978-0-666-37975-7
PIBN 10716221

For support please visit www.forgottenbooks.com

JOURNAL
für
ORNITHOLOGIE.

DEUTSCHES CENTRALORGAN
für die
gesammte Ornithologie.

In Verbindung mit der

Allgemeinen Deutschen Ornithologischen Gesellschaft zu Berlin

mit Beiträgen von

Dr. G. Hartlaub, Geh.-R. Prof. Dr. Altum, Dr. Ant. Reichenow, Hans Graf v. Berlepsch, Herm. Schalow, Hof-R. Dr. A. B. Meyer, Dr. Emin Pascha, Paul Matschie, W. Hartwig, Prof. Dr. A. König, Herm. Bünger, Dr. Ernst Schäff, Hof-R. Prof. Dr. Max Fürbringer, Prof. Dr. J. Frenzel, Dr. Kurt Floericke, Rechts-Anw. Kollibay, K. Junghans, Prem.-Lieut. v. Winterfeld, E. Peters, K. G. Hanke, Otto Kleinschmidt, J. Sjöstedt, St. Alessi, Herm. Albarda, Hptm. Krüger-Velthusen und anderen Ornithologen des In- und Auslandes,

herausgegeben

von

Prof. Dr. Jean Cabanis,

Erster Custos a. D. der Königl. Zoologischen Sammlung des Museums für Naturkunde der Friedrich-Wilhelms-Universität zu Berlin.

XLI. Jahrgang.
Vierte Folge, 21. (Schluss-)Band.

Mit 2 bunten Tafeln und 1 Karte.

Leipzig, 1893.
Verlag von L. A. Kittler.

LONDON,	PARIS,	NEW-YORK,
Williams & Norgate. 14. Henrietta Street, Coventgarden.	A. Franck, rue Richelieu, 67.	B. Westermann & Co. 524 Broadway.

Preis des Jahrganges (4 Hefte mit Abbildungen) 20 Rmk. praen.

„Wie die Säule des Lichts auf des Baches Welle sich spiegelt,
Hell wie von eigener Glut flammt der vergoldete Saum,
Aber die Well' entführet der Strom, durch die glänzende Strasse
Drängt eine andre sich schon, schnell wie die erste zu fliehn.
So beleuchtet der Würden Glanz den sterblichen Menschen,
Nicht Er selbst, nur der Ort, den er durchwandelte, glänzt."

Schiller.

Inhalt des XLI. Jahrganges. (1893.)

Vierte Folge. 21. Band.

I. Heft, No. 201, Januar.

II. Heft, No. 202, April.

III. und IV. Heft, No. 203 u. 204, Juli u. October.

General-Index zum Journal für Ornithologie, Jahrgang 1868—1893. Pag. 1—296.

Tafeln des Jahrganges.

Tafel I:

     Saxicola moesta Licht. ♂ juv. (Tunis) Siehe Seite 16.

Tafel II:

     Fig. 1. *Rhamphocoris Clot-Bey* Bp. juv. (Tunis). Siehe Seite 46.

     Fig. 2.   „   „ ♂ ad vere (Tunis).

Karte von Tunis.

JOURNAL
für
ORNITHOLOGIE.
Einundvierzigster Jahrgang.

№ 201.	Januar.	1893.

Nachtrag
zu meinen beiden Arbeiten über die
Vögel Madeiras.
Von
W. Hartwig.

Während ich 1886 in meiner Arbeit „Die Vögel Madeiras"
in „Cab. Journ. für Ornith.", XXXIV. Jahrg. Nr. 174 die Zahl der
bis dahin auf Madeira beobachteten Vögel auf 103 Species, im
Jahre 1891 aber in einer Arbeit über dasselbe Thema in der
„Ornis" von 1891 schon anf 116 Arten angeben konnte, kann ich
heute (1892) in diesem Nachtrage zu meinen beiden vorhin genannten Arbeiten dieselben bereits auf **121 Arten** beziffern. Im
Laufe des Jahres erhielt ich nämlich die Bälge mehrerer für Madeira neuer Vögel aus Funchal zugeschickt; es waren dies *Ple-*
gadis falcinellus (Lin.), *Phalaropus fulicarius* (Lin.), *Charadrius*
squatarola (Lin.) und *Stercorarius pomarinus* Temm.

Ausserdem wurde ich durch einen Brief des Herrn
J. V. Barboza du Bocage in Lissabon an Herrn Padre Ernesto
Schmitz in Funchal darauf aufmerksam gemacht, dass *Corvus*
ruficollis möglicherweise auf Madeira vorkäme; dies fand ich
auch insofern bestätigt, als Cassin in „U. St. Expl. Exped." ein
bei Funchal gesammeltes Stück dieser Rabenkrähe beschreibt.
Sylvia conspicillata Marm. scheidet als „Irrgast" aus und ist in
Zukunft zweifellos als Brutvogel Madeiras aufzuführen, da ich in

dem laufenden Jahre Ei und Balg dieser Grasmücke von dort her erhielt.

Nach diesen Auslassungen führe ich nun zunächst die für Madeira neu hinzukommenden fünf Species auf, um daran weitere Mittheilungen über einige uns schon als Madeira-Vögel bekannte Arten zu reiben.

I. Ueber die für Madeira neuen Arten.

117. *Corvus ruficollis* Less., Rothhalsige Rabenkrähe. Unzweifelhaft ist diese Krähe auf Madeira gesammelt worden. John Cassin berichtet dies in „U. St. Explor. Expd.," Mamm. and Ornith. p. 118 mit folgenden Worten Mr. Peale's: „The specimen from which our description is taken, was shot within a short distance of the City of Funchal, in the Island of Madeira, in the month of September. It was not uncommon, but we were not so fortunate as to obtain a male." Die Beschreibung dieses Stückes befindet sich auf Seite 116 des genannten Werkes und die Abbildung in dem dazugehörigen Atlas, Plate V.

Dies bei Funchal erlegte Stück (♀) ist gegenwärtig, naeh Cassin, im Nat. Mus. Washington City aufgestellt.

Corvus ruficollis Less. ist auf Madeira sicher nur Irrgast, nicht Brutvogel. Es ist nicht ausgeschlossen, dass diese Art von früheren Sammlern mit *Corvus corone* Lin., die ich in meinen beiden Arbeiten nur auf die Autorität E. V. Harcourt's hin als in Madeira beobachtet angab, verwechselt worden ist.

Auf *Corvus corax* Lin., *Corvus tingitanus* Irby, *Corvus corone* Lin. und *Corvus ruficollis* Less. ist von jedem in Zukunft auf Madeira sammelnden Ornithologen sorgsam zu achten, bez. darauf, welche von diesen Arten als Irrgäste daselbst hin und wieder erscheinen. Die alten Angaben genügen diesbezüglich durchaus nicht, nur die Cassin's, in Bezug auf *Corvus ruficollis* Less., scheint mir zuverlässig zu sein.

*118. *Plegadis falcinellus* (Lin.), Sichler, Brauner Ibis. Bei Machico, an der Südost-Küste Madeiras, wurde am 24. September d. J. ein ♀ durch Herrn Pfarrer Pontes, der an dem genannten Orte sehr eifrig sammelt, erlegt. Ich erhielt diesen Balg im October zum Bestimmen zugeschickt.

*119. *Phalaropus fulicarius* (Lin.) = *Phal. platyrhynchus* Temm., Breitschnäbeliger Wassertreter. Ein Weibchen dieser Species wurde am 16. October 1891 ganz an der Ostspitze Madeiras, bei Ponta S. Lourenço, erlegt. Ich erhielt das Stück zum Bestimmen zugeschickt; es war ein alter Vogel, selbstverständlich im Winterkleide. Laut Anhängezettel maass der Vogel 23 cm und wog 50 gr. Schnabel schwarz; Tarsus hellgrau.

120. *Charadrius squatarola* (Lin.), Kiebitzregenpfeifer. Im August 1892 erhielt Herr Wilh. Schlüter in Halle (Saale) ein ♀ dieser Species zum Ausstopfen aus Madeira zugeschickt; es trug noch, nach briefl. Mittheilung des Herrn Schlüter, das Sommerkleid.

*121. *Stercorarius pomarinus.* (Siehe Seite 12.)

II. Neue Mittheilungen über einige Brutvögel der Inselgruppe.

Die laufenden Nummern der nun folgenden Arten sind dieselben, wie die in meiner letzten Arbeit über die Madeira-Vögel („Ornis" 1891).

1. *Upupa epops* Lin. Der Wiedehopf wurde 1892 wieder in mehreren Stücken erlegt, bez. lebend gefangen.

2. *Micropus pallidus* (Shelley). Die fahle Thurmschwalbe ist der Madeira-Vogel, nicht *Micropus apus* (Lin.). Das ♂ dieser Art hat den weisslichen Kehlfleck grösser und etwas heller als das ♀; beide Geschlechter sind daher, wenn gleichalterig, daran nicht allzuschwer zu unterscheiden.

Der eine Vogel ist mehr, der andere weniger fahl; je nach dem Alter.

3. *Micropus unicolor* (Jard.). Die einfarbige Thurmschwalbe variirt recht bedeutend in Bezug auf Farbe. Von dem Dutzend Bälgen, welches ich allmählich aus Madeira erhielt, glich keiner vollständig dem andern. Es waren darunter tief dunkle, sowie auch ziemlich fahle; jedoch alle ohne Ausnahme besassen oben den grünlichen Metallschimmer. Die Kehle ist bei diesem Vogel mehr, bei jenem weniger weisslich. Die Federn an Brust und Bauch sind bald mit breiteren, bald mit schmaleren weissgrauen Kanten versehen.

Das einzige Ei nebst Nest, welches ich bis jetzt erlangen konnte, beschrieb ich in der „Ornis" von 1891. Um mich nicht zu wiederholen, unterlasse ich es an diesem Orte. Doch füge ich der dortigen Beschreibung hier noch hinzu, dass es ganz die Form desjenigen von *Micropus apus* (Lin.) hat; nur ist es, selbstverständlich, kleiner.

Nest und Ei gingen in den Besitz des Herrn Dr. A. Koenig in Bonn über.

4. *Serinus canarius* (Lin.). Vom Kanarienwildling erhielt ich 1892 einen Balg (♂), welcher am 10/12. 91 bei Funchal gesammelt worden war. Er hat bedeutend mehr gelb als der typ. Canario, ist aber nach Schnabelform durchaus ein Canario. Die unteren Schwanzdecken sind einfarbig-citronengelb, während sie beim typ. Canario weissgrau, mit schwarzen Schaftflecken versehen, sind. Die Kanten an den Fahnen der Schwanzfedern sind ebenfalls citronengelb, die Fahnen der Schwanzfedern selber unten gelblich überflogen, während die Kanten der Schwanzfedern des typ. Canario weissgrau, die Fahnen der Schwanzfedern desselben aber unten grauschwarz sind. Ich möchte den Vogel für eine Kreuzung zwischen *Serinus canarius* und einer anderen nahe stehenden Species halten; diese letztere könnte dann nur ein entschlüpfter Käfigvogel gewesen sein. Sehr grosse Aehnlichkeit hat dieser Bastard mit einem solchen von *Chrysomitris citrinella* (Lin.) × *Serinus canarius* (Lin.), wie ihn unser Mus. für Naturk. besitzt, und welchen ich durch die liebenswürdigen Bemühungen des Herrn Dr. Reichenow, dem ich dafür hier meinen besten Dank ausspreche, mit meinem Stücke vergleichen konnte. Doch ist die Verbastardirung zwischen den genannten beiden Arten ausgeschlossen, da *Chrysomitris citrinella* weder im Freien, noch auch als Käfigvogel auf Madeira vorkommt.

Ist der Balg dennoch nicht der eines Bastardes, so kann er nur eine individuelle Variation sein.

7. *Fringilla madeirensis* Sharpe. Vom Madeirafinken erhielt ich im Herbst 1891 den Balg eines noch nicht ganz flüggen Jungen (♂); dieses war am 20. Juli 1891 dem Neste entnommen worden, und zwar bei Porto da Cruz an der Nordost-Küste der Insel.

Da ich selber den Madeirafinken im Jahre 1886 in den ersten Apriltagen schon brütend fand, in den Jahren 1889 und 90 aber Eier, die Anfangs Juni gesammelt worden waren, erhielt, so dürfte die Brutzeit des Vogels, je nach der Höhenlage, reichlich 3 Monate, nämlich vom April bis in den Juli hinein, dauern.

10. *Anthus bertheloti* Bolle. Der „Correcaminho" ist, laut Mittheilung des Herrn Constantino Cabral, sehr häufig auf den Selvagens.

Im Späthherbste d. J. 1891 erhielt ich abermals Bälge dieses Piepers aus Madeira.

11. *Regulus madeirensis* Harc. Der „Bisbis" steigt mitunter bis zum Meeresufer hinab. So wurde z. B. am 23/12. 91 in Machico ein lebendes Stück (♂ ad.) des Vogels gefangen und Herrn Pfarrer Pontes daselbst übergeben.

15. *Strix flammea* Lin. Im Herbste 1891 erhielt ich wieder verschiedene Bälge der Schleiereule, darunter ein Dunenjunges; dieses war am 28. Juli 91 bei S. Gonçalo, ein paar Kilometer östlich von Funchal, dem Neste entnommen worden. Ein Balg aus S. Martinho, 1 Kilom. westlich von Funchal, welchen ich im April 1892 erhielt, war von auffallend heller Färbung: die Brust fast weiss, mit zartem Rostgelb überflogen; die Perlflecke darauf nur in geringer Zahl vorhanden.

20. *Columba trocaz* Hein. Ueber die Madeirataube kann ich neue Mittheilungen hauptsächlich nur nach Angaben des Herrn Ernesto Schmitz machen.

Das einzige bis jetzt genauer untersuchte Nest dieser Taube befand sich auf einem Wachsbeerenbaume (*Myrica faya* Ait.), in einer Höhe von 9 Metern auf der Gabelung eines Astes lose aufsitzend. Es war 30 cm hoch und hatte am oberen Rande 30 cm im Durchmesser, nach der Basis zu sich verjüngend; eine Nestmulde war kaum vorhanden. Die Baustoffe bestanden aus dürren Reisern, hauptsächlich aus solchen der *Erica scoparia*; diese Reiser waren etwa von Federkieldicke. Das Nest war sehr locker gebaut. Im Neste befand sich nur e i n Ei; es wurde demselben entnommen. Nach 14 Tagen wurde ein zweites frisches Ei demselben Neste entnommen, nach abermals 14 Tagen das 3. Ei. Darauf wurde das Taubenpaar erlegt und das Nest zerstört. Die Leute, welche dabei waren, behaupteten, stets lege die „Trocaz" nur e i n Ei, aber verschiedene Paare benützten dasselbe Nest. Andere wieder behaupten, sie hätten e i n P a a r junger Tauben aus einem Neste genommen. So wissen wir also auch heute noch nichts Bestimmtes über die Anzahl der Eier (1 oder 2), woraus das Gelege der Madeirataube besteht; doch scheint die Ansicht die richtige zu sein, dass sie nur ein Ei legt.

Die Maasse dreier Eier, welche ich schliesslich hier noch mittheilen will, sind folgende: 48×30 mm, 49×30 und 50×31. Das Ei ist also sehr länglich, dabei walzig. Korn und Glanz ähnlich dem des Eies der *Columba livia*. Die Schale ist rein kalkweiss, mit einem Stich ins Bläuliche. Das Eidotter ist fast dunkelgelb.

Die Iris der jungen Trocaz ist hell-strohgelb.

Am 11. Januar 92 wurde eine junge Madeirataube bei Porto
da Cruz während kalten Wetters lebend gefangen. Am 21/2. 91
erhielt Herr E. Schmitz ebenfalls eine lebende junge Taube.
Mitte August 91 wurde ein Ei dem Neste entnommen. Im November 91 wurden ebenfalls Eier der Trocaz gesammelt. Daraus
dürfte sich wohl ergeben, wie ich schon in der „Ornis" von 1891
erwähnte, dass diese Taube fast zu jeder Jahreszeit zur Brut
schreitet.

21. *Columba livia* Lin. Das erste Junge der Felsentaube
wurde 1892 am 23. März bei Cabo Garajao, etwa 5 Kilometer
östlich von Funchal, dem Neste entnommen; im April erhielt ich
dasselbe zugeschickt. Am 24. April 1891 hatte ich 2 Eier der
Wildtaube Madeiras erhalten; sie waren kaum von den Eiern unserer Haustaube zu unterscheiden.

24. *Scolopax rusticula* Lin. Am 25. August 1891 erhielt ich
abermals einen Balg (juv.) der Waldschnepfe zugeschickt, welcher
am 12. Juli 91 bei S. Vincente, an der Nordküste der Insel, gesammelt worden war. Im Ganzen hatte ich bis jetzt vier Bälge
des Vogels in der Hand; alle glichen fast vollständig dem Vogel
Mitteleuropas.

25. *Puffinus anglorum* (Temm.). Der nordische Sturmtaucher
führt auf Madeira, ausser „Boeiro", bei den Fischern auch noch
den Namen „Pintelho". Der Herr Pfarrer von Curral sammelte
am 4. Juni 92 zwei Nestjunge des Boeiro und zwar bei Paio dos
Patagarros, in der Mitte der Insel. Diese Lokalität hat also vom
Vogel selber den Namen, da der sagenhafte Unglücksvogel, der
Schrecken der abergläubischen Madeirenser, „Patagarro" oder auch
„Estrapagado", welcher in dunklen Frühlingsnächten von den
Bergen zur See hernieder kommen soll, während er ein Geschrei,
ähnlich wie Patagarro oder Estrapagado, erschallen lässt, nichts
anderes als *Puffinus anglorum* ist. Dieses Geschrei ist wahrschein-
lich der Paarungsruf des Vogels.

Schon am 28. April 1892 hatte Herr E. Schmitz von den Desertas
4 Nestjunge des Boeiro erhalten und Tags darauf einige von Ilheo
da Cal.

Die Haupt-Brutzeit des Vogels fällt also wohl in die Monate
März und April.

26. *Puffinus kuhli* Boie. Vom Mittelmeer-Sturmtaucher erhielt
ich am 25. August 1891 zwei Bälge (♂ et ♀); sie stammten beide

von Porto Santo. Ganz besonders häufig, oder besser: in grossen Mengen, brütet der „Cagarra" auf den Selvagens, einer unbewohnten Inselgruppe zwischen Madeira und den Canaren. Diese öden Felsen-Eilande gebören einem Herrn aus Funchal, Namens Constantino Cabral. Nutzen zieht der Eigenthümer der Inselgruppe fast nur aus der grossen jährlich hier von ihm erbeuteten Menge von Cagarras. Im Durchschnitt werden auf der Inselgruppe jährlich etwa 20,000 Vögel dieser Art getödtet. Dieselben werden, eingesalzen, nach Funchal geschafft, um von der ärmeren Bevölkerung Madeiras gegessen zu werden. Auch ihr Oel und ihre Federn werden benutzt.

Am 30. October 1891 kehrte Herr Const. Cabral, laut „Diario" (Zeitung Funchals), von der Cagarra-Jagd auf den Selvagens nach Funchal zurück; er brachte u. a. mit: 43 Tonnen Cagarras, 17 Fass Cagarra-Oel, 14 Ballen Cagarra-Federn.

Herr Cabral berichtete Herrn E. Schmitz, den ich gebeten hatte, über die Cagarra-Jagd genauere Erkundigungen einzuziehen, u. a. noch Folgendes:

Die Cagarras sind gar nicht scheu; manchmal muss man sie mit den Füssen stossen, damit sie aus dem Wege gehen, oder sie fliegen nur eben auf, um sich sofort wieder niederzulassen. Im Hintergrunde einer geräumigen Höhle hatten einige Vögel ihr Nest. In dieser Höhle schliefen die Leute, 18 an der Zahl, kochten, plauderten etc.; dies alles hielt die Vögel nicht ab, zwischen den Leuten hindurch mit ausgebreiteten Flügeln aus den Nestern ins Freie, und umgekehrt, zu spazieren.

Der Ertrag des Jahres 1891 ist nur etwas über 18,000 Stück Cagarras gewesen, während der Besitzer auf reichlich 20,000 Stück gerechnet hatte.

Schliesslich theile ich die Maasse von 15 Cagarra-Eiern mit; es sind dies folgende: 76 × 50, 76 × 48, 75 × 50, 77 × 53, 78 × 52, 75 × 51, 74 × 52, 77 × 50, 80 × 50, 79 × 50, 73 × 50, 77 × 49, 72 × 51, 76 × 52 und 78 × 51 mm. Das letzte Ei (78 × 51 mm) stammte von den Selvagens, während alle anderen auf den Desertas gesammelt wurden.

+ 27. *Puffinus obscurus* Vieill. Die drei Bälge des kleinen Sturmtauchers, welche ich besass, und wovon jetzt ein Pärchen im Besitze unseres Museums für Naturkunde ist, stammen von den Desertas. Sie haben die Innenfahnen der Handschwingen weisslich, bis weiss; die w e i s s l i c h e Farbe geht nämlich von der

Spitze nach der Basis der Feder zu allmählich in Weiss über.
Es dürften diese drei Desertas-Bälge zu der Form *Puffinus assi-
milis* Gould gehören.   Ich hatte leider nie einen *Puff. obscurus*
Vieill. in der Hand, um vergleichen zu können.

Am 6. März 1892 erhielt Herr Ernesto Schmitz von Ilheo de
baixo, in unmittelbarer Nähe von Porto Santo gelegen, 6 lebende
Puff. obscurus (bez. *Puff. assimilis*), welche ebenfalls, nach brieflicher Mittheilung des genannten Herrn, die untere Hälfte der
Innenfahnen der Handschwingen weisslich, bez. weiss, hatten. Da-
nach würden auch diese 6 Stücke Porto Santo-Vögel zu *Puff.
assimilis* Gould gehören.

Mr. W. R. Ogilvie Grant behauptet, nach nochmaliger Durch-
musterung seiner bei Madeira gesammelten Bälge, dass die Porto
Santo-Vögel n u r *Puff. obscurus*, die von Deserta Grande aber
Puff. assimilis Gould seien; er sagt im „Ibis" von 1891, p. 469:
„..... the Porto Santo birds only are *P. obscurus*, while those from
Deserta Grande are *P. assimilis* Gould, originally described (P. Z.
S. 1837, p. 156) from New South Wales."

Die 6 Porto Santo-Bälge des Herrn E. Schmitz gehören zur
Form *P. assimilis* Gould, die Porto Santo-Bälge Mr. Grant's aber
zur Form *P. obscurus*; demnach kommen also bei Porto Santo beide
Formen des kleinen Sturmtauchers vor. Aehnlich könnten auch
die Verhältnisse bei den Desertas liegen; dann würden beide Formen bei der g a n z e n Madeira-Inselgruppe vorkommen. Daraus
aber könnte sich dann schliesslich noch ergeben, dass beide Formen sich nicht streng trennen lassen.

Es ist sehr erwünscht, dass jeder Ornithologe, welcher in
Zukunft auf der Madeira-Inselgruppe sammelt, eifrigst auf beide
Formen an j e d e m Orte der Insel fahnde.

Ich finde übrigens weder in Gould's „Birds of Australia",
Vol. VII p. 59, noch auch in den „Proc. Zool. Soc.", part. V (1837)
p. 156, woselbst Gould seine Species *Puff. assimilis* aufstellt, eine
Bemerkung über die Farbe der Innenfahnen seines *Puff. assimilis*.
Auch ist Gould selber nicht sehr davon überzeugt, dass diese von
ihm aufgestellte Species eine gute sei.

Die Maasse von 18 Eiern des *Puffinus obscurus* Vieill (bez.
Puff. assimilis Gould) sind folgende: 52 × 34, 48 × 33, 50 × 36,
53 × 34, 50 × 35, 53 × 35, 51 × 34, 52 × 35, 50 × 34,
50 × 33, 50 × 34, 45 × 34, 52 × 35, 50 × 34, 51 × 35,

50 × 33, 51 × 34 und dazu das Maass des Eies, welches ich
in der „Ornis" von 1891 beschrieb: 48 × 35 mm.

+ 28. *Thalassidroma leachi* Temm.   Noch am 4. und 10. September 1892 erhielt Herr E. Schmitz je 2 junge gabelschwänzige
Sturmschwalben, mit mehr oder weniger Flaum, von den Desertas.
Das erste Junge wurde in diesem Jahre auf Ilheo de baixo schon
am 25. März lebend dem Neste entnommen.   Die Brutzeit des
Vogels scheint sich also über einen grossen Theil des Jahres aus-
zudehnen, wenngleich angenommen werden kann, dass die Jungen
erst ziemlich spät den Flaum verlieren.

Der junge Vogel hat die Aussenfahne der Schwingen weissgrau.

+ 29. *Thalassidroma bulweri* Gould.   Am 10. September d. J.
erhielt Herr E. Schmitz 4 junge Vögel der Tauben-Sturmschwalbe,
welche noch mit mehr oder weniger Flaum bedeckt waren.

Auch diese Sturmschwalbe dehnt also ihre Brutzeit schein-
bar bis in den Sommer hinein aus.

30. *Larus cachinnans* Pall.   Gelbfüssige Silbermöven erhielt
ich im Spätherbste 1891 und ¡im Frühjahre 1892 drei Stück; es
waren:

1) ♀, gesammelt am 14/10. 91 bei Funchal.   Iris hellgelb;
Tarsus gelb mit etwas roth; Länge 60 cm.

2) ♂ juv., gesammelt vom Padre Herrn Pontes am 4/1. 92
   bei Machico; Länge 60 cm.

3) ♀ juv., gesammelt bei Funchal am 21/3. 92; Länge
   55 cm.

Larus cachinnans Pall. wird in Madeira mitunter gezähmt auf
dem Hofe gehalten.

32. *Sylvia conspicillata* Marm.   Die Brillengrasmücke ist
nun doch Brutvogel auf Madeira.   Ich erhielt im Frühjahre 1892
einen Balg (♂ juv.) und ein Ei (siehe „Zeitschrift für Oologie"
1892, p. 19) dieses Vogels.   Der Balg wurde am 3/2. 92 bei Estreito,
einem 7 Kilom. westlich von Funchal gelegenen Gebirgsdorfe, gesammelt.   Das Ei entstammte einem Gelege von 5 Eiern; es war
ebenfalls bei Estreito gesammelt worden.   Es misst 17 × 13 mm
und ist von typ. Zeichnung und Farbe.   Jetzt im Besitz unseres
Museums für Naturkunde.

Die Gebirgsbewohner Madeiras haben auch einen specifischen
Namen für die Brillengrasmücke; sie nennen sie „Rapassaio".

Mit der Brillengrasmücke erhöht sich die Zahl der Brutvögel
Madeiras auf 32 Arten.

Da ich während meiner Anwesenheit auf Madeira, von Januar bis Ende April 1886, nie von der Brillengrasmücke einen Ton hörte, noch sie je zu Gesiebte bekam, so oft ich auch an für sie geeigneten Orten auf sie fahndete, glaubte ich ihr Vorkommen als Brutvogel daselbst bestreiten zu müssen, obwohl E. V. Harcourt sie als solchen schon 1853 in „Ann. and Mag." N. H. Nr. 67 anführte. Jedenfalls ist sie nicht häufig.

III. Neue Mittheilungen über einige Irrgäste und Zugvögel Madeiras.

Von den mit * versehenen Arten wurden mir seit dem Herbst 1891 die Bälge zum Bestimmen übermittelt.

35. *Merops apiaster* Lin. Herr Wilh. Schlüter in Halle (Saale) erhielt im August d. J. ein ♂ des Bienenfressers, wie er mir brieflich mittheilte, zum Ausstopfen zugeschickt. Früher konnte ich den Vogel nur auf die Autorität E. V. Harcourt's als Irrgast Madeiras anführen, da keine neuere Beobachtung vorlag.

*39. *Alauda arvensis* Lin.. Einen sehr zerschossenen Balg der Feldlerche schickte mir Herr Pfarrer E. Schmitz in diesem Frühjahre zum Bestimmen zu; er war am 23/1. 92 bei S. Martinho, nicht weit von Funchal, gesammelt worden.

Lerchen scheinen häufiger auf Madeira zu erscheinen, da die Landleute einen eigenen Namen für die Vögel besitzen; sie nennen sie „Lavercas" oder auch (häufiger) „Alabertas".

*49. *Saxicola oenanthe* (Lin.). Vom Steinschmätzer erhielt ich im Herbste 1892 abermals einen Balg (♀) aus Madeira zugeschickt; er war am 15/9. 92 bei S. Gonçalo, einige Kilometer östlich von Funchal, gesammelt worden. Es ist dies das 2. Stück dieser Species, welches auf Madeira gesammelt wurde.

*62. *Turtur communis* Selbey. Im October d. J. erhielt ich einen 2. Balg (♀) der Turteltaube aus Madeira; es war der eines jungen Vogels und von auffallend heller Färbung. Der Balg wurde am 24/9. 92 von Herrn Pfarrer Pontes bei Machico gesammelt.

*66. *Tringa subarcuata* (Güld.). Einen Balg (♂ im Herbstkleide) des bogenschnäbligen Strandläufers erhielt ich im October 1892; er war am 22/9. 92 bei Machico von Herrn Padre Pontes gesammelt worden.

*78. *Vanellus capella* J. C. Schäff. Im Januar 1892 erhielt ich den zweiten Balg (♀) unseres Kiebitzes aus Madeira zugeschickt; er war am 6/12. 91 von Herrn ·Pontes bei Machico gesammelt worden. Ausser diesem Stück wurden seit Anfang 1892 noch mehrere Vögel theils erlegt, theils lebend beobachtet.

+ *82· *Crex pratensis* Bechst. Den ersten Balg (♂) des Wachtelkönigs erhielt ich zu Anfang d. J. Der Vogel war lebend am 4/12. 91 bei Calheta, ganz im Westen Madeiras, in einem Brombeerstrauche gefangen worden.

*85· *Gallinula chloropus* (Lin.). In diesem Jahre erhielt ich abermals aus Madeira einen Balg (♂) des grünfüssigen Teichhuhns; es war am 24/11. 91 bei Machico gesammelt worden.

+ *86· *Fulica atra* Lin. Vom schwarzen Blässhuhn erfahre ich durch· Herrn Pfarrer E. Schmitz, dass es auf Madeira mitunter gezähmt auf den Höfen, in Gesellschaft von Haushühnern, gehalten wird. Es scheint also nicht zu selten der Insel Besuche abzustatten.

*93· *Ardetta minuta* (Lin.). Von der Zwergrohrdommel erhielt ich im August 91 einen zweiten Balg (♀); er war am 27. Juli 1891 auf Porto Santo gesammelt worden.

+ 101. *Sula alba* Meyer und Wolff. Vom Basstölpel erhielt Herr Wilh. Schlüter in Halle, wie er mir schrieb, im December 1891 ein jugendliches Stück, im gefleckten Kleide, von Herrn E. Schmitz zum Ausstopfen für dessen Museum zugeschickt. Auch Herr E. Schmitz hat mir dieses später briefl. mitgetheilt. Bis dahin musste uns, bezüglich des Vorkommens des Basstölpels auf Madeira, die Autorität E. V. Harcourt's genügen, da in neuerer Zeit der Vogel nicht beobachtet worden war.

+ *104· *Oestrelata mollis* (Gould). Ich erhielt im August 1891 zwei Bälge (♂ et ♀) dieser Art aus Madeira. Sie waren beide am 22/7. 91 auf den Desertas gesammelt worden.

Ausser den 7 Stücken von *Oestr. mollis*, welche bis Ende 1891 bei Madeira erlegt worden waren (s. meine Arbeit in der „Ornis" von 1891), wurden seitdem schon wieder mehrere Exemplare daselbst gesammelt.

Die dunkle Farbe der Oberseite ist bei einem Stücke heller, bei einem anderen intensiver; einmal zieht sich die dunkle Farbe weiter, das andere Mal weniger weit nach unten. So variirt der Vogel nicht ganz unbedeutend in der Farbe; es ist aber dieses Variiren kein Geschlechtsunterschied, da es bei beiden Geschlechtern stattfindet.

*109. *Larus ridibundus* Lin. Einen Balg (♂) der Lachmöve

erhielt ich im April d. J. aus Machico, woselbst er vom Pfarrer
Herrn Pontes am 10/2. 92 gesammelt worden war.

†   *110. *Rissa tridactyla* (Lin.). Die Fischer Madeiras haben
für die dreizehige Möve zwei Benennungen; es ist dies wohl ein
Zeichen für die Häufigkeit ihres Vorkommens auf den Gewässern
der Insel. Der junge Vogel, mit schwarzem Schnabel, wird von
ihnen „Freira" genannt, dagegen der alte, mit grünem Schnabel,
„Gavina".

Manche Fischer Madeiras bezeichnen jedoch, wie es scheint,
mit „Freira" *Oestrelata mollis* Gould. —

Von den bis jetzt auf Madeira beobachteten 121 Vogelarten
sind, wie ich schon zu Anfang dieser Arbeit bemerkte, 32 Arten
Brutvögel und 89 Arten Irrgäste oder Zugvögel. Wieviel von den letzteren Durchzugs-, wieviel Wintervögel sind, lässt
sich zur Zeit noch nicht angeben.

Nachdem in den letzten Jahren der Sammeleifer auf Madeira
rege geworden, wurden wir mit verhältnissmässig vielen neuen
und werthvollen Beobachtungen beschenkt. Hoffentlich hält dieser
Eifer, zum Nutzen der Wissenschaft, noch recht lange an! —

†   *121. *Stercorarius pomarinus* Temm., Mittlere Raubmöve.
Am 16. 11. 92 erhielt ich einen Balg (♂ juv.) dieser Species zum
Bestimmen aus Madeira zugeschickt. Brieflich theilte mir dann
Herr E. Schmitz noch mit, dass 2 Vögel dieser Art bei Funchal
in diesem Herbste erlegt wurden.

Damit wächst die Zahl der bis heute auf Madeira beobachteten
Vogelarten auf 121.

Zweiter Beitrag zur Avifauna von Tunis.

Von

Dr. A. Koenig,

Privatdocent für Zoologie an der Kgl. Rhein. Friedr.-Wilhelms-Universität Bonn.

Schluss.

(Im Anschluss an p. 416, Octoberheft 1892.)

90. *Saxicola stapazina*, Temm.   Gilbsteinschmätzer.
Saxicola rufa, Chr. L. Br.

Auf der Tour nach Enfida und weiter nach dem Djebel Batteria zu habe ich diese Art häufiger angetroffen als die vorige. Auch in Chnies auf dem arabischen Kirchhofe habe ich etliche erlegt, und im Ganzen 9 Stück präparirt, darunter zwei ♂♂ von ausgesuchter Pracht und Schönheit. Merkwürdiger Weise bin ich auf das ♀ nicht zum Schuss gekommen, obschon ich mehrfach die angepaarten Pärchen sah. Der Gilbsteinschmätzer ist unstreitig Brutvogel in den tunisischen Landen, obschon er im Ganzen seltener zu sein scheint als *aurita*.

Ob 2 Eier, die mir vom Djebel Batteria zugetragen wurden, hierhin gehören, oder zur vorigen Art, vermag ich nicht zu entscheiden, da sie denen von *aurita* zum Verwechseln ähnlich sehen. Uebrigens besitze ich nunmehr in meiner Sammlung auch 1 sicheres Ei von *stapazina*, welches von Krüper in Griechenland gesammelt wurde. Ich erhielt es aus der schönen Sammlung des Herrn L. Kuhlmann in Frankfurt a. M., welcher mir das Ei in liebenswürdigster Weise zum Geschenk machte.

Dieses Ei hat nicht die intensiv-grünblaue Färbung der vorigen Art, (die freilich im Laufe der Jahre ausgeblichen sein kann) vielmehr ist der Untergrund fahl lichtblau mit grossen braunrothen Punkten und Klexen, welche sich am stumpfen Pole in Kranzform anlagern. Es maass: $\dfrac{2.1 \times 1.6 \text{ cm.}}{0.16 \text{ gr.}}$

91. *Saxicola deserti*, Rüpp.   Wüstensteinschmätzer.

Diese ausgezeichnete Art bewohnt die südlicheren Striche Tunesiens und tritt demnach erst in der Sahara oder am Rande derselben auf. In den von uns bereisten Gegenden auf unserer

Wüstenreise war sie stellenweise sehr häufig, so z. B. in der Nähe der Oase Ouderef.

Zuerst traf ich die Art etwa 25 Kilometer weit von El Djem, an dem Zelte des französischen Sous-Controleurs von Sfax, welcher uns in der zuvorkommendsten Weise Gastfreundschaft gewährt hatte. Nachdem wir uns von der strapaziösen Tagereise erholt hatten, ging ich an die Präparation meiner geschossenen Vögel. Als ich die wichtigsten abgebalgt hatte, lockte mich der herrliche Abend ins Freie. Brachschwalben tummelten sich in fröhlicher Laune und mit munterem „keek, kereck" über der steppenartigen Gegend. Da erblickte ich plötzlich ein Pärchen des Wüstensteinschmätzers. Weil ich noch kein ♀ in meiner Sammlung hatte, richtete ich mein Feuerrohr auf den unscheinbareren Vogel und schoss ihn von der Spitze eines niedrigen, grasartigen Büschelchens herab. Nach dem Schuss kam das ♂ sofort herbeigeflogen und setzte sich dicht neben die Gefährtin. Der prächtige Vogel mit der schwarzen Kehle reizte mich und so schoss ich auch nach ihm. Er musste aber wohl nur ein Streifkörnchen abgekriegt haben, denn er flog auf und davon, kam noch einmal meinem Jagdgefährten zu Schuss — und verschwand dann, als dieser ihn eben mit der Hand greifen wollte, vor seinen Augen in einem Mauseloch. Wir riefen ein paar vorbeitrottende Araber heran, die just vom Graben der Heuschreckeneier kamen und gerade ihre Hacken auf der Schulter mitführten, und hiessen sie an der bezeichneten Stelle nachgraben. Nach einer viertelstündigen Arbeit wurde der Entschwundene sichtbar; ein Araber griff nach ihm trotz aller Gegenrufe meinerseits und riss ihm die Schwanzfedern aus. So musste ich den schönen Vogel wegwerfen, da er für die Sammlung unbrauchbar war.

Uebrigens wurde ich für diesen Verlust späterhin reichlich entschädigt. Als wir am 3. Mai durch eine wüste, öde Gegend mit Sebkhacharakter kamen, nicht weit vom Bir el Meheddeub, wurde diese Art ungemein häufig. Ich hätte ihrer wohl an 20 Stück und mehr schiessen können, aber ich befürchtete die obwaltende Hitze (41° Celsius), wodurch die zarten Körper, die überdies mit einer gleichfalls zarten Fettschicht umgeben waren, unrettbar dem Verderben anheim gefallen wären, wenn sie nicht noch am nämlichen Abend abgebalgt werden konnten.

So liess ich mir an 5—6 Exemplaren genügen, die ich von Telegraphendrähten oder von einer Strauchspitze, einem Steinhaufen u. s. w. herabschoss. Desto emsiger schaute ich nach ihren

Nestern aus. Die Suche war aber lange Zeit vergeblich, bis mich der Zufall eins auffinden liess. Einem ausgetrockneten Flussbette entlang gehend, gewahrte ich ein ♀, welches mich mit ängstlichem „tack" und fortwährenden Knixen umgab, wodurch es mich förmlich aufforderte nachzusuchen. Das that ich denn auch gründlich — aber ich fand das Nest nicht.

Nun griff ich zu einer anderen List. Ich entfernte mich auf einige 50 Schritte, legte mich auf den Boden und sah dem Treiben des Vogels zu. Kaum hatte ich mich niedergelegt, als das ♀ auch schon in eine Höhlung der Uferwand flog und sich auf das bereits von dieser Entfernung aus sichtbare Nest setzte. Nun ging ich heran, hob vorsichtig das Nest aus und fand 3 entzückende Eier in demselben vor, die aber ein wenig angebrütet waren. Die ängstlich um mich herumflatternden Alten schoss ich zum Beweise und machte so ihrem Leid ein Ende.

Beschreibung:

Nest mit Gelege von 3 Eiern, gefunden bei Ouderef (Gabes) 4. 5. 1891.

Das Nest besteht aus locker und lose aufgetragenem Material von Grashalmen, Stengeln und allerlei Pflanzentheilen, sowie einigen Wollfäden, welche unordentlich und wenig gefügig zusammen geschichtet wurden.

Umfang des Nestes	47 cm.
Durchmesser	16 cm.
Höhe	5,5 cm.
Nestmulde kaum vorhanden, etwa	1 cm. Tiefe.
Durchmesser der Nestmulde, etwa	7 cm.

Die 3 grünlich-blauen Eier sind zartschalig und von gefälliger Eiform, und — zumal am stumpfen Pole — mattrothbraun und lilafarben gefleckt und gepunktet. Sie maassen:

a. $\dfrac{1.9 \times 1.5 \text{ cm.}}{0.11 \text{ gr.}}$ c. $\dfrac{1.9 \times 1.4 \text{ cm.}}{0.10 \text{ gr.}}$

b. $\dfrac{2. \times 1.5 \text{ cm.}}{0.11 \text{ gr.}}$

Ausser diesem sicheren Neste mit Gelege von *S. deserti* besitze ich noch 2 andere aus der Umgegend von Gabes, die vom Sammler Alessi gesammelt wurden.

Das Gelege besteht ebenfalls aus nur 3 Eiern, indessen sind die Eier bedeutend grösser und stärker als die erstbeschriebenen und kommen nach ihren Maassen und Gewichten denen von *aurita* gleich. Da möglicher Weise eine Verwechselung mit dieser Art vorliegen könnte, gebe ich die Beschreibung nicht an diesem Orte

92. *Saxicola moesta*, Licht., Verz. Doubl. p. 33. „Egypt." 1823.
  Saxicola philothamna, Tristr. Ibis 1859 pg. 58 und pg. 299.
  Algeria 1859, pl. 9.
Dromolaea isabellina, Bp. (nec. Temm. et Rüpp) Rev. et Magaz.
  de Zool. (1857) p. 60.
Dromolaea isabellina, Bp. Loche, Catal. des Mamm. et des Ois. obs.
  en Alg. p. 64, sp. 96 (1858).
Dromolaea isabellina, Bp. Loche, Hist. nat. des Ois. Expl. sc. de
  l'Algérie pg. 201 sp. 104 (1867).
  Tab. I. (♂ juv.)

Tristrams eingehenden Forschungen in der Algerischen Sahara haben wir es zu danken, dass uns dieser seltene Steinschmätzer nach seiner Lebensweise bekannt gemacht worden ist. Er legt seine an dieser Art gemachten Beobachtungen im Ibis 1859 pag. 58 u. pag. 299 nieder; auch ist der Vogel in einem ♂- und ♀-Exemplar ebenda (tab. 9) vortrefflich abgebildet worden.

Auf pag. 58 erwähnt Tristram seine *Saxicola philothamna* als eine für die Wissenschaft neue Art, was lange Zeit für richtig erkannt und angenommen wurde. Nun hat uns aber Dresser in seinem grossen Werke „Birds of Europe" in einem Nachtrag*) zur *S. philothamna*, Tristr. mit dankenswerther Genauigkeit gezeigt, dass die Art bereits unter *moesta*, Licht. im Berliner Museum aus Egypten stammend aufgestellt war und mithin der Name *moesta* Licht. die Priorität haben muss. Loche handelt allem Anschein nach die vorstehende Art unter dem Namen *Dromolaea isabellina* Bp. ab; falsch ist jedoch die Synonymie von *isabellina*, Rüpp, die eine ganz andere Art dem Osten angehörig, begreift.**)

Als ich im Jahre 1890 von der *Linnaea* 3 Stück dieses auffallenden und herrlichen Steinschmätzers erhielt, welche in Gabes von Alessi gesammelt wurden, richtete sich mein Wunsch mit aller Intensität daraufhin, selbst einmal das Glück zu haben, diesen wundervollen Vogel in der Freiheit zu Gesicht zu bekommen.

---

*) Supplementary Notes on Tristrams Chat and the Red Rumped Chat.
**) Bereits vom Editor of the Ibis, Mr. Sclater berichtigt. v. Ibis 1859, pag. 299, Fussnote.

Wer beschreibt daher meine Freude, als ich — bereits mit 3 Stücken der kostbaren Läuferlerche (*Alaemon Margaritae*) in der Hand — plötzlich einen grossen Steinschmätzer erblickte, welchen ich sofort als den dieser Art zugehörigen erkannte. Ein Schuss mit Nr. 14 sicherte mir die überaus kostbare Beute. Jubelnd kam ich zu meiner Karavane herangesprungen und zeigte triumphirend meine seltene Beute. Das war ziemlich am Ende unserer Wüstenreise, nahe des Bir el Meheddeub, am 3. Mai 1891. Neu belebt durch den Erfolg achtete ich die Hitze (wir hatten 41° Celsius) nicht, hiess den Vortrab halten, um die Karavane, welche zurückgeblieben war, abzuwarten und streifte nun die Wüstengegend weiter ab. Kaum hatte ich mich einige Schritte entfernt, als ich auch schon wieder einen weissköpfigen Schmätzer erblickte. Er sass abermals auf der Spitze eines Strauches, in ziemlich aufrechter und gestreckter Haltung. Doch schien er Gefahr zu wittern und flog ab, als er meiner ansichtig wurde. Ich ging ihm nach, bis ich ihn wieder auf einer Strauchspitze — (der Speciesname *philothamna* — Strauch liebend — scheint mir für diese Art besonders glücklich und zutreffend gewählt, und ist viel schöner, als der am todten Balg gemachte Name *moesta*, Licht.) — sitzend antreffe. Während ich die Entfernung taxirte und eben anlegen wollte, sehe ich vor meinen Füssen grade ein paar Läuferlerchen herumtrippeln. Die Auswahl wurde mir schwer — und indem ich ängstlich auf die Lerchen blickte, flog der Steinschmätzer von dannen. Da ich den Lerchen weniger Gewandtheit im Entrinnen zutraute, ging ich dem Steinschmätzer nach und gab diesmal Feuer beim Näherkommen. Mit zerschossenem Kreuz machte der Vogel noch einige Fluchtversuche und entschwand vor meinen Augen in einem Mauseloch. Während ich so voll Wuth und Ingrimm mein Pech beklage, kommt ein zweiter Vogel dieser Art und setzt sich auf 30 Schritt Entfernung auf eine Strauchspitze. Sehen und schiessen war eins — aber auch dieser Vogel war mir nicht bestimmt. Der Boden wimmelte geradezu von Gängen und Röhren grösserer Reptilien (*Uromastix* und *Scincus*, auch verschiedener Schlangenarten) und indem ich auf den Getroffenen losrenne, sehe ich ihn abermals vor meinen Blicken in ein Erdloch gleiten und verschwinden. Da war guter Rath theuer. Die dampfende Patrone in der Hand haltend, wird jetzt dicht vor meinen Füssen ein Hase flüchtig. Ich schlage also mein Lefaucheux zu und sehe auf meinen Schuss Lampe regelrecht Rad schlagen. In demselben

Augenblick aber rutscht noch ein zweiter Krummer heraus. Nun
lade ich so schnell ich kann und applicire dem zweiten auch noch
meinen Schuss. Die Dublette war hübsch und befriedigte mich
im Augenblick. Als ich den letzten Hasen aber nicht gleich fand,
wandte ich mich den Lerchen zu, wo ich sie zuletzt gesehen. So
fleissig ich aber nach ihnen Umschau hielt, so waren sie doch nicht
mehr aufzufinden. Sehr klein und zerknirscht in meinem Herzen
wandte ich mich den auf der Erde ausgestreckten Meinigen zu
und erzählte von meinem Pech. Was nützte mir nun der Hase
in der Hand, wo ich doch 2 Steinschmätzer und ebensoviele Läuferlerchen hätte haben können!? —

Glücklicher war ich am nächsten Morgen. Sehr bald nach
dem Aufbruche vom Bir el Meheddeub, wo wir übernachtet hatten,
gewahrten wir 3 dieser prächtigen Schmätzer vor uns fliegend.
Von diesen erhielt ich 2, welche sofort todt zu Boden fielen, als
der Schuss sie erreichte, der dritte entkam. Als ich die beiden
Stücke besah, fiel mir die dunkle Kopfzeichnung bei einem derselben auf. Es war wie sich herausstellte, ein junger Vogel von
diesem Jahre, völlig erwachsen und flüchtig wie die alten, der
andere ein älteres ♂. —

Am 5. Mai hatte ich eine Tour von Ouderef aus nach dem
Djebel el Meda geplant. Ein prachtvolles ♂ der *Sax. moesta*
zog bald meine ganze Aufmerksamkeit auf sich, zumal es dicht
vor unseren Füssen herumflog und eine kurze, melodische Strophe
laut beginnend und leise ausklingend anschlug. Aengstlich, der
begehrte Vogel möchte mir abhanden kommen, erlegte ich ihn,
ohne der Beobachtung weiteren Vorschub zu leisten. —

Aus Vorstehendem erhellt, dass ich 4 Vögel dieser kostbaren
Art eigenhändig erlegt habe; alle vier waren ♂-Exemplare, ein ♀
kam mir überhaupt nicht zu Gesicht. Ich erstand aber eines von
der *Linnaea*, welches von Alessi in Gabes erbeutet worden war.
Die Art muss sehr früh im Jahre zur Fortpflanzung schreiten;
Tristram berichtet schon von Anfang Januar; vom Brutgeschäft
ist noch fast gar nichts bekannt. Das Wenige, was wir davon
wissen, verdanken wir C. Tristram's Erzählungen.

Diese seltene, kostbare Art ist neu für Tunis; sie wurde wenigstens von Tristram im Lande selbst — Tristram sagt nur,
dass sich die Art nach der tunisischen Grenze ausbreitet — noch
nicht aufgefunden, sondern zuerst im Frühjahr 1890 vom Sammler
Alessi bei Gabes erbeutet, sodann in derselben Umgegend von

mir laut vorstehendem Bericht. Sie hat, wie Dresser hervorhebt, einen sehr begrenzten Verbreitungsbezirk und ist überhaupt ein sehr wenig gekannter Vogel. Sie ist aus Nordwestafrika bekannt, und zwar aus Algier und Tunis, lebt auch höchst wahrscheinlich in Marocco; minder einleuchten will es mir, dass sie auch in Palästina und Persien vorkommen soll. Es ist wenigstens ein ziemlich schlechter Anhalt, wenn man das einfarbig braun gefärbte ♀, welches De Filippi von Demavend in Persien unter dem Namen *Dromolaea chrysopygia* beschrieb, mit dieser Art identificiren will. Anders verhält es sich schon mit einem ♀-Exemplar, von Buvry in Algerien gesammelt und von ihm mit dem Namen *Saxicola ruficeps* benannt. Dies wird wohl ohne grössere Bedenken der vorstehenden Art zugewiesen werden können.

Bis jetzt sind überhaupt nur sehr wenige Exemplare von *Saxicola moesta*, Licht. in die europäischen Museen gelangt.

Tristram erwähnt, dass er ♂ und ♀ immer zusammen gesehen hätte, was sehr hervorgehoben zu werden verdient. Dies mag sich hauptsächlich auf die Brutzeit beziehen, die sehr früh im Jahre stattzufinden scheint. Als ich Ausgang April und Anfang Mai die Wüstengegenden bereiste, war die Brutperiode offenbar vorüber, da ich ein bereits völlig flügges und erwachsenes Stück im Jugendkleide schoss und leider niemals ein ♀ zu Gesicht bekam. Alle 4 Exemplare, welche ich schoss, und die beiden andern, welche ich ausserdem noch sah, und die mir auf so mysteriöse Weise abhanden kamen, waren ♂ ♂.

Hochinteressant ist ferner die Mittheilung Tristrams, dass dieser Steinschmätzer in Erdlöchern nistet, die mit zwei Ausgängen versehen sein müssen, von denen einer stets in einen Busch mündet. Der Vogel lebt dort in fortwährender Angst und Gefahr vor den daselbst massenhaft auftretenden, fleischfressenden Reptilien, denen Eier und Brut zumeist zum Opfer fallen. Tristram ist auch im glücklichen Besitz der Eier dieses Vogels — nach ihm sind sie von zart-hellblauer Färbung mit sehr feinen röthlichen Punkten.

Auch meiner Ansicht nach gehört der Vogel unzweifelhaft zum Genus Steinschmätzer *Saxicola*, Bechst. und nicht zu den Bergschmätzern *Dromolaea*, Cab.

Bedauerlicher Weise habe ich die Maasse an den frischen Vögeln im Fleisch nicht genommen. Die grade herrschende Hitze im Verein mit der vielen Arbeit, die sich am Abend in unserem

2*

primitiven Zeltlager ausserordentlich anstaute, trieb mich vor allen Dingen zunächst dazu, die Vögel abzubalgen, um die kostbaren Objecte der Wissenschaft zu erhalten.

Sie stehen jetzt alle 4 nebst einem von Alessi in Gabes gesammelten ♀ ausgestopft vor mir:

2 Stücke sind ganz ausgefärbte, hochaltrige ♂♂ im Frühjahrskleide. Die Kopfplatte ist weiss mit grünlichem Anflug auf dem Scheitel. Das Weiss zieht sich bis auf den Nacken herab, wo es sich scharflienig absetzt. Kehle und Wangen, ebenso der Mittelrücken schön schwarz. Brust, Bauch und Aftergegend weiss; seitlich an der Unterkehle springen in die Oberbrust die sehr charakteristischen schwarzen Bänderzeichnungen vor, welche auch bereits auf den abgebildeten Figuren im Ibis und Dresser prägnant wiedergegeben sind. Der Bürzel ist weiss mit einer Beimischung von Rostfarbe, welche in Sonderheit der Wurzel der Schwanzfedern aufliegt, aber auch den Schwanzwurzeldeckfedern eigenthümlich ist. Schwingen I. und II. Ordnung fahlgrau, an der Wurzel dunkler, weisslich gerändert. Die Mittelfedern des Schwanzes ebenfalls fahlgrau, die Aussenfedern dunkler und schwärzer. Schnabel und Füsse tiefschwarz, die Iris beim frischgetödteten Vogel lebhaft braun.

Ein den vorhergehenden Stücken ungleich alteriges (minderjähriges) ♂ ist auf dem Scheitel rostfarben und nur seitlich weiss. Kehle schön schwarz, der Rücken fahlgrau, der Bürzel weiss mit Rostfarbe untermengt, Unterseite weiss, Schwingen und Schwanzfedern wie bei den hochaltrigen Stücken, fahlgrau.

Das ♀ ist ganz verschieden vom ♂ — einfarbig braungrau — die ganze Unterseite weisslich, hier und da mit Rostfarbe durchsetzt — der ganze Oberkopf rostfarben, was im Leben des Vogels noch greller hervortreten mag als an todten Objecten (daher wohl *ruficeps*, Buvry), Unterrücken und Bürzel, sowie die Schwanzwurzelfedern ausgeprägt rostbraun, Bürzel mit Weiss untermischt, Füsse und Schnabel schwarz.

Als ein ganz unbekanntes und völlig neues Kleid für die Wissenschaft liegt mir ein solches vom jungen Vogel im sogenannten Jugendkleid vor. Der Scheitel ist zwar heller als der Oberrücken, hat aber noch nichts von dem charakteristischen weisslichen Schimmer; die Halsgegend sowie die seitliche Kropfgegend schwarz, desgleichen die seitliche Unterkinngegend. Der untere Theil von Kinn, Kehle und Gurgel dagegen weiss.

Ober- und Unterbrust, sowie Bauch- und Aftergegend weisslich mit rostfarbenem Anfluge — die Oberbrust zeigt besonders viel Rostfarbe, welche quer grau gewellt und unterbrochen wird. Die Schwingen sind tiefschwarz mit breiten rostgelben Rändern, was besonders bei den kleinen, mittleren und grossen Oberflügeldeckfedern der Fall ist. — Der Bürzel ist weiss mit Rostfarbe untermischt. Die Schwanzfedern atlasschwarz mit zarten ockergelben Endrändern. Jede Feder verräth das Jugendkleid an dem ihr eigenthümlichen, zerschlissenen Charakter und der gelblichbraunen Einfassung, wodurch auf dem Oberrücken eine Andeutung von Tropfflecken hervorgerufen wird. Schnabel und Beine schwarz, — Iris lebhaft braun.

93. *Dromolaea leucura*, (Gmel.). Trauersteinschmätzer.

Es war am 15. April, am Spätnachmittage, als wir nach einer strapaziösen Tour vom Djebel Batteria kommend, im Hause des Schichs Sala uns wieder trafen, da ich eines *Telephonus* wegen noch einen Umweg eingeschlagen hatte, als mir mein Jagd- u. Reisegefährte von einem schwarzen Vogel mit weissem Schwanze berichtete, von etwa Drosselgrösse, der eben noch auf dem Felsengrat eines Abhanges gesessen, beim Herankommen aber auf und davongeflogen sei. Gespannt horchte ich auf, denn ich erkannte sofort in dem geschilderten Vogel den noch niemals von mir in der Freiheit angetroffenen Trauersteinschmätzer. So müde und abgespannt ich war, machte ich mich doch sofort auf die Suche nach dem sehr begehrten Stücke — vergebens: der Vogel schien gänzlich verschwunden zu sein. Nachdem ich wohl an $^3/_4$ Stunden thalauf, thalab herumgeklettert war, kehrte ich in das Zelt zurück und stellte mein Gewehr an einen Pfosten. Kaum hatte ich mich aber innerhalb umgedreht, als mein Blick auf den ersehnten Vogel fiel, der thalabwärts auf einem Felsenstücke seine artigen Knixe machte. Im Nu war das Gewehr erfasst und wieder geladen und nun gings ans Anschleichen der ersehnten Beute. Der Vogel machte es mir nicht schwer. Nach 2 maligem Auffliegen setzte er sich hinter einen Hügel, den ich langsam erkletternd gewann und den nunmehr Abfliegenden aus der Luft herabschoss. Mit einem Satze war ich bei ihm und hielt die kostbare Beute in meinen Händen. Das 2. Stück — ebenfalls ein kohlschwarzes ♂ — erlegte ich Tags darauf gelegentlich der Revision eines Adlerhorstes. Wippend gewahrte ich den Vogel auf einer Felsenkuppe und im nächsten

Momente schon rollte er tödtlich getroffen den Abhang hinunter. Beide Vögel machten mir eine ganz unendliche Freude, zumal ich meine Sammlung um ein paar ersehnte Stücke·vermehrt und geziert sah.

Am bereits öfters erwähnten 5. Mai erblickten wir eine ganze Familie dieser distinguirten.Art in der kraterförmigen Vertiefung des Djebel el Meda. Erst gewahrte ich nur einen Vogel, der sich singend auf die Spitze eines Felsengrates niederliess. Er kam, von Herrn Spatz aufgestöbert, von unten heraufgeflogen. Auf etwa 80—90 Schritt Entfernung gab ich Feuer und sah den Vogel stürzen. Schon war ich ihm nahe genug gekommen, als er plötzlich anscheinend munter und unversehrt mit unglaublicher Schnelligkeit den steinigen Abhang herablief und sich zwischen riesigen Felsenblöcken verkroch. Wir riefen unseren Beduinenführer heran, der die Blöcke heben musste. Das gelang — aber wie ich den Vogel eben greifen wollte, war er schon wieder unter andere Blöcke geflüchtet, welche diesmal unsere Umwälzungsanstrengungen zu Spott und Schanden machten. Schon wollten wir die Beute fahren lassen, als der Vogel von selbst herausgeflogen kam und nun seinem Schicksal nicht mehr entrinnen konnte.

Bald darauf hatten wir das Vergnügen noch einige ♂♂, 1 ♀ und 1 Junges zu schiessen. Ueberaus reizvoll betrugen sich die Jungen, geleitet von den umsichtigen Eltern. Das kurze noch nicht ausgewachsene Stummelschwänzchen wurde mit Anstand in die Höhe gestelzt, sobald wir uns näherten, und fort war die ganze Schaar, wenn ein ängstliches „tschek, tschek" des Vaters oder der Mutter ertönte. Aber nur.auf kurze Zeit waren sie den Blicken entschwunden. Neugierig kamen die Alten herangeflogen, setzten sich auf einen Stein und fingen an zu locken. Im Nu kamen sie dann wieder aus den Ritzen und Fugen heraus und belebten in ihren prächtigen Contrastfarben den vergilbten Boden und das rothleuchtende Gestein. Es war ein Anblick zum Entzucken, und man wusste nicht wohin man seine Blicke wenden sollte — ob die Trauersteinschmätzer höheres Interesse beanspruchten oder die zieselartigen Murmelthiere, (*Ctenodactylus Massoni*) welche sich hier und da zeigten, — die über unseren Häuptern hinstürmenden Segler, oder die Ammomaneslerchen und rothschnäbligen Wüstengimpel. Das sind Tage bleibender Erinnerung, die niemals aus dem Gedächtnisse schwinden werden. —

Wie aus Vorstehendem erhellt, ist der Trauersteinschmätzer

ein Gebirgsvogel in des Wortes vollster Bedeutung. Ich habe ihn
niemals auf freier Ebene gesehen und bezweifele, dass er dort
jemals vorkommen sollte.

. Cabanis hat daher den Trauersteinschmätzer von den eigentlichen Steinschmätzern *(Saxicola, Bechst.)* abgetrennt und ihm ein
neues Genus *(Dromolaea)* zugewiesen, was mir durchaus gerechtfertigt erscheinen will. Der Aufenthalt und die Lebensgewohnheiten
dieses Vogels entfernen ihn ganz und gar von den eigentlichen
wahren Saxicolen.

Da die Jungen am 5. Mai schon vollständig flügge waren,
wird der Vogel daselbst mit Ausgang März bereits Eier im Neste
gehabt haben.*) Höchstwahrscheinlich unterzieht er sich, nachdem
die Jungen selbstständig geworden sind, einer zweiten Brut.

94. *Monticola saxatilis*, (L.). Steindrossel, Steinröthel.

Nach brieflicher Mittheilung des Herrn Paul Spatz sind ihm
♂ und ♀ von *Monticola saxatilis* in Monastir von einem Araber zugetragen worden. Beide Vögel wurden am alten Schlosse in der
Nähe des Meeres erlegt. Genannter Herr beschrieb die Vögel so
genau und gab dazu die genommenen Maasse, welche mir keinen
Zweifel über die Art zuliessen. Somit wäre der hübsche Vogel
für Tunis nachgewiesen.

95. *Monticola cyana*, (L.). Blaumerle.

Am 15. März sah ich eine Blaumerle in den Ruinen des alten
Schlosses. Als ich sie anschlich, flog sie auf das kleine Lawa-
inselchen, kam aber bald wieder ans Land heran. An den steilen
Erdwänden, die schroff zum Meere herabfallen, trieb sie sich dann
eine Zeit lang umher, wurde aber auf einen Fehlschuss von mir
so sehen und flüchtig, dass ich dem Vogel trotz grösster Vorsicht nicht mehr beikommen konnte. Im Grbirge kam die Art
mir öfters zur Beobachtung, so auf dem Djebel Agâob, Batteria
und mehr oder weniger auf allen umliegenden steilen und nackten
Bergen. Recht häufig schien sie auf dem Felsengrate zu sein,
wo wir den Horst des Feldeggsfalken entdeckten. Dort beobachtete ich mehrere Pärchen.

Vom Djebel Batteria erhielt ich 1 Ei, welches unzweifelhaft

---

*) Auf meiner vorjährigen (1892) Forschungsreise in Algier fand ich bei
Biskra mehrere Nester mit Gelegen und bringe später über die sehr eigenthümliche Nistweise dieses Vogels Ausführliches. **Der Verfasser.**

der Blaumerle angehört. Dasselbe wurde von einem Hirtenjungen gesammelt und mir eingeliefert.

Das schöne Ei ist lichtfarben grünblau mit nur sehr wenigen und ganz kleinen rothbraunen Punkten hier und da besprengt. Es misst: 2.7 × 2. cm.

$$\overline{0.3 \text{ gr.}}$$

96. *Merula vulgaris*, Leach. Schwarzdrossel, Amsel.
Turdus merula, Linn.

In den mit Buschwerk bestandenen Strichen Tunesiens ist die Amsel ein häufiger Stand- und Brutvogel. Gemein ist sie in den Thälern und an der Basis schluchtenreicher Gebirgsstöcke, — meidet aber auch keineswegs die Ebenen, sofern sie ihren Lebensbedingungen entsprechen. So traf ich sie in den Gärten und Olivenplantagen von El Djem überaus häufig an, von wo ich — wie vom Djebel Batteria — ihre Nester und Eier erhielt. Das Normalgelege scheint in Tunis aus 4 Eiern zu bestehen, wovon zumeist nur 3 auszufallen pflegen, während das 4. ein Hitzei, d. h. ein unbefruchtetes ist. Einige mit jungen Vögeln aufgefundene Nester weisen mich wenigstens auf diese Aussage hin.

Die seelenvollen Klänge der Amsel habe ich öfters vernommen und ihnen, namentlich in den Abendstunden, mit wahrer Hingebung gelauscht, doch stets gefunden, dass die Strophe abgebrochener, ich möchte sagen, stümperhafter vorgetragen wird, als von unseren deutschen Vögeln.

Höchst auffallend ist aber das Nachahmungstalent des tunisischen Vogels. Wie gar oft hörte ich mit aller Unverkennbarkeit den Ruf des Steinhahnes von ihm, manchesmal mit staunenswerther Meisterschaft imitirt und vorgetragen, so dass ich Steinhühner in der Nähe vermuthete, an die Amsel aber nicht im Entferntesten dachte, bis der schwarze Vogel schwankend und lärmend vor mir aufflog und mich eines anderen belehrte.

97. *Merula torquata*, Boie. Ringamsel.
Turdus torquatus, Linn.

Ist mir diesmal nicht zu Gesicht gekommen.

98. *Turdus musicus*, Linn. Singdrossel.

Im März 1891 war die Singdrossel in den Olivenbeständen

von Monastir häufig, immerhin wohl nur ein schwacher Abglanz
von den winterlichen Massen, die, wie ich nachträglich hörte, in
diesem Jahre besonders gross gewesen sein sollen. Mit Ende
März verschwand auch der Rest der winterlichen Gäste, und von
da ab sah ich keine Singdrossel mehr.

Andere Drosseln kamen mir auch in diesem Jahre wieder nicht
zur Beobachtung.

99. *Motacilla alba*, Linn. Weisse Bachstelze.

Die weisse Bachstelze ist gleichfalls ein Wintergast in Tunis;
im März sah ich sie noch häufig an Wegen, Rainen und auf
Feldern, nicht selten sogar mitten in den Olivenpflanzungen, wo
sie in bekannter Weise gar lieblich einhertrippelte und mit unbeschreiblicher Anmuth dem Fange der Mücken und Fliegen oblag.
Ob sie Brutvogel in Tunis ist, vermag ich nicht zu sagen, möchte
es aber eher in Zweifel ziehen, als bejahen, da ich in vorgerückter Jahreszeit diese Art nirgends mehr antraf. Doch will ich
ausdrücklich bemerken, dass ich Exemplare in ausgemausertem
Hochzeitskleide gesehen habe.

Aus Marocco (Tanger) erhielt ich (Sendung von der *Linnaea*)
eine Trauerbachstelze (*Motacilla Yarelli*, Gould), welche Species
ich in Tunis noch niemals zu sehen Gelegenheit hatte.

100. *Calobates sulphurea*, Bechst.
Motacilla boarula, Gmel. Gebirgsstelze.

In den Wintermonaten hier und da nicht selten beobachtet.
Eines schwarzkehligen ♂ erinnere ich mich in keinem Falle.

401. *Budytes flava*, Linn. Schafstelze.

Wenn die weisse Bachstelze in ihre nördliche Heimath zieht,
und man vergeblich nach ihr auf den Feldern von Tunis sucht,
wenn man das fröhliche „Kiurr" der Kraniche nicht mehr hört, der
Maurenfink aber und der Girlitz zum Nestbau schreiten, wird
man plötzlich eines Tages die Schafstelze gewahr. Sie kommt
stets mit ihresgleichen — oft in colossaler Menge — herange-
zogen und vertheilt sich dann auf den Feldern und Viehtriften.
Selten begegnet man ihr zu zweien und mehreren unter den
schattigen Oelbäumen, häufiger an Wegen und Rainen, auch auf
Feldern, zumal wenn sie mit den dort gern gebauten Saubohnen
bestellt sind, wo man ihrer in bald kleineren, bald grösseren

Trupps ansichtig wird, — am häufigsten aber kann man sie in
Gesellschaft des weidenden Viehes antreffen, wo sie die winzigen
Insecten an ·den frischen Excrementen der Rinder, Schafe und
Ziegen aufnehmen und dann zu einem wahren Schmucke der
Landschaft werden. Ueberall vernimmt man dort ihr langgezoge-
nes „zieh, zieh" und sieht dann die dottergelben Vögelchen unter
den Leibern des Kleinviehes sitzen oder zierlich einhertrippeln.
Ihre Ankunft in Tunis fällt in das letzte Drittel des März und
ist ausserordentlich bezeichnend für den Abschnitt des sog. Winters
und für den Beginn warmer Frühlingstage, die dann in der
Regel mit aller Intensität einsetzen.

Bis tief in den April hinein sieht man sie in traulicher Zusammengehörigkeit mit dem Horn- und Kleinvieh, dann aber sind
auch sie eines Tages verschwunden, um anderen Arten ihrer Klasse
die Plätze zu räumen, die sie durch die Zierlichkeit ihrer Gestalt
und die Lieblichkeit ihres Wesens so hochgradig belebten.

102. *Budytes viridis*, (Gmel.). Grauköpfige Schafstelze.
Motacilla viridis, Gmel. Syst. Nat. p. 962 „Ceylon" (1788 ex
Brown).
Motacilla cinereocapilla, Savi, Nuovo. Giorn. delle lett. p. 190; Orn.
Tosc. III p. 216 „Italien" (1831).
Budytes cinereocapilla, Bp. Comp. List. p. 19 „S. Europa" (1838).
Motacilla flava cinereocapilla, Schl. Rev. Crit. p. XXXVIII.
„Italien" (1844).
Budytes nigricapilla, Bp. Consp. Gen. Av. I. pg. 249. „Dalmatien,
Italien, Scandinavien, Lappland" (1850 part.).
Budytes atricapillus, C. L. Br. Vogelfang, p. 141 „Lappland und
Dalmatien" (1855).

Auch diesmal wurde die grauköpfige Schafstelze öfters beobachtet. Als wir am 30. März vom Djebel Batteria kommend
nach Enfida ritten, sahen wir von unseren Pferden herab mehrfach Schafstelzen. Plötzlich ruft mir Herr Spatz zu: „Da ist auch
eine mit schwarzem Kopfe." In demselben Augenblicke hatte auch
ich das Exemplar im Auge, sprang ab und erlegte das betreffende
Stück. Es fiel mir nun zwar gleich auf, dass das Schwarz am
Kopfe bei weitem nicht so ausgeprägt war, als bei dem Exemplar, welches ich am 9. April 1886 an einem Tümpel bei Tunis
erlegt hatte, doch glaubte ich, dass es ein noch nicht fertig aus-
mausertes ♂ sein müsste. Beim Vergleich mit der typ. *melano-*

cephala stellte es sich jedoch heraus, dass es ein adultes ♂ der *Budytes viridis* (Gmel.) = *cinereocapilla*, Savi sei, wie ich beim ersten Blick auf die wohlgelungene Abbildung in Dressers Meisterwerk erkannte. Mit dieser deckte es sich vollständig, bis auf die weisse Kehle, welche bei meinem Vogel noch nicht gelb vermausert war.

Dresser giebt als charakteristisches Merkzeichen für diese Art an, dass dem ♂ der weisse Superciliarstreifen fehle. Ich besitze jedoch Stücke aus Tunis, wo der Superciliarstreifen in einer ganz feinen Linie sich über das Auge zieht — und ebenfalls solche, wo dieser Streifen gänzlich fehlt. Dennoch glaube ich mit Bestimmtheit aussprechen zu können, dass diese Stücke sämmtlich zur Specis *viridis*, Gmel. gezogen werden müssen, mithin der Superciliarstreifen, wenn auch niemals in dieser Breite wie bei *flava*, doch angedeutet bei *viridis* vorkommt Man vergleiche auch was Loche in seinem grossen Werke: Hist. nat. des Ois. Expl. sc. de l'Algérie II, pag. 10 bei der Beschreibung von *Budytes cinereocapilla* sagt: „une raie sourcilière d'un blanc pur au-dessus des yeux qui se remarque chez beaucoup d'iudividus fait parfois défaut chez quelques autres."

Uebrigens wurde auch schon anderen Orts der Mangel des weissen Superciliarstreifens keineswegs als entscheidendes Merkmal für diese Art anerkannt.

Ich habe in der Folge ganz in der Nähe von Monastir, so am alten Schlosse wie am Palmenhain in der Sebkha mehrfach Vögel mit so dunklem Kopfe gesehen, leider aber nicht auch geschossen. Sie hielten sich stets in Gesellschaft der hellaschgrauköpfigen Stücke auf. Ich vermuthe, dass diese Schafstelze in Tunis an passenden Localitäten als Brutvogel auftritt.

103. *Budytes melanocephala* (Licht.). Schwarzköpfige
Schafstelze.
Motacilla melanocephala, Licht. Verz. Doubl. p. 36. „Nubia" (1823).
Motacilla Feldegg. (Michahell. Isis, 1830 pag. 814 „Süd-
Dalmatien."
Motacilla Feldeggii (Mich.) Bruch, Isis 1832, pag. 1106 „Dalmatia."
Budytes melanocephala, Bp. Comp. List. pag. 19 „Süd-West-
Europa" (1838.)
Motacilla flava, var. *africana*, Sund. K. Vet. Ak. Handl. 1840 p. 54.
„Sennaar, Nubien".

Motacilla flava melanocephala, Schlegel, Rev. Crit. p. XXXVIII,
„Dalmatia, Buchara, Arabien, Egyten, Abyssinien" (1844).
Budytes nigricapilla, Bp. Consp. Gen. Av. I p. 249. „Dalmatien,
Italien, Scandin. Lappland" (1850 partim.)
Motacilla nigricapilla, von Müll. J. f. Orn. 1855, pag. 386. „N.
Africa".

Der grauköpfigen Schafstelze gegenüber glaubte ich hier die
Synonymie der schwarzköpfigen genau angeben zu müssen, da
beide Arten oftmals confundirt werden.

Vorstehende Art kam diesmal nicht zur Beobachtung. Sie
scheint unstreitig die seltenste der 3 *Budytes*-Formen in Tunis
zu sein.

Budytes Rayi, Bp. für Algier von Loche angegeben, fehlt bis
jetzt in der Vogelliste von Tunis.

104. *Anthus pratensis*, Linn. Wiesenpieper.

Den Wiesenpieper traf ich bis in den April hinein in Monastir
und Umgegend an. Nicht nur auf freien grasreichen Plätzen,
sondern auch auf Feldern zwischen Bohnen und Kartoffelkraut,
trieb er sich zumeist in Gesellschaft seines Gleichen herum, wo
er plötzlich vor mir aufstand und sich durch sein heftig ausge-
stossenes „it, it, it" verrieth.

Auf unserer Wüstenreise sah ich ihn auch noch hier und da,
weshalb ich anzunehmen geneigt bin, dass er stellenweise als
Brutvogel in Tunis auftritt, obschon mir mit Sicherheit kein solcher Fall bekannt ist.

Im vorigen Jahre erhielt ich durch die *Linnaea* einen höchst
auffallenden und interessanten Pieper, der mich bei der Bestimmung in die grösste Verlegenheit brachte. Ich kannte ihn nicht
und Alle, welche ihn sahen, meinten, dass dies eine neue Art sein
müsste. Das betreffende Stück wurde im Januar 1890 vom ita-
lienischen Sammler. Alessi in der Nähe von Gabes erbeutet und
passt in seinem Colorit vortrefflich zu jener fahlgelben, verbranntem
und vergilbtem Grase ähnlich sehenden Bodenfärbung, wie wir sie
gerade in Gabes und seiner Umgebung kennen.

Ein ganz ähnliches Farbengemisch haben wir z. B. auf dem
Rücken und Bürzel des Spiesssandhuhnes (*Pterocles alchata*) — es
ist derselbe weissgelbliche Ton, untermischt mit einem Stich ins
Grünliche, eine ganz unbestimmte, schwer definirbare Farben-

nüance, die aber in Allem ganz der Gegend entspricht, in welcher diese Vögel leben.

Als ich nun in diesem Jahre mit dem Sammler Alessi in Gabes zusammentraf, richtete ich sofort seine Aufmerksamkeit auf diesen Vogel. Er sagte mir denn auch, dass er sich dieses unbekannten Piepers sehr genau vom vorigen Jahre erinnere, in diesem Jahre aber keinen solchen geschossen habe.

Später schrieb er mir, dass er auf der Suche nach diesem Pieper einen hochgebracht und auch getroffen hätte, ihn aber beim Herabfallen nicht fest im Auge behalten und ihn daher bei der Gleichförmigkeit der Gegend nicht habe auffinden können. Dies Missgeschick bedauerte ich sehr, denn ich hätte in diesem Falle ohne Bedenken eine vorzügliche nova species der Wissenschaft bekannt gemacht. So aber wage ich es nicht zu thun, da ich dies Stück eher als eine blosse Spielart ansehe, denn eine Species. Der Vogel kommt im Habitus sowie in seinen Maassen dem Wiesenpieper völlig gleich und nur die Schwingen scheinen mir ein paar Millimeter kleiner zu sein.

Ueberdies lese ich im unübertroffenen Werke Naumanns: Die Vögel Deutschlands im III. Band pag. 779 folgendes: „Man findet auch eine Spielart vom Wiesenpieper (*A. pratensis candida*) erwähnt, die fast durchweg weiss war und auf den Flügeln bloss ins Gelbliche fiel."

Sollte nun das betreffende Stück dieses Piepers aus Gabes am Ende nicht dieser Spielart angehören? So lange wenigstens nur dies eine Stück von dort vorliegt, wage ich nicht eine nova species daraus zu machen und ziehe den besagten Vogel daher zu Naumanns *Anthus pratensis* var *candida*.*)

Späteren Forschungen sei es vorbehalten dies fragliche Exemplar zu klären und zu begründen.

Beschreibung.

Scheitel und Rücken fahl olivgrün, durchsetzt mit weissen Schmitzen. Schwingen und Schwanz grau, die oberen Theile sowie die Deckfedern weisslich, — Kehle weiss, Brust ebenfalls, doch mit einem grünlich gelben Ton bedeckt. Bauch und Flanken

---

*) Als ich im vergangenen Herbste Berlin streifte, besuchte ich den Herausgeber dieses Journals und legte ihm den Pieper zur Begutachtung vor. Hochderselbe erkannte in ihm sofort mit seinem gewohnten Scharfblicke — einen Albinismus.   Der Verfasser.

gelblich weiss, desgleichen die Unterschwanzdeckfedern. Füsse
gelb, Nägel hornfarben. Schnabel hornfarben, auf der Oberseite
dunkler als auf der Seite und am unteren Theile. Iris dunkelbraun (nach Etikette).

Im Ganzen scheint mir der Vogel nach seinen Maassen etwas
schwächer zu sein, als die typische Form.

105. *Anthus cervinus*, Fall. Rothkehliger Pieper.

Auch in diesem Jahre war es mir geglückt einen rothkehligen Pieper zu erlegen. Es war am 15. März, als mir am alten
Schlosse in Monastir nach dem Meere zu von einem Grasfelde
aus eine ganze Schaar Pieper aufgingen. Mit dem Gedanken —
„willst einmal zusehen, ob' du nicht einen *cervinus* darunter triffst"
schiesse ich einen dieser flüchtigen Gesellen herab — laufe hin,
hebe ihn vom Boden auf und halte richtig einen rothkehligen mit
bereits vermauserter Unterseite in den Händen. „Wunderbar"
dachte ich — „sollten die anderen alle zu dieser Art gehören?"
Natürlich verfolgte ich den Schwarm, brachte ihn mehrmals hoch
und schoss einen Vogel nach dem anderen herab. Aber nun
waren es alle Wiesenpieper, nicht einen einzigen rothkehligen
mehr erlegte ich. Auch späterhin, wo ich die Pieper niemals
aus den Augen liess, und ihrer schoss, wo ich nur konnte, hatte
ich es stets mit *pratensis*, niemals mit *cervinus* zu thun. Wie
gar oft spielt doch so im Jägerleben das Glück und der Zufall
mit, und nur diesen beiden Sternen hatte ich auch jetzt wieder
die Auffindung der Art zu danken. Der erlegte Vogel war ein ♀
und ziert nunmehr neben den beiden anderen in Tunis erlegten
Stücken (♂♂) meine Sammlung.

106. *Anthus arboreus*, Bechst.

In solchen Mengen, wie ich Baumpieper am 10. April 1887
in Bordj-Thum antraf, habe ich sie diesmal in Tunesien nirgends
wahrgenommen. Ganz im Gegentheil schoss ich nur hier und da
vereinzelt einen dieser Art angehörigen Vogel, so auf der Wegstrecke von Ouдеref nach Gabes in einer baumlosen, gänzlich freien
Ebene, wo sich das betreffende Stück grade auf dem Durchzuge
befunden haben mochte.

107. *Agrodroma campestris*, Bechst. Brachpieper.

Den Brachpieper traf ich neben dem Baum- und Wiesenpieper an einem kleinen Tümpel, etwa auf der Mitte zwischen Ouderef und Gabes. In der Meinung, grade hier den unter *Anthus pratensis* erwähnten Vogel anzutreffen, feuerte ich halt auf jeden Pieper, der mir vor die Augen kam. Daher mag es sich erklären, dass ich alle 3 Arten *Anthus* dicht nebeneinander auf einer Localität geschossen habe.

Ich erhielt in Gabes 1 Nest mit 4 Eiern dieses Vogels, welches mich längere Zeit in Ungewissheit liess, ob es dieser Art angehörte oder nicht. Nach eingehender und vielfacher Prüfung ziehe ich das Gelege zu dieser Art und gebe die Beschreibung wie folgt:

Das Nest ist aus Grashalmen und allerlei Pflanzentheilchen ganz lose zusammengesetzt. Da es ein wenig beschädigt erscheint, halte ich die Maassangabe für überflüssig.

Die Eier sind sehr schön und gross — von etwas gedrungener (bauchiger) Form — auf durchaus weissem Grunde, braun, schwarz und aschfarben getippelt und gefleckt, — zumal am stumpfen Pole. Sie ergaben folgende Maasse:

a. 2.3 × 1.7 cm. 0.17 gr.	c. 2.1 × 1.7 cm. 0.17 gr.
b. 2.2 × 1.7 cm. 0.17 gr.	d. 2.2 × 1.6 cm. 0.16 gr.

108. *Galerita cristata*, (Linn.) Haubenlerche.

Galerida cristata, Bp. Birds 1838, pg. 37 — Loche, Catalogue des Mam. et des Ois. obser. en Algérie (1858) p. 85. sp. 167.

Galerida cristata Boie, Isis (1828) pag. 321. Loche, Hist. nat. des Nis. Expl. sc. de l'Algérie (1867) II pag. 38 sp. 191.

Galerida cristata, (Linn.) Tristram, Ornithology of Nrthern Africa Ibis 1859, pag. 425.

Galerita cristata, Boie. L. Taczanowski, Uebersicht der Vögel Algeriens, Provinz Constantine. J. f. Orn. 1870 pag. 42.

Alauda cristata, L. Ch. Dixon, Birds of the Province of Constantine, Ibis 1882, pag. 572.

„*Koba*" der Araber:

Die tunisische Form der *Galerita cristata* ist anscheinend bei aller Neigung zum deutschen resp. europäischen Vogel dennoch eine klimatische Abart (Subspecies). Das zeigt uns die isabellfarbene mit rothem Grundton vielfach untermischte Oberseite, sowie die auffallend helle, weissliche Brust- und Bauchgegend. Ich habe die erlegten Exemplare mir vielfach durch die Hände gehen lassen, sie hin und her gewendet, immer wieder von Neuem besehen und gemustert, gemessen und beschrieben. Daraufhin hielt ich sie anfänglich zur spanischen Form *Theclae*, Brehm gehörig, welcher sie auch augenscheinlich am nächsten stehen, allein viele gewissenhafte Ornithologen verwerfen die Art, oder zweifeln doch mindestens an der Artselbstständigkeit dieser Form, während Andere wieder geneigt sind, sie als solche aufzufassen.

Da es mir bisher nicht möglich war, eine echte *Galerita Theclae* zu erwerben oder zu prüfen, vermag ich heute nicht mit Bestimmtheit auszusagen, inwieweit sich der tunisische Vogel dem spanischen nähert, oder sich von ihm entfernt So finden wir besagte Lerche im XIII. Band des Cataloges of the Birds in the British Museum, welcher von Sharpe bearbeitet wurde, als eine selbstständige Species aufgeführt (pag. 633, 2). Was nun meine Meinung anbelangt, so hege ich Zweifel an der Artselbstständigkeit dieser Lerche, wenigstens für die Stücke, welche von Tunis stammen, während ich über spanische kein Urtheil habe, da mir Exemplare von dort nicht vorliegen. Man hüte sich ja nordafrikanische Haubenlerchen mit solchen von Spanien zu identificiren und sie ohne Weiteres *Galerita Theclae*, Br. zu benennen! Ich sah kürzlich eine sehr dunkelfarbige kleine Haubenlerche aus Marocco, die vom Naturalienhändler Schlüter in Halle a/S. käuflich erworben und mit *Galerita Theclae*, Br. etikettirt war. Dieser Vogel schien mir schon bei flüchtiger Betrachtung etwas ganz Anderes zu sein, als wie er benannt war.

Die angegebenen Merkmale der bald kürzeren und längeren Haube, die reichliche Strichelzeichnung am Kropf und in der Gurgelgegend bis auf die Brust herab, sowie die braune Färbung der Aussenfahne bei den 2 äusseren Steuerfedern sind nicht stichhaltig genug. Im Vergleich mit unseren deutschen Vögeln finde ich vielfach ganz dieselben Merkmale und wenigstens sichere Uebergänge, so dass eine örtliche Grenze zwischen beiden Formen beim besten Willen nicht gezogen werden kann. Dagegen ist die Farbenvertheilung zwischen beiden Lerchen eine augenfällig durchaus verschiedene. Die Vögel aus Tunis zeigen, wie bereits gesagt, eine mehr isabellfarbene Rückenfärbung und eine bedeutend reinere und hellere Brust- und Bauchgegend, im Vergleich zu unseren dunkelrückigen und auf der Unterseite schmutzig grauen Haubenlerchen zumal von solchen, welche auf die Chausseen kommen, oder sich in der Nähe derselben herumtreiben.

Auch ist es wahr, dass sich die Lebensweise der africanischen Vögel erheblich von derjenigen unseres Landes unterscheidet. Man wird schwerlich unsere Haubenlerche anderswo als auf dem Boden antreffen, niemals aber wohl, oder doch höchst selten — dann aber nur aus Zufall oder im Nothfall, etwa in arger Bedrängniss — bäumen sehen. Der tunisische Vogel setzt sich dagegen nicht nur mit Vorliebe auf die Spitzen niederer Sträucher, wie auf die von Pistacien und *Zizyphus*, sondern grádezu auf die Zweige grösserer Bäume. Unter Olivenbäumen hochgebracht, habe ich häufig gesehen, wie sie eine Strecke weiter flogen und sich dann auf die Aeste und Zweige derselben oder auch auf die von Johannis-brodbäumen setzten.

Den Gesang habe ich nicht erheblich verschieden gefunden, er schien mir aber reiner und heller und nicht mit dem Schwermuthe behaftet zu sein, wie er unserem Vogel in der Regel eigen ist.

Auf diese Unterschiede hin mag die Auffassung einer climatischen Subspecies begründet sein; jedoch fasse ich einstweilen die tunisische Haubenlerche unter dem Linnéschen Speciesnamen *cristata*, ohne sie trinär zu bezeichnen.

Nester und Eier dieser Lerche fanden wir mehrfach auf unserer Wüstenreise. — Die alten Vögel scheinen mehrere Gelege im Jahre zu machen, da wir neben frischen und angebrüteten Eiern auch junge Vögel in den verschiedensten Stadien antrafen.

Uebrigens ist die Haubenlerche in Monastir häufig, gradezu gemein wird sie aber etwa 20 Kilometer von Sousse landeinwärts, wo wir ihr dicht an der Chaussee hinter dem Dörfchen Sidi Bou *cristata*, ohne sie trinär Ali massenhaft begegneten.

Beschreibung und Maasse der Nester und Eier.

I. Gelege von 4 Eiern, gefunden vor El Djem, 24. 4. 1891.

Das Nest war so lose zusammengefügt, dass es beim Ausnehmen auseinanderfiel.

Sehr eigenthümliches Gelege, bei welchem 1 Ei nach Grösse und Färbung gänzlich verschieden ist von den typischen 3 übrigen, so dass die Vermuthung nahe liegt, es stamme von einem ganz anderen Vogel. Während die 3 typischen Eier von ziemlich bauchiger Gestalt auf schmutzig-weissem Untergrunde, grosse leberbraune u. aschfarbene Flecken — besonders am stumpfen Pole haben, überall aber den Grundton schön hervortreten lassen, — ist jenes Ei grösser und schlanker und auf der ganzen Oberfläche gleichmässig grau und braun getippelt, dadurch den Untergrund vollkommen verdeckend. Sie maassen:

a. 2.3 × 1.9 cm.
 0.22 gr.

c. 2.4 × 1.8 cm.
 0.22 gr.

b. 2.4 × 1.8 cm.
 0.22 gr.

d. 2.5 × 1.9 cm.
 0.24 gr.

II. Gelege von 4 Eiern, gefunden am Djebel el Meda, 5. 5. 1891.

Die langestreckten und sehr aparten Eier sind auf zart rosafarbenem Untergrunde leberbraun und aschgrau gefleckt, gewölkt und getippelt. Sie maassen:

a. 2.5 × 1.6 cm.
 0.20 gr.

c. 2.4 × 1.6 cm.
 0.19 gr.

b. 2.4 × 1.6 cm.
 0.20 gr.

d. 2.3 × 1.6 cm.
 0.19 gr.

III. Gelege von 4 Eiern, durch Alessi, Gabes, 8. 5. 1891.*)

Die Eier sind gedrungener (bauchiger) als die unter II. beschriebenen; auf weissem Grunde, leberbraun und aschgrau — bald mehr, oder weniger gefleckt und getippelt. Sie maassen:

a. 2.3 × 1.8 cm.
 0.20 gr.

c. 2.3 × 1.7 cm.
 0.19 gr.

b. 2.2 × 1.8 cm.
 0.20 gr.

d. 2.3 × 1.7 cm.
 0.20 gr.

IV. Gelege von 3 Eiern (ob vollständig?) Djebel Batteria, 21. 5. 1891.

Die Eier sind von gedrungener, bauchiger Gestalt, auf weissem Untergrunde sehr dicht leberbraun und aschgrau gefleckt, gewölkt und getippelt. Sie maassen:

a. 2.5 × 1.7. cm.
 0.20 gr.

c. 2.4 × 1.7 cm.
 0.22 gr.

b. 2.4 × 1.7 cm.
 0.21 gr.

Es ist sehr bemerkenswert, dass die Eier, der *Galerita cristata* aus dem südlichen Tunesien bedeutend heller und viel weniger gefleckt

---

*) Dieses Gelege kann nicht mit absoluter Sicherheit der *Galerita cristata*, Boie zugewiesen werden, da in Gabes vorwiegend *macrorhyncha*, Tristr. vorkommt, die Eier aber beider Arten nicht leicht auseinander zu halten sind.

Der Verfasser.

erscheinen, als die aus den nördlichen Theilen des Landes. Das
Durchschnittsmaass ist: 2.4 $\times$ 1.7 cm.

$$\overline{0.20 \text{ gr.}}$$

Maasse der Vögel:

a) ♂, erlegt bei Sidi Bou Ali, 12. 3. 91.
Länge: 18 cm: Breite: 29 cm;
Flügellänge vom Bug: 11 cm;
Brustweite: 6 cm;
Schnabellänge: 2.1 cm;
Schnabeldicke an der Basis: 0.7 cm;
Lauf: 2.9 cm;

b) ♀, erlegt in Sidi Bou Ali, 12. 3. 91.
Länge: 16.3, cm; Breite: 27 cm;
Flügellänge vom Bug: 9.8 cm;
Schnabellänge: 2.1 cm;
Schnabeldicke: 0.7 cm;
Schwanz: 5.8 cm;
1. Schwanzfeder nach aussen braun; nach innen
schwarz, die 3 darauffolgenden schwarz, die 4
Mittelfedern schwarzbraun.

109. *Galerita macrorhyncha*, Tristram, Grossschnäblige
Haubenlerche.
Galerida Randonii, Loche in litteris, Cat. Mamm. et. Ois en Algérie
pag. 85. sp. 168 (1858.)
Galerida macrorhyncha, Tristram, Ornith. of Northern Africa, Ibis
1859 pag. 57 u. 426 (1859.)
Galerida Randonii, Loche, Rev. et. Magaz. de Zool. p. 150 (1860).
Megalophonus Randonii, Loche, Hist. Nat. des Ois. d'Alg. pag.
41 (1867.)
Galerita macrorhyncha, Tristr. Taczanowski, Uebersicht der Vögel
Algeriens, Provinz Constantine, J. f. Orn. 1870 pg. 43.
Alauda magna, Ch. Dixon, Birds of the Province of Constantine,
Jbis 1882 pg. 571.

Tristrams grossschnäblige Haubenlerche halte ich als Art
aufrecht. Neuerdings werden namentlich von englischen Ornithologen Zweifel über die Selbstständigkeit dieser Form gehegt. So
zieht sie Sharpe z. B. zur *cristata* L.[*]) hauptsächlich aus dem

---

[*]) Catalogue of the Birds in the British Museum, XIII. Band pag. 628.

Grunde, weil eine Menge Uebergangsformen von *cristata* zur *macrorhyncha*. Tristr. vorliegen. Nun stimme auch ich, namentlich was die Schnabelverhältnisse anbelangt, deren Länge und Stärke einer grossen Variabilität unterliegen, darin Sharpe bei, — allein die Species gänzlich fallen zu lassen, scheint mir hier nicht angebracht zu sein. Schon der blosse Blick auf diese Lerche belehrt einen, dass sie sich von der gemeinen Form abtrennt, denn die Grösse ist eine in jedem Falle beträchtlichere, das Colorit ein blasseres, sowie Beine und Schnabel compacter und kräftiger als bei *cristata*. Zudem ist sie geographisch vollkommen getrennt von der gemeinen Haubenlerche, und nie habe ich sie neben einander vorkommend angetroffen. Ich bezweifle daher, dass sie sich mit einander mischen und Blendlinge erzeugen, obschon die grosse Serie von Zwischenformen dafür zu sprechen scheint. Jedenfalls giebt es eine gute grossschnäblige Haubenlerchenart, die Tristram bezeichnend genug *macrorhyncha* benamst hat. Es ist nach meiner Ansicht dieselbe Art, welche Loche mit *Galerida Randonii* in seinem Catalog (1858) und mit *Megalophonus Randonii* in seinem grossen Werke a. a. O. (1867) belegt hat,[*] obschon Taczanowski von einem Unterschied beider Arten spricht, den ich nicht auffinden kann. Loche hat demnach die Art bereits aufgestellt gehabt, als Tristram sie beschrieb, da dies aber in Litteris geschehen sein soll und Loche in seinem Catalogue des Mamm. et des Ois. Obs. en Algérie keine lateinische Diagnose noch französische Beschreibung der Art gab, ist es gerechtfertigt, dass der Tistramsche Name, der übrigens sprechend gewählt ist, beibehalten wird. Wie wir aus Loche's Hist. nat. des Ois. erfahren, hat er unsere Lerche dem Marschall Randon, Generalgouverneur von Algier, welchem er bei der Erforschung der südlichen Regionen dieses Gebietes zu Dank verpflichtet war, gewidmet und ihm zu Ehren benannt.

Dieser Haubenlerche begegneten wir auf unserer Wüstenreise in der Gegend von Gabes, wo ich an einem Wassertümpel ihrer mehrere schoss. Auch war ich so glücklich wieder ein Gelege von 3 Eiern zu erhalten.

In der Nähe von Monastir scheint diese Art gänzlich zu fehlen, da sie mir dort niemals zur Beobachtung kam.

Gelege von 3 Eiern, Gabes (Alessi) 8. 5. 1891. (vermuth-

---

[*] Ausserdem beschrieben und gut abgebildet in „Rev. et Magaz. de Zoologie (Avril 1860) pag. 150, pl. XI, f. 2.

lich dieser Art angehörig, da *macrorhyncha* die vorwaltende Species
in der näheren Umgebung von Gabes ist.)

Die langgestreckten Eier sind auf gelblich weissem Untergrunde, fahl leberbraun und aschfarben gefleckt und getüpfelt; 2
Eier sind am stumpfen Pole, eins am spitzen kranzförmig
gezeichnet und umlagert. Sie maassen:

a. 2.5 × 1.7 cm.	c. 2.6 × 1.7 cm.
0.20 gr.	0.23 gr.
b. 2.5 × 1.7 cm.	
0.22 gr.	

110. *Galerita isabellina*, Bp. Isabellfarbige Haubenlerche,
 Galerida isabellina, Bp. Consp. Gen. Avium 245 (1850.)
Galerida isabellina, Bp. Loche, Cat. des Mamm. et des Ois. obs. en
 Algérie pg. 85, sp. 169. (1858.)
Galerida isabellina, Bp. Tristram, Orn. of Northern Africa, Ibis
 1859 pag. 425.
Galerida isabellina, Bp. Loche, Hist. nat. des Ois. pag. 40 (1867.)
Galerita isabellina, Bp. Taczanowski, Uebersicht der Vögel Alge-
 riens, Provinz Constantine, C. J. f. Orn. 1870. pg. 43.
Alauda isabellina, Dixon, on the Birds of the Province of Constan-
 tine, Ibis 1882, pag. 572.

Dieser sehr distinguirten Art bin ich diesmal nicht begegnet.
Sie scheint erst in den südlichsten Saharadistricten aufzutreten.
Man vergleiche was ich in meiner ersten Arbeit über Tunis
von dieser Haubenlerche gesagt habe. (pag. 219.)

111. *Alauda arvensis*, Linn. Feldlerche.

Auf Feldern und Auen hier und da, wohl auch als Brutvogel.

In der Niederung zwischen Monastir und Chnies entsinne ich
mich noch im Mai Feldlerchen gesehen zu haben, welche dort
Brutvögel*) waren.

Alle Exemplare, welche ich zur Belehrung für mich schoss,
gehörten der kleineren, dunklen Varietät an; die grössere und
hellere scheint nur als Wintergast in Tunis zu leben und bereits
im März den heimathlichen Gefilden wieder zuzustreben.

---

*) Man vergleiche was ich am Schluss von *Calandritis brachydactyla*
(Nr. 112) diesbezüglich sage.

112 *Calandritis brachydactyla*, Leissl. Kurzzehige Lerche;
Isabelllerche.

.Die kurzzehige-, Stummel- oder Isabelllerche bewohnt die
Wüsten- und Steppengegenden. An dem sogenannten Wüstenrande begegnet man ihr auf Tritt und Schritt. Wohl fehlt sie
nicht auf den steinigen Feldern der Tafelberge, wie auf den sandigen Plätzen der Sahara, — wird aber zumeist in den Gegenden
angetroffen, die auf der Grenze von Steppe und Wüste.stehen oder
die Neigung zeigen zur einen oder anderen Bodenformation über-
zugehen.

Unzählige Male sind wir ihr auf unserer Wüstenreise begegnet und haben sie in allen Lebenslagen mit Musse und nach
Belieben beobachten können. Ich kann wohl sagen, dass ich
kaum ein liebenswürdigeres und ansprechenderes Vögelchen kenne
als diese Lerche.. Wie oft habe ich ihren Neckereien.in der Luft
zugeschaut, wenn 2 Männchen um den hohen Preis der Liebe an-
einander geriethen, wie gern dem Tändeln des angegatteten Paares
zugesehen oder der wirklich hingehenden Führung ihrer Jungen.
Da flog, von den Tritten unserer Saumthiere emporgeschreckt,
ein solches aus dem Nest vom Boden auf, die kleinen Flügelchen
vermochten den schweren Leib kaum zu halten, und sauer wurde
dem jungen Erdenbürger der Flug. Piepsend und schreiend fiel
es wieder an einem Grasbüschel ein und verharrte in ängstlich da-
liegender Stellung angedrückt auf dem Boden. Mit welch' jam-
mervollen Tönen umflogen die Alten ihr Junges, liefen hin und her,
suchten den Blick des nahenden Menschen auf sich zu ziehen, und
ihn von der Stelle abzulenken, wo das Junge lag. War ihnen
dies geglückt, so erhoben sie sich hoch in die Luft und kehrten
zum Nesthäckchen zurück. Mehrere Male gelang es uns, die
Jungen einzufangen, aber ich liess sie zumeist, — bewegt durch
die flehenden Bitttöne der Alten, — wieder frei. Und wie reichlich belohnt wurde ich dafür! — Kaum war das junge Dingelchen
von meiner Hand abgeflogen, kaum hatte es sich auf dem Erd-
boden unsichtbar gemacht, als auch schon das ♂ kletternd empor-
stieg und sein Jubellied erschallen liess. Dies ist voll melodischer
Töne — geschwätzig mag man es nennen — mit reicher Modu-
lation voll schwirrender und gurgelnder Kehltöne, die eine niedliche Strofe bilden und mit ungemein ansprechendem Tonfall.
Man hört zu Anfang in der Regel eine abfallende Scala von vier

Tönen, die dann zum Wiederbeginn einer Strofe wieder ange-
klungen werden.

So wird es zu einem gar anmuthigen Liedchen, dem der vor-
urtheilsfreie Mensch ebenso wie der Forscher von Geist und Ge-
müth nicht müde wird zuzuhören. Wie oft hat es mich geradezu
wieder aufgerichtet und von neuem belebt, wenn ich bewältigt,
von der Gluth des Tages apathisch gegen alles mich Umgebende,
zu werden anfing. Da habe ich es schätzen gelernt — und die
wunderbare Kraft gepriesen, die Mutter Natur einer winzigen
Vogelstimme verleihen konnte. Wie viele Bilder stehen da meiner
Erinnerung fest eingeschrieben, eins davon möchte ich wiedergeben.

Wir befinden uns in der Meeresdepression. Es ist um die
heisse Tageszeit. Die Sonne ist nicht voll sichtbar am Himmel,
sondern lässt durch einen Dunstschleier verhüllt, nur ganz flüchtig
ihre Umrisse erkennen. Aber um so gewaltiger ist sie in ihrer
Wirkung. Längst schon hängt kein Tröpfchen frischen Morgen-
thanes an den Grashalmen, unheimliche Stille und Schwüle
umfängt uns, öde und trostlos dehnt sich die Landschaft vor uns
aus. Auf dem harten, steinigen oder sandigen Boden flimmert
die Luft zu sichtbaren Gasen geballt, und stechende Schmerzen
im Kopf, Leib und Gliedern belästigen den Menschen. Seine Lippen
springen auf und werden wund, die Speicheldrüsen versagen ihre
Funktionen, und der Gaumen wird trocken, der Athem heiss und
übelriechend. Längst schon trägt das Reitthier den Kopf zu
Boden, und entkräftigt setzt es einen Fuss vor den anderen. Jetzt
schreit es von Durst gepeinigt nach Wasser, ein die Ohren mar-
terndes und Mitleid erregendes Moment. Stundenlang schon reiten
wir so dahin. Plötzlich aber richten wir uns auf im Sattel. In
der Ferne winkt eine weite Wasserfläche, Palmen stehen um dieselbe und Menschen und Thiere sieht man daran ihren Durst
löschen. Voll Muths spornen wir unsere Thiere an nach der uns
Allen Labung verheissenden Stelle. Aber was ist das? Nicht
näher rückt der See, so schnell wir auch reiten mögen; undeut-
licher werden seine Umrisse, Palmen, Menschen und Thiere
verschwinden und das Wasser zerrinnt vor unseren Blicken in
tanzender Luft. O weh! es ist das Gebilde des Teufels, eine fata
morgana! Enttäuscht knicken wir zusammen und bemitleiden uns
selbst und unsere Thiere.

Steten und unaufhaltsamen Schritts ist aber die Zeit

vorgerückt. Schon geht die Sonne zur Rüste, ihre Strahlen fallen nicht mehr sengend und brennend, sondern schräg und wohlthuend, und ein kühlender Wind streicht über die Fläche dahin. Wir ahnten nur nicht, wie schnell die Stunden vergingen, als wir auf das Phantasiegebilde lossteuerten. Jetzt fügen wir uns mit arabischem Gleichmuth in die unvermeidliche Lage und nur noch ein kleiner Rest von Unbehagen und Missmuth ob der Enttäuschung bleibt in uns zurück.

Da steigt jubelnd und trillernd die Isabelllerche dicht vor uns in die Höhe. Anfangs beachten wir sie kaum, doch lauter und lauter wird die Strofe, immer tiefer und schmetternder ihre Weise, bis sie zu einem wahren Meisterwerke heranreift. Entzückt lauschen wir nun dem kleinen Sänger, und neidlos preisen wir in seinem Lied des Sängers unvergleichlichen Frohsinn. Aber auch zum Beispiel wird die Strofe: „Sei zufrieden mit Deinem Lose und Deiner Lage, bald wirst Du Deinen Mund netzen mit Wasser, welches Dir gegen Abend beschieden sein wird, — Inschallah!" (So Gott will!) ist die Mahnung und Verheissung, die wir der lieblichen Strofe unserer Lerche entnehmen. Wahrlich, Mutter Natur hat sie nicht vergeblich gerade dieser Stelle zugewiesen!

Und mit dem, dass wir die Falten auf unserer Stirne glätten und den Missmuth aus dem Herzen bannen, winkt uns auch die Labung verheissende Stelle — das Ziel unserer heutigen Reise — ein mit Dattelpalmen umgebener Brunnen, der uns mit seinem köstlichen Wasser reichlich für die erlittenen Strapazen entschädigt und erquickt. So kann die Strophe eines kleinen Vögelchens auf des Menschen Herz belebend einwirken, ja ihm zum Beispiele werden, wenn er verzagt und missmuthig zusammenbrechen will unter der Unbill des Tages.

Beschreibung der Nester und Eier.

I. Nest mit Gelege von 4 Eiern, gefunden auf dem Wegmarsche nach Sidi-Hadj-Kassem 27. 4. 1891. Das Nest ist aus Grashalmen und allerlei Pflanzentheilen lose zusammengeschichtet; da es defect ist, gebe ich die Maasse desselben nicht an. Die in gefälliger Eiform gestalteten Eier sind auf gelblich-weissem Untergrunde über und über mit fahlbraunen Schmitzen besprengt, sodass die Grundfarbe kaum sichtbar, oder ganz davon überzogen wird. Am stumpfen Pole einige, wenige scharfe Haarzüge. Sie maassen:

a. $\dfrac{2.1 \times 1.6 \text{ cm.}}{0.15 \text{ gr.}}$ c. $\dfrac{2.2 \times 1.5 \text{ cm.}}{0.15 \text{ gr.}}$

b. $\dfrac{2.1 \times 1.5 \text{ cm.}}{0.15 \text{ gr.}}$ d. $\dfrac{2.2 \times 1.6 \text{ cm.}}{0.15 \text{ gr.}}$

II. 2 Einzeleier, gefunden auf dem Wegmarsche nach Sidi-Hadj-Kassem, 27. 4. 1891.

Die sehr hübsch gezeichneten Eier sind von gedrungener (bauchiger) Form, auf weissem Untergrunde braun und asch-farben über und über getippelt, beim Ei b mit einem Stich ins Röthliche schimmernd.

a. $\dfrac{2.1 \times 1.6 \text{ cm.}}{0.13 \text{ gr.}}$ b. $\dfrac{2.1 \times 1.6 \text{ cm.}}{0.14 \text{ gr.}}$

III. 1 Einzelei, gefunden auf dem Wegmarsche nach Bir el Khalifa, 30. 4. 1891.

Das langgestreckte Ei ist auf hellweissem Untergrunde lehm-braun getippelt, den stumpfen Pol umlagert eine breite, bandartige Kranzzeichnung, welche sich aus der Zusammensetzung lehm-brauner und aschfarbener Flecken ergiebt. Ebenda stehen auch einige wenige tiefschwarze Haarzüge. Es maass:

$$\dfrac{2.2 \times 1.5 \text{ cm.}}{0.12 \text{ gr.}}$$

IV. Nest mit 2 Eiern, gefunden am Djebel el Meda, 3. 5. 1891.

Nest defect, aus Grasrispen und Pflanzenwolle zusammenge-setzt. Die sehr aparten Eier sind auffallend gestreckt, auf milch-weissem Grunde mit aschgrauen und lehmfarbigen Tüpfeln und Schmitzen besät. Sie maassen:

a. $\dfrac{2.3 \times 1.4 \text{ cm.}}{0.12 \text{ gr.}}$ c. $\dfrac{2.2 \times 1.5 \text{ cm.}}{0.13 \text{ gr.}}$

b. $\dfrac{2.2 \times 1.5 \text{ cm.}}{0.13 \text{ gr.}}$

Das Durchschnittsmaass der Eier ist etwa folgendes:

$$\dfrac{2.2 \times 1.6 \text{ cm.}}{0.14 \text{ gr.}}$$

Das unter Nr. 96 in meiner 1. Avifauna von Tunis angeführte Gelege (von 2 Eiern) von *Calandritis brachydactyla* ist — wie sich nunmehr aus den Maassen entnehmen lässt, — sicher ein Irrthum. Die beiden allerdings eigenartig gefärbten Eier, gehören zweifellos der Feldlerche (*Alauda arvensis*, L.) an, die als Brutvogel dadurch in Tunis constatirt wäre.

Uebrigens ist hervorzuheben, dass der Kopf älterer Vögel
sehön zimmetbraun gefärbt ist was ich ausdrücklich an dieser
Stelle erwähnt haben will.

113. *Calandritis minor*, Cab.   Kleine Stummellerche.

Calandritis minor, Cab. Mus. Hein. p. 123. „N.W. Africa" (1850.)
Calandrella Reboudia, Loche, Cat. des Mamm. et des Ois. obs. en
            Algérie pag. 83 (1858).
Calandrella Reboudia, Loche. Tristram, Ornithology of Northern
            Africa, Ibis 1859, pag. 58 und 422.
Calandrella Reboudia, Loche. Revue et Magaz. de Zool. Algérie.
            pag. 148 pl. II Fig. 1 (1860).
Calandrella deserti, Tristr. on the Ornithology of Palästina, Ibis
            1866, pag. 286.
Calandrella Reboudia, Loche, Expl. de l'Algérie p. 23 (1867) Hist.
            Nat. des Ois.
Calandrella Reboudia, Loche. Taczanowski, Uebersicht der Vögel
Algeriens, Provinz Constantine, J. f. Orn. 1870, p. 41, species 51.
Calandritis minor, Cab. Henglin Orn. N.O. Africas, p. 697 Nr. 582
            „Arabia, Egypt., Nubia" (1871).
Calandritis minor, Cab. E. F. v. Homeyer, Ueber einige Gruppen
            der Lerchen. Cab J. f. Orn. 1873, pag. 196.
Calandritis minor, Cab. Dresser, Birds of Europe, Band IV.
            c. tabula.
Alauda minor, (Cab.) (Subsp.) Catalogue of the Birds in the British
            Museum, XIII. Band, pag. 588.

    Diese Lerche muss den Namen *Calandritis minor*, Cab. führen,
da Loches *Reboudia* (zu Ehren des Dr. Rebond) 8 Jahre später
entstanden ist. Die Synonymie ist eine grosse und verursacht
nicht unbedeutende Schwierigkeiten. Sie ist aber klar und über-
sichtlich naeh den Jahrgängen von mir aufgestellt worden.
    Cabanis gibt in einer Note auf pag. 123 im Museum Heine-
anum eine gute Beschreibung dieser Art, desgleichen E. von Homeyer im J. f. Orn. 1873 pag. 196. Neuerdings wurde diese
Lerche von Sharpe im Catalogue of the Birds XIII. Band als eine
Subspecies zu *pispoletta*, Fall. betrachtet, die er unter das Genus
Alaudula, Horsf. und Moore stellt. Nach Allem was ich von der
Lerche gesehen und kennen gelernt habe, halte ich sie für eine
sehr gute und leicht kenntliche Art. Allerdings will sie mir.

in das Genus *Calandritis* nicht recht passen und der Name *Alaudula* scheint nicht unglücklich gewählt zu sein.

In meiner ersten Arbeit über Tunis habe ich mich eingehender über diese Art ausgesprochen; hinzuzufügen hätte ich nur noch, dass ich ihr auf unserer Wüstenreise häufig begegnet bin, wo sie neben und unter *Calandritis brachydactyla*, Leissl. vorkam.

Auch war ich so glücklich einige Nester mit Eiern zu finden, die bis jetzt in europäischen Sammlungen noch wenig vorhanden sind.

Beschreibung der Nester und Eier.

I. 2 Einzeleier, gefunden auf dem Wegmarsche nach Sidi Hadj-Kassem, 27. 4. 1891.

Die gedrungenen (bauchigen) Eier sind auf milchfarbenem Grunde gelblich-braun getüpfelt und geschmitzt, am stumpfen Pole mit einem Wolkenkranze aschfarbener Flecken gewässert. Eine sehr aparte und hübsche Varietät!)

a. $\frac{2. \ \times \ 1.5 \ \text{cm.}}{0.12 \ \text{gr.}}$ b. $\frac{2. \ \times \ 1.5 \ \text{cm.}}{0.13 \ \text{gr.}}$

II. 2 Einzeleier (zugehörig), gefunden auf dem Wegmarsche nach Sidi Hadj-Kassem, 28. 4. 1891.

Die wunderhübschen Eierchen sind von gefälliger Eiform, auf weissem Grunde mit lehmbraunen und aschfarbenen Tüpfeln über und über besät, die Grundfarbe jedoch keineswegs überall bedeckend. Sie maassen:

a. $\frac{2.2 \ \times \ 1.5 \ \text{cm.}}{0.13 \ \text{gr.}}$ b. $\frac{2.1 \ \times \ 1.5 \ \text{cm.}}{0.13 \ \text{gr.}}$

III. 1 Einzelei, gefunden auf dem Wegmarsche nach Bir Ali ben Khalifa, 30. 4. 1891.

Das Ei ist von gestreckter Form, auf olivgrünem Grunde, gleichmässig auf der ganzen Oberfläche gelblich braun bespritzt und aschfarben gewässert. Es maass:

$$\frac{2.1 \ \times \ 1.4 \ \text{cm.}}{0.12 \ \text{gr.}}$$

IV. Nest mit 1 Ei, gefunden auf dem Wegmarsche nach Bir Ali ben Khalifa, 30. 4. 1891.

Das Nest ist aus Grashalmen, Rispen, Blüthenkätzchen und allerlei Pflanzentheilen lose zusammengeschichtet. Die Nestmulde enthält auffallender Weise eine hühnerartige Vogelfeder und Theile von Schlangenhäuten.

Es misst im Umfang: 35 cm.
im Durchmesser: 11 cm.
in der Höhe: 4.5 cm.
im Durchmesser der Nestmulde: 6 cm.
in der Höhe der Nestmulde: 2.5 cm.

Das bauchig gestaltete Ei ist auf weisslichem Untergrunde mit lehmbraunen Flecken und Schmitzen ausdrucksvoll marmorirt und mit aschfarbener Wolkenzeichnung durchsetzt. Es misst:

$$\frac{2.- \times 1.5 \text{ cm.}}{0.12 \text{ gr.}}$$

V. Nest mit 1 Ei, gefunden auf dem Wegmarsche nach Bir Ali ben Khalifa, 30. 4. 1891.

Das Nest ist im unteren Theile aus Grashalmen zusammengesetzt, die Nestmulde mit den Samenflocken einer Compositenpflanze ganz eigenartig weich ausgepolstert.

Es misst im Umfange: 33 cm.
im Durchmesser: 10 cm.

Die Nestmulde ist ein wenig beschädigt, weshalb die Maasangabe nicht aufgeführt werden kann. Das Ei gleicht den beiden unter II beschriebenen, ist von bauchiger Form und auf milchigweissem Untergrunde gleichmässig und überall leberbraun und aschfarben gefleckt, getüpfelt und geschmitzt. Es misst:

$$\frac{2.- \times 1.4 \text{ cm.}}{0.13 \text{ gr.}}$$

VI. Nest mit 3 Eiern, gefunden auf dem Wegmarsche von Bir el Khalifa, 2. 5. 1891.

Das Nest, welches vollständig vorliegt, ist ziemlich fest aus Grashalmen, Pflanzenblättern und dergl. gebaut

und misst im äusseren Umfang: 32 cm.
im Durchmesser: 10 cm.
in der Höhe: 4.5 cm.
Durchmesser der Nestmulde: 5 cm.
Tiefe der Nestmulde: 2.2 cm.

Die Eier sind auf weissem Grunde lehmbraun und aschfarben längsgeschmitzt, am stumpfen Pole mehr, wie am spitzen. Sie maassen:

a. $\dfrac{2. \times 1.5 \text{ cm.}}{0.12 \text{ gr.}}$

c. $\dfrac{2. \times 1.5 \text{ cm.}}{0.13 \text{ gr.}}$

b. $\dfrac{2. \times 1.5 \text{ cm.}}{0.13 \text{ gr.}}$

VII. 2 Einzeleier (zugehörig), aus Gabes (durch Alessi), 8. 5. 91. Die wunderhübschen, bauchigen Eier sind auf zart hellem Grunde über und über mit kleinen lehmbraunen Tüpfelchen besprengt, zwischendurch aschfarben gewässert und gewölkt. Sie maassen:

a. $\dfrac{1.9 \times 1.5 \text{ cm.}}{0.13 \text{ gr.}}$ b. $\dfrac{1.9 \times 1.5 \text{ cm.}}{0.14 \text{ gr.}}$

114. *Melanocorypha calandra*, Boie, Kalanderlerche.

Die Kalanderlerche bevorzugt die fruchtbaren, cultivirteren Strecken zu ihrem Aufenthalte; — auf den Feldern und Gemüsegeländen, sowie auf grasreichen Auen trifft man sie allerorts. Sehr häufig ist sie auch noch in den Steppengegenden, so trafen wir sie z. B. in der Gegend um El Djem überall in grossen Mengen an — je weiter wir aber nach dem Süden zugingen, um so spärlicher wurde sie, bis sie am Wüstenrande und in der eigentlichen Sahara gänzlich verschwand. Dort räumt sie ihren Platz der prachtvollen Knacker- oder Falkenlerche (*Rhamphocoris Clot-Bey*, Bp.) ein. Nester und Eier habe ich diesmal mehrfach gesammelt und gehe in folgendem ihre Beschreibung.

Die Eier sind von schöner Eiform, ein wenig gestreckt, durchschnittlich grösser als Haubenlercheneier und liegen in einem wenig kunstvoll gearbeiten Neste, welches in der Regel unter einem niedern Strauche oder Grasbüschel steht, auch frei ins Getreide hinein gebaut wird. Das Normalgelege scheint aus 4 Eiern zu bestehen, doch habe ich in einem Betreffungsfalle 4 Junge im Nest gesehen neben einen 5. (faul gebrüteten) Ei; in einem andern Falle liegt ein Nest mit dem Gelege von 5 Eiern vor, doch sind letztere erheblich kleiner als die übrigen, sodass dies Gelege auch einer Haubenlerche angehören kann, obschon die Zeichnung typisch für die Kalanderlerche ist.[*])

I. 4 Eier, zugetragen in Monastier, 23. 4. 1891.

3 Eier sind von gestreckter Form, das 4. von gedrungener (bauchiger) Gestalt. Sie sind auf olivgrünem Grunde mit lehmfarbigen und aschgrauen Flecken bald dichter, bald weiter besprengt, so dass die Grundfarbe theilweise gänzlich bedeckt wird. Sie maassen:

a. $\dfrac{2.6 \times 1.8 \text{ cm.}}{0.23 \text{ gr.}}$ b. $\dfrac{2.6 \times 1.9 \text{ cm.}}{0.26 \text{ gr.}}$

---

[*]) 5 Eier im Gelege ist durchaus nichts Seltenes, wie ich auf meiner letzten Forschungstour in Algier mehrfach erfahren habe. Der Verfasser

c. $\dfrac{2.6 \times 1.9 \text{ cm.}}{0.23 \text{ gr.}}$ | d. $\dfrac{2.3 \times 1.8 \text{ cm.}}{0.23 \text{ gr.}}$

II. Nest mit Gelege von 4 Eiern, gefunden hinter Djemel (am ersten Tage unserer Wüstenreise) 24. 4. 1891. Das Nest ist aus gröberen Pflanzenstengeln und Grashalmen lerchenartig zusammengeschichtet.

Umfang: 38 cm.
Durchmesser   12 cm.
Höhe   5 cm.

Die Eier sind typisch gestreckt, auf grünlich gelbem Grunde mit grossen lehmfarbigen und aschgrauen Flecken und Klexen besprengt. Sie maassen:

a. $\dfrac{2.6 \times 1.9 \text{ cm.}}{0.23 \text{ gr.}}$ | c. $\dfrac{2.5 \times 1.9 \text{ cm.}}{0.25 \text{ gr.}}$

b. $\dfrac{2.6 \times 1.9 \text{ cm. (defect)}}{0.25 \text{ gr.}}$ | d. $\dfrac{2.5 \times 1.9 \text{ cm.}}{0.23 \text{ gr.}}$

Das Durchschnittsmaass war:

$$\dfrac{2.1 \times 1.8 \text{ cm.}}{0.18 \text{ gr.}}$$

115. *Rhamphocoris Clot-Bey*. Bp. Knackerlerche; Falkenlerche.

Melanocorypha Clot-Bey. Bp. Consp. Av. p. 242 (1850).

Hierapterhina Cavaignacii, O. Desmurs et H. Lucas. Rev. et Mag. de Zool. p. 24. (1851).

Alauda Clot-Bey, Malh. Fanna Ornith. de l'Algérie pag. 21. (1855).

Rhamphocoris Clot-Bey, Bp. Comptes Rendus XXXI. p. 423.

Rhamphocoris Clot-Bey, Bp. Loche, Catalogue des Mamm. et des Ois. obs. en Algérie p. 84 (1858).

Rhamphocoris Clot-Bey, Tristram, on the Ornith. of Northern Afrika, Jbis 1859, pag. 424.

Tab. II. (juv. et ♂ ad.)

Dieser begehrten, vornehmen Lerche, welcher ich in meiner ersten Arbeit ein längeres Wort gewidmet habe, begegnete ich diesmal nur in einem Exemplar am Djebel el Meda. Selbiges war aber so flüchtig und scheu, dass ihm nach einem Fehlschuss nicht mehr beizukommen war. Durch die Linnaea erhielt ich einen älteren und einen jungen Vogel, beides ♂♂, welche in Gabes von Alessi gesammelt wurden.

Die Knackerlerche muss früh mit dem Nestbau beginnen

(ich vermuthe im März). Die Eier dieser seltenen Art sind noch wenig gekannt und existiren wohl überhaupt nicht in europäischen Sammlungen.

· Ich habe die biologischen Momente dieser kostbaren Lerche — soweit sie mir vorlagen — eingehend in meiner ersten Arbeit besprochen, auch die genauere Beschreibung der 4 von mir erlegten Stücke gegeben und verweise nachdrücklich auf dieselben. Soviel mir bekannt, ist das Jugendkleid dieses Vogels noch nicht beschrieben worden, da junge Vögel meines Wissens überhaupt noch nicht in europäische Sammlungen gelangt sind, weshalb ich das meine Privatsammlung zierende Exemplar beschreibe, wie folgt:

Kopf und Oberseite sandfarben isabellbräunlich mit einem Hauch von Grau untermischt. Die Schwingen I. Ordnung sind schwarz, beiderseits braun gerändert, die Schwingen II. Ordnung ebenfalls schwarz mit sehr grossem und breitem, weissem Endsaume. Der Schwanz leicht ausgeschnitten, (gegabelt). Die Schwanzfedern braun, an dem Endrande schwärzlich gebändert, nach dem Aussenrande zu weiss. Bürzelfedern am Grunde weiss, an den Endspitzen braun. Kinn und Wangen braun, Kehle weiss mit grauen Tönen untermischt, aber ohne jegliche schwarze Flecken- und Strichelzeichnungen, welche dem adulten Vogel so ausserordentlich zur Zierde gereichen; die Oberbrust zimmtfarben. Unterbrust, Bauch- und Aftergegend hellweiss. Alle Federn tragen den Character des unausgefärbten Jugendkleides an sich, und sind ihrer Form nach getheilt und zerschlissen. Die Beine hellgraufarben, kurze, compacte Zehen und Nägel. Der Schnabel bereits gross und stark seitlich comprimirt, jedoch noch ohne wahrnehmbaren Zahnausschnitt.

116. *Certhilauda desertorum*, (Stanley) Wüstenläuferlerche.
Alauda desertorum, Stanley in Salt's Trav. to Abyss. App. (1811).
    Alauda bifasciata, Licht. Verz. Doubl. p. 27 (1823).
  Certhilauda bifasciata (Licht.) Swains. Classif. of B. II. p. 283
                            (1837).
  Alaemon desertorum, (Stanl.) Keys. & Blas. Wirbelth. Eur. p.
                      XXXVI. (1840).
  Certhilauda desertorum, (Stanl.) Bp. Conspect. Gen. Av. p. 246.
                          (1850).
Certhilauda desertorum, Bp. Loche, Catalogue des M. et des Ois
        obs. en Alg. p. 86. sp. 171 (1858).

Certhilauda Salvini. .Tristr. Ibis 1859, on new species of African
Birds pag. 57. et on the Ornithology of Northern Africa, Ibis 1859.
pag. 427 (desertorum, Stanley) et pag. 428 (Salvini, Tristr.)
Certhilauda desertorum, (Bp.) Loche, Hist. nat. des Ois. II. p. 43.
                    sp. 195 (1867).
Certhilauda desertorum, Bp. Taczanowski, Uebersicht der Vögel
     Algeriens, Prov. Constantine, J. f. Orn. 1870, p. 44.
Alaemon desertorum (nec Stanl.) Heugl. Orn. N. O. Africa p. 692.
                    No. 578 (1870).
Certhilauda desertorum, (Stanley) Dresser, Birds of Europ. IV. pag,
                    273. (1881.).
Alaemon alaudipes, Salvad. Sharpe, Catal. of the Birds in the
               Brit.-Mus. XIII. Band pag. 518.

Diese prachtvolle Läuferlerche ging mir im Jahre 1890 von
der Linnaea in mehreren Exemplaren zu. Sie wurde vom Sammler
Alessi in der Umgegend von Gabes (el Hamma) erbeutet und ist
somit für Tunis neu. Obschon ich sie mit Sicherheit auf der
ihrem Gefieder grossartig entsprechenden Bodenfärbung von Gabes
vermuthete, hatte ich bisher doch nie das Glück gehabt, ihr per-
sönlich zu begegnen. Auch jetzt sah ich bei der Durchsicht der
Bälge, welche Alessi im Frühjahr (1891) in Gabes zusammengebracht hatte, eine ganze Menge dieser Prachtlerche.
Sie soll nach seiner Aussage ein häufiger Vogel der dortigen
Gegend sein; ♂ und ♀ zeigen auffallende Grössenunterschiede.

Die Tristramsche Art *Salvini* wird von neueren Ornithologen
theils zu dieser Art gezogen, theils zur Subspecies *Alaemon desertorum,* Heugl. *) während Sharpe die algerische Form *Alaemon
alaudipes*, Salvad. nennt.

Er unterscheidet demnach offenbar eine östliche (*desertorum*
(Hengl.) und eine westliche (*alaudipes* (Salvad.) Form. Sollten
nun wirklich die beiden Formen zusammen in Algier auftreten,
oder sind es blos zufällige Grössenunterschiede, die bei dieser
Lerche einer grossen Variabilität zu unterliegen scheinen?

117. *Alaemon Margaritae*, Koenig.

Ich muss diese von mir neu entdeckte Art bis heute noch
durchaus aufrecht halten. Von Sharpe wird die Artselbstständigkeit dieser Lerche bezweifelt und mit Duponti, Vieill vereinigt.

---

*) So von Sharpe im XIII. Band des Catalogs of Birds.

Ich habe mich bemüht möglichst vorurtheilsfrei diese Frage zu prüfen und hatte auch im Pariser Museum im Jardin des Plantes, welches nunmehr in grossartiger Weise angelegt und aufgestellt ist, reichlich Gelegenheit dazu gehabt. Dort standen die Typen aus Algier in 8—9 Exemplaren, welche insgesammt eine dunkle Rückenfärbung hatten, nichts aber von der zimmetartigen Farbe meiner Stücke aufwiesen. Ich bin also fester Ansicht, dass meine neue Art eine gute geographische Species ist, die man — wenn man nicht anders will — als Subspecies auffassen mag, — mit der wahren Duponti aber kann sie unmöglich vereinigt werden.

Ob im British Museum Exemplare von *Duponti* oder *Margaritae* stehen, kann ich nicht entscheiden, da ich selbst nicht den Vorzug hatte, dieselben zu prüfen, möchte aber nach alle dem, was mir mein verehrter Freund und College Ernst Hartert von dort berichtete, glauben, dass das Museum Stücke meiner Art besitzt, welche es zu *Duponti*, Vieill. stellt, während ein dunkles Stück (die wahre *Duponti*) vermeintlich aus Spanien vorliegen soll, aber vermuthlich aus Algier stammt.

Sehr zutreffend ist eine Bemerkung E. F. v. Homeyer's in Cab. J. f. Orn. 1873 (E. F. v. Homeyer — Ueber einige Gruppen der Lerchen) auf pag. 207, wo bei der Beschreibung von *Duponti* gesagt wird: „Der Rücken sieht bunt gescheckt aus, indem die schwarz-braune Färbung durch rostgelbe und rostgraue Federränder unterbrochen wird. (Von einer schwarzbraunen Rückenfärbung kann aber bei meiner Art auch nicht annähernd die Rede sein!)

Als Verbreitungsgebiet wird die Grenze der Sahara bezeichnet, was ebenfalls zutreffend wäre, während mein Vogel ein echter Saharabewohner ist und demnach auch ein ganz anderes Colorit trägt.

Gewiss ist, dass beide Formen einander nahe stehen, aber ebenso gewiss treten sie in ganz verschiedenen Gegenden auf und sind auch demnach in ihrer Zeichnung ganz verschiedene Vögel. Neuerdings wurden vom Sammler Alessi in Gabes und Umgegend mehrere Stücke erlegt und präparirt, welche die Linnaea erhalten hat, von wo sie mir zur Ansicht zugingen. Diese deckten sich mit den meinigen vollständig.

Ich selbst hatte auf meiner diesjährigen Frühlingsreise das Glück, die schöne von mir so begehrte Lerche wieder zu erlegen. Es war am 3. Mai, als wir uns der echten Wüste näherten. Die

Gegend wurde eintönig in ihrem Charakter — die wilde Olive
hatte uns längst verlassen, andere Bäume und Sträucher sah man
nicht, nur die Halfabüschel streckten trocken und zäh ihre Halme
empor, und in der Ferne winkten die ersten Palmenoasen. Wir
ritten dem Brunnen el Meheddeub zu. Die Gegend entsprach
meinen Wünschen, und deshalb hiess ich Halt machen, um dieselbe abzusuchen. Kaum war ich von meinem Reitthiere ge-
sprungen, als ich auch sofort eine bogenschnäbelige Lerche erblickte. Im Abdrücken wusste ich, dass ich eine *Alaemon Margaritae* erlegt haben müsste und hob im nächsten Moment richtig
eine solche vom Boden auf. Es war ein junger Vogel, wie ich
auf den ersten Blick erkannte. Nun spähte ich fleissig in die
Runde und gewahrte sehr bald 2 neben einander sitzende Vögel,
von welchen der eine grösser erschien als der andere und auch
anscheinend etwas im Schnabel hatte. Beide erlegte ich und sah
nun, dass ich einen alten und einen jungen Vogel hatte. Ueber
die Maassen erfreut, suchte ich noch weiter, fand aber die übrigen
Glieder der Familie nicht mehr auf. Als ich das alte ♀ aufhob,
sah ich, dass es eine schwarze Arachnide *) im Schnabel hatte, womit es die bereits flüggen Jungen füttern wollte.

Eine Strecke weiter reitend, sprang ich wieder ab, um nochmals nach diesen Vögeln zu suchen. Beim Verfolgen der seltenen
Saxicola moesta, Licht. (*philothamna*, Tristr.), die ich bereits in
einem Exemplar erlegt hatte, sehe ich vor meinen Füssen 2 Läuferlerchen einhertrippeln. Da mich aber die Verfolgung der
Saxicola-Art so ganz in Anspruch nahm, die Lerchen aber meiner
Meinung nach mir nicht abhanden kommen konnten, überlief ich
dieselben und bekam weder den kostbaren Steinschmätzer, noch
die seltenen Lerchen. Das war bei aller Freude des Tages doch
ein rechtes Aergerniss. Töne habe ich auch diesmal von der
Lerche nicht vernommen; sie ist ein vorzüglicher Läufer, und ihr
Flug ähnelt der Haubenlerche, der sie ihrem Habitus nach überhaupt nahe steht. Dennoch ist es ganz unschicklich sie in das
Genus *Galerita*, Boie zu stellen. Ich ziehe sie in das Genus *Alaemon*, Keys. u. Blas. und trenne sie dadurch vom Genus *Certhilauda*,
Swains. ab, dem sie ebenso wenig angehört wie dem Haubenler-
chengeschlecht, wohl aber ein Mittelding von beiden zu sein
scheint. Beim adulten ♂-Vogel war das Kleid bereits ausser-

---

*) Nach Prof. Bertkau-Bonn — ein ♀ von *Rhax melanus* (Oliv.)

ordentlich abgerieben und verbraucht, die Spitzen der äusseren
Schwanzfedern abgebrochen, das Kleingefieder ebenfalls sehr ab-
genutzt und verblieben. Dennoch war oberseits von einer schwarzbraunen Färbung — wie sie *Duponti* eigen ist — nichts wahrzunehmen, im Gegentheil nur die meiner Lerche zukommende
zimmetfarbene (rothbraune) Färbung, was ich mit besonderem
Nachdrucke an dieser Stelle hervorheben will. Uebrigens verweise ich auf meine genaue Beschreibung im Cab. J. f. Orn. 1888,
pag. 230. Das allerliebste Jugendkleid verdient dagegen eine
eingehendere Erwähnung. Alle Federn der Oberseite sind zimmet-
metfarben nach dem Ende zu schwarz gefasst und mit weissen
Endspitzen gesäumt. Schwingen I. und II. Ordnung auf der
Innenseite schwarzgrau mit vorwiegend zimmetfarbenem Ton, stets
weiss gerändert, was besonders an den breiten Schwingen III. Ordnung (Scapularschwingen) der Fall ist und prächtig hervortritt.
Von den Steuerfedern ist die äusserste weiss mit weissem Schaft-
strich, die 2 darauffolgenden sind grauschwarz, die übrigen zim-
metfarben. Der Schwanz selbst tief gegabelt, die mittlere Steuer-
feder daher auffallend kürzer als die äussere. Kinn und Kehle
weiss mit vielen grauen Strichelzeichnungen untermischt. Kropf
und Oberbrust braun gestrichelt, Bauch und Aftergegend weiss.
Schnabel und Füsse noch nicht voll entwickelt. Durch die weisse
Federränderzeichnung erhält der junge Vogel das characteristische
lerchenartige Jugendcolorit, welches aber bei dieser Art besonders
schön und ausgeprägt erscheint.

118. *Ammomanes algeriensis*, Sharpe. Isabellfarbene
Wüstenlerche.

Alauda lusitana, Degl. Orn. Eur. I. p. 405 (1849).

Annomanes isabellina, Ch. Bp. Cat. Parzud. (1856), pag. 8, sp. 254.

Annomanes isabellina, Ch. Bp. Comptes rend. de l'Acad. des sc.
Note sur l'expéd. du cap. Loche dans le Sahara Algér. en
1856.

Annomanes isabellina, Ch. Bp. et *deserti*, Ch. Bp. Loche, Cat. des
Mamm. et des Ois. obs. en Algérie, p. 83, sp. 160, 161. (1858).

Ammomanes isabellina (Temm.) Tristram, on the Ornithology of
Northern Africa, Ibis 1859, pag. 422.

Alauda lusitana, Degl. u. Gerbe, Orn. Eur. I., pag. 344 (1867).

Annomanes isabellina, Ch. Bp. et *deserti*, Bp. Loche, Hist. Nat.
des Ois de l'Algérie Expl. sc. (1867) II., pag. 24 und 25.

Ammomanes isabellina, Bp. Taczanowski, Uebersicht der Vögel
    Algeriens, Prov. Constantine, J. f. Orn. 1870, pag. 42.
  Ammomanes lusitanica, Gurney, Ibis 1871, p. 289.
(*Mirafra*!) *deserti* (nec. Licht.) Dixon, on the Birds of the Provinz
    of Constantine, Ibis 1882, p. 572.
Ammomanes deserti, Licht. Dresser, Birds of Europ. IV., pag.
                    329, c. tab.
Ammomanes algeriensis, Sharpe. Cat. of the Birds in the Brit.
              Museum, XIII. Band, pag. 645.

Die unter dem Namen *Ammomanes deserti*, Licht. früher allgemein angenommene Form der Wüstenlerche Nord-Westafrikas
trennt Sharpe neuerdings in seinem Catalogue of the Birds XIII.
Band, pag. 645 unter dem Namen *algeriensis* ab, indem er die
dunklere Form des Ostens unter *deserti* (Licht.) begreift. Er begründet die Artselbstständigkeit hauptsächlich auf die Verschiedenheit des Colorits beider Vögel, indem er die algerische Form
isabellfarben nennt, bei der östlichen dagegen (Egypten, Palästina etc.) eine dunklere Oberseite gefunden haben will. Nach
diesen neueren Untersuchungen ist demnach auch der tunisische
Vogel unter Sharpes Species *algeriensis* zu stellen.

Im Jahre 1890 ging mir von der Linnaea 1 Balg dieser Art
zu, welcher von Alessi in Gabes präparirt worden war. Als ich
am 5. Mai auf dem Djebel el Meda stand und nach den Trauer-
steinschmätzern (*Dromolaea leucura*) aussah, fiel mir eine ganz
röthlich isabellfarbene Lerche auf, die ich im Fluge für eine
Haubenlerche hielt. Als ich sie schoss, hielt ich höchst erfreut
eine *Ammomanes* in der Hand, die ich zum ersten Mal in der
Natur sah. Auf dem bezeichneten Berge trieben sich diese Vögel
in einigen Exemplaren herum. Wir sahen 3 Stück, welche wir
auch sämmtlich erlegten. Sie hatten offenbar Junge, da ich ein
♀ schoss, welches eine Raupe im Schnabel hatte. Die Stimme,
welche ich nur ganz flüchtig vernahm, schien mir grosse Aehnlichkeit mit der der Haubenlerche jenes Landes zu haben.
Uebrigens hatte ich die Vögel wenig beobachten können, da ich die
Erlegung dieser kostbaren Art jedesmal der Beobachtung vor-
ziehen musste. Wir trafen sie in der kraterförmigen Muldenvertiefung
des Berges; aufgeschreckt, flogen sie eine ziemliche Strecke weit
fort und setzten sich dann gewöhnlich auf die Kuppe oder Spitze
eines Steines.

Das Genus *Ammomanes* (von ἄμμος Sand und μαίνομαι == sehr

lieben — also Sand liebend) ist von Cabanis sehr treffend aufgestellt worden — widersinnig ist die Schreibweise *Annomanes*, wie der Name von den Franzosen verstümmelt wurde.

119. *Ammomanes cinctura*, Gould. Kleine Wüstenlerche.
Ammomanes cinctura, Gould. Vay-„Beagle" Birds, p. 87 (1841).
Alauda elegans, Chr. L. Brehm, Vogelfang, p. 122 (1855).
Annomanes regulus, Ch. Bp. C. R. de l'Acad. des sciences du cap. Loche, dans le Sahara en 1856, p. 1063 et suiv.
Annomanes elegans, Br. et *regulus*, Bp. Loche, Catalog. des M. et des Ois obs. en Alg., pag. 83, sp. 161 u. 162. (1858).
Ammomanes regulus, Bp. Tristram, on the Orn. of Northern Africa, Ibis 1859, pag. 423.
Annomanes elegans, Br. et *regulus*, Bp. Loche, Hist. nat. des Ois. Expl. sc. de l'Algérie (1867).

Diese kleine, allerliebste Wüstenlerche sammelte der Präparator Alessi in einigen Exemplaren in der Nähe von Gabes, im Frühjahr 1890. Es war mir nicht vergönnt die Art aus eigener Anschauung in der Natur kennen zu lernen und sie eigenhändig zu erlegen. Ein von der Linnaea mir zugegangenes Pärchen schmückt nun meine Sammlung.

Ammomanes elegans ist keine Species, sondern fällt mit *cinctura* zusammen, wie *isabellina*. Bp. mit *algeriensis*, Sharpe. Demnach gäbe es in Algier wie in Tunis nur 2 Species aus dem Genus *Ammomanes*, Cab.

Die Ordnung der Dick- oder Kegelschnäbler (*Conirostres*) repräsentirt für Tunis nach wie vor 13 Arten und zwar aus der Familie der Ammern (*Emberizidae*) 3, und aus der Familie der Finken (*Fringillidae*) 10 Arten. Neu hinzugekommen ist demnach keine Species für diese Ordnung.

Loche führt in seinem grossen Werke 32 Arten für Algier auf. Von diesen stehen 20 für Tunis noch aus und zwar aus der Familie der Ammern folgende 8 (für Tunis noch nicht nachgewiesene) Formen:

1. *Emberiza citrinella*, Linn.
2. *Emberiza cirlus*, L.
3. *Emberiza cia*, L.
4. *Emberiza pusilla*, Pall.
5. *Schoenicola arundinacea*, Bp.
6. *Fringillaria caesia*, Gray
7. *Fringillaria striolata*, Bp.
8. *Fringillaria Saharae*, Bp.

und aus der Familie der Finken 12 (für Tunis noch aus-
stehende) Arten.

9. *Passer domesticus*, Brisson,
    A. Tingitanus, Ch. Bp.
10. *Passer rufipectus*, Bp.
11. *Pyrgita montana*, Bp.
12. *Corospiza simplex,* Bp.
13. *Coccothraustes vulgaris*, Brisson.
14. *Fringilla montifringilla*, Linn.
15. *Chlorospiza aurantiiventris*, Cab.
16. *Chrysomitris spinus*, Bp.
17. *Citrinella alpina*, Bp.
18. *Pyrrhula vulgaris*, Temm.
19. *Loxia curvirostra*, L.
20. *Rhodopechys phoenicoptera*, Bp.

Wie ich bereits in meiner ersten Arbeit hervorgehoben, ist
das Auftreten von *Passer domesticus*, *Fringilla montana* und *Emberiza citrinella* in Algier höchst auffallend und muss von mir
stark angezweifelt werden.*)

Uebrigens dürfen die aus der Familie der Finken nachgewiesenen
europäischen Repräsentanten wohl nur Zugvögel sein, welche möglicherweise in harten Wintern in diese südlichen Districte (für die
meisten wohl die äusserste südliche Grenze ihres Winterzuges) ver-
schlagen wurden. Unter den Ammern führt Loche mehrere südliche
Formen auf, die auch für Tunis denkbar sind. Nur die *Emberiza
pusilla*, Pall. bleibt als ausgesprochener östlicher Vogel ein Räthsel
für Algier. Es wird ferner von Loche der europäische Rohrammer
(*Schoenicola arundinacea*) aufgeführt, während ich in meiner ersten
Arbeit den Gimpelammer (*Schoenicola pyrrhuloides*, Pall.), der mir in
einem einzigen Exemplar im April 1888 in Tunis begegnet ist,
nenne. Unsere gewöhnliche europäische Form habe ich bis jetzt
dort nicht gesehen.

---

120. *Emberiza miliaria*, Linn. Grau- oder Gerstenammer.

In der Umgegend von Monastir kein so häufiger Brutvogel
wie in der Umgegend von Tunis. Immerhin hört man sein ein-

---

*) *Passer domesticus* ist thatsächlich in Algier vorhanden und geht sogar
bis in die Wüste hinein, wie ich auf meiner letzten Forschungsreise erfahren
habe.   Der Verfasser.

töniges Gezwitscher oft genug bis zum Ueberdruss. Häufiger
wurde die Art an der Chaussee, welche von Sousse nach-Enfida
— Dar el Bey — führt, von mir beobachtet.

Einige Nester mit den dazugehörigen Gelegen gesammelt.
In meiner Sammlung befinden sich nunmehr 3 wunderhübsche
Spielarten, von denen ich 2 aus Tunis mitbrachte, welche ich
vom Präparator Blanc käuflich erstand, das 3. Exemplar mir aber
durch die Liebenswürdigkeit des Herrn Max Sebes aus Posen
(Domäne Witakowice bei Pudewitz) zuging. Letzt erwähnter Grau-
ammer gehört zur varietas *alba*, da er fast ganz weiss ist, abgesehen
von einigen braungefärbten Secundärschwingen und einigen ebensolchen Längsschmitzen auf der Unterseite. Dies ist eine sehr
seltene Spielart.

Das 2. Exemplar aus Tunis (*Alessi*) ist auf einigen Partieen
der Oberseite, wie auf den Wangen und dem Hinterhalse weiss
gefleckt. Desgleichen sind einige Schwingen II. und III. Ordnung weiss, auch die Unterseite sehr hell ins Weissliche spielend.
Dies hübsche Stück gehört der varietas *varia* an.

Das 3. hervorragend schöne Exemplar hat die Schwanz- und
Flügelfedern weiss, ist aber im Uebrigen auf weisslichem Untergrunde semmelfarben gefleckt und gefärbt. Das Stück gehört zur
varietas *pallida*. Ich hätte somit in meiner Sammlung alle 3 von
Naumann angeführten Spielarten. Man vergleiche was er darüber
sagt in seinem grossen Werke: „Die Vögel Deutschlands", Band
IV, pag. 217.

Bei der stellenweise ausserordentlichen Häufigkeit dieser Art
in Tunis dürften Varietäten nicht gar zu selten sein, so erinnere
ich mich ebenfalls einer silbergrauen Spielart, welche wir — Herr
Spatz und ich — gleichzeitig aus dem Wagen erblickten, als wir
auf der Fahrt nach Enfida begriffen waren. Leider gelang es
mir nicht des seltenen Stückes habhaft zu werden.

121. *Emberiza hortulana*, Linn. Gartenammer, Ortolan.

Diesmal habe ich nicht einen einzigen Vogel dieser Art wahrgenommen.

122. *Schoenicola pyrrhuloides*, Pall. Gimpelammer.
Desgleichen nicht.

123. *Fringilla coelebs*, Linn. Buchfink.

Als wir uns am 25. März gegen Abend dem auf der Kuppe eines

Berges gelegenen Araberdörfchen Schradou genähert hatten und
eben durch die Thore unseren Einzug halten wollten, gewahrte
ich an einem Düngerhaufen einen Vogel, den ich aus der Ferne
für einen Buchfinken ansprach. Da ich mich in einem solchen
zweifelhaften Falle stets zu versichern pflege, hob ich das Gewehr und schoss den Vogel. Verwundert hielt ich thatsächlich
bald darauf das ♀ einer echten *coelebs* in der Hand. Das Exemplar stand noch stark in der Frühlingsmauser und sah dement-
sprechend recht ruppig aus. Kaum hatte ich es besichtigt, als ich
noch einen ebensolchen Vogel gewahrte, dann wieder einen u.
s. w., bis sich vor meinen erstaunten Blicken ein kleiner Trupp
von 8 bis 10 Stück zeigte, welcher sich an der abschüssigen, grasreichen Halde unstät herumtrieb. Am nächsten Tage (26. 3.)
traf ich einen einzelnen Buchfinken, ebenfalls ein ♀, welches ich der
Sicherheit halber auch erlegte. Alle Vögel, welche ich sah, waren
♀♀, welche offenbar auf dem Zuge waren.

Einigermassen überrascht, dass ich die Vögel so spät auf
dem Zuge in ihre nördlicher gelegenen Gefilde an diesem Orte
antraf, hielt ich sie insgesammt für krankhafte Individuen,
die einen Nachtrab bildeten zu ihren längst vorangeeilten
Schwestern nach Europa. Ich sollte jedoch eines Anderen belehrt werden. Denn, als ich am 15. April auf dem Djebel Batteria dem Tschagra nachspürte, jagte ich an einem mit Pistacien-
sträuchern umstandenen Weizenfelde unerwartet eine ganze Schaar
Buchfinken auf, die sich auf die nächsten Sträucher setzten, und
die ich nun mit Musse beobachten konnte. Auch diesmal waren
es hauptsächlich ♀-Vögel, — doch erblickte ich plötzlich auch 2
schöne rothbrüstige Männchen, die ich nun zum Beweise schiessen
und präpariren wollte. In dem Momente aber, als ich das Gewehr hob, flogen sie ab, so ungünstig, dass ich sie nicht aufs
Korn nehmen konnte, und entschwanden insgesammt meinen
Blicken. Ich suchte wohl noch eine halbe Stunde nach ihnen im
Umkreise, konnte sie aber nirgends mehr entdecken.

Da die Buchfinken bei uns zu Lande um diese Jahreszeit zumeist schon mit dem Brutgeschäfte begonnen, mindestens aber
die einzelnen Paare sich in ihre Brutreviere getheilt haben, drängt
sich Einem die wohlbegründete Frage auf, in welchem Lande
denn diese Vögel zum Nestbau schreiten mögen. In Mitteleuropa
gewiss nicht. Es bliebe also nur Nord- und Südeuropa übrig,
falls die betreffenden Stücke in diesem Jahre überhaupt noch

fortpflanzungsfähig wären. Der Zweifel letzterer Annahme dürfte nicht unbegründet sein, und wir hätten es dann hier mit einem Analogon zu den Schaaren der hochnordischen Strandvögel zu thun, die wir alljährlich an unseren Küstenstrichen in vorgerückter Jahreszeit antreffen, und die sich ihrem Fortpflanzungsgeschäfte im beobachteten Jahre gänzlich entziehen. Für vollkommen ausgeschlossen halte ich das Brüten dieser Art in Nord-Africa, da sie ja dort zu Lande durch die nächstfolgende darin ersetzt wird.

Es war demnach eine recht grosse Zufalls- und Glückssache, dass ich den Buchfinken auch in diesem Jahre in Tunis auf dem Durchzuge antraf, da er gewiss nicht zu den häufigen und wahrscheinlich auch nicht zu den regelmässigen Durchzugsvögeln für Tunis gehört. Als eigentlichen Wintervogel habe ich ihn in dem tunisischen Lande nicht kennen gelernt.

124. *Fringilla spodiogenys*, Bp. Maurenfink.
Fringilla spodiogenys, Bp. Rev. Zool. p. 146 (1841).
Fringilla africana, Lev. jr. Expl. Sc. de l'Algérie pl. 7 Fig. 1 u.
2. (1855).
Fringilla spodiogena, Bp. Catal. Parzud p. 18. (1856).
Pinson aux joues grises. — *Fringilla spodiogena*, Bp., Loche, Cat. des Mamm. et des Ois. observé en Algérie pag. 55, sp. 66. (1858).
Pinson d'Afrique. — *Fringilla spodiogena*, Bp. Loche, Hist. nat. des Ois. Expl. sc. de l'Algérie I., pag. 146 (1867).
Fringilla spodiogenia, Bp. Taczanowski, Uebersicht der Vögel Algeriens, Provinz Constantine, J. f. Orn. 1870, pag. 51, sp. 124.
Fringilla spodiogena, Ch. Dixon, Birds of the Province of Constantine, Ibis 1882, pag. 574, 575.

Dieser herrliche, ich möchte sagen, vornehmste und edelste Fink des ganzen Geschlechtes ist in Monastir eine viel häufigere Erscheinung als in Tunis. Freilich sind auch die Oelbäume daselbst von so ausgesuchter Pracht und Schönheit, wie man sie sonst wohl nirgends antrifft. Diese Oelbäume setzen sich zu herrlichen Hainen in der Umgebung von Monastir zusammen und die Haine wieder zu unabsehbaren Beständen. Sie sind mit ihrem silbergrauen Blätterschmucke und den weitschichtigen Reihen ihrer knorrigen Stämme so recht eigentlich für unseren Maurenfinken geschaffen. Dort hört man denn auch allerorts seinen kurzen, wohl ansprechenden Schlag, und gewahrt die herrlichen Vögel in ihren über-

raschend sanften und lieblichen Farbentönen jahraus, jahrein.
Mit grosser Freude denke ich daran zurück, wenn ich beim Durch-
schreiten des Oelbaumgeländes bald hier, bald dort die schönen
Vögel gewahrte und ihren Schlag vernahm. Ich habe ihnen stundenlang zugehört und zugeschaut, und sie in allen Lebenslagen
beobachtet und belauscht. Unser Haus, sozusagen von 3 Seiten
umringt von Olivenbäumen, wurde förmlich umschwirrt von ihnen,
und jeden Morgen schlugen die belebenden Töne eines ♂ an unser
Ohr, wenn wir die Fensterladen unseres Schlafzimmers öffneten,
um der frischen Morgenluft Einlass zu gewähren. Schon am
ersten Jagdtage am 8. März hörte ich öfters den Schlag des Maurenfinken, den ich bereits in meiner ersten Arbeit eingehend besprochen habe. Auch die sperlingsartige Locke vernahm ich wieder
vielfach vom ♂ und kann den Vergleich nur als zutreffend gewählt
aufrecht erhalten. Das ♀ lockt dagegen anders. Ganz zart und
leise setzt es sein „huit, huit" an, ganz ähnlich wie unser Hausroth-
schwanz, ohne das „tack, tack" nachfolgen zu lassen. Ich glaube,
dass dies mehr die Angstrufe des Vogels sind, die er besonders
dann vernehmen lässt, wenn man in die Nähe des Nestes gekommen ist.

„Ich vermuthe", so schrieb ich am 8. März in mein Tagebuch,
„dass die Maurenfinken bald mit dem Nestbau beginnen werden,
und ich hoffe dann eine ganze Reihe von Nestern zu bekommen."

Letzteres ist eingetroffen, denn ich war so glücklick 18 Nester
mit Gelegen zu sammeln, die ich zum grössten Theil selbst genommen hatte. Das erste fand ich schon am 31. März mit 4 Eiern
und am 2. April das zweite; ein drittes vom selben Datum hatte
bereits grosse Jungen im Neste.

Auch diesmal habe ich die Nester nur in Oelbäumen gefunden,
niemals in einem anderen Baum. — Sie stehen zumeist in einer
Zweiggabel, nicht selten aber ganz in der Spitze jüngerer Bäumchen, die oft sichtlich zur Nestanlage vorgezogen werden.

Die Brutzeit ist sehr verschieden; die meisten Nester fand ich
Anfangs April mit frischen Gelegen. — Ausgangs April fand man
meistentheils Junge oder stark bebrütete Eier in den Nestern,
aber auch wohl noch frische Gelege, die man überhaupt noch bis
tief in den Mai hinein finden konnte. So erhielt ich das letzte
Nest mit frischen Eiern am 21. Mai. Das Gelege besteht durchweg aus 4 Eiern, — welche in der Anlage und in der Färbung

Buchfinkeneiern sehr nahe kommen. Diesmal habe ich stets nur das ♀ auf den Eiern brütend angetroffen, und vermuthe daher, dass meine Aussage in der ersten Arbeit, auch das ♂ auf den Eiern gesehen zu haben, auf einem Irrthum beruht, doch findet man das ♂, welches treu zum ♀ hält, immer in der Nähe des Nestes, welches auch in der Regel zuerst schreit, wenn man der Brutstätte nahe gekommen ist, während das ♀ sich dann meistens still und stumm zu verhalten pflegt.

Am 13. Mai sah ich die ersten jungen Vögel. Ich erkannte sie an ihrem Gezwitscher und erlegte ein ♂, welches bereits völlig flugfähig und erwachsen war. Von jener Zeit ab konnte man solchen täglich in den Olivenplantagen begegnen.

Beschreibung des jungen Vogels.

Der junge Vogel, dessen Beschreibung, soviel ich weiss, noch nicht gegeben wurde, trägt ein unbestimmtes graues Gefieder und entbehrt sowohl des schönen aschblauen Kopfputzes, als auch der rosaroth angehauchten Unterseite der alten Vögel.

Kopf und Oberrücken grau, an den Wangen weiss, die Unterseite grau mit bläulichem Tone untermischt. Auf dem Rücken werden einzelne olivgrüne Conturfedern sichtbar. Die Ränder der Scapularschwingen sind gelblichgrün (nicht weiss wie bei den älteren Vögeln). Der Schnabel ist dunkelhornfarben, die Füsse licht blaugrau.

Beschreibung und Maasse der Nester und Eier.

Da ich in meiner ersten Arbeit bereits 11 Nester mit den Gelegen genau beschrieben habe, wähle ich aus dem umfangreichen, mir neu vorliegenden Material nur 3 Nester mit den dazu gehörigen Gelegen, welche ich der näheren Beschreibung für besonders geeignet erachte.

I. Nest mit Gelege von 4 Eiern, gefunden in Monastir (Oliven) 31. 3. 1891.

Das Nest ist aus Pflanzenwolle und allerlei Pflanzenfasern dicht und fest gebaut, wohinein einzelne Zweige und Pflanzenstengel eng verwoben sind, um das Gefüge besonders haltbar zu machen. Die Nestmulde ist mit Thier- und Menschenhaaren ausgepolstert, denen einige Federn beigefügt sind. Etliche derselben stehen über den Rand der Nestmulde hervor.

Umfang des Nestes:	31 cm.
Durchmesser:	9 cm.

Aeussere Höhe: 7,5 cm.
Tiefe der Nestmulde: 4 cm.
Durchmesser der Nestmulde: 5 cm.

Die hübschen Eier sind von etwas gedrungener (bauchiger) Form, auf bläulich-weissem Untergrunde mit den charakteristischen tief braunrothen Flecken, Tüpfeln und Haarzügen versehen, während in verwaschener Form eine fahlröthliche Wolkenzeichnung dem hellen Untergrunde sich auflagert. Sie maassen:

a. 2.1 $\times$ 1.5 cm.   c. 2.1 $\times$ 1.5 cm.
0.14 gr.   0.13 gr.
b. 2.0 $\times$ 1.5 cm.   d. 2.1 $\times$ 1.5 cm.
0.14 gr.   0.14 gr.

II. Nest mit Gelege von 4 Eiern, gefunden in Olive bei Sidi Bou Ali (Sousse), 11. 4. 1891.

Das Nest ist das schönste, welches ich besitze. Es ist fast kugelförmig und von aussen mit kleinen, weiss umsponnenen Pflanzenstengelchen umgeben, mit Federn, Haaren und Pflanzenwolle überall durchsetzt; die Nestmulde mit Thierhaaren und Vogelfedern weich ausgepolstert, — der innere Nestrand ist besonders reich mit Federn — versehen, welche so angebracht sind, dass sie alle zusammen sich über die Nestmulde wölben und dieselbe dadurch gänzlich decken. Man kann daher bei diesem Neste von einer völlig geschlossenen (gedeckten) Nestmulde sprechen.

Umfang: 33 cm.
Durchmesser: 10 cm.
Höhe: 7,2 cm.
Tiefe der Nestmulde: 3,7 cm.
Durchmesser der Nestmulde: 6 cm.

Die wunderhübschen, in gefälliger Eiform gestalteten Eier haben einen licht bläulichgrünen Untergrund, der bei einem Ei besonders glänzend und schön hervortritt. Dieser ist bei allen mit den typischen Punkten, Tippeln und Klexen versehen, — eine gewiss seltene, hervorragend schöne Varietät. Sie maassen:

a. 2.2 $\times$ 1.6 cm.   c. 2.2 $\times$ 1.6 cm.
0.15 gr.   0.15 gr.
b. 2.4 $\times$ 1.6 cm.   d. 2.3 $\times$ 1.6 cm.
0.16 gr.   0.16 gr.

III. Nest mit Gelege von 4 Eiern, zugetragen Monastir, 21. 5. 1891.

Das Nest ist weniger sorgfältig gebaut, als die vorhergehenden, immerhin nach Finkenart fest und schön mit Krautstengeln, Thier-

und Pflanzenwolle und allerlei Pflanzentheilchen verwoben. Die
Nestmulde mit Thier- und Menschenhaaren weich gepolstert, jedoch
ohne Federrand.

Es misst im Umfange: 31 cm.
im Durchmesser: 9 cm.
Höhe: 7 cm.
Durchmesser der Nestmulde: 5,5 cm.
Tiefe der Nestmulde: 3,5 cm.

Die sehr aparten Eier sind von ziemlich gedrungener (bauchiger)
Gestalt, matt im Glanze und dadurch so eigenartig, dass sie, abgesehen von der typischen Flecken-, Punkt- und Kritzelzeichnung
mit gewässerten, fahl weinrothen Wolken den bläulichweissen Untergrund fast ganz überziehen und bedecken. Sie maassen:

a. 2.0 × 1.6 cm.   c. 2.2 × 1.6 cm.
0.13 gr.   0.14 gr.

b. 2.2 × 1.6 cm.   d. 2.1 × 1.6 cm.
0.15 gr.   0.14 gr.

Im Allgemeinen lässt sich von den Nestern und Eiern des
Maurenfinken sagen, das beide Theile grösser und stärker im Ver-
hältniss zu denen des Buchfinken (*Fringilla coelebs*, L.) sind, die
Nester auch vielfach schöner und vollendeter. Bisweilen ist die
Nestmulde durch über den inneren Nestrand hervorstehende Feder-
chen geschlossen, — doch ist dies keineswegs immer der Fall.

Die Eier variiren nach der Grundfarbe und der Flecken-
zeichnung ausserordentlich, meistens findet man solche von heller
Grundfarbe mit weinröthlichen Nüancen und tiefbraunrothen Klexen,
Flecken und Punkten (typisch), seltner solche, bei denen die
Grundfarbe von der weinröthlichen Wolkenzeichnung verdeckt wird,
am seltensten jedoch die mit ausgeprägt hell grünlich-blauer
Grundfärbung mit nur wenigen tiefbraunen Flecken und Tippeln.
Ihr Durchschnittsmaass dürfte folgendes sein:

2.2 × 1.6 cm.
0.15 gr.

125. *Passer Italiae*, Vieill.
    Passer cisalpina, Temm. Rothkopfsperling.

Selbstredend ist der Rothkopfsperling auch in Monastir eine
alltägliche Erscheinung. Man sieht oft Männchen von über-
raschender Pracht, namentlich zur Frühlingszeit. Vor Ende März
schreitet er selbst in diesen südlichen Strichen nicht zum Nestbau

— macht aber gewiss 3—4 Bruten im Jahr. Erwähnenswerth scheint es mir zu sein, dass man sehr oft ganz verschieden bebrütete Eier im Nest findet. So ergab die Untersuchung eines unter dem Dachpfosten in El Djem herabgeholten Nestes eines Hauses, 1 frisch gelegtes, 1 mittelstark bebrütetes und 1 kurz vor dem Ausfallen stehendes Ei — jedenfalls ein höchst merkwürdiges Ergebniss. Man findet zumeist 4 Eier im Nest, nicht selten aber auch nur 3, ja blos 2, am seltensten aber 5. Von 6 Eiern im Neste habe ich bei dieser Art niemals Kunde genommen.

Als wir am 25. April einen Ruhetag in El Djem hatten, suchten wir im Amphitheater nach den Nestern auch dieses Vogels und fanden mehrfach die Eier. Uebrigens gab es auch schon ausgeflogene, junge Vögel — überhaupt aber Sperlinge in unendlichen Massen, wie ich solche nie zuvor gesehen habe. Gern richtete ich den Blick auf ein altes ♂, welches an Schönheit besonders hervorstach, und weidete mich ordentlich an der Harmonie der Farbenzusammenstellung. In allen seinen Sitten und Gewohnheiten ist und bleibt er aber trotz des ganz veränderten Gefieders nur eine klimatische Subspecies, die meiner Ansicht nach trinär *Passer domesticus Italiae.* Vieill. gefasst zu werden verdient. Anders scheint es sich mit der asiatischen (indischen) Sperlingsart zu verhalten. Exemplare, welche mir von dort, durch Güte von Ernst Hartert und Freiherrn von Berlepsch zugingen, erwiesen sich als durchweg kleiner, und dürften, trotz ihrer übereinstimmenden Farbenkleider, mit *domesticus* doch wohl nicht vereinigt werden.

126. *Passer hispaniolensis*, Temm. Sumpf- oder Weidensperling.

Diese Art scheint in der Umgebung Monastirs gänzlich zu fehlen; ich habe nicht ein einziges Individuum während meines Aufenthaltes daselbst bemerkt.

127. *Pyrgita petronia*, Linn. Steinsperling.

Auf steinigen Halden und in alten Gebäuden hier und da. In der Ruine des alten Schlosses in Monastir gewahrte ich mehrere Pärchen, — wo sie ihr langgedehntes „zĭ-üīb" in fortwährender Aufeinanderfolge ertönen liessen. Wenn man gezwungen ist, eine Zeit lang diese Töne anzuhören, werden sie einem bald überdrüssig und martern schliesslich das Ohr in empfindlicher Weise. Vollends aber können — wie ich es selbst erfahren habe — Käfigvögel den

Menschen zur hellen Verzweiflung damit bringen, so dass er, selbst
nachdem die Laute verstummt sind, noch fortwährend das „zĭ-ŭĭb-
zĭ-ŭĭb" zu hören vermeint, — ein die Nerven höchst anreizendes
und überspannendes Gekreisch.

Diese Vögel brüten in den Löchern alter Mauern und Ge-
bäude, mit Vorliebe auch in tiefen Brunnen. In Chnies scheuchte
ich sie öfters aus denselben hervor, habe aber selbst diesmal keine
Eier von ihnen gefunden. Doch wurden mir vom Djebel Batteria
einige Eier zugetragen, die ich als dieser Art angehörig erkannte.

128. *Ligurinus chloris*, Linn. Grünfink.

Der Grünfink kam auch diesmal wieder häufig zur Beobachtung. Er ist in den Olivenwäldern eine keineswegs seltene Erscheinung, auch trifft man ihn häufig genug an der Gebirgsbasis,
wo er sich in den Beständen der wilden Thuja mit Vorliebe aufhält. Dort findet man auch seine Nester. Mir wurden mehrfach
von Hirtenjungen Nester und Eier dieses Vogels zugetragen.
Leider versäumte ich diesmal den Vogel zu schiessen und kann
aus diesem Grunde die Identität der Species *aurantiiventris*, die an
Exemplaren, welche aus Süd-Frankreich (?) stammten, von Cabanis
aufgestellt wurden, weder bejahen noch verneinen.

129. *Serinus hortulanus*, Koch. Girlitz.
„Säneb" der Araber.

Der Girlitz ist, wie sich das nicht anders erwarten liess, auch
in der Umgebung Monastirs eine häufige Erscheinung. In den
herrlichen Olivenbeständen tummelt er sich mit seines Gleichen
von früh bis spät. Dicht vor unserem Hause musste ein Pärchen
nisten, denn wir hörten eine Zeit lang den schwirrenden Gesang
des ♂ hauptsächlich zur Morgen- und Abendzeit. Ich suchte auch
fleissig nach dem Neste, aber die Vögelchen mussten es vortrefflich versteckt resp. einem Olivenast angepasst haben, da ich es
nicht aufzufinden vermochte.

Sehr häufig ist der Girlitz in den Gebirgen und bevorzugt
dort die Thuja allen anderen Bäumen und Sträuchern. Wo diese
in bald engeren, bald weiteren Beständen auftritt, fehlt das
schmucke Vögelchen sicherlich nicht. So traf ich es an und auf
dem Djebel Batteria allerorts und fand auch dort vielfach die
Nester und Eier des Girlitz. Das erste Nest, zu welchem mich
der Bergaraber Achmed führte, entnahm ich einem kleinen Thuja-

bäumchen am 28. Mai 1891 mit dem Gelege von 4 frischen Eiern
— und Mitte April schon sah ich junge Vögel, zum Theil noch in
den Nestern, aber zumeist ausgeflogen, nahm jedoch auch noch
einige frische Gelege für meine Sammlung, die mir stets höchst
willkommen waren.

Beschreibung und Maasse der Nester und Eier.

I. Nest mit 2 Eiern, gefunden auf dem Djebel Batteria in
Thuja 28. 3. 1891.

Das Nest ist auffallend gross für das eines Girlitz, doch
zweifellos echt, da ich den brütenden Vogel selbst und unverkennbar darauf erblickt habe. Es ist von aussen mit Pflanzenstengeln, Halmen und allerlei Pflanzentheilen aufgebaut, theilweise mit Flocken pflanzlicher Wollstoffe, auch mancherlei Federchen verwirkt, die Nestmulde mit Thier- und Menschenhaaren, sowie
mit weichen Flaumfedern ausgefüttert.

Es misst im Umfang:	31 cm.
im Durchmesser:	9.5 cm.
in der Höhe	4.8 cm.
im Durchmesser der Nestmulde:	6 cm.
in der Tiefe der Nestmulde:	3.1 cm.

Die Eierchen sind typisch auf hellem Untergrunde an der
Basis (stumpfen Pol) blass weinröthlich gewässert und gewölkt
und dunkelbraunroth getippelt, gefleckt und bekritzelt. Sie maassen:

a. 1.7 $\times$ 1.3 cm.	b. 1.6 $\times$ 1.3 cm.
0.07 gr.	0.05 gr.

II. Nest mit Gelege von 4 Eiern, gefunden am Djebel Batteria,
in Thuja, 13. 4. 1891.

Das kleine, zierliche Nest aus Grashalmen und Rispen aufgebaut, mit Pflanzenwolle durchsetzt und inwendig mit Thier- und
Menschenhaaren, auch mit Federn ausgelegt und ausgepolstert.

Umfang:	26 cm.
Durchmesser:	8 cm.
Höhe:	4.5 cm.
Durchmesser der Nestmulde:	5 cm.
Tiefe der Nestmulde:	3.5 cm.

Die Eier sind von gedrungener (bauchiger) Gestalt und typisch
gezeichnet, auf hellbläulich weissem Untergrunde, weinröthlich gewässert und dunkelbraun besprengt, bekritzelt und getippelt. Sie
maassen:

a. $\dfrac{1.6 \times 1.4 \text{ cm.}}{0.06 \text{ gr.}}$ c. $\dfrac{1.6 \times 1.3 \text{ cm.}}{0.07 \text{ gr.}}$

b. $\dfrac{1.5 \times 1.2 \text{ cm.}}{0.06 \text{ gr.}}$ d. $\dfrac{1.5 \times 1.3 \text{ cm.}}{0.06 \text{ gr.}}$

Da ich in meiner ersten Arbeit bereits mehrere (5) Nester mit deren Gelegen genau gemessen und beschrieben habe, verweise und beschränke ich mich auf dies vorliegende Material. Das Durchschnittsmaass der Eier dürfte folgendes sein:

$$\dfrac{1.6 \times 1.2 \text{ cm.}}{6.06 \text{ gr.}}$$

130. *Carduelis elegans*, Steph. Distelfink; Stieglitz.

Durch ein Exemplar aus Süd-Frankreich, welches mir durch meinen Freund Hartert zuging, wurde ich zur besonderen Aufmerksamkeit auf den Distelfink von Tunis veranlasst. Bei diesem Vogel sprang nämlich der weisse Seitenkopffleck bis weit auf den Mittelkopf (Scheitel) vor, was so auffallend war, dass er sich sofort von den deutschen Exemplaren dadurch unterschied. Ich achtete nun fleissig darauf und erlegte auch mehrere Stücke. Diese erwiesen sich aber bei genauerem Vergleich nicht wesentlich verschieden von unseren Vögeln. Immerhin ist der Vogel von Tunis kleiner als unsere deutschen Distelfinken — er wird mit dem auf den Canaren — von Teneriffa besitze ich nunmehr 2 Vögel dieser Art, welche mir durch die Linnaea zugingen — und dem auf der Insel Madeira lebenden identisch sein. Auch von der Insel Capri besitze ich gleichfalls ein dem tunisischen Vogel entsprechendes Stück (*meridionalis*).

Die wunderhübschen Nester zeigen gleichfalls einige Verschiedenheit von den unsrigen und verdienen genauer beschrieben zu werden. Ich fand sie zumeist in den obersten Zweigen der Oelbäume, von wo sie nicht ohne Schwierigkeit herabzuholen waren. 5—6 Eier bilden das Normalgelege.

Mit dem Nestbau beginnen die alten Vögel bereits um die Mitte des März.

Beschreibung und Maasse der Nester und Eier.

I. Nest mit Gelege von 4 Eiern (das vollständige Gelege bestand aus 5 Stück), gefunden in Monastir (Olive), 2. 4. 1891.

Das hervorragend schöne Nest ist aus dünneren Pflanzenwurzeln und Stengeln aufgebaut, durch und durch mit Pflanzen-

hast, Pflanzenwolle und weichen Federchen durchsetzt und eng
verwoben, so dass die Nester äusserlich sehr viel Weiss zeigen.

Die Nestmulde ist dann noch besonders weich mit weissen
Flaumfederchen und einzelnen schwarzen Pferdehaaren ausgepolstert.

Umfang:	29 cm.
Durchmesser:	9 cm.
Höhe:	4,5 cm.
Durchmesser der Nestmulde:	5,5 cm.
Tiefe der Nestmulde:	3 cm.

Die hübschen Eierchen sind auf hellweissem Grunde, mit
bald bläulich, bald rosafarbenem Hauch überflogen, von gefälliger
Eiform mit blassröthlichen Flecken tingirt und dunkelbraunrothen
Punkten und Schnörkeln — zumal an der Basis — versehen. Sie
maassen:

a. $\dfrac{1.7 \times 1.3 \text{ cm.}}{0.07 \text{ gr.}}$ c. $\dfrac{1.7 \times 1.3 \text{ cm.}}{0.08 \text{ gr.}}$

b. $\dfrac{1.7 \times 1.3 \text{ cm.}}{0.06 \text{ gr.}}$ d. $\dfrac{1.6 \times 1.3 \text{ cm.}}{0.07 \text{ gr.}}$

II. Nest mit 3 Eiern (Gelege bestand aus 4 Stück), gefunden
in Monastir, 10. 4. 1891.

Das Nest ist mit feineren Würzelchen aufgebaut, vielfach mit
weisslicher und grauer Pflanzenwolle durchsetzt, die Nestmulde
mit schwarzen Pferdehaaren ausgelegt und mit Pflanzenwolle weich
gepolstert.

Umfang:	28 cm.
Durchmesser:	8 cm.
Höhe:	4 cm.
Durchmesser der Nestmulde:	5 cm.
Tiefe der Nestmulde:	3 cm.

Die Eier sind ein wenig gedrungen (bauchig), auf zart grün-
lich-weissem Grunde mit fahl weinröthlichen Flecken und Klexen
gewölkt und gewässert und mit nur wenigen (ganz vereinzelten)
dunkel braunrothen Punkten getippelt. Sie maassen:

a. $\dfrac{1.7 \times 1.3 \text{ cm.}}{0.07 \text{ gr.}}$ c. $\dfrac{1.6 \times 1.3 \text{ cm.}}{0.07 \text{ gr.}}$

b. $\dfrac{1.7 \times 1.3 \text{ cm.}}{0.08 \text{ gr.}}$

III. Nest mit Gelege von 5 Eiern, gefunden in Monastir,
19. 4. 1891.

Sehr schön vollendetes Nest, mit feineren Wurzeln aufgebaut und mit Samenwolle und weisslichen Gnaphalienstengeln durchsetzt. Die Nestmulde mit hellweisser, seidenartiger Samenwolle weich gepolstert. Einige schwarze Pferdehaare liegen in derselben.

Umfang:	27 cm.
Durchmesser:	8 cm.
Höhe des Nestes:	6,5 cm.
Tiefe der Nestmulde:	3,3 cm.
Durchmesser der Nestmulde:	5 cm.

Die hübschen Eierchen, an der Basis bauchig, nach dem spitzen Pole scharf abfallend, sind auf bläulichweissem Untergrunde typisch gewölkt und reichlich braunroth gefleckt und bekritzelt. Sie maassen:

a. $\dfrac{1.6 \times 1.3 \text{ cm.}}{0.07 \text{ gr.}}$ d. $\dfrac{1.6 \times 1.3 \text{ cm.}}{0.07 \text{ gr.}}$

b. $\dfrac{1.6 \times 1.3 \text{ cm.}}{0.07 \text{ gr.}}$ e. $\dfrac{1.7 \times 1.3 \text{ cm.}}{0.07 \text{ gr.}}$

c. $\dfrac{1.7 \times 1.3 \text{ cm.}}{0.07 \text{ gr.}}$

Das Durchschnittsmaass der Eier würde nach vorliegendem Material demnach betragen:

$$\dfrac{1.7 \times 1.3 \text{ cm.}}{0.07 \text{ gr.}}$$

131. *Cannabina sanguinea*, Landb. Bluthänfling.

Als wir am 12. April auf der Wegstrecke von Enfida und Batteria unterwegs Halt machten, um einen vielversprechenden Bergkegel auf seine p. p. Horste zu untersuchen, fanden wir in Pistacienbüschen 2 Nester von *Cannabina sanguinea* mit frischen Eiern. Die Vögel mussten offenbar grade in ihrer Fortpflanzungsperiode gestanden haben, denn als wir am Batteria angekommen waren, brachte unser biedere Achmed einen ganzen Haufen Nester herbei mit dem Ausrufe: „Haesch besef". Ich war ganz aufgeregt, als ich diese Unmenge von Nestern und Eiern sah, und begab mich gleich an die Revision derselben, hoffend einige Raritäten I. Ranges z. B. *Pratincola Moussieri*, auf welche ich ihn besonders aufmerksam gemacht hatte, darunter zu finden. Aber es war Alles gemeines Zeug — und fast ausschliesslich Nester und Eier des Bluthänflings.

5*

Dass der Bluthänfling in solchen Mengen als Brutvogel in
Tunis auftritt, habe ich freilich nicht geahnt. Ein sehr eigenthümlicher Zufall war es daher, dass ich die Vögel selbst fast
niemals sah und auch keine Gelegenheit hatte, deren zu erlegen,
was ich umsomehr bedauere, als ich eine klimatische Farben-
varietät in der Art vermuthe.*)

Die Bauart des Nestes und die Eier in Form, Gestalt und
Anlage zeigen keine Verschiedenheiten von solchen unseres deutschen
Vogels, wesshalb ich die eingehende Beschreibung der gesammelten
Nester und Eier dieser Art von Tunis unterlasse.

132. *Erythrospiza githaginea*, Licht. Felsengimpel.

Diesmal hoffte ich auf unserer Wüstenreise vielfach diesen
hübschen, rothschnäbligen Vögeln zu begegnen. Allein ich traf
nur 2 Stück, welche ich auch beide schoss. Es war auf dem für
den Ornithologen so viel versprechenden Djebel el Meda, wo ich
plötzlich die Vögelchen vor mir auf dem Boden sitzen sah. Beide
schoss ich im Fluge herab. Offenbar war es ein Pärchen, welches
zum zweiten Male brüten wollte, da die erste Brutperiode längst vorüber war. Diese fällt für unseren Vogel bereits in den Anfang
März. Eine zweite Brut muss jedoch wohl nur ausnahmsweise
gemacht werden, da ich andernfalls auf und am Djebel el Meda
mehr Vögel dieser Art angetroffen angetroffen haben müsste. Offenbar hatten sich die meisten Vögel nach vollzogenem Brutgeschäfte, zusammengeschart und waren nach einer anderen Gegend
verzogen.

Der Sammler Alessi theilte mir brieflich mit, dass ihm kurz
vor seiner Abreise aus Gabes ein Araber eine von ihm nicht ge-
kannte, prachtvoll aussehende *Erythrospiza*-Species — leider ganz
zerschossen — zugetragen habe. Dies wird dann wahrscheinlich
die seltene, von Loche unter dem Namen *Rhodopechys phoenicoptera*
Ch. Bp. aufgeführte *Er. sanguinea* (Gould) gewesen sein, welche ich
jedoch, da ich sie nicht gesehen habe, unter einer Nummer nicht
aufzustellen wage. —

Die Ordnung der Tauben (*Columbae*) weist für Tunis 3 Repräsentanten auf. Die in meiner ersten Arbeit aufgeführte *Columba*

---

*) Das ist nicht der Fall. Einige nunmehr in Algier erlegten Vögel be-
weisen, dass sie mit der typischen Form von Europa zusammenfallen.
                                                    Der Verfasser.

oenas, L. ist zu streichen, da die Angabe auf einem Irrthum beruht. Die vermeintliche *oenas* war eine echte *livia* und obschon, es wahrscheinlich ist, dass die Hohltaube wie in Algier so auch in Tunis auftritt, muss sie dennoch einstweilen der Liste der tunisischen Vögel fern bleiben, da sie eben dort noch nachweisbar ist. Loche führt für Algier 7 Taubenarten (also 4 mehr, wie ich für Tunis) auf.

Diese 4 (für Tunis noch nicht nachgewiesenen) sind folgende:

1. *Palumbus torquatus*, Bp.
2. *Palumbus excelsus*, Buvry.
3. *Columba turricola*, Bp.
4. *Palumboena columbella*, Bp. = (*Columba oenas*, L.)

Von diesen muss *Palumbus excelsus*, Buvry das grösste Interesse der Ornithologen beanspruchen, da sie als Species noch nicht genügend erkannt ist.

Die *Columba turricola* dagegen dürfte sich als unhaltbare (?) Subspecies der *Columba livia* herausstellen.

---

133. *Columba livia*, Linn. Felsentaube.
„Hmám", der Araber.

Die Felsentaube ist in ganz Tunesien eine häufige und gewöhnliche Erscheinung. Ich überraschte sie auch diesmal wieder an den Brunnenlöchern, so z. B. in Chnies, wo ich 2 prachtvolle Stücke schoss und für meine Sammlung präparirte. Mit Sturmeseile und pfeifendem Flügelschlag sahen wir sie die nackten Felsparthien des Djebel Batteria umfliegen, welche sie — wunderbar genug — mit dem schnellen und räuberischen Feldeggsfalken gemeinsam bewohnten. Auch im Amphitheater von El Djem gewahrten wir viele und erlegten auf dem Abendanstande einige Stücke für unseren Suppentopf. Herrn Spatz' Bemühungen habe ich es zu danken, dass ich ein Ei dieser Taube erhielt. Genannter Herr schickte einen Jungen auf die Mauern des Colosseums und hiess ihn dort nach Eiern suchen. Bald hatte der Bengel ein Nest der Felsentaube entdeckt und die beiden Eier hervorgelangt. Beim ungeschickten Abwärtssteigen zerbrach er leider eines derselben. Immerhin freute ich mich, in den Besitz wenigstens eines sicheren Eies von der wilden Felsentaube zu gelangen. Bekanntlich nistet die Taube gern in der Nähe des Meeres. So auch in Monastir. Die dem Städtchen vorlagernde, überaus grottenreiche

Insel Tonara beherbergte, zumal sie unbewohnt war, vor Zeiten
eine wahre Unmenge dieser Vögel. Bald kamen denn auch, her-
àngelockt durch ihre Schaaren, die „Knaller" von allen Seiten
herbei und richteten unter denselben einen wahren Massenmord
an, den sie so lange fortsetzten, bis die Tauben gänzlich verzogen.
Jetzt lohnt die Fahrt dorthin nicht mehr der Mühe, da nur wenige
Paare in den unzugänglichsten Felsenritzen und Röhren brüten
oder in denselben übernachten. Einem abgeschossenen Pfeile
gleich stürzen sich die gewitzigten Vögel kopfüber zur Abendzeit
in ihre Schutzlöcher, wo sie die Nacht über verweilen, um noch
vor aufgehender Sonne wieder ebenso schnell heraus zu stürzen
und dem Festlande zuzueilen.

Das Ei, von mattglänzender Schale ist ziemlich walzenförmig,
langgestreckt ohne ausgeprägt stumpfe resp. spitze Polbildung.
Es misst: 3.8 $\times$ 2.7 cm.
                               1.02 gr.

134. *Turtur vulgaris*, Eyton. Turteltaube.
„Imâm" der Araber.

Die ersten Turteltauben im Jahr sahen wir am 16. April gelegentlich der Heimfahrt vom Djebel Batteria. Ich gewahrte die
Vögel zuerst, sprang aus dem Wagen und erlegte einen beim
Auffliegen. Von da ab konnte man sie allenthalben in den Oliven-
hainen, an Wegen, auf bestellten Aeckern und Feldern, kurz überall wahrnehmen. Die hübschen Vögel gereichen alsdann in ihren
sanften Farben der Landschaft zu einem lebendigen, ungemein
prächtigen Schmuck. Die gemeine Turteltaube ist also kein
Wintervogel in Tunis, sondern ein Zugvogel, welcher mündlichen
Berichten zufolge, vielfach im Lande zurückbleiben und daselbst
brüten soll.

135. *Turtur senegalensis*, Bp. Palmentaube.
„Imâm" der Araber.

Im Gegensatz zur vorigen Art ist die Palmentaube — wie
dies ausdrücklich hervorgehoben zu werden verdient — kein Zugvogel in Tunis, sondern bewohnt die geeigneten Localitäten daselbst in allen Jahreszeiten. Sie ist also ein Standvogel in des
Wortes vollster Bedeutung. In Monastir ist sie hänfig, man trifft
sie allerorts in Olivenwäldern, in den Gärten, Palmenhainen, kurz
überall, wo nur einigermassen die Localitäten ihren Bedürfnissen
zu entsprechen scheinen.

Steht mitten unter den Oliven ein Johannisbrodbaum, so wird man die aufgescheuchten Vögel immer dorthin ihre Zuflucht nehmen sehen; die dichte Krone der dunkelgrünen „Karube" gewährt auch den Tauben einen prächtigen und sicheren Schutz. Anfänglich glaubte ich daher, sie müssten in diesen Bäumen ihr Nest anlegen und suchte mit unermüdlichem Eifer in dem Gezweig nach demselben und noch mehr nach den von mir begehrten Eiern. In Chnies zumal bemühte ich mich die Nester zu finden, da ich die dort sehr häufigen Palmentauben bereits im April ange-paart antraf. Ich sah das ♂ kerzengrade in die Höhe steigen, sich sanft in der Luft wiegen und mit aufgeblähtem Kropf und zitternden Flügeln wieder zu Boden gleiten. Doch war es mir nicht beschieden, das Nest selbst zu entdecken.

So oft ich auch die Tauben aus den Bäumen aufscheuchte, und so oft ich auch gewissenhaft die betreffenden Zweige ab-suchte, — immer vergebens. Ich beauftragte die vagabondirenden Hirtenjungen mir die Eier der „Imam" zu bringen und versprach ihnen 1 Franken für das Ei. Aber auch dieser Versuch misslang anfänglich. Bereits fing ich an ernste Bedenken an der Habhaft-werdung der Eier zu hegen, zumal die Zeit unserer Abreise sehr nahe gerückt war, als ich beim Durchstreifen der Gärten in Skannes einen Hirtenknaben ganz zufällig nach Nest und Eiern der „Imam" fragte. Stumm nickend biess er mich folgen und wies, an einer Cactusstaude stehen bleibend, auf dieselbe. Ich dachte an das Nest des Heckensängers — gewahrte aber in dem Augen-blicke ein eben dem Ei entschlüpftes junges Täubchen todt auf dem Boden liegen. Nun entdeckte ich auch das flache, eigen-artige Nest mit noch einem gleichfalls todten Vögelchen. Das Nest stand reichlich über Manneshöhe in der nestförmigen Ver-tiefung eines Cactusblattes und war aus Queckenwurzeln (?) erbaut.

Ich versprach nun dem Jungen 1 Franken, wenn er mir ein Nest mit 2 Eiern ins Haus brächte. Der Knabe hatte ein ehr-liches Gesicht, und ein leichter Hoffnungsstrahl schlich sich bei mir ein, die Eier dennoch zu erhalten. Die Ahnung hatte mich nicht getäuscht.

Kurz vor unserer Abreise aus Monastir klopfte Jemand an die Hofthüre und als ich öffnete — stand vor mir der Junge mit 2 Nestern und den vollen frischen Gelegen in der Hand. Er hatte sie gleichfalls aus einer Cactushecke ausgehoben. Voll befriedigt gingen beide Theile in entgegengesetzter Richtung auseinander:

der Junge mit dem 2 Frankstücke, ich mit den mir so werthvollen Eiern der *Turtur senegalensis*, deren Beschreibung ich gebe
wie folgt.

I. Nest mit Gelege von 2 Eiern, zugetragen aus Skannes,
Monastir, 21. 5. 1891.

Das sehr eigenartige Nest ist aus fahlgelben Wurzelzweigen,
und der Farbe jener gleichfalls entsprechenden Stengeln und
Zweigen von Sträuchern und Bäumen nach Taubenart gebaut — es ist
im Uebrigen flach, ohne sichtbar wahrzunehmende Einmuldung,
worauf die schönen, glänzenden Eier liegen. Es misst im Durchmesser etwa 17 cm. in der Peripherie 55 cm. Die Eier verjüngen
sich nach beiden Polen ziemlich gleichmässig, sie sind also von
walzenförmiger Gestalt. Sie maassen:

a. 2.6 $\times$ 1.9 cm.   b. 2.7 $\times$ 2.0 cm.
   0.31 gr.   0.31 gr.

II. Nest mit Gelege von 2 Eiern, zugetragen aus Skannes,
Monastir 21. 5. 1891.

Das Nest ist ein gleichfalls echt taubenartiges Gefüge von
Wurzelgezweig, Grasstengeln und Strauchästchen — alle aber
zeigen dieselbe hellgelbliche Färbung. Diese Farbe entspricht genau der des trocken gewordenen, der fleischigen Theile entbeh-
renden Geäders eines Cactusblattes (*Opuntia ficus Indica*) und
wäre somit ein vortreffliches Anpassungsobject der genannten
Pflanze. Ein Gnaphaliumstengel lag im Neste.

Da das Nest länglich oval ist, so misst es im grössten Durchmesser 18 cm., im kleinsten Durchmesser nur 12 cm., die Peripherie beträgt etwa 49 cm. Die schönen mattglänzenden Eierchen ercheinen ein wenig gedrungener (bauchiger) als die vorigen
und ergeben folgende Maasse:

a. 2.7 $\times$ 2 cm.   b. 2.6 $\times$ 2 cm.
   0.36 gr.   0.36 gr.

Das Dunenjunge ist mit pinselborstigen, haarartigen Feder-
gebilden über und über bekleidet, welche zumeist von strohgelber
aber auch bronceartiger Färbung sind.

Aus der Ordnnng der Scharr- und Hühnervögel (Rasores) liegen
für Tunis 5 Arten vor und zwar aus der Familie der Wüstenhühner
(*Pteroclidae*) 3 Arten, darunter ist neu für Tunis *Pterocles alchata*,
Licht., und aus der Familie der Feldhühner (*Perdicidae*) 2 Arten.

Loche führt für Tunis 7 Hühnerarten (also 2 mehr) auf. Diese (für Tunis noch ausstehenden Arten) sind:
1. *Pterocles coronatus*, Licht. | 2. *Pteroclurus senegalus*, Bp.

---

136. *Pterocles arenarius*, Temm. Sandflughuhn.
„Kdarr" der Araber.

Belebt durch den Gedanken, die Jagd auf Wüstenhühner ausüben zu können, wiegte ich mich von Tag zu Tag mehr in den aufregenden Traum ein, der leider auch diesmal wieder nur ein solcher blieb. Während unserer ganzen Wüstenreise bekamen wir nicht ein einziges Mal Wüstenhühner zu Gesicht. Ueberall, wo wir hinkamen, erkundigten wir uns angelegentlichst nach denselben, aber immer gab man uns zur Antwort, „Răzél, Arnĕb, Hadjél besef, Hăbără schweia, schweia, — Kdarr makánsch" = d. h. Gazellen, Hasen und Steinhühner giebt es in Menge, Kragentrappen nur wenig, Wüstenhühner gar nicht.

Als wir am 2. Mai gegen Abend im Zelte eines vornehmen und reichen Scheichs sassen und seine Gastfreundschaft in Anspruch nahmen, wurden wir von ihm in zuvorkommendster Weise bewirthet. Nachdem die üblichen Begrüssungsformel abgethan waren, erkundigten wir uns nach dem Wilde seiner Gegend, in Sonderheit nach den Wüstenhühnern. Mit arabischer Würde belehrte er uns Fremdlinge, dass man um diese Jahreszeit die Wüstenhühner nur an ihren Brutplätzen träfe, deren es hier noch keine gäbe; im Herbste aber kämen die Vögel mit ihren Jungen in Menge herbei und besetzten buchstäblich alle ihre Felder. „Dann, Herr, musst Du zu uns kommen," schloss der weise Mund des ehrwürdigen Scheichs — „und Jagd auf diese Thiere machen, deren Du viele finden wirst."

Erst bei Gabes trifft man das Sandflughuhn auch zur Frühlingszeit, woselbst es Brutvogel ist. Der Sammler Alessi hat mehrere Gelege in der Umgegend von Gabes und Ouderef gefunden, von denen ich einige besitze. Vor Mitte Mai scheinen die Vögel nicht zu legen; dann findet man ab und zu ein Gelege, die meisten jedoch erst im Juni. Das Sandflughuhn lebt nach Aussage von Alessi immer mehr einzeln und in Paaren, niemals aber in sehr grossen Schwärmen vereinigt, wie die nächstfolgende Art.

Beschreibung und Maasse der Eier.

3 Eier, welche ich von Gabes besitze, sind von der charak-

teristischen walzenförmigen Gestalt, die Schale nur wenig glänzend, auf olivgrünem oder auch crêmefarbigem Untergrunde über und über mit lehmbraunen und violettfarbenen Flecken bespritzt und gezeichnet. Diese Flecken treten bald scharf, bald nur ganz verschwommen und verwaschen auf.

Ein 4. Ei, welches ich gleichfalls dieser Art zusprechen möchte, ist auf schmutzig weissem, ganz unbestimmtem Untergrunde mit nur wenig hervortretenden lehm- und aschfarbigen Flecken und Tüpfeln versehen. Ihre Maasse sind folgende:

a. 4.7×3.2 cm.	c. 4.5×3.0 cm.
1.79 gr.	1.70 gr.
b. 4.5×3.1 cm.	d. 4.7×3.3 cm.
1.65 gr.	1.84 gr.

137. *Pterocles alchata*, (Linn.), Licht. Spiessflughuhn.

Diese Art soll in unabsehbaren Schwärmen die Gefilde von Gabes bedecken. So erzählte mir der Sammler Alessi, dass er am Oued Melah die Vögel an der Tränke überrascht und mit einem Doppelschusse deren so viele geschossen habe, dass er sie nicht hätte zu tragen vermocht. Es ist also jedenfalls diese Art, von welcher uns der vorerwähnte Scheich erzählte, dass sie zur Herbstzeit in Mengen die Felder bedeckten. Aber wo mögen diese Vögel, welche doch sicherlich in Colonien brüten, ihre Nester haben? Wahrscheinlich in der tieferen Wüstengegend, da sie in Gabes Alessi brütend nicht angetroffen hat.

Ob noch andere Wüstenhühner in Tunesien vorkommen, muss einstweilen noch dahinstehen, obschon die Annahme nicht ungerechtfertigt erscheint, zumal Loche für Algier ausser diesen beiden Arten noch 2 andere angiebt (*coronatus* und *senegalus*).[*]

138. *Turnix sylvatica*, Desfont. Laufhühnchen.

Dieser hübsche Vogel ist mir diesmal nicht zu Gesicht gekommen. Ein Stück dieser Art wurde mir aus Tanger zur Ansicht eingeschickt.

---

[*] *Pterocles coronatus*, Licht. ist von P. Spatz in den südlicheren Saharadistricten Tunesiens im Frühjahr 1892 aufgefunden und sogar als Brutvogel constatirt worden, während *Pt. senegalus*, Bp. von mir in Algerien bei Biskra (nach dem Bordj-Saada zu) angetroffen und erlegt wurde, in welcher Gegend dieser schöne Vogel wohl ohne Zweifel auch brütet.

Der Verfasser.

139. *Coturnix dactylisonans*, Meyer. Schlagwachtel;
Wachtel. „Sĕmāēna‟ der Araber.

Wachteln gab es auch in diesem Jahre in Monastir und
Umgebung zur Zugzeit viel.

Die ersten jagten wir am 15. März in der Nähe des alten Schlosses,
wo wir in den Feldern allüberall ihren Schlag hörten. Wenn wir
an den Nachmittagen Zeit erübrigen konnten, machten wir uns in
der Regel mit dem braven Vorstehhunde das Vergnügen Wachteln
zu jagen. Bald gab es deren viele, bald wieder wenige, je nachdem das Wetter sich günstig oder ungünstig für den Zug gestaltete. In der Regel traf man sie bereits zu Paaren und konnte
so ohne Mühe eine Doublette nach der andern machen, einmal ist
es mir auch gelungen mit einem Schuss beide herabzuschiessen.
Sie liegen mit Vorliebe an den Rändern der Gemüsefelder oder
dicht an den vorbeiführenden Wegen, auf Grasbalden, aber auch
in Feldern selbst, zumal wenn sie mit den grossen Puffbohnen
bestellt sind; auf Weizenäckern, ja selbst in den Cactushecken.
Das Vorstehhündchen machte sie aber auch da ferm aus, stand
eine Weile vor und stürzte sich auf Befehl mit Todesverachtung
in die stacheligen Cacteen. Sehr bald ging dann die Wachtel,
gewöhnlich auf der entgegengesetzten Seite, mit dem bekannten
„pfrüit‟ auf und entzog sich unseren Feuerwaffen. Die Vögel,
welche öfters vor dem Rohre gewesen sind, wissen sich ganz
anders zu benehmen, wie die unerfahrenen. Nicht nur dass sie
durch Laufen in die Cactushecken sich zu retten suchen, sondern
auch durch Hin- und Herrennen vor dem Hunde verstehen sie sich
vortrefflich den Nachstellungen zu entziehen. Plötzlich stehen sie
unerwartet vor den Füssen des Schützen auf und werden alsdann
nicht selten in der Uebereilung gefehlt. Häufig beobachtete ich auch,
wie sie an den Uferwänden des Meeres hochgebracht, sich senkrecht an denselben herabfallen liessen und in einem weiten Bogen
unterhalb fliegend, ausser Schussweite erst oberhalb wieder sichtbar wurden.

Das in unglaublicher Menge heranreifende Unkrautgesäme
bildet der Wachteln Nahrung, und deshalb wird man sie grade
auf solchen Feldern finden, welche reichlich mit wilden Wicken,
beliebten Grasarten, überhaupt Körner- und Schotenfrüchten bestellt sind. In kurzer Zeit werden sie bei vorhandener Nahrungs-
fülle denn auch unglaublich fett und lassen sich selbstredend in
diesem Zustande am besten jagen.

Von einer Verminderung der Wachtelzüge, über welche in
Jagdzeitschriften so oft geklagt wird, habe ich in Tunis nichts wahrgenommen. Wenn man bedenkt, auf eine wie grosse Fläche sich
die Wachteln auf dem Zuge vertheilen und wenn man beim Durchstreifen der Gelände Nord-Afrikas dennoch allüberall Wachteln,
bald spärlich, bald aber auch in geradezu unbeschreiblicher Menge
antrifft, wie mir dies auf unserer Wüstenreise allerorts begegnet
ist, so kann man sich nicht des Gedankens erwehren, dass von
einer Verminderung des Wachtelgeschlechts schwerlich die Rede
sein kann. Man muss nur in jene Gegenden kommen, welche den
Ansprüchen der Wachtel in jeder Beziehung gerecht werden, die
da Nahrung für sie in Hülle und Fülle zeitigen, und in deren
sonnedurchwärmter Luft sie sich ergeht und wohlbefindet — und
man wird bald anderer Meinung werden.

Wenn man schliesslich erwägt, welche Horde von Jägern und
Nichtjägern, deren Zahl jeder Abschätzung spottet, die Felder und
Aecker alljährlich durchstampft, um Wachteln zu schiessen und
man dennoch in jenen Gefilden jahraus jahrein über genug Vögel
wieder antrifft, dann wird man auf andere Gedanken kommen
und andere Beweggründe für die Abnahme der Wachtel im mittleren Europa suchen. Und in der That liegen solche klar und
deutlich vor. Keineswegs sind es die Nachstellungen seitens der
Menschen in erster Linie, welche die Wachteln in unseren Ge-
bieten in den letzten Decennien so arg vermindert haben, sondern
wohl nur die fortschreitende Cultur mit ihrer alles Ursprüngliche
und Natürliche sinnlos vernichtenden Wuth, sowie in erster Linie
die allmähliche Umgestaltung unserer atmosphärischen Luft und
territorialen Beschaffenheit.

Wie lange schon ist es her, dass wir einen Sommer mit an-
haltend warmen und schönen Tagen verlebt haben, wo der Frühling
im April einsetzte und der Sommer in gleicher Weise sich anreihte,
dieser aber einen ebenfalls noch warmen und schönen Herbst
zeitigte? Wenn aber statt dessen Regen über Regen den Boden
durchfeuchtet, wenn die Kälte gerade bis in den Mai und Juni
hinein alle Frühlingshoffnungen zu Schanden und das Leben und
Lieben in der Natur erstarren machen, dann freilich mag man sich
nicht wundern, dass die sonneliebende Wachtel von Jahr zu Jahr
seltener bei uns wird, bis sie schliesslich unsere unfreundlichen Gefilde vielleicht gänzlich meiden, ja gänzlich in ihnen aussterben wird.*)

---

*) Das vorige Jahr (1892) machte eine Ausnahme. Wir hatten endlich

Eier und junge Vögel habe ich diesmal in Tunis nicht erhalten, auch die „Bergwachtel", von welcher ich in meiner ersten
Arbeit ausführlicher sprach, ist mir diesmal nicht begegnet, obschon ich sie bei Enfida naeh dem Djebel Batteria zu mit Bestimmtheit vermuthete und auch oftmals nach ihr suchte.

140. *Caccabis petrosa*, Gmel. Klippenhuhn; Steinhuhn.
„Hädjél" der Araber.

Dieses shöne Huhn, welches ich in meiner ersten Arbeit eingehend geschildert habe, ist in Tunis allerorts gemein. Wir
jagten es auf allen unseren Excursionen und thaten uns an dem
zarten, ungemein aromatischen Fleisch gütlich. In den sandigen
Strichen Tunesiens, wo die Sahara beginnt, wird das Huhn auf
der Oberseite blasser, fahler und passt sich dadurch der Umgebung
aufs Trefflichste an. Sehr häufig trafen wir Steinhühner auf den
plateauartigen Höhenzügen am Bir Ali ben Khalifa (am 1. Mai),
wo sie zum Theil noch in ganzen Völkern zusammengeschart
waren. Allerdings ging zur Zeit ein unheimlicher Wind über die
Gefilde mit einer ganz besonderen Schärfe und Rauhheit, aufwir-
belnder Sand und Staub schichteten sich zu Wolken, und die Wolken
ballten sieh zu regellosen Massen und jagten vom Winde im
Wirbel getrieben und gepeitscht über die nackte Höhenzüge dahin, des Menschen Sinn und Auge verwirrend und trübend.
Dennoch vermochten wir das säuselnde, eigenartige Flügelschwir-
ren der aufgehenden „Hadjels" mitten in der Windsbraut zu erkennen und schossen ihrer genug in kürzester Frist. Mit Beute
reich beladen kehrten wir in das Beduinendorf (Douar) zurück.
Ich gab Befehl die Hühner nicht alle zu rupfen, sondern die
besser aussehenden aufzubewahren, welche ich am Abende präpariren wollte. Unglücklicher Weise gelangten sie aber durch ein
Missverständniss alle in den Suppentopf.

Auf dem Djebel el Meda scheuchten wir aus einem Sarih
abermals ein Volk auf, aus dem ich 1 Huhn herabschoss.
Bald darauf stand, in einem Thal entlang gehend, unser
Hündchen fest vor. Schussbereit näherten wir uns der Stelle.
Beim Vorrücken ging schwankenden Fluges ein altes Stein-
huhn auf, und ich erkannte daran sofort die Henne, welche

---

einmal wieder einen schönen warmen Mai und Juni. Die Folge davon war,
dass auch der Wachteljäger Freude an seiner Jagd hatte. Der Verfasser.

ihre Jungen führte. Selbstredend wurde sie von uns geschont. Nun gab's aber ein Rennen und Piepsen der kleinen Dingerchen, die mit unglaublicher Schnelligkeit über das Steingeröll hinhuschten und sich in den Sträuchern einer Retame zu verkriechen suchten. Es gelang uns nur mit grosser Mühe 3 Stück zu fangen, die im Dunenkleide einen gar reizenden Anblick gewährten, die andern entschwanden. Sie waren verschiedenaltrig, die einen grösser, die andern kleiner. Dennoch vermuthe ich, dass sie einem Gelege entstammten. Später wollten wir die „Alte" noch einmal aufthun, um ihr wieder ein paar Junge abzufangen, aber sie musste gänzlich ausgewandert sein, denn wir fanden wohl das Geläufe, nicht aber auch die Hühner. Da mir die Dunenvögel noch nicht vorlagen, freute ich mich unendlich über den Fang und balgte auch alle 3 noch am nämlichen Abend ab.

Die Eier des Steinhuhnes wurden mir auch diesmal wieder in Menge zugetragen. Die allerliebsten, niedlichen Dunenjungen sind braunroth auf dem Oberkopf, am Kinn und an den Wangen weisslich, in der Kropfgegend bräunlich, auf der Bauchseite wiederum weisslich. Die Dunenfederchen sind alle ungemein feinstrahlig und anscheinend spröde. Auf dem Rücken sind die Federchen ausserordentlich ausdrucksvoll braun, schwarz und weiss gefärbt. Die hervorsprossenden Schwingen zeigen die dem Hühnergeschlechte bereits eigenthümliche breite und runde Form und sind auf braungrauem Grunde schwärzlich getippelt, grau gewässert und weiss umrändert.

Das interessante Dunenkleid von *Caccabis petrosa* ist meines Wissens noch nicht bekannt gemacht worden.

Aus der umfangreichen Ordnung der Stelzen- oder Watvögel (*Grallatores*) liegen für Tunis 52 Arten vor und zwar aus der Familie der Brachschwalben (*Glareolidae*) 1 Art; der Rennvögel (*Cursoridae*) 1 Art; der Trappen (*Otidae*) 2 Arten; der Regenpfeifer (*Charadriidae*) 9 Arten; der Kraniche (*Gruidae*) 1 Art; der Ibisse (*Ibidae*) 2 Arten; der Reiher (*Ardeidae*) 8 Arten — darunter 1 neu für Tunis — der Wasserhühner (*Gallinulidae*) 5 Arten; der Schnepfenvögel (*Scolopacidae*) 23 Arten — darunter 4 neu für Tunis — im Ganzen also 52 Arten.

In meiner ersten Arbeit präsentirte vorstehende Ordnung 47

Arten — folglich sind 5 Arten neu für Tunis nachgewiesen worden und zwar folgende:

1. *Ardea purpurea*, L.
2. *Numenius phaeopus*, (L.) Lath.
3. *Calidris arenaria*, Ill.
4. *Tringa canutus*, L.
5. *Phalaropus hyperboreus*, (L.) Lath.

Loche führt in seinem grossen Werke 77 Arten für Algier (also 25 mehr wie ich für Tunis an) und zwar folgende:

1. *Chariotis arabs*, Bp.
2. *Otis tarda*, L.
3. *Pluvialis longipes*, Bp.
4. *Chettusia leucura*, Bp.
5. *Pluvianus aegyptius*, Bp.
6. *Haematopus astralegus*, Linn.
7. *Haematopus Moquini*, Bp.
8. *Anthropoides virgo*, Vieill.
9. *Balearica pavonina*, Lesson
10. *Ciconia alba*, Belon
11. *Ardea atricollis*, Wagl.
12. *Ardeiralla gutturalis*, Bp.
13. *Botaurus stellaris*, Steph.
14. *Ibis religiosa*, Cuv.
15. *Comatibis comata*, Bp.
16. *Rallus aquaticus*, Linn.
17. *Porzana maruetta*, Gray
18. *Crex pratensis*, Bechst.
19. *Porphyrio chloronotus*, Alfr. Br.
20. *Lupha cristata*, Reichenb.
21. *Numenius tenuirostris*, Vieill.
22. *Limosa lapponica*, Bp.
23. *Gallinago maior*, Leach.
24. *Limicola pygmaea*, Koch
25. *Pelidna Schinzii*, Bp.

Im Ganzen also 25 Arten, die ebensowohl auf Tunis fallen können, wie auf Algier.

***

141. *Glareola pratincola*, Pall. Brachschwalbe.

Dieser liebliche, anmuthige und reizvolle Vogel rückt etwa Mitte April in Tunis ein. An der bereits öfters erwähnten Sebkha, welche zwischen Sidi Bou Ali und Sidi Swoia liegt, gewahrte ich die Brachschwalbe am 11. April zum ersten Male wieder. Wir hatten gerade Flamingos angeschlichen, zu welchem Zwecke ich mitten durch das Wasser schritt, als mir unerwartet eine Brachschwalbe über den Kopf flog. Da ich nur grobe Schrote geladen hatte, musste ich mich diesmal nur mit dem Anblicke des zierlichen Geschöpfes und seines gewandten Fluges begnügen. In der Meinung, noch einmal mit den Vögeln zusammen zu treffen, machte ich mit meinem Jagdgefährten einen Rundgang um die Sebkha. Wir näherten uns bereits unserer Ausgangsstelle, ohne etwas gesehen zu haben, als wir plötzlich eine ganze Schaar

Brachschwalben keckernd und scheckernd vorüberziehen hörten. Der Schwarm theilte sich, und während der grössere Theil in der Luft davonzog, liess sich der andere auf den Boden nieder. Behutsam näherten wir uns den Vögeln. Jetzt hatten wir sie dicht vor uns und erkannten die einzelnen Stücke bereits deutlich in ihren Hantirungen. Bald liefen sie eine Strecke mit wunderbarer Leichtigkeit dahin, bald blieben sie stehen, nahmen etwas vom Boden auf, machten eine Schluckbewegung und huschten dann wieder weiter. Nun reizten mich die Vögel — und auf 3 Schüsse lagen 3 Stück am Boden. Die anderen erhoben sich, umkreisten ein paarmal ihre angeschossenen Gefährten, zogen aber dann laut schreiend ab. Diesmal hoffte ich an die Brutplätze der Brachschwalbe zu gelangen, die ich mit Sicherheit an der vorerwähnten Sebkha vermuthete. Aber ich sollte leider nicht mehr dorthin kommen. In der Folgezeit sah ich noch öfters Brachschwalben, sowohl auf unserer Wüstenreise, wie auch in Monastir, wo mir einmal auf der Wachteljagd am Meere eine ganze Schaar begegnete.

Auf meiner letzten grösseren Jagdtour (am 18. Mai) befand ich mich an der Palmenoase, welche etwa in der Mitte von Monastir und Sousse gelegen ist. Plötzlich flog an einer Sebkhaniederung eine ganze Schaar dieser Vögel vor mir auf, so dass ich mit Bestimmtheit vermuthete, an dieser Stelle ihre Eier zu finden. Aber ich fand sie trotz eifrigster Suche nicht und gelangte zur Ueberzeugung, dass die Vögel noch nicht gelegt haben konnten. Ohne Zweifel würde ich 2—3 Wochen später viele Eier an dem Orte eingesammelt haben, da die Localität zu diesem Zwecke bereits mit grösster Wahrscheinlichkeit von den Vögeln auserlesen war.

142. *Cursorius isabellinus*, Meyer. Isabellfarbiger Wüstenläufer.

Als wir am 28. April am Bir Triaga Wasser für uns und unsere Thiere eingenommen hatten und eben wieder aufsassen, sah ich 2 Vögel zu Boden gleiten, die ich, wenn auch aus weiter Entfernung und nur für einen Augenblick gewahrend, doch sofort als Wüstenläufer ansprach. Sie liessen mich auf meinem Reitthiere nahe herankommen, als ich aber absass, um noch ein paar Schritte weiter zu thun, flogen sie auf und davon. Zwei abgegebene Schüsse nach ihnen waren resultatlos. Es war dies das einzige Mal auf unserer Wüstenreise, dass mir diese Vögel zu Gesieht kamen. Nach Aussage des Herrn P. Spatz kamen sie im Hochsommer sogar in die Nähe von Sousse. Im Juli habe er auf dem sebkhaartigen Boden öfters eine kleine Schaar dieser Vögel gesehen und sie unzweifelhaft als Wüstenläufer erkannt. Ich habe nicht den geringsten Grund, dieser Aussage entgegen zu treten.

143. *Otis tetrax*, Linn. Zwergtrappe.

Die Zwergtrappe ist mir diesmal nicht zu Gesicht gekommen; doch erhielt ich von Blanc 4 Eier dieser Art, welche mich sehr erfreuten.

2 Eier (anscheinend zugehörig) sind von gedrungener (bauchiger) Form, auf olivfarbenem Untergrunde mit den für diese Gattuug eigenthümlichen, undeutlich-verwaschenen, lehmfarbigen Wolken und Strichen gezeichnet; ein drittes ist gestreckt von gefälliger Eiform, auf schön meergrünem Grunde mit schwärzlichen Punkten spärlich getippelt und mit den undeutlichen schmutzigen Wolkenzügen bedeckt. Sie maassen:

a. $\dfrac{5.1 \times 3.8 \text{ cm.}}{3.18 \text{ gr.}}$ c. $\dfrac{5.3 \times 3.8 \text{ cm.}}{3.13 \text{ gr.}}$

b. $\dfrac{4.9 \times 3.8 \text{ cm.}}{3.48 \text{ gr.}}$

144. *Otis houbara*, Gmel. Kragentrappe.
„Häbära" der Eingeborenen.

Diesen statiösen Vogel bekamen wir auf unserer Wüstenreise öfters zu Gesicht.

Als wir am 3. Mai in der Nähe des Bir el Founi den Oued El Rann (so wird der untere Lauf des Oued Leben genannt) überschritten hatten, deutete unser Führer auf ein Gazellenrudel, welches wir sofort einzukreisen beschlossen. Eine grosse Kameelkarawane zog gerade vorüber, welche wir als eine Flanke benutzen wollten. Aber die Gazellen waren schlauer als wir. Kaum hatten wir uns an die Ausführung unseres Planes gemacht, als die leichtfüssigen Antilopen auch sofort unsere Absicht erriethen und mit grossen Sätzen und lustigen Sprüngen das Weite suchten. Im Nu waren sie unseren Blicken entschwunden. Da deutete unser Spahis auf eine Kragentrappe, die, wie er sagte, vor den Tritten seines Pferdes aufgegangen sei. Unsere Bemühungen aber, den Vogel zu erlegen, waren eitel: nach zweimaligem Aufscheuchen konnten wir ihn überhaupt nicht mehr wiederfinden. Allgemein wird gesagt, dass die Kragentrappe nur auf Pferden

eine Annäherung seitens der Menschen dulde, einem Fussgänger
aber jedesmal rechtzeitig ausweiche und ihm in Schussweite heran-
zukommen niemals gestatte.*)

Leider hatte ich überhaupt noch zu wenig Gelegenheit die
Natur dieses Vogels kennen zu lernen. Der Sammler Alessi schien
die Jagd auf die Kragentrappen mit bestem Erfolge ausgeübt
zu haben, da er eine grosse Anzahl Bälge auf Lager hatte.

Es scheint als ob der prachtvolle Vogel in den wüsten- und
steppenartigen Gegenden Tunesiens eine keineswegs seltene Erscheinung ist.

145. *Oedicnemus crepitans*, Linn. Triel, Dickfuss.
„Kairŭăn" der Eingeborenen.

Der Triel ist in den Wüstengegenden ein überall gekannter
und demgemäss häufiger Vogel. Ungemein lebhaft wird er zur
Nachtzeit, namentlich wenn der Mond sein fahles Licht über die
ruhig daliegende Landschaft ergiesst. Als wir in dem Zelte des
französischen Sous-Controleurs von Sfax sassen und in später
Abendstunde bei Licht unsere Erlebnisse gegenseitig austauschten,
wurde ich plötzlich durch die knarrende Stimme eines über unser
Zelt hinstreichenden Vogels emporgeschreckt. Ich lief sofort
heraus, um womöglich den Schreier zu sehen, was mir aber nicht
gelang. Alle Augenblicke hörten wir das Knarren und heisere
Pfeifen des betreffenden Vogels — ich aber stand da und schüttelte
meinen Kopf. „Welchem Vogel nur mag das Geschrei entfahren?"
fragte ich mich ein über's andere Mal. An das Nächstliegende
dachte ich nicht, bis es mir plötzlich am anderen Tage wie Schuppen
von den Augen fiel und mir die Vermuthung zur Gewissheit wurde,
dass es ja gar kein anderer Vogel als der Triel gewesen sein
konnte.

Bei Sidi Hadj-Kassem gab es ihrer viele. Am Nachmittage
des 29. April machten wir uns mit dem Führer auf zur Gazellenjagd. Langsam und bedächtig schritten wir von einem Plateau
zum andern, übersahen scharfäugig die weite vor uns liegende
Ebene — allein hier war nichts und dort war nichts. Eben
klommen wir wieder einen Abhang empor, als mir ein Triel über
den Kopf flog. Trotz Absprache nicht vorher zu schiessen — es

---

*) Dies habe ich auf meiner vorjährigen (1892) Forschungstour in Algerien
vielfach erfahren; ich schoss auch ein prachtvolles ♂ aus dem Wagen, den
der Vogel ganz dicht herankommen liess.   Der Verfasser.

käme denn ein Feldeggsfalke — konnte ich nun einmal dieser Versuchung nicht widerstehen und gab Feuer. Wie ein Sack stürzte der Vogel aus der Luft zu Boden und wurde von dem Jagdhunde in der nächsten Minute apportirt. Erstaunte Gesichter umgaben mich von allen Seiten. „Nun ist's natürlich mit der Gazellenjagd vorbei,“ gab man mir ziemlich verstimmt zu verstehen. „Es ist ja doch nichts los,“ gab ich zur Antwort, und leider behielt ich darin Recht. Denn unser Führer hatte bereits den Kamm des Plateaus gewonnen und auch von da aus keine Gazelle erblickt. Wir verweilten gegen 1 Stunde an dem Orte und als wir auch dann noch nichts heranziehen sahen, kehrten wir ziemlich enttäuscht zu unserem Zeltlager zurück. Unterwegs jedoch schoss ich noch einen Triel aus ziemlicher Entfernung aus der Luft herab und kam ganz stolz auf meine Jagdbeute mit dem 2. Vogel ins Zelt.

146. *Squatarola helvetica*, Keys & Blas.
Kiebitzregenpfeifer.

Dieser Vogel ist mir diesmal wissentlich nur einmal in der freien Natur begegnet, und zwar am 10. März, wo wir, auf der Tour nach dem Djebel Batteria begriffen, durch die Sebkhaniederung, welche zwischen Monastir und Sousse liegt, fuhren. Er flog uns kurz vor dem Gespann über den Fahrweg, wo ich ihn deutlich zu erkennen glaubte.

Ausserdem sah ich einige Bälge bei Blanc und Miceli.

+ 147. *Charadrius pluvialis*, Linn. Goldregenpfeifer.

Goldregenpfeifer sah und hörte ich des öfteren in den Niederungen Monastirs, ohne einen Vogel erlegt zu haben.

+148. *Eudromias morinellus*, Linn. Mornell-Regenpfeifer.

Sah ich diesmal gar nicht.

+ 149. *Aegialites minor*, M. & W. Flussregenpfeifer.
Aegialites fluviatilis, Bechst.

Den Flussregenpfeifer habe ich diesmal auf meinen Jagdstreifzügen nicht beobachtet; doch erhielt ich 2 Exemplare, welche an der Sebkha (Tchrela) zwischen Sousse und Monastir von Herrn Rudolf Fitzner am 16. März 1891 erlegt wurden. Meine Angabe in meiner ersten Arbeit, dass am 3. April 1887 ein stark be-

6*

brütetes Gelege dieser Art vom Bahnwärter in Anina aufgefunden
wurde, ist dahin zu berichtigen, dass die Eier mit denen des
Seeregenpfeifers (*Aegialites cantianus*, Lath.) verwechselt wurden.
Während letztgenannte Art ein häufiger Brutvogel in Tunis ist,
muss der Flussregenpfeifer einstweilen aus der Liste der tunisischen
Brutvögel gestrichen werden.

†-150. *Aegialites hiaticula*, Linn. Sandregenpfeifer.

An der Sebkha in Monastir einige Male gesehen und unzweifelhaft erkannt. Diese Art dürfte schwerlich als Brutvogel in
Tunis zurückbleiben.

151. *Aegialites cantianus*, Lath. Seeregenpfeifer.
Aegialites albifrons, Meyer.

Der Seeregenpfeifer ist unstreitig als Brutvogel von Tunis
anzusprechen, wie das bereits unter *Aegialites minor* hervorgehoben
wurde. Diese Vögel sieht man nicht nur an den Seegestaden,
sondern auch im Innern des Landes häufig genug, sofern ein
salzhaltiges oder brackiges Gewässer den Untergrund durchfeuchtet.
In allen grösseren Sebkhaniederungen, sowie an den meisten un-
bewachsenen Tümpeln wird man daher Seeregenpfeifer antreffen.
So sah ich sie z. B. in der Ebene zwischen Sidi Bou Ali und
Sidi Swoia allüberall, wo sie sich sogar an den mit Wasser ge-
füllten Chausseegräben tummelten und unser Gefährt dicht an sich
vorbei rollen liessen. An der Tchrela in Monastir gewahrte ich
sie am 8. März noch in grossen Scharen beisammen — beobachtete
aber wie sich bereits die Pärchen gesondert hielten, um die ersten
Anstalten zum Brutgeschäft zu treffen. Anfang April überraschte
ich ein Pärchen beim Aushöhlen des Erdbodens und hoffte in
einigen Tagen daselbst ihre Eier zu nehmen. Allein die Vögel
hatten die Stelle verlassen. Ungemein häufig sind sie an der
Palmenoase, wo ich am 18. Mai mehrmals die ♀♀ in der bekannten Art und Weise vor mir herlaufen sah, wenn sie Eier oder
Junge haben und den Menschen von der betreffenden Stätte abzulenken suchen. Da mir viel an dem Funde der Eier lag, suchte
ich fleissig darnach und muss es daher als ein Missgeschick bezeichnen, dass ich sie nicht fand.

---

*) Kürzlich wurde mir ein Gelege von 4 Eiern von *Aegialites cantianus*
aus Tunis eingesandt, welches von M. Blanc auf der Insel Djerba gesammelt
wurde.   Der Verfasser.

+151. *Vanellus cristatus*, Linn. Kiebitz.

Diesmal nicht wahrgenommen, was an der vorgerückten Jahreszeit gelegen haben mag, denn unzweifelhaft werden auch in der Ungebung von Monastir zur Winterzeit Kiebitze angetroffen.

153. *Strepsilas interpres*, Linn. Steinwälzer.

Als wir — Herr Spatz und ich — am Montag den 16. März von der Insel Curiat naeh der anderen benachbarten Insel, deren Namen ich leider nicht habe ausfindig machen können, segelten, gewahrte ich vom Boote aus 2 Vögel auf einem Seegrashaufen sitzend, die ich nicht sofort unterzubringen wusste. Ich näherte mich ihnen also und war sehr überrascht, zwei Steinwälzer zu erkennen. Beide fielen von den Schroten arg mitgenommen in's Wasser und wurden von mir sofort aufgefischt. Es war dies das erste Mal, dass ich in Tunis den Steinwälzer sah und schoss. Beide Stücke waren junge Vögel vom vorigen Jahre.

154. *Grus cinerea*, Bechst. Grauer Kranich.

Im Monat März sah und hörten wir fast täglich das fröhliche „Kiurr" des grauen Kranichs. Am 14. März tummelte sich eine ansehnliche Schaar über Monastir und es gewährte ein grosses Vergnügen dem prachtvollen Luftreigen zuzuschauen, welchen die grossen Vögel im klaren und reinen Aether ausführten. Sie suchten sich irgendwo niederzulassen, konnten aber anscheinend keinen passenden Platz dafür ausfindig machen. Plötzlich machten sie nach dem Meere zu eine Schwenkung und waren in Kurzem meinem Gesichtskreise entschwunden. Ich vermuthete, dass sie der Insel Curiat zugeflogen seien, und richtig hörten wir 2 Tage darauf von den dortigen Leuchtthurmwärtern, dass am 14. und 15. März Curiat erfüllt gewesen wäre von Kranichen. Wir waren demnach einen Tag zu spät gekommen.

Als wir am 12. März auf der Rückfahrt von Enfida begriffen waren, hielten wir an der bereits öfters erwähnten Sebkha zwischen Sidi Swoia und Sidi Bou-Ali. Dort sahen wir vermittelst eines vortrefflichen Fernglases unter einer ganzen Schaar Flamingos auch 3 Kraniche im Wasser auf einem Bein stehen und schlafen. Natürlich reizten die Vögel unsere Jagdlust in hohem Maasse und wir begannen sie sofort anzukriechen. Kaum hatten wir jedoch 200 Schritte vom Wege zurückgelegt, als sie bereits ihre Köpfe

streckten und gleich darauf mit ausgebreiteten Schwingen das
Weite suchten. Es ist doch ein gar zu schlauer und vorsichtiger
Gesell, der graue Kranich! —

+155. *Falcinellus igneus*, Leach. Sichler.

Der Sichler ist mir selbst in der Freiheit nicht begegnet;
doch erstand ich ein älteres Exemplar vom Präparator Blanc.

156. *Platalea leucerodia*, Linn. Löffelreiher.

Der Löffelreiher besucht alljährlich mit einer ganzen Schaar
verschiedener Entenarten die Sebkhagewässer, welche zwischen
Monastir und Chnies sich ausdehnen. Ungefähr in der Mitte beider
Städte liegt eine kleine Palmenoase, wo einige Fischer ihre arm-
seligen Hütten bewohnen. Von diesen Fischern soll einer ein tüchtiger
und unverzagter Jäger sein, welcher Herrn Spatz bereits öfters Löffelreiher zugetragen und angeboten hat. Der schlickige Untergrund
daselbst muss für Watvögel besonders günstig sein, da er eine
Menge niederer Lebewesen birgt, welche für alle Strandvögel eine
willkommene und leckere Nahrung bilden. So sah ich dort
immer — selbst bis in den Mai hinein — Brachvögel, Totaniden
und andere schnepfenartige Vögel, auch Schaaren von Flamingos,
die aber alle des ganz flachen Terrains wegen unmöglich anzu-
schleichen waren. Die einzige Art und Weise, welche einen Jagd-
erfolg sichert, ist das Anliegen in einer Grube, umgeben von
einem Walle, welchen man am Besten von Seegras um sich
herum schichtet. Unter diesen Umständen kann man an günstigen
Tagen, namentlich aber gegen Morgen und Abend eine brillante
Ausbeute an schönen und schmucken Langbeinern machen. So
erlegte auch der betreffende Fischer alljährlich die prächtigen
Löffelreiher. Erwähnen muss ich auch noch die Nachricht, welche
mir von Herrn Rudolf Fitzner (s. Z. Compagnon und Associé des
Herrn Paul Spatz) laut Brief vom 1. April 1889 gütigst zuging,
dass es genanntem Herrn gelungen sei am 31. März desselben
Jahres an nämlicher Stelle aus einer Gruppe von 3 Stück ein
altes Männchen zu erlegen.

Ich selbst habe die schönen Vögel in der Freiheit nicht zu
sehen bekommen, wohl aber ein todtes Stück am Strande gefunden,
dessen Schädel ich an mich nahm und meiner Scelettsammlung
einverleiben konnte.

+157. *Ardea cinerea*, Linn. Fischreiher.

Auch an den Gewässern Monastirs eine ganz gewöhnliche und häufige Vogelerscheinung.

158. *Ardea purpurea*, Linn. Purpurreiher.

Herr Rudolf Fitzner theilte mir in demselben Schreiben (vom 1. April 1889) mit, dass in der Umgegend von Monastir ein Purpurreiher erlegt worden sei. Nach seiner gefälligen mündlichen Angabe vergewisserte ich mich, dass eine Verwechselung mit einem anderen Reiher ausgeschlossen war. Auch sah ich bei Blanc einen älteren Vogel dieser Art, welcher bei Tunis erlegt worden ist. Der Purpurreiher ist demnach eine Bereicherung der Vogelliste von Tunis.

159. *Ardea ralloides*, Scop. Rallenreiher; Schopfreiher.
Ardea comata, Pall.

Von Herrn Paul Spatz wurde auf der Insel Curiat am 15. 5. 1890 ein hübscher alter Vogel erlegt, welcher allem Anscheine nach daselbst brüten wollte. Ich selbst begegnete dem Rallenreiher nur ein einziges Mal.

In der Nähe der Oase Ouderef kommt man auf dem Wege nach Gabes an einem Wassertümpel vorbei, welcher bereits öfters von mir erwähnt wurde. Schon aus der Ferne erblickte ich daselbst unbekümmert um waschende Beduinenweiber eine prachtvolle *Hydrochelidon leucoptera* über dem Tümpel fliegen. Kaum hatten wir uns aber genähert, als die Seeschwalbe ihre vermeintliche Zutraulichkeit in eine bewunderungswürdige Klugheit umgestaltete. Höher und höher steigend entging sie dem Bereiche der Schusswaffe, umkreiste noch einige Male das Wasser und verschwand dann gänzlich unseren Blicken. Aergerlich darüber, dass mir der schöne Vogel entwischt war, schritt ich die Runde des Gewässers ab. Kaum hatte ich einige hundert Schritt zurückgelegt, als ich einen prächtigen Schopfreiher auf mich zufliegen sah. Ich drückte mich in die Binsen und schon richtete ich mein Gewehr, als der Vogel plötzlich abbog. Ein vermaledeiter Teckel war ihm kläffend entgegengesprungen, und brachte den träge dahinfliegenden Vogel von seiner Richtung ab. Jetzt sandte ich ihm eine Doppelladung nach, aber der Vogel kam nicht zu Fall. Erschreckt und beängstigt setzte er sich in einen Graben, liess sich aber auch dort nicht berücken, sondern entfloh bereits ausser Schussweite, nimmer wiederkehrend.

Ich vermuthete, dass der Vogel an der Stelle, wo ich ihn zum
ersten Male aufjagte, hatte brüten wollen.

Der Präparator Blanc übergab mir 1 Ei, welches er nach
seiner Angabe auf der Insel Curiat gefunden haben wollte, und
welches ich als dieser Art zugehörig anspreche.

160. *Ardea bubulcus*, Audouin. Kuhreiher.

161. *Herodius egretta*, Boie. Silberreiher.

162. *Herodius garzetta*, Boie. Seidenreiher.

163. *Nycticorax griseus*, Strickl. Nachtreiher
         Ardea nycticorax, Linn.

164. *Ardetta minuta*, (Linn.) Gray. Zwergrohrdommel.
         Ardea minuta, Linn.

165. *Gallinula pygmaea*, Naum. Zwergsumpfhuhn.

166. *Gallinula pusilla*, Gm. Kleines Sumpfhuhn.

167. *Gallinula chloropus*, Linn. Grünfüssiges Teichhuhn.

168. *Porphyrio hyacinthinus*, Temm. Purpurhuhn.

Alle vorangeführten Arten kamen mir diesmal in der Freiheit
nicht zur Beobachtung.

+169. *Fulica atra*, Linn. Lappenhuhn, Blässhuhn.

Das Blässhuhn sah ich auch diesmal wieder in bald grösseren,
bald kleineren Schaaren in den Sebkhaniederungen. Es ist unzweifelhaft Brutvogel daselbst, da ich beim Präparator Blanc
mehrfach die Eier der *Fulica* sah, die er theils zugestellt erhielt,
theils eigenhändig genommen hatte. An dem schon oft erwähnten
Tümpel bei Sidi Swoia trafen wir am 11. April noch grosse
Schaaren dieser Vögel an, wo ich sie damals als Brutvögel ansprach. Sie mussten aber mit dem Brutgeschäfte noch nicht begonnen haben, da ich weder Nester noch Eier von ihnen trotz
eifrigen Suchens auffinden konnte.

Die eigenthümliche *Fulica cristata*, Gmel. ist mir auch diesmal
wieder nicht aufgestossen.

+170. *Numenius arcuatus*, Cuv. Grosser Brachvogel.

Die grossen Brachvögel, welche die Wonne des Wasserjägers
ausmachen, tummelten sich in Mengen am Meeresgestade sowie
in den Sebkhaniederungen von Monastir herum. Einen schönen
alten Vogel erlegte ich aus einer Schaar bei Sidi Bou Ali am

24. März, leider den einzigen, welchen ich schoss. Beim Anliegen am Seestrande dürfte die Jagd namentlich mit der Locke, die man auf einem Blechinstrumente täuschend hervorbringen kann, nicht allzugrosse Schwierigkeiten bieten. Ich sah noch bis tief in den Mai hinein grosse Brachvögel an der Tchrela bei Monastir, kann aber dennoch nicht glauben, dass sie dort zu Lande Brutvögel sind. Wahrscheinlich werden die Schwärme aus Nachzüglern resp. jüngeren Vögeln bestehen, welche im betreffenden Jahre überhaupt nicht zur Fortpflanzung schreiten.

†171. *Numenius phaeopus*, (Linn). Lath. Regenbrachvogel.

Mehrfach hörte ich unter dem Stimmengewirr der Strandvögel auch unverkennbar die Trillertöne des Regenbrachvogels, hatte aber in der Natur keinen Vogel deutlich genug zu Gesicht bekommen. Als ich daher bei Francesco Miceli einen Vogel dieser Art im Balge erblickte, welchen der Sammler Alessi erlegt und präparirt hatte, war ich zwar nicht sonderlich überrascht, freute mich aber dennoch die Bestätigung meiner Meinung in der Vorlage zu sehen und kann also diese Art mit bestem Gewissen als einen neuen Repräsentanten der Vogelliste von Tunis einreihen.

172. *Limosa melanura*, Leisl. Schwarzschwänzige
Uferschnepfe.
Limosa aegocephala, Bechst.

Von dieser Art liegen keine neuen Beobachtungsmomente für Tunis vor.

†173. *Scolopax rusticula*, Linn. Waldschnepfe.

Zur Herbstzeit sollen auf der Insel Curiat gelegentlich Waldschnepfen einfallen. Mein Jagd- und Reisegefährte, Herr Paul Spatz hat daselbst mit seinem Vorstehhunde öfters Waldschnepfen hochgebracht und geschossen. Ich selbst sah diesmal weder auf der Insel noch auf dem Festlande den herrlichen Langschnabel.

†174. *Gallinaga gallinaria*, Brehm. Bekassine.

Als wir zum ersten Male in Enfida waren (10.—12. März), sahen wir an den nahen Tümpeln und Gräben der Stadt vielfach Bekassinen, die gerade auf dem Zuge gewesen sein mussten, da wir später keine mehr antrafen. Wir erlegten 3—4 Stück der-

selben und hätten leicht die Zahl verdoppeln und verdreifachen
können, wenn wir uns die Jagd darnach mehr hätten angelegen
sein lassen. Ueberall sahen wir auch in dem weichen, schlam-
migen Grunde der Gewässer ihre unverkennbaren Fussabdrücke.
Am 14. März traf ich an der Tchrela unweit des Palmenhaines
an einem Binsentümpel 2 Bekassinen, die ich auch beide schoss.
Damit schien aber der Bekassinenzug zu Ende zu sein, da ich
alsdann keine mehr sah.

175. *Gallinago gallinula*, Linn. Haarschnepfe.

Kam diesmal nicht zur Beobachtung.

†176. *Pelidna subarcuata*, Cuv. Bogenschnäbliger
Schlammläufer.

Am 18. Mai 1891 glaube ich gelegentlich eines Jagdausfluges
an der Tchrela — unweit der Palmenoase — einen Flug von *Pelidna
subarcuata* wahrgenommen zu haben. Bedauerlicher Weise kamen
mir aber die Stücke nicht zu Schuss. Beim Präparator Blanc
sah ich auch diesmal wieder einige ältere Exemplare.

†177. *Pelidna alpina*, Cuv. Alpen-Schlammläufer.
Tringa alpina, Linn.

Diese Art tummelte sich im Vereine der Aegialitesarten in
reichlicher Menge an den Gewässern Monastirs. In den Wintermonaten müssen gewaltige Schwärme die Ufer bedecken, da ich im
März sehr viele Alpen-Schlammläufer bemerkte. Es war mir dies
recht auffallend, da ich den Wegzug dieser Vögel am Bahira
See bereits im ersten Monate des Jahres feststellen konnte. Im
April traf ich meist vereinzelte Vögel bei meinen Streifzügen in
Tunis, die alle noch im Winterkleide standen und wahrscheinlich
junge vorigjährige Individuen waren. Niemals wurde ich auch
nur eines einzigen Vogels im sogenannten Hochzeitskleide (Sommerkleide) ansichtig, während doch bekanntlich alle Vögel dieser Art
an unseren deutschen Küsten, bereits im März im reinsten
Sommerkleide anzukommen pflegen; doch glaube ich nicht zu
irren, wenn mich augenblicklich mein Gedächtniss zur Angabe
eines solchen Sommerkleides von *Pelidna alpina* beim Präparator
Blanc (im abgebalgten Zustande) veranlasst. Leider war nämlich
die Zeit, welche ich in seinem Atelier am 25. Mai zubringen

konnte, gar zu kurz bemessen, so dass ich kaum alles Neue in mich aufnehmen, geschweige denn aufnotiren oder zur Wiedergabe meinem Gedächtnisse fest einprägen konnte.

178. *Pelidna Temminckii*, Boie. Temmincks-Strandläufer.
Tringa Temminckii, Leisl.

Dieser niedliche Strandläufer wird zweifelsohne neben der nachfolgenden Art an den Sebkhagewässern Monastirs gleichfalls vertreten sein, doch kam er mir wissentlich nicht zur Beobachtung.

179. *Actodromas minuta*, Kaup. Zwergstrandläufer.
Tringa minuta, Leisl.

Der Zwergstrandläufer ist diesmal ungemein häufig von mir in Monastir gesehen und beobachtet worden. Alle Stücke aber, welche ich sah — selbst im Mai noch zu kleinen Schwärmen vereinigt, waren stets im Winterkleide und sehr wahrscheinlich jüngere Individuen, die noch nicht fortpflanzungsfähig waren. Ich glaube fest, dass diese Vögel den ganzen Sommer über in Tunis verweilen und ihre Artgenossen auf dem Herbstzuge wieder abwarten, denen sie sich dann von Neuem wieder anschliessen um mit ihnen die Wintermonate abermals in Tunis zu verbringen oder mit ihnen noch weiter gen Süden zu wandern.

In meiner Sammlung befinden sich nunmehr die ersten Jugendkleider, welche ich auf Helgoland im August erlegte, sowie die Winterkleider junger und älterer Vögel von Tunis. Letztere sind selten in europäischen Sammlungen vertreten, da man solche Exemplare nur von ihren Winteraufenthaltsorten, welche in Africa bis zum Gleicher herab gehen, erlangen kann. Das reine Sommerkleid adulter Exemplare fehlt dagegen noch meiner Sammlung, weil ich bisher noch nicht das Glück hatte, den Frühlingszug der Vögel im Norden an Ort und Stelle zu verleben.

+ 180. *Calidris arenaria*, Illig. Ufersanderling.

Der Vogel ist neu für die Ornis von Tunis. Nicht wenig überrascht war ich beim Präparator Blanc einige Stücke dieser Art abgebalgt vorzufinden. Sie waren ihm von einem jagenden Beduinen zugetragen worden. Natürlich acquirirte ich die schöne Bereicherung für die Vogelliste Tunesiens in 2 Exemplaren, von denen ein Stück ein prächtiger adulter Vogel im reinsten Früh-

lingskleide war, den ich in diesem Zustande noch nicht in meiner
Sammlung besass.

+181. *Tringa canutus*, Linn. Isländischer Strandläufer.

Gleichfalls neu für die Vogelliste von Tunis. Ich sah ein
Exemplar im Winterkleide, welches anscheinend ein jüngeres
Individuum im ersten Winter war, bei Blanc. Die Art wird jeden-
falls eine recht seltene Erscheinung in Tunis sein.

182. *Actitis hypoleucos*, (Linn). Uferpfeifer.

Dieser als Kosmopolit anzusprechende Vogel war auch in
Monastir an den meerumbrandeten Gestaden eine häufige Erscheinung. Und nicht nur dort gewahrte ich ihn allerorts, sondern traf ihn sogar häufig auf freien trockenen Wiesen, wo er
bachstelzenartig herumlief und die feineren und kleineren Insecten
haschte, die sich an den blühenden Pflanzen und Gräsern in Unmenge vorfanden. Dass der *Actitis* stellenweise auch als Brutvogel in Tunesien auftritt, ist sehr wahrscheinlich, von mir aber
nicht mit Sicherheit festgestellt worden.

+183. *Machetes pugnax*, (Linn). Kampfschnepfe.

Ich sah einen jungen Vogel bei Miceli, welcher den Balg
von Alessi erhalten hatte. Mir selbst ist diese Art in der Freiheit nicht begegnet.

184. *Totanus fuscus*, Linn. Dunkeler Wasserläufer.

Ein Stück im schönsten Sommerkleide sah ich beim Präparator Blanc. In diesem Kleide muss der Vogel in Tunis sehr
selten sein. Häufiger ist er im Winterkleide von November ab
bis etwa zum Februar an den salzhaltigen Gewässern in Tunis
anzutreffen.

185. *Totanus calidris*, Linn. Gambettwasserläufer.

Kam auch diesmal wieder häufig zur Beobachtung, obschon
der grösste Theil bereits weggezogen war.

+186. *Totanus glottis*, Bechst. Heller Wasserläufer; Glutt.

In einzelnen Exemplaren an der Tchrela bei Monastir wahrgenommen. Diese eleganten Langbeiner reizten mich, so oft ich
sie sah und hörte und ich gab mir viele Mühe sie zu berücken.

Die klugen Vögel hatten aber bald meine Absicht erkannt und flogen dann stets ausser Schussweite mit ihrer hellklingenden Lockstimme auf und davon.

187. *Totanus stagnatilis*, Bechst. Teichwasserläufer.

Sah ich diesmal in ziemlicher Anzahl beim Präparator Blanc — die Art muss in Tunis nicht gar so selten sein, wie ich anfänglich glaubte und wird geeigneten Orts zweifellos auch brüten.

+188. *Totanus ochropus*, Linn. Waldwasserläufer,

Kommt als Zugvogel nur in der eigentlichen Zugzeit in Tunis vor. Man gewahrt dann die dunkelfarbigen Vögel hauptsächlich in den Niederungen mit süssem Wasser sowie an Flussläufen, welchen sie den salzhaltigen oder brackigen Gewässern gegenüber entschieden den Vorzug geben. Sie werden schwerlich als Brutvögel im Lande Tunis zurückbleiben.

+189. *Totanus glareola*, Lin. Bruchwasserläufer.

Auch den Bruchwasserläufer sieht man in den eigentlichen Wintermonaten nirgends in Tunis, sondern zumeist erst im April, wo sie mit der vorigen Art zusammen eintreffen, eher jedoch noch etwas später als früher. An dem Süsswasser, welches in einer Niederung zwischen Monastir und Chnies landeinwärts gelegen ist — von den Eingeborenen „garra" genannt — traf ich eine beträchtliche Anzahl von *Totanus ochropus* und *glareola* am 9. April 1891, wo ich auch mehrere schoss. Der Schwarm sass mitten im bereits stark im Austrocknen befindlichen Tümpel, der von den hervorspriessenden Juncus- und Carexarten einem üppigen Rasenteppiche glich. Aufgescheucht schwebte die Schaar wohl eine Viertelstunde lang in einem wunderbaren Hin- und Hergewoge in der Luft, bis endlich einer aus denselben des langen Fluges müde, wie ein Stein zu Boden gestürzt kam. Dann folgte der eine und andere nach, bis schliesslich der ganze Schwarm sich niederliess. Nach einigen Schüssen, und nachdem ich 3 von ihnen erlegt hatte, waren die Vögel aber so scheu geworden, dass sie bei meiner Annäherung mit lautem, hellem Schreien in die Höhe flogen und das alte Spiel von Neuem begannen.

Auch diese Art wird als Brutvogel wohl niemals in Tunis zurückbleiben.

190. *Himantopus rufipes*, Bechst. Rothfüssiger Stelzen-
läufer; Strandreiter.

Kam diesmal gar nicht zur Beobachtung.

191. *Recurvirostra avocetta*, Lin. Säbelschnäbler,
Avocette.

Desgleichen nicht. Herr P. Spatz erzählte mir, dass er vor
einigen Jahren, an dem Rande der Sebkha zwischen Chnies und
Monastir auf derselben Stelle, wo die Löffelreiher gesehen und geschossen wurden, eine vereinzelte Avocette angetroffen und das
betreffende Stück auch erlegt hätte.

192. *Phalaropus hyperboreus*, (L,) Lath. Schmalschnäb-
liger Wassertreter. .
Phalaropus angustirostris, Naum.

Nicht wenig überrascht war ich, unter den vielen Bälgen
auch einen schmalschnäbligen Wassertreter im Winterkleide beim
Präparator Blanc zu gewahren.

Natürlich erstand ich sofort den für die Vogelliste von Tunis
neuen und seltenen Repräsentanten. Diese nordische Vogelart
dürfte eine der seltensten überhaupt für Tunis sein, da sie auch
Loche unter dem Vermerk: Très accidentellement en Algérie
aufführt.

Aus der Ordnung der Schwimmvögel (*Natatores*) liegen für
Tunis 28 Arten vor, und zwar aus der Familie der Seeschwalben
(*Sternidae*) 9 Arten, darunter 1 neu für Tunis —; aus der Familie
der Möven (*Laridae*) 6 Arten; aus der Familie der Sturmvögel
(*Procellaridae*) 2 Arten, — darunter 1 neu für Tunis —; aus der
Familie der Flamingos (*Phoenicopteridae*) 1 Art; aus der Familie
der Gänse (*Anscridae*) 1 Art; aus der Familie der Höhlengänse
(*Tadornidae*) 1 Art; aus der Familie der Schwimmenten (*Anatidae*)
6 Arten; aus der Familie der Tauchenten (*Fuligulidae*) 1 Art;
aus der Familie der Säger (*Mergidae*) 1 Art — in toto 28 Arten.
Loche führt in seinem grossen Werke für Algier 61 Arten
auf (34 mehr) — vergl. Nachbemerkung zu Puffinus anglorum —
und zwar folgende:

1. *Sterna macroura*, Naum.
2. *Dominicanus marinus*, Bruch.

3. *Gavia Audouini,* B.p
4. *Rissa tridactyla,* Bp.
5. *Pagophila eburnea,* Kaup.
6. *Atricilla Catesbaei,* Bp.
7. *Gavia melanocephala,* Bp.
8. *Gavia capistrata,* Bp.
9. *Phoenicopterus erythraeus,* Verreaux.
10. *Cygnus olor,* Bp.
11. *Olor cygnus,* Bp.
  (*Cygnus musicus,* Bechst,)
12. *Anser segetum,* Meyer & Wolf.
13. *Bernicla leucopsis,* Boie.
14. *Bernicla brenta,* Steph.
15. *Bernicla ruficollis,* Boie.
16. *Chenolopex aegyptiaca,* Steph.
17. *Casarca rutila,* Bp.
18. *Querquedula crecca,* Steph.
19. *Marmaronetta angustirostris,* Reich.
20. *Melanetta fusca,* Boie.
21. *Oidemia nigra,* Flemm.
22. *Fuligula cristata,* Steph.
23. *Marila frenata,* Bp.
24. *Nyroca leucophthalma,* Flemm.
25. *Callichen rufina,* Brehm.
26. *Clangula glaucion,* Bp.
27. *Erismatura leucocephala,* Bp.
28. *Merganser castor,* Bp.
29. *Mergellus albellus,* Bp.
30. *Thalassidroma Leachi,* Bp.
31. *Procellaria pelagica,* Linn.
32. *Puffinus maior,* Fab.
33. *Puffinus obscurus,* Boie.
34. *Puffinus cinereus,* Bp.

Es ergeben sich mithin 61 Arten aus dieser Ordnung für Algier, während auf Tunis nur 28 entfallen. Loche fasst die an den Gestaden Algiers vorkommende Silbermöve unter *argentatus,* Bruch., was irrthümlich ist, da die mediterrane Form von der nordischen *argentatus* als *leucophaeus,* Licht. getrennt aufgefasst werden muss, was ich schon in meiner ersten Arbeit berichtigte. In Loche's grossem Werke fehlt der von mir in Tunesien nachge-

wiesene *Puffinus anglorum*, Felmm. = *arcticus*, Faber, während
3 andere, höchst fragliche *Puffinen* für dort aufgeführt werden.
    Neu für die Ornis von Tunis sind 2 Arten;
1. *Sterna media*, Horsf. 2. *Puffinus anglorum*, Temm. = *arcticus*, Faber.

+193. *S t e r n a   c a s p i a* , Fall. Kaspische Raubmeerschwalbe.
    Als ich am 18. Mai in die Sebkha-Niederung von Monastir, —
an die sogenannte Tchrela — einen Jagdausflug machte, gewahrte ich in weiter Entfernung 2 blendend weisse Vögel, die ich
vom Wagen aus als Seidenreiher ansprach. Als ich aber einen
grossen Bogen schlagend, auf die betreffende Stelle zuging, erkannte ich die vermeintlichen Seidenreiher als 2 kaspische Raub-
meerschwalben. Ich glaubte nun nicht, dass ich zum Schuss auf
sie kommen würde — und ging daher ohne weitere Vorsichts-
massregeln direct auf die Vögel los. Sie erhoben sich auch, als
ich mich ihnen etwa auf 90 Schritt genähert hatte — worauf ich
Feuer gab. Sie flogen unbeschadet von dannen. Wie war ich aber
erstaunt, als ich sie Kehrt machen sah, worauf sie mich mit ihrem
heiseren „Korr, Korr", allerdings weit ausser dem Schuss umflogen.
Nichts anderes zur Hand habend als meine Mütze, schwenkte
ich dieselbe ein paarmal und warf sie im günstigsten Augenblick
in die Höhe. Erbittert kam die eine von ihnen darauf zugeflogen
und wurde auf circa 60 Schritt von meinem Schusse ereilt. Jetzt
hoffte ich auch die andere zu bekommen, und richtig kam sie mir
schon in der nächsten Minute entsetzlich schreiend über den Kopf
geflogen. Auf den Schuss kam sie wie ein Stein aus der Luft
zur Erde herabgesaust und fiel todt nieder. Sichtlich erstaunt
brachte das Hündchen bald darauf beide Vögel im Maul herbei,
was mir einen unvergesslichen Eindruck machte. Die atlas-
glänzenden Vogelgestalten mit den korallrothen Schnäbeln nahmen
sich in dem Fange des Hundes gar zu prächtig aus! Ich vermuthete
nun, dass das Paar in der Nähe brüten wollte und suchte die
Stelle nach den Eiern aufs Gewissenhafteste ab, fand jedoch zu
meinem grössten Bedauern dieselben nicht. Meines Erachtens ist
die Raubmeerschwalbe Brutvogel in Tunesien und es wäre wohl
interessant, darüber eingehende Beobachtungen anzustellen.[*]
    Nun besitze ich in meiner Sammlung Winter-, Frühlings- und

----

[*] Im vorigen Frühjahr (1892) fand M. Blanc die Eier der *Sterna caspia*
auf der Insel Djerba, wodurch das Brüten dieser Art in Tunis constatirt wäre.
                                            Der Verfasser.

Sommerkleider — sowie die Dunenjungen — auch die Eier dieser prächtigen Meerschwalbenart.

194. *Sterna media*, Horsf.   Mittlere Meerschwalbe.
Thalasseus affinis, Ch. Bp.

Nicht wenig überrascht war ich, beim Präparator Blanc, bei meinem ersten Besuche — als wir Tunis auf der Hinreise nach Monastir berührten, — einen Vogel dieser Art zu erblicken. Ich erstand dann auch auf der Rückreise ein schönes Exemplar, deren er mehrere frisch zugetragen bekommen hatte. Ich vermuthe, dass *Sterna media* in der Nähe von Bizerta Brutvogel ist. Die wasserreiche Umgegend von Bizerta soll nach mündlichen Berichten grosse Colonien Meerschwalben aller Arten besitzen.

+195. *Sterna anglica*, Mont.   Lachmeerschwalbe.

Als wir am 2. Mai 1891 auf dem Wegmarsche nach El Founi begriffen waren, bot die Gegend allerlei Raritäten in Hülle und Fülle. Alle Augenblicke musste ich daher von meinem Reitthiere abspringen, um dies oder jenes aufzuheben, zu schiessen oder zu sammeln. Eben hatte ich wieder ein Nest der Isabelllerche (*Calandritis brachydactyla*) ausgehoben und die Eier sorgfältig in Watte gewickelt, als ich zum Weiterritt wieder aufsass. Kaum hatte ich jedoch die Zügel ergriffen, als ich sie auch wieder fallen lassen musste: ein grosser Zug Meerschwalben lenkte meine Aufmerksamkeit auf sich. Erstaunt blickte ich auf. Hier mitten in der Wüste, entfernt von ihrem Lebenselemente Meerschwalben! Wie wunderbar. Eilends sprang ich ab, um womöglich noch einige Nachzügler zu erreichen und die Art zu constatiren. Umsonst!

Anscheinend langsamen, aber doch ungemein fördernden Fluges flog die weisse Gesellschaft eine bestimmte Linie inne haltend, von Südwest nach Nordost mitten in die Steppe hinein. Es war mir nicht möglich, ein Individuum zu schiessen und die Art festzustellen. Es konnte sich jedoch nur um *Sterna anglica*, Mont. oder *cantiaca*, (Gmel.) handeln. Die Wahrscheinlichkeit spricht mehr für erstere als zweite Art, da *cantiaca* wohl schwerlich jemals das Meer gänzlich verlassen dürfte.

196. *Sterna cantiaca*, Gmel.   Brandmeerschwalbe.

Die Brandmeerschwalbe habe ich einzeln über dem Meere bei Monastir dann und wann wahrgenommen.

✝197. *Sterna hirundo*, Linn. Flussmeerschwalbe.

Sterna fluviatilis, Naum.

Die Art wurde diesmal häufig von mir gesehen. Sie nistet zweifelsohne auf Curiat und der benachbarten Insel.

Der Präparator Blanc hatte vergangenes Jahr alle Inseln der Ostküste abgeklappert und schonungslos alles niedergeschossen, was ihm vor die Flinte kam; — er zeigte mir auch die auf Curiat eingesammelten Eier, die ich als dieser Art erkannte. Somit ist die *Sterna hirundo* Brutvogel in Tunis. Dagegen ist *Sterna macrura*, Naum. noch immer nicht mit Bestimmtheit für dieses Land nachzuweisen gewesen.

   198. *Sterna minuta*, Linn. Zwergmeerschwalbe.

Diese Art traf ich am 18. 5. 1891 häufig am Strande in der Nähe der Palmenoase, wo sie ohne Zweifel Brutvogel ist. Auch auf den Inseln wird sie aller Wahrscheinlichkeit nach nisten und brüten. Ihre Eier sind mir indessen nicht zu Händen gekommen.

199. *Hydrochelidon nigra*, Boie. Schwarze Seeschwalbe.

Auch in Monastir gewahrte ich die Trauerseeschwalbe in den Niederungen vielfach, fand jedoch trotz langer Suche die Nester und Eier nicht. Die Zeit war wohl demnach noch nicht soweit vorgeschritten, dass die Vögel Anstalten zum Brutgeschäft trafen.

✝200. *Hydrochelidon leucoptera*, Boie. Weissflügelige Seeschwalbe.

Als wir am 6. Mai von Ouderef nach Gabes ritten, gewahrte ich an dem bereits öfters erwähnten Tümpel eine Seeschwalbe, die ich an ihren blendend weissen Flügeln, im Gegensatz zum kohlschwarzen Leibe sofort als *leucoptera* ansprach. Ich hatte diese Art bisher noch niemals erlegt und hoffte nun bestimmt auf sie zu Schuss zu kommen. Sie liess sich von den am Tümpel waschenden Beduinenweibern nicht stören und flog in anmuthigen Bögen um deren Köpfe herum, nahm auch alle Augenblicke dicht vor den Frauen ihre Nahrung, bald von der Oberfläche des Wasserspiegels, bald stosstauchend auf, rüttelte dann einen Augenblick, schüttelte die anhaftenden Wassertropfen von ihrem Gefieder und begann das alte Spiel wieder von Neuem. So hatte ich ihr bereits lange aus der Ferne zugeschaut und meiner Ansicht nach konnte sie mir gar nicht entgehen. Als wir uns aber dem Tümpel

näherten und ich mit dem Gewehr in der Hand von meinem Reitthiere absprang, stieg sie höher und höher und entschwand bald
gänzlich unserem Gesichtskreis. Sie war offenbar durch die neue
Erscheinung am Tümpel erschreckt worden und kehrte ihre an-
scheinende Zutraulichkeit in ein durchaus gegentheiliges Wesen um.

Sogern ich nun auch den hübschen Vogel für meine Sammlung
geschossen hätte, so sehr freute ich mich, wieder einmal einen
Beweis des Unterscheidungsvermögens von einem Vogel erhalten
zu haben, dem ich von vornherein diese Eigenschaft nicht zugetraut
hätte. — Dies war das einzige Exemplar, welches ich in der
Freiheit zu Gesicht bekommen hatte, ausserdem sah ich bei Blanc
noch ein paar Stücke.

201· *Hydrochelidon hybrida*, Fall. Weissbärtige Seeschwalbe.

Hydrochelidon leucopareia, Natterer.

Diese wunderhübsche Seeschwalbe ist Brutvogel in Tunis.

Dem Präparator Blanc wurden von einem Araber die Eier
dieser Art zugetragen, wie auch die alten Vögel, die jener beim
Eiernehmen geschossen hatte.

Die 4 mir vorliegenden Eier sind von gefälliger (birnförmiger)
Gestalt, matt ohne Glanz, auf olivgrünem und bläulichgrünem
Grunde, tiefschwarzbraun und gelblich über die ganze Oberfläche
gefleckt und getüpfelt. Sie maassen:

a. $\frac{4.0 \times 2.8 \text{ cm.}}{0.78 \text{ gr.}}$ c. $\frac{4.2 \times 2.9 \text{ cm.}}{0.88 \text{ gr.}}$

b. $\frac{4.1 \times 2.8 \text{ cm.}}{0.85 \text{ gr.}}$ d. $\frac{3.9 \times 2.9 \text{ cm.}}{0.87 \text{ gr.}}$

Die Eier entsprechen nach Gestalt und Färbung den in
Baedeckers Eierwerk abgebildeten und beschriebenen Stücken
dieser Art.

202. *Larus leucophaeus*, Licht. Graumantelmöve.

Larus cachinnans, Fall.

Die Graumantelmöve umfliegt häufig die Gestade von Monastir
und brütet auch auf den vorliegenden Inseln des Städtchens. Ich
erhielt durch Güte des Herrn Paul Spatz 4 Eier dieses Vogels,
die genannter Herr auf Curiat eingesammelt hatte. Die Eier sind
auffallend gross und übersteigen das Durchschnittsmaass aller
übrigen Silbermöveneier, welche ich in meiner Sammlung aufbe-

wahre. Dagegen kommen sie an Grösse und Form den Eiern
der grossen Mantelmöve (*Larus marinus*, L.) überaus nahe, sodass
ich schon anzunehmen geneigt war, die betreffenden Eier gehörten
dieser Form an. Allein ich überzeugte mich sehr bald, dass die
Graumantelmöve der Brutvogel auf den Inseln sei und keineswegs die grosse Mantelmöve, welche mir während meines Aufenthaltes in Tunis überhaupt nicht zu Gesicht gekommen ist.

Es dürfte bekannt sein, dass diese Möven das Brutgeschäft zum
Theil der Sonne überlassen. Herr Spatz erzählte mir denn auch, dass
er etliche Stunden in der Nähe des Nestes verblieben sei, um
die alten Vögel zu schiessen. Diese hätten sich aber überhaupt
nicht blicken lassen, was um so mehr Wunder nimmt, als die
Eier bereits grosse Junge inne hatten. Sehr häufig sieht man die
Graumantelmöve dem Kiel des Schiffes folgen und allerlei Ab-
fälle aufnehmen, die in reichlicher Fülle dem Wasser zugehen.
Die 4 betreffenden Eier sind von mattem Schalenglanz und grobem
Korn, bald von gedrungener (bauchiger), bald von gefälliger und
gestreckter Gestalt, auf lehmfarbigem Untergrunde tief schwarzbraun gefleckt und geklext und strichelartig gezeichnet. Unter
diesen treten sehr verwaschene fahlaschfarbige Flecken auf.

Maasse und Gewichte der Eier.

a. 7.1 × 5.2 cm.	c. 7.8 × 5.2 cm.
6.83 gr.	7.48 gr.
b. 7.7 × 5.5 cm.	d. 7.3 × 5.3 cm.
7.23 gr.	7.60 gr.

203. *Larus fuscus*, Linn. Heringsmöve.

Sah ich auch diesmal wieder in Gesellschaft der Graumantel-
und Lachmöve das Schiff umkreisen, welches auf der Rhede von
Goletta vor Anker lag.

+ 204. *Larus canus*, Linn. Sturmmöve.

Kam nur ganz vereinzelt während der Seereise zur Beobachtung. Sie ist am Mittelmeer bei weitem nicht so häufig, wie
an den Gestaden der Nord- und Ostsee.

205. *Gavia gelastes*, Licht. Rosensilbermöve.

Diese prachtvolle Möve ist mir diesmal wissentlich nicht zu
Gesicht gekommen.

+206. *Xema ridibundum*, (Linn). Lachmöve.

Als ich mit Herrn Spatz eine Segelfahrt nach der Insel Curiat am 16. März 1891 unternahm, sahen wir in weiter Ferne einen langen, nimmer enden wollenden Vogelzug quer vor uns dahingehen. Die Entfernung war eine zu grosse, um die Art, selbst auch nur die Gattung heraus zu kennen, und ich dachte an *Numenius*, *Charadrius* und Anderes. Ganz aufgeregt über die schmähliche Ungewissheit, in welcher mich die Vögel solange beliessen, strengte ich meine Augen über Gebühr an. Da — endlich sehe ich einen Vogel die charakteristische Mövenschwenkung machen, und war nun meines Zweifels enthoben. Näher und näher rückte das Boot und nun erkannte ich auch die Art: Lachmöven waren es in Tausenden von Exemplaren, die der Fischbrut nachgehend sich hier in einer breiten und langen Linie zusammen gefunden hatten. In solchen Massen habe ich sie noch nie bei einander gesehen, obschon ich doch vielfach Gelegenheit hatte, starke Ansammlungen dieser Art wahrzunehmen.

Die vor Anker liegenden Schiffe umkreisen sie in grosser Menge, und es gewährt einen herrlichen Anblick den sanft lichtfarbenen Vögeln in ihren anmuthigen Bewegungen zuzuschauen, ja man wird nicht müde, immer von Neuem auf sie zu blicken und die herrlichen Geschöpfe zu bewundern. Noch immer ist es unentschieden, ob die Schwarzkopfmöve (*Larus melanocephalas, Natterer*) neben der Lachmöve in Tunis vorkommt, — auch habe ich nicht in Erfahrung bringen können, ob die Lachmöve Brutvogel daselbst ist, was ich indessen voraussetzen möchte.

+207. *Xema minutum*, Linn. Zwergmöve.

Kam mir diesmal gar nicht zu Gesicht.

+208. *Puffinus Kuhli*, Boie. Mittelländischer Sturmtaucher.
Puffinus cinereus, Bp.

Bei der Segelfahrt nach der Insel Curiat am 16. März 1891 sahen wir sehr viele Sturmtaucher, die meistens dieser Art angehörten. Sie waren plötzlich da und umkreisten ohne jegliche Furcht unser Boot — ebenso schnell aber auch wieder unserem Gesichtskreise entschwunden. Es gelang mir einen Vogel zu erlegen. Alle Sturmtaucher vertragen einen starken Schuss, da die Schroten an dem dichten und sehr elastischen Gefieder zumeist schadlos abprallen. Auch der betreffende Vogel musste, obschon er auf den ersten Schuss kopfüber aufs Wasser gefallen war, dennoch mehrere Schüsse erhalten, bis wir ihn endlich von der Wasserfläche aufheben konnten.

+ 209. *Puffinus anglorum*, Temm. Nordischer
Sturmtaucher.
Puffinus arcticus, Faber.

Diese Art ist neu für die Vogelliste von Tunis. Ich war nicht wenig überrascht, als ich unter den vielen mittelländischen Sturmtauchern auch einige nordische erblickte, die mit gleicher Geschwindigkeit unser Boot umflogen. Es glückt mir mit dem ersten Schuss ein ♂ zu erlegen, welches sofort todt herabfiel. Die Art muss gar nicht selten sein, da ich ihrer viele ansichtig wurde. Sie wird gleich der vorigen auf den grottenreichen Felseninseln, welche zerstreut an der Ostküste liegen, sehr wahrscheinlich Brutvogel sein.

210. *Phoenicopterus antiquorum*, Temm. Rosenfarbiger
Flamingo.
„Schabrusch" der Araber.

In den Sebkhaniederungen Monastirs waren Flamingos häufig. Man sah ihrer genug, wenn man auf der Chaussee nach Sousse an den Gewässern vorbeifuhr. Ferner trafen wir sie auf der Wegstrecke von Sousse nach Enfida (Dar el Bey.) Dort schienen sie die Nachstellungen der Menschen kaum je erfahren zu haben, denn sie zeigten sich daselbst ungemein zutraulich und wenig scheu. Dennoch missglückten mir die beiden ersten Versuche, einen Flamingo daselbst zu schiessen und erst beim dritten erlegte ich einen dieser Göttervögel. Der Tümpel, in welchem sie standen und fischten, oder zum Theil auf einem Beine stehend, den Kopf „verknotet" unter den Federn haltend, schliefen, war bereits stark im Ausdünsten begriffen, so dass sich die meisten in der Mitte des Gewässers aufhielten. Als der Anrutsch abermals wegen der allzugrossen Entfernung nichts mehr auszurichten vermochte, ging ich dreist und gottesfürchtig auf die Gesellschaft los. Diese liess mich denn auch auf circa 70 Schritte herankommen und ging dann auf. In den Schwarm, hineinschiessend, glückte es mir mit groben Schroten einen Vogel herabzuholen. Es war ein wunderhübsches Stück, welches grade im Uebergangsstadium vom gefleckten Jugendkleide zum rosafarbenen Alterskleide begriffen war.

Es ist erwähnenswerth, dass die Schaar, welche sich dort aufhielt, nur aus jungen Individuen bestand, die mir den Gedanken nahelegten, dass sie möglicher Weise in der Nähe — vielleicht gar am selbigen Orte — erbrütet sein mochten. Ich konnte mich wenigstens dieses Glaubens nicht ganz frei machen, obschon thatsächliche Beweise für das Brüten dieser Vögel in Tunis bis jetzt noch immer nicht vorliegen. Der wenig fluggewandte Vogel müsste aber im anderen Falle eine enorme Wegstrecke von den Brutplätzen, die gemeiniglich in den Sudan verlegt werden, zurücklegen, was mir nach allen neueren Eindrücken sehr problematisch zu sein scheint.

Zudem macht uns Mr. A. Chapmann in seinen „Rough Notes on Spanisch Ornithology" im Ibis 1884 pag. 88 mit dem Brüten der Flamingos in Spanien bekannt und gibt uns eine sehr instructive Abbildung einer eigens daselbst aufgefundenen Brutcolonie. Das war eine ganz bedeutende Entdeckung auf dem Gebiete der Ornithologie, die uns des Zweifels enthob, wie der Flammingo brütet. Nach Chapmanns Beobachtungen wissen wir nunmehr, dass der Flamingo mit eingeknickten Beinen auf dem aus Seetang retortenförmig erhobenen Neste sitzt und je 1 Ei bebrütet. Diese Annahme war von jeher die gerechtfertigte, denn dass der Flamingo auf einem kegelförmigen Neste rittlings brüten sollte, wie wir bei vielen Autoren lasen, war widersinnig, wenigstens aber so ungeheuer überraschend, dass man mit vollem Rechte die grössten Bedenken darüber obwalten lassen musste. An den in der Sahara liegenden Chotts werden Flamingos aller Wahrscheinlichkeit nach brüten und es bleibt späteren Forschungen überlassen, diese höchst fragwürdige Angelegenheit endgültig zu entscheiden.

211. *Anser cinereus*, Meyer. Graugans.

Wilde Gänse kamen diesmal nicht zur Beobachtung.

212. *Tadorna cornuta*, Gm. Brandente.

Ich selbst habe diese Art nicht gesehen, doch versicherte mich Herr Spatz wiederholt, dass die Art in den eigentlichen Wintermonaten eine häufige Erscheinung auf den Sebkhagewässern Monastirs sei.

+213. *Anas boschas*, Linn. Stockente, Märzente.

Kam nicht zur Beobachtung.

+214. *Dafila acuta*, Linn. Spiessente.

Soll häufig im Winter bei Monastir erlegt werden.

+215. *Chaulelasmus strepera*, (Linn.) Schnatterente.

Nicht gesehen.

+216. *Mareca penelope*, (Linn.) Pfeifente.

Desgleichen nicht.

217. *Querquedula circia*, (Linn.) Knäckente und

+218. *Spatula clypeata*, (Linn.) Löffelente.
Rhynchasmus clypeata, (Linn.)

Diese beiden Entenarten waren die einzigen ihres Geschlechtes, welche ich gelegentlich einer Segelfahrt nach Curiat auf der benachbarten Insel wiederholt sah und deutlich genug erkannte Herr Spatz theilte mir brieflich mit, dass er im Mai 1890 auf der genannten Insel eine brütende Ente aufgejagt und 10 Eier dem Neste enthoben habe. Eine Haushenne hätte die Küchlein auch ausgebrütet, doch wären sie nach und nach alle zu Grunde gegangen. Ein Ei, welches ich durch Güte des Herrn erhielt, halte ich der Stockente (*Anas boschas*, Linn.) zugehörig, doch wird die Löffelente sehr wahrscheinlich ebenfalls auf den Inseln brüten.

219. *Fuligula ferina*. Linn. Tafelente und

+ 220. *Mergus serrator*, Linn. Mittlerer Soger.
Kamen diesmal nicht zur Beobachtung.

Aus der letzten Ordnung, Tauchvögel (*Urinatores*) liegen für Tunis 8 Arten vor (darunter 2 neue) und zwar aus der Familie der Krontaucher (*Podicipidae*) 4 Arten; aus der Familie der Scharben (*Phalacrocoridae*) 1 Art; aus der Familie der Bassane oder Töpel (*Sulidae*) 1 Art (neu) und aus der Familie der Alken (*Alcidae*) 2 Arten, darunter 1 neu.

Loche gibt in seinem grossen Werke 17 Arten für Algier an. Die 10 für Tunis noch ausstehenden Arten sind folgende:

1. *Colymbus glacialis*, Linn.
2. *Colymbus arcticus*, Linn.
3. *Colymbus septentrionalis*, Linn.
4. *Podiceps sclavus*, Bp.
   = (*Podiceps cornutus*, Gmel.)
5. *Pelecanus crispus*, Bruch.
6. *Pelecanus onocrotalus*, Linn.
7. *Graculus cristatus*, Bp.
8. *Graculus Desmarestii*, Bp.
9. *Haliaeus pygmaeus*, Bp.
10. *Haliaeus algeriensis*, Bp.

Dagegen fehlt in Loche's Hist. nat. des Ois. de l'Algérie die von mir an der Küste Tunesiens gesehene *Sula bassana*, Brisson.
Neu für Tunesien sind:

1. *Sula bassana*, Brisson.
2. *Alca torda*, Linn.

---

221. *Podiceps cristatus*, Linn. Haubentaucher.

Gelegentlich einer Bootfahrt längs der Küste am 8. März, sahen wir vielfach Steissfüsse, welche allem Anscheine nach dieser Art angehört haben mochten. Ich entnehme meinem Tagebuch

222. *Podiceps rubricollis*, Gm. Rothhalsiger Steissfuss.
Podiceps subcristatus, Bechst.
Diesmal nicht mit Sicherheit constatirt.

223. *Podiceps auritus*, Lath. Ohrensteissfuss.
Podiceps nigricollis, Sundew.
Desgleichen nicht.

224. *Podiceps minor*, Lath. Zwergsteissfuss.
Ebenfalls nicht.

+225. *Phalacrocorax carbo*, Dumont.
Halieus cormoranus, M. & W. Kormoran, Scharbe.
Ab und zu gewahrteich Kormorane, so bei Sousse und Monastir.

+226. *Sula bassana*, Brisson. Tölpel.
Gelegentlich der Segeljagdfahrt nach der Insel Curiat gewahrte ich 2 Vögel dieser Art, die ich deutlich genug erkannte. Leider flogen sie ausser Schussweite über das Boot dahin. Der Basstölpel ist neu für die Vogelliste von Tunis und wird auch von Loche nicht für Algier angegeben.

+227. *Alca torda*, Linn. Tordalk.
Der Tordalk ist ebenfalls neu für Tunis. Herr Spatz erlegte ein Stück am 31. Juli 1889 auf hohem Meere vor Monastir und hatte die Güte, mir das Exemplar zur Ansicht einzusenden. Nach seiner Aussage gäbe es jedoch viele Tordalken auf dem Meere, die das Boot nahe genug herankommen lassen, so dass die auf sie abgegebenen Schüsse meist von Erfolg begleitet sind. Genannter Herr hat mehrere Stück daselbst erlegt. Mir ist die Art auf der Fahrt nach Curiat nicht zu Gesicht gekommen.

+228. *Mormon fratercula*, Temm. Lund, Papageitaucher.
Ich kann die Art für Tunis wiederholt bestätigen, da ich 1 Exemplar im Winterkleide beim Präparator Blanc sah, welches auf der Rhede bei Goletta erlegt worden ist.

Sitzungsberichte

der

Allgemeinen Deutschen Ornithologischen Gesellschaft zu Berlin.

Bericht über die November-Sitzung 1892.

Ausgegeben am 25. December 1892.

Verhandelt Berlin, Montag, den 7. November 1892, Abends 8 Uhr, im Sitzungslocale, Bibliothekzimmer des Architekten-Vereinshauses, Wilhelmstr. 92. II.

Anwesend die Herren: Reichenow, Schalow, Grunack, Nauwerck, Hocke, Freese, Thiele, Rörig, Schreiner, Pascal, Ehmcke, von Oertzen, Schotte, Bünger, Deditius, Hartwig, Krüger-Velthusen, Matschie, Schäff, Heck und Frenzel.

Als Gäste die Herren: Spatz (Monastir), Kuhnert, Baumann, Mangelsdorf, Gottschlag, Schotte jun. und Cabanis jun.

Vorsitzender: Herr Reichenow. Schriftf.: Herr Matschie.

Als Mitglied ist der Gesellschaft beigetreten: Herr Apotheker Th. Zimmermann (Königsberg i. P.)

Herr Bolle hat ein Schreiben eingesendet, in welchem er erklärt, dass er die ihm durch Beschluss des Vorstandes verliehene Würde eines Ehrenmitgliedes mit freudigem Danke annehme.

Herr Reichenow legt die folgenden neu erschienenen Arbeiten vor: A. B. Meyer und F. Helm, Verzeichniss der bis jetzt im Königreich Sachsen beobachteten Vögel nebst Angabe über ihre sonstige geographische Verbreitung. Mit einer Vegetationskarte der Erde. (Abdr. aus dem VI. Jahresbericht der Orn. Beobachtungsstationen im Kgr. Sachsen S. 65—135.) — Führt 274 Arten auf, unter welchen 157 Brutvögel. Auf die von den Verfassern herausgegebenen 6 Berichte, auf die einschlägige Litteratur und die im Dresdener Museum befindlichen Exemplare sich stützend, bildet dieses Verzeichniss eine Grundlage für fernere Beobachtungen. Besonders wünschenswerth wird noch die Feststellung der für das Gebiet zutreffenden Brutzeiten sein, wie dies hinsichtlich der Zugzeiten bereits geschehen; für die als „seltene" oder „sehr seltene Gäste" aufgeführten Arten, wie *Otis macqueeni, Oedemia nigra* u. a., würden nachträgliche speciellere Angaben der darüber vorhandenen Beobachtungsnotizen oder der Belegstücke sehr willkommen sein.

P. Leverkühn, Bericht über eine Reise nach Ungarn im Frühjahr 1891 (Abdr. aus d. Bericht über d. II. intern. ornith. Congress in Budapest). — Schildert insbesondere Excurisionen nach dem Draueck, nach der Frusca Gora, zum Velenczeer-See, nach Süly-Sáp und dem Fertö-See und skizzirt in anschaulicher

Weise das interessante Vogelleben dieser Gebiete. Am Schlusse Angaben von Maass und Gewicht der gesammelten Eier und Uebersicht der beobachteten Arten.

Th. Pleske, Ornithographia rossica. Die Vogelfauna des Russischen Reichs. Band II. Lief. 5: Diese Schlusslieferung des 2. Bandes und zugleich des ganzen Werkes (da es leider vom Verf. nicht fortgesetzt wird) behandelt in der bereits mehrfach besprochenen ausführlichen Weise die Gattungen *Locustella* mit 7 Arten, *Cettia* mit 3 Arten und *Urosphena* mit einer Art. Nebst Gesammtindex der lateinischen Namen. Auf der beigegebenen Tafel sind abgebildet: *Locustella ochotensis* ♂ und juv., *Cettia canturians* und *minuta* und *Urosphena squamiceps*.

Herr Spatz hält einen längeren Vortrag über das Vogelleben der südtunesischen Sahara, in welchem er die ornithologischen Ergebnisse seiner diesjährigen Reise von Gabes über El Hamma durch die Landschaft Netzaona zum Chott el Djerid und nach Ueberschreitung des Chott bis Tozzeur und Nefta und von dort zurück nach Gabes über Gafza schildert. Es wurden von 34 Arten Bälge und von 25 Arten Eier gesammelt, welche von dem Reisebegleiter des Herrn Spatz, Herrn St. Alessi in diesem Journal 1892 p. 316, 317 aufgezählt worden sind. In diese Liste haben sich einige Irrthümer eingeschlichen; es müssen fortfallen *Aquila brachydactyla* und *Buteo desertorum* und hinzugesetzt werden *Milvus ater*. Auffallend ist, dass *Alcedo ispida* von Tunesien bedeutend kleiner ist als die europäische Form und und auch unmittelbar am Meer, dort von Meeresfischen lebend, gefunden wird. Das Männchen von *Certhilauda desertorum* führt ein merkwürdiges Liebesspiel aus; es steigt von der höchsten Spitze eines Strauches, eine ganz eigenthümliche Melodie pfeifend senkrecht in die Höhe und lässt sich dann, die letzten Töne sehr lang ziehend, mit halbausgebreiteten Flügeln, wobei die weissen Schilder sehr schön hervortreten, den Kopf nach unten, herunterfallen zu dem sein Werbespiel beobachtenden Weibchen.

Herr Kuhnert legt hierauf eine Anzahl hervorragend schön gemalter Aquarelle deutsch-ostafrikanischer Vögel vor, von seiner Reise nach dem Kilimandjaro. Dieselben zeigen zum Theil sehr seltene, erst durch G. A. Fischer entdeckte Arten.

Die nächste Sitzung findet Montag 5. Dezember 1892 statt.

Reichenow,   Matschie,   Cabanis,
Vorsitzender.   Schriftführer.   Gen.-Secr.

Bericht über die December-Sitzung.

Ausgegeben am 31. December 1892.

Verhandelt Berlin, Montag, den 5. December 1892,

Abends 8 Uhr, im Sitzungslokale, Bibliothekzimmer
des Architekten-Vereinshauses, Wilhelmstr. 92. II.
    Anwesend die Herren: Reichenow, Cabanis, Grunack,
Pascal, von Treskow, Freese, Schreiner, Kühne,
Thiele, Krüger-Velthusen, Matschie, Schalow, Heck,
Rörig, Nauwerk.
    Von Ehrenmitgliedern: Herr Bolle.
    Als Gäste die Herren: Cabanis jun. und Staudinger.
    Herr Reichenow bespricht: E. Rey, Altes und Neues aus
dem Haushalte des Kuckucks (W. Marschall's Zoologische Vor-
träge 11. Heft). Leipzig 1892. (4 Mark). — Während das
Baldamus'sche Werk über das Leben des Kuckucks, über welches
Anfangs dieses Jahres in diesen Berichten referirt wurde, eine
zusammenfassende Darstellung aller bis dahin bekannten Lebensgewohnheiten des interessantesten aller europäischen Vögel
lieferte, überrascht uns in der vorliegenden Arbeit der auf
oologischem Gebiet als Autorität bekannte Verfasser mit neuen
Ergebnissen langjähriger eindringender Studien, mit Thatsachen,
welche zum Theil die bisherigen Anschauungen über die Fortpflanzung des Kuckucks und seine Gewohnheiten vollständig über
den Haufen werfen und ferneren Forschungen eine gänzlich ver-
änderte Richtung geben. Aus der Fülle der Thatsachen, welche
der Verfasser in knapper Darstellung und stets mit Begründung
durch ein umfangreiches, klar überzeugendes Beweismaterial
vorführt, möge gestattet sein, hier nur diejenigen Stellen der
wichtigen Arbeit hervorzuheben, welche bis jetzt in der Litteratur
nicht berücksichtigte Momente betreffen, oder die zeitherigen An-
nahmen berichtigen. In dem ersten Kapitel, „imitative Anpassung
der Kuckuckseier an Eier der Nestvögel" wird nachgewiesen,
dass mit Ausnahme des in den Nestern von *Ruticilla phoenicurus*
und *Fringilla montifringilla* gelegten Kuckuckseier, welche auffallender Weise eine viel grössere Anpassung aufweisen, nur 3,6 %
der Kuckuckseier denen der Nesteigenthümer ähnlich gefärbt sind,
so dass die engere Anpassung nicht die Regel, sondern eine Ausnahme bedeutet. In dem zweiten Kapitel „die Kennzeichen der
Kuckuckseier" hat Verfasser neben Färbung, Zeichnung, Form,
Grösse und Gewicht noch ein neues characteristisches Kennzeichen
besprochen, welches Grösse und Gewicht zu einem Ausdruck bringt,
nämlich einen „Quotienten", welcher das Produkt der Grössen
beider Achsen dividirt durch das Gewicht wiedergiebt und der
„als praktisches Hilfsmittel vielleicht einer allgemeineren Verwendung
in der Oologie empfohlen werden könnte, weil es bei den Eiern
jeder Vogelart (welche Verf. untersucht) recht konstante Resultate
liefert." Auch über die Festigkeit der Schale der Kuckuckseier
hat Verfasser vermittels eines von ihm eigens für den Zweck er-
fand die Festigkeit bei *Cuculus* zwischen 13,7 und 17,6 gegenüber
9,1 (mittlere Festigkeit) bei *Sylvia cinerea*, 9,6 (m. F.) bei *Sylvia*

nisoria und 10,2 (m. F.) bei *Lanius collurio*. Das „Entfernen von Nesteiern" betreffend, gelangt Verf. zu dem Ergebnis, dass der Kuckuck bei Ablage seiner Eier ein oder mehrere Nesteier entfernt, manchmal bereits einen Tag vor dem Legen, dagegen später nicht mehr um die Brut sich kümmert. Den wichtigsten Theil des Buches bildet Kapitel 6, welches die Fruchtbarkeit, Entwicklung der Eier und Legezeit behandelt, und worin Verf. insonderheit der bisher herrschenden Anschauung entgegentritt, dass die Kuckuckseier längere Zeit zu ihrer Entwicklung bedürfen als diejenigen anderer Vögel. In letzterer Annahme wurde bekanntlich bisher auch die Ursache des Nichtbrütens vermuthet. Nachdem Verf. dargelegt, dass weder der Eierstock, noch die Entwicklung der Eier des Kuckucks irgend welche Anomalie im Vergleich zu anderen Vögeln aufweise, führt er durch schlagende Belege den Nachweis, dass die Ablage der Eier beim Kuckuck einen Tag um den anderen erfolgt, und dass das einzelne Weibchen im Jahre einige zwanzig Eier legt. Neu und der oologischen Forschung im allgemeinen zur Nachahmung angelegentlichst zu empfehlen, ist die Darstellung der Legezeit des Kuckucks und einiger anderer Vögel in Diagrammen. Es ergiebt sich aus diesen Untersuchungen, dass die Fortpflanzungzeit des Kuckucks nach der Brutzeit der betreffenden Nestvögel sich richtet und örtlich sowohl in Bezug auf die Dauer, als auch in Bezug auf frühes oder spätes Eintreten derselben oft wesentlich verschieden ist. Am Schlusse der Arbeit findet sich ein ausführlicher Nachweis des zu den Untersuchungen benutzten Materials, welches über 1200 (!) Kuckuckseier umfasst, von denen 526 der Samlung des Verfassers angehören. Bei jedem angeführten Ei sind Fundort, Datum, Nestvogel, Zahl der Nesteier, Gewicht, Maasse, Quotient, Sammler, typischer Character angegeben. Vielfach konnten auch die von demselben Weibchen gelegten Eier bezeichnet werden. Die Veröffentlichung dieses kolossalen Materials nebst dem sorgsam registrirten erläuternden Notizen ist an sich von unschätzbarem Werth und bildet eine Grundlage für alle ferneren Untersuchungen auf dem Gebiete der Kuckucks-Forschung. — Die Bedeutung des Rey'schen Werkes reicht weit über den Rahmen hinaus, welchen der Titel bezeichnet. Die Arbeit ist eine der hervorragendsten Publikationen, welche die Ornithologie seit jeher aufzuweisen hat.

Herr C a b a n i s legt vor und bespricht: L. S t e j n e g e r. Two additions to the Japanese Avifauna including descriptions of a new species (Proc. Un. St. Nat. Mus. XV. 1892. p. 371—373). *Acanthopneuste ijimae* wird beschrieben von den Sieben Inseln von Idzu, verwandt *A. coronatus*, Temm & Schleg. aber ohne den blassen Streifen auf der Kopfmitte, mit gelben Unterschwanzdecken und gleicher Kopf- und Rückenfarbe; die zweite Schwungfeder ist kürzer als die sechste und und länger als die siebente.

M i t t h e i l u n g e n d e r S e c t i o n f ü r N a t u r k u n d e d e s

Oesterreichischen Touristen-Club. IV. Jahrg. Nr. 11.
Diese Nummer enthält eine kleine Arbeit von E. F. Rzehak:
Ornitho-faunistische Studien aus dem mährisch-schlesischen Gesenke.

      G. Hartlaub, 4 seltene Rallen. Abh. naturw. Ver.
Bremen. 1892. XII. 3. Heft.) Beschreibung einer neuen Gattung
Kittlitzia und wichtige Bemerkungen über *Rallus monasa* Kittl.,
R. ecaudatus King, *R. sandvichensis* Gm., *Pennula palmeri* (Froh.).
      Ch. Bendire. Life Histories of North American Birds, mit
12 Tafeln. Washington 1892. 446 Seiten. Eine erschöpfende
Darstellung des Brutgeschäftes der amerikanischen Hühner, Tauben
und Raubvögel mit vielen Bemerkungen über die geographische
Verbreitung. 12 vorzüglich ausgeführte Tafeln mit Abbildungen
von Eiern zieren das Werk.
      Herr Schalow legt vor und bespricht: L. Stejneger,
Notes on a collection of Birds made by Harry O. Henson in the
island of Yezo, Japan; Proc. U. St. Nat. Mus. vol. 15. p. 289 bis
359, pl. 65. — 66 sp. werden in der Arbeit, in der bekannten
eingehenden Darstellung des Verfassers abgehandelt. Die Sammlung
kam an das U. S. Nat. Museum in Washington. Neu beschrieben
werden: *Parus hensoni* n. sp. (nahe *Parus palustris* (L.)) und
Hypsipetes amaurotis hensoni n. subsp. (nahe *H. amaurotis* (Temm.)).
Zum ersten Male werden für die Fauna Japans nachgewiesen:
Urinatorpacificus (Law.) (Jakodata), *Terekia cinerea* (Güld)) Jakodata),
Falco rusticolus Linn. (Jakodata), *Otocorys alpestris* (L.) und *Hemi-
chelidon griseisticta* Swinh. Auf einer Tafel bildet der Verf. die
Flügelfedern von *Motacilla lugens* Kittl. ab.
      H. Schalow, Ueber das Vorkommen von *Pratincola rubicola*
(L.) im östlichen Norddeutschland; Sitz.-Ber. der Ges. naturf.
Freunde zu Berlin. 1892. Nr. 8. p. 141—145. — Ueber die Verbreitung von *P. rubetra* (L.) und *P. rubicola* (L.) in Norddeutschland
fundenen Apparats eingehendere Untersuchungen angestellt und
wie über das Brüten letzterer Art bei Ober-Horka, Kr. Rothen-
burg in der Ober-Lausitz.
      Herr Reichenow spricht über die von Dr. Emin Pascha
und Dr. Stuhlmann am Albert Edward-See gesammelten Vögel.
      Herr Matschie macht einige Mittheilungen über die Aus-
dehnung der Mittelmeer-Fauna nach Süden und betont, dass die
Nordgrenze des aethiopischen Gebietes nach den in der Litteratur
vorhandenen Angaben ungefähr mit dem 17. Längengrad zusammenfällt.
      Herr Schalow berichtet über einige Excursionen, die er
im Gebiete der Werra, zwischen der Hohen Rhön und den westlichen Abhängen des Thüringerwaldes im Frühjahr unternommen.
Seine Mittheilungen ergänzen und berichtigen eine früher über
dasselbe Gebiet erschienene Arbeit von Ruhmer (J. f. O. 1880
p. 144—148). Der Vortragende giebt eine Schilderung des Gebietes und characterisirt kurz die Vogelfauna desselben. Nach

einer Reihe von biologischen Mittheilungen behandelt Herr Schalow
speciell eine Anzahl von Arten, die ein weiteres Interesse beanspruchen dürfen. So *Cinclus cinclus* (L.), *Motacilla melanope* Fall.,
Acredula caudata ·(L.) und *rosea* (Blyth), *Pratincola rubicola* (L.)
und *P. rubetra* (L.) und *Erithacus titis* (L.) und dessen Beziehungen
zu *E. cairii* (Gerbe).

Herr R e i c h e n o w referirt über eine Zuschrift des Freiherrn
Hans v. B e r l e p s c h (Seebach): Derselbe fand im vergangenen
Sommer den Steinsperling auf der Burg Heineck bei Nazza in
Thüringen brütend. Zwei Nester standen in tiefen Mauerspalten
in Höhe von acht Metern und enthielten Mitte Juli je vier und
fünf Junge.,

Herr M a t s c h i e weist auf eine Arbeit des Herrn Dr. C o l l i n
in dem Bericht über die November-Sitzung der Gesellschaft Natur-
forschender Freunde hin, in welcher das Vorkommen eines
Blutegels (*Clepsine tesellata* (Müll.)) im Rachen von Vögeln besprochen wird. Angaben über derartige Fälle sind sehr willkommen. —

Die nächste Sitzung findet Montag den 9.· Januar 1893 statt.

B o l l e, M a t s c h i e, C a b a n i s,
Vorsitzender. Schriftführer. Gen.-Secr.

Bericht über die Januar-Sitzung.

Ausgegeben am 9. Februar 1893.

V e r h a n d e l t B e r l i n, M o n t a g, d e n 9. J a n u a r 1 8 9 3,
A b e n d s 8 U h r, i m S i t z u n g s l o k a l e, B i b l i o t h e k z i m m e r
d e s A r c h i t e k t e n - V e r e i n s h a u s e s, W i l h e l m s t r. 92. II.

Anwesend die Herren: B ü n g e r, G r u n a c k, E h m c k e,
S c h r e i n e r, F r e e s e, P a s c a l, D e d i t i u s, N a u w e r c k,
C a b a n i s jun., K r ü g e r - V e l t h u s e n, M a t s c h i e, T h i e l e,
S c h ä f f, R ö r i g, F r e n z e l und S c h a l o w.

Von auswärtigen Mitgliedern die Herren: F l o e r i c k e (Marburg)
und S p a t z (Tunis).

Vorsitzender: Herr S c h a l o w.

Als Mitglieder sind der Gesellschaft beigetreten die Herren:
P a u l W. H. S p a t z, Naturalist, Monastir und Halle a. S., G e o r g e
C a b a n i s, Friedrichshagen bei Berlin, G e n g l e r, Assistenzarzt
im bayr. 19. Inf. Reg., Erlangen. Durch den Tod verlor die Gesellschaft Herrn A l e s s i in Gabes, Tunis.

Herr S c h ä f f legt vor: Beiträge zur Fauna Württembergs
von Prof. Dr. Kurt Lampert (Sep.-Abdr. aus Jahreshefte d. Ver.
f. vaterl. Naturkunde in Württ. 1892 p. 265—268). In dieser

Arbeit werden zum ersten Male für Württemberg nachgewiesen:
Glaucidium passerinum Boie, die Sperlingseule, *Totanus fuscus* Briss.,
der dunkle Wasserläufer und ein (resp. zwei) verschlagenes
Exemplar von *Puffinus kuhlii* Boie, dem mittelländischen Taucher-
sturmvogel.

Derselbe legte ferner vor ein Referat über A. Voigt, An-
leitung zum Studium der Vogelstimmen. Jahresber. der 1. städt.
Realschule in Leipzig 1892. Der Verfasser dieser im Original
leider nicht vorliegenden Arbeit will die Vogelstimmen durch eine
neue graphische Methode darstellen, da weder Silben der mensch-
lichen Sprache noch Noten, wie sie in der Musik gebräuchlich
sind, die Lautäusserungen der Vögel klar wiedergeben. Raubvögel, Tauben und Wasservögel werden vorläufig nicht berücksichtigt. Für die angeführten Beispiele (Lockruf der Kohlmeise,
Gesang des Waldlaubvogels und der Goldammer) ist die neue
graphische Methode entschieden zweckmässig. Ob aber für alle
anderen Singvögel etc.?

Herr M a t s c h i e legt hierauf im Auftrage des Herrn H e c k
eine Anzahl von photographischen Darstellungen der Entwicklung
eines *Eclectus* ♂ vom dritten bis zum neunzigsten Tage nach dem
Verlassen des Eies vor, welche der bekannte Züchter von Edel-
papageien, Herr Ingenieur P. H i e r o n y m u s in Blankenburg a. H.
aufgenommen hat.

Herr M a t s c h i e theilt alsdann mit, dass Herr O s k a r
N e u m a n n nach Deutsch-Ost-Afrika mit der Absicht gegangen
sei, den Staats-Geologen, Herrn Lieder, auf seiner Forschungsreise zu
begleiten, um auf eigene Kosten zoologische Sammlungen zusammen-
zubringen. Herr N e u m a n n hat sich in der Umgegend von
Aden sechs Tage hindurch aufgehalten und diese Zeit dazu benutzt,
soweit die Fieberanfälle ein Arbeiten gestatteten, ornithologische
Beobachtungen anzustellen und einige Vögel zu erlegen. Vor
kurzer Zeit ist für die zoologische Sammlung des Kgl. Museums
für Naturkunde eine kleine Sendung hier eingetroffen, welche
u. a. 7 Vogelbälge enthält. Es sind die folgenden Arten:

1. *Pratincola hemprichi* Ehrbg. ♂. 6. Nov. bei Scheich Osman
in der Wüste gegenüber von Aden.

2. *Argyia squamiceps* Rüpp. 8. Nov. in der Wüste zwischen
Scheich Osman und Lahadsch in Pärchen angetroffen. Die Unter-
seite dieses Stückes erscheint viel dunkler als bei den von
Hemprich und Ehrenberg gesammelten Exemplaren.

3. *Alaemon desertorum* Stanley. 5. Nov. Wüste bei Scheich
Osman. Seltener als die Haubenlerche.

4. *Lanius assimilis* Brehm. 8. Nov. Wüste zwischen Scheich
Osman und Lahadsch, häufig.

5. *Falco barbarus* L. ♂. 9. Nov. Gebüsch bei Lahadsch. In
der Abenddämmerung fliegend.

6. *Merops cyanophrys* Cab. Heine. 10. Nov. Gebüsch bei

Lahadsch. Sitzt ca. 2 Fuss von einem kleinen Thurmfalken auf einem Strauch. Arab.: „bǎcbāidā".

7. *Charadrius geoffroyi* Wagl. 5. Nov. Strand bei Scheich Osman. Oberseite viel heller bei den Exemplaren von *Ch. columbinus* Ehrbg.

Das von Herrn Neumann besuchte Gebiet ist Ibis 1886 pl. II. dargestellt. Scheich Osman liegt dicht am Meere gegenüber der Halbinsel Aden, Lahadsch ungefähr 6 Meilen landeinwärts. Ausser diesen 7 Arten erwähnt der Reisende noch folgende in seinen Briefen: Ein ganz schwarzer, bachstelzenartiger Vogel mit weisser Schwanzspitze bewohnt die mit dornigen Bäumen bewachsene Wüste bei Lahadsch. Einen grauen Vogel von Finkengrösse mit schwarzem Kopf und gelben Bürzelfedern möchte ich für *Pycnonotus xanthopygus* Ehrbg. ansprechen; derselbe heisst bei den Engländern „blackhead" und lebt in den Palmenhainen bei Lahadsch. Nester von Webern hingen oft an niedrigen Zweigen von Dattelpalmen in den Wäldern und Gärten bei Lahadsch. Der Vogel war von Sperlingsfarbe bis zum schönsten Citronen- und Orangegelb. Major Yerbury (On the Birds of Aden and the Neighbourhood. With Notes by R. Bowdler Sharpe. Ibis 1886 p. 11—24) erwähnt *Hyphantornis galbula* Rüpp. Bei Aden war die graue Bachstelze *Motacilla alba* (L.) in Menge, ebenso der Wiedehopf *Upupa epops* L. Die Wüste wurde belebt von unzähligen Haubenlerchen, welche dem Beobachter kleiner erschienen als unsere *A. cristata. Passer euchlorus* L. ist überall in Aden, bei Scheich Osman und bei Lahadsch häufig; auf den Felsen bei Aden scheinen bräunliche Schwalben, wohl *Cotyle obsoleta* Cab., zu nisten. Eine ganz schwarze Rabenkrähe fliegt morgens in Schaaren von 3—6 aus dem Inneren dem Meere zu und hält sich häufig am Strande auf. Der Reisende beobachtete ein Exemplar dieser Art auf einem Kamel in der Wüste, demselben Insekten vom Rücken, Kopf und aus den Ohren pickend, ohne dass das Kamel unruhig wurde. Von Raubvögeln fand Herr Neumann ausser dem schon erwähnten Falken mehrfach kleinere dem Thurmfalken ähnliche Vögel, ferner den Schmarotzermilan, welcher in allen Städten und Dörfern ebenso häufig als gern gesehen ist. Derselbe scheint auf den Felsen von Aden zu übernachten; in Lahadsch schläft er einzeln oder zu mehreren auf den Kronen der Dattelpalmen, stets jedoch in nächster Nähe der Häuser. Der Aasgeier, in allen Farbenvarietäten vom reinsten Weiss bis Schwarzgrau, nistet auf den Felsen bei Aden in grossen Mengen, so dass diese an einzelnen Punkten ganz weiss vom Guano sind. Er fliegt in Aden selbst niemals so tief wie der Milan, sondern kreist stets sehr hoch in den Lüften. Man findet denselben mehr draussen vor der Stadt auf den mit Schutt und Unrath bedeckten Feldern. In einem Palmenhain bei Scheich Osman liefen sie in solchen Mengen auf der Erde herum, dass der Reisende sie von weitem für Hühner hielt. In Lahadsch fehlt er fast ganz. Herr Neumann vermuthet, dass möglicherweise zwei Arten dort leben; neben *Neophron percnopterus* (L.) könnte auch *N. monachus* (Temm.) vorkommen. Bei Lahadsch fand der Reisende eine kleine hellgraue Zwergeule, vielleicht *Scops giu* (Scop.) und einen Uhu, der etwas grösser als unser Waldkauz und heller als unser Uhu war, mehr schiefergrau und weiss. Von Tauben werden zwei Arten erwähnt, eine Lachtaube bei Lahadsch und eine ähnliche, aber kleinere Art, mehr bronzeroth und schieferblau in der Wüste vor Lahadsch. Steinhühner (wohl *Caccabis melanocephala*) wurden am Bach bei Lahadsch beobachtet, von Reihern ein reinweisser und ein schieferblauer überall am Strand. Dort fanden sich auch 3 verschiedene Arten von Möven, eine der Silbermöve ähnliche (*Larus arabicus* H. E. ?), eine der Mantelmöve gleichende (*L. cachinnans* Pall. ?) und eine schwarzbraune, mit weissem Bauch (*L. crassirostris* H. E. ?). Regenpfeiffer und Strandläufer überall, theils einzeln, theils in Schaaren am Strand und auch bei Lahadsch, nachdem der Fluss über die Ufer getreten war. Dort wurde auch *Dromas ardeola* Payk. erlegt. Von Enten erhielt Herr Neumann nach seiner Beschreibung *Fuligula nyroca* L. und *Spatula clypeata* L. — Weiteren Mittheilungen und Sendungen des Reisenden dürfte mit Interesse entgegenzusehen sein, da derselbe bewies, dass er für die Vogelwelt ein offenes Auge hat. Möge es ihm nur gelingen, bald einen gut präparirenden Neger in seine Dienste zu nehmen, damit die von ihm erlegten Vögel zu tadellosen Bälgen verarbeitet werden können.

Herr E h m c k e giebt einige Notizen über ostpreussische Zugvögel nach Mittheilungen des Herrn Lehrer Techler in Szameitschen bei Gumbinnen, aus welchen hervorzuheben ist, dass um die Mitte des September dort 3 männliche und 1 weiblicher *Circus macrurus* erlegt wurden und im Anfang November sich grosse Schwärme von *Pinicola enucleator* zeigten.

Herr B ü n g e r theilt mit, dass grosse Schaaren von Eichelhehern in den Wäldern bei Friedland in Schlesien beobachtet worden seien.

Herr S c h ä f f wirft die Frage auf, ob im Dunengefieder der Rohrweihen Männchen und Weibchen Farbenverschiedenheiten zeigen.

Herr F l o e r i c k e erwähnt, dass neuerdings *Charadrius morinellus* wieder im Riesengebirge aufgefunden worden sei.

Herr S c h a l o w legt die von Dr. Reichenow herausgegebenen „Ornithologischen Monatsberichte" vor und betont, dass diese neue Zeitschrift auf wiederholte Anregung seitens einer grossen Anzahl Berliner und auswärtiger Mitglieder in's Leben gerufen sei. Es darf von derselben ebenso eine Förderung der Gesellschaftsinteressen im besonderen wie der Wissenschaft im allgemeinen erwartet werden. —

Auf Antrag des Herrn G r u n a c k wird alsdann in eine Besprechung der im Bericht über die 1892er Jahresversammlung abgedruckten Fussnote des General-Secretärs eingetreten. Die Gesellschaft beschliesst, dass alle persönlichen Bemerkungen in die Sitzungsberichte nicht aufgenommen werden dürfen, die Berichte vielmehr nur die Verhandlungen in rein sachlicher Form wiederzugeben haben.

Zur Vermeidung von Druckfehlern in den Berichten sollen sowohl der General-Secretär als auch der Protokollführer Correcturbogen derselben erhalten.

Herr Matschie berichtigt zwei von ihm im Protokoll über die Jahresversammlung 1892 p. 8 Zeile 8 v. o. und Zeile 16 v. o. falsch wiedergegebenen Redewendungen. Man lese: „Falsch ist, dass das Kuckucksweibchen stets alle Nesteier herauswirft" statt „Niemals entfernt etc." und „mit 1—2 Tagen Zwischenraum" statt „mit zwei Tagen Zwischenraum".

Schluss der Sitzung.

Die nächste Sitzung findet Montag 6. Februar 1893 statt.

Schalow,	Matschie,	Cabanis,
Vorsitzender.	Schriftführer.	Gen.-Secr.

Bericht über die Februar-Sitzung 1893.

Ausgegeben am 27. Februar 1893.

Verhandelt Berlin, Montag, den 6. Februar 1893 Abends 8 Uhr, im Sitzungslocale, Bibliothekzimmer des Architekten-Vereinshauses, Wilhelmstr. 92 II.

Anwesend die Herren: Thiele, Reichenow, Grunack, Deditius, Bünger, Schäff, Ehmcke, von Treskow Rörig, Nauwerck, Schreiner, Matschie, Schalow, Heck, Mützel, Frenzel, Krüger-Velthusen und Müller.

Von Ehrenmitgliedern: Herr Bolle.

Von auswärtigen Mitgliedern: Herr Zimmermann (Königsberg).

Als Gast: Herr Bohndorff (Bagamojo).

Vorsitzender: Herr Bolle, Schriftf.: Herr Matschie.

Der Gesellschaft sind als Mitglieder beigetreten:

Königl. Sächsische Forstakademie zu Tharandt (Vertreter: Herr Professor Dr. Nitsche) sowie die Herren:

Baron Walther von Rothschild in Tring, England.

A. H. Evans in Cambridge, England.

Baron Adolar von Wildburg in Bihar-Illye, Ungarn.

Baron Hans von Berlepsch auf Seebach, Premierlieutenant à la suite des 15. Hus.-Reg., z. Z. in Cammerforst bei Mühlhausen in Thüringen.

Alex. Nehrkorn, stud. med. in Leipzig.

8*

Herr Reichenow legt einige neu erschienene Schriften vor und bespricht dieselben.

Herr Schalow legt die laufenden Nummern einer Anzahl periodischer Zeitschriften vor und weist auf einige in denselben enthaltene Arbeiten hin. Ferner bespricht derselbe

Tommaso Salvadori, Descrizione di una nuova specie di colombo del genere *Ptilopus* (Boll. Mus. Zool. ed. Anatom. comp. Torino vol. VII, No. 135 p. 1). — *P. tristrami* n. sp. von den Marquesas Inseln, verwandt mit *P. mercieri* Finsch.

J. A. Allen, On a collection of Birds from Chapada, Matto Grosso, Brazil, made by Mr. H. H. Smith. Part II Tyrannidae. (Bull. Am. Mus. of Nat. Hist. vol. 4 No. 1 p. 331—350). — Die Arbeit behandelt eingehend 45 sp. aus dem beregten Gebiet mit vielen kritischen Bemerkungen über die Beziehungen zu verwandten Arten wie Angaben über die geographische Verbreitung.

Herr Schalow weist auf seine früheren Mittheilungen hin, welche er über *Lanius raddei* Dress. gegeben (Journ. f. Ornith. 1871 p. 37—38). Es war a. a. O. versucht worden den Nachweis zu führen, dass der genannte von Radde in Transcaspien erbeutete Würger nicht zum Genus *Otomela* Bp. gestellt werden dürfe. Auch auf die Beziehungen desselben zum Genus *Collurio* Bp. war hingewiesen worden. Durch die Güte Eugen Büchners in St. Petersburg wurde Herr Schalow auf eine Veröffentlichung V. Bianchi's aufmerksam gemacht, welche im Jahre 1886 erschienen (Mél. biolog. du Bull. de l'Acad. Imp. des Sc. St. Pét. Tome XII p. 581), und in der ein von Nikolski im nördlichen Persien erbeuteter und *Otomela bogdanowi* benannter Würger beschrieben worden ist. Nach Vergleichung der von Dresser gegebenen Beschreibung (P. Z. S. 1888 pt. 3 p. 291 und Ibis, 1889 p. 89 pl. 5) mit der Bianchi's glaubt Herr Schalow mit Bestimmtheies aussprechen zu dürfen, dass sich beide auf ein und diet selbe Art beziehen, und dass der Name von Dresser *Lanius raddei*, als zwei Jahre später gegeben, dem von *Otomela bogdanowi* weichen müsse. Wenn Dresser auch bei Beschreibung seiner neuen Art die Bianchi'sche Diagnose nicht kannte, so dürfte dieselbe doch Radde bekannt gewesen sein, als er die „Wissenschaftlichen Ergebnisse der Expedition nach Transcaspien" (Tiflis 1890) bearbeitete, in welchen er (p. 65) *L. raddei* aufführt, ohne auf dessen enge Beziehungen resp. Identität zu *O. bogdanowi* Bianchi hinzuweisen. Wenngleich auch Bianchi die von ihm beschriebene Art zur Gattung *Otomela* stellt, so möchte Herr Schalow doch an der früher von ihm in dieser Hinsicht ausgesprochenen Ansicht festhalten.

Herr Reichenow legt ein Exemplar von *Apteryx haasti* von der Nord-Insel Neuseelands vor.

Herr Schalow bringt eine briefliche Mittheiluug des Herrn Walter in Cassel zur Kenntniss der Anwesenden, in welcher derselbe sich gegen einige im Journal abgedruckte Angaben wendet. Die im Journ. f. Ornith. 1890 p. 35 sich findende Notiz über

das Vorkommen von *Locustella fluviatilis* bei Elslake ist anzu-
zweifeln.

Die Angabe von Martins im Journal 1890 p. 31 über das
Vorkommen des Girlitz bei Neustadt a. D. erscheint sehr der Bestätigung bedürftig.

Gegenüber der Angabe im Journal f. Ornith. 1890 p. 280
und 281 über das Nest von *Regulus madeirensis* ist zu bemerken,
dass die Nester unserer Goldhähnchen stets oben offen, niemals
überwölbt sind, dass also das Nichtüberwölbtsein des Nestes von
R. madeirensis einen Unterschied von den Nestern unserer Goldhähnchen nicht bildet.

Herr E h m c k e spricht über einen Bussard, welchen er für noch
unbeschrieben hält:

Buteo zimmermannae n. sp. Ehmcke.*)

Ganze Oberseite verschossen dunkelbraun; Kopf und Nacken
mit helleren ins Rostfarbene übergehenden Längs-Streifen, die
durch den äusseren Rand der einzelnen Federn hervorgerufen
werden. Auf dem mehr einfarbigen Rücken und der Flügelober-
seite treten nur einzelne, durch die Flügeldeckfedern gebildete
matt rostfarbene ins Weissliche übergehende Flecken hervor.
Schwanz- und Oberschwanzdeckfedern lang und tief dunkelbraun
mit sehr schmalem helleren Rande. Oberseite des Schwanzes
hellbraun nach dem Bürzel zu in grau übergehend mit 10 dunklen
Quer-Binden; Schwanzspitze grau-bräunlich; in der Mitte der
einzelnen Schwanzfedern und an den Rändern derselben macht
sich eine röthliche Färbung geltend; Hals, Oberbrust hellbraun
mit leicht röthlichem Anfluge und einigen weisslichen Längs-
streifen, die am Kinn am deutlichsten hervortreten. Unterbrust
und Bauch schmutzig weiss mit hellbraunen röthlich schimmern-
den Querbinden. Unterseite des Schwanzes weisslich mit silber-
grauem Anfluge und den matt durchscheinenden dunklen Quer-
bändern. Hosen röthlichdunkelbraun mit hellen röthlichen Quer-
streifen, länger wie bei *Buteo vulgaris* und den Lauf nur etwa 3
cm freilassend. Brust, Zehen und Wachshaut gelb, Krallen lang,
schlank und spitz; diese und der Schnabel tief hornschwarz; Haken
scharf, innen fast rechtwinklig gebogen und sehr spitz. Gesammt-
länge 51 cm; Länge des angelegten Flügels 37 cm, die des Schwanzes 20 cm und des Oberschnabels 3,5 cm (im Bogen gemessen).

Dieser Vogel, ein Weibchen, mit erbsengrossen Eiern und
Anfang eines Brustfleckes und angeschwollenem After, wurde am
21. April 1892 von dem Forstaufseher Schwede-Sussupoenen Kreis
Gumbinnen erlegt. Im Kropf befand sich eine abgehäutete Maus
und im Magen eine ganze Eidechse.

Im zoologischen Museum zu Berlin befinden sich einige ähnliche
Exemplare, die aus dem Nordosten von Russland stammen.

---

*) Nach Frau Geheimrath Rosa von Zimmermann, der eifrigen Pflegerin
der heimischen Vogelwelt, benannt.

Von *Buteo vulgaris* und *desertorum* unterscheidet er sich wesentlich durch die geringere Grösse, längere Hosen, längeren und spitzeren Oberschnabel, sowie desgleichen Krallen und vor Allem durch die röthliche Färbung.

Herr Matschie zweifelt daran, dass diese Form in der Litteratur noch nicht erwähnt sei und glaubt vielmehr, dass Brehm's *B. minor* diese von Herrn Ehmcke beschriebene Lokalform darstelle.

Herr Reichenow bemerkt, dass die beschriebene Bussardform schon wiederholt im östlichen Deutschland und auch in der Mark, sowie in Thüringen erlegt worden sei. Dieselbe gehört offenbar der im nördlichen Russland brütenden Art an und wird in Deutschland in der Regel nur auf dem Zuge angetroffen. Sie wird mit *B. desertorum* identificirt, unterscheidet sich auch hinsichtlich der Grösse keineswegs von dem äthiopischen *B. desertorum*; nur hat es den Anschein, als wenn die Befiederung niemals einen so stark rothbraunen Ton aufwiese, wie dies bei äthiopischen Exemplaren der Fall ist. Sollte sich thatsächlich eine Verschiedenheit zwischen der europäisch-westasiatischen Form und der äthiopischen herausstellen, was bisher nicht angenommen wird, so dürfte der ersteren der Name *rufiventer* Jerd., womit vermuthlich *B. cirtensis* Levaill. zusammenfällt, zukommen (vergl. auch Ibis 1862 p. 361).

Herr Reichenow legt ein sehr kleines Straussen-Ei vor, welches aus einer Züchterei im Damara-Lande stammt.

Herr Nauwerck spricht über ein Exemplar von *Cinclus septentrionalis*, welches beim Orte Bredereiche im Norden der Mark von Herrn Lehrer Schwarz im October erlegt worden ist.

Herr Bolle erwähnt, dass ausserordentlich viele *Ampelis garrula* in diesem Winter am Tegeler See an einem einzigen Tage beobachtet wurden; ausserdem wurden Schneeammern in Schaaren von ca. 100 Exemplaren und Tannenfinken beobachtet, während Birkenzeisige fehlten.

Herr Reichenow theilt mit, dass im Januar zwei nicht ausgefärbte *Calcarius nivalis* aus der Umgegend von Berlin ihm zur Bestimmung vorgelegen haben.

Herr Schalow weist auf die im Bericht über die Beobachtungsstationen Pommern's (Stett. Zeitschr. f. Orn. 1893) enthaltenen Angaben über das Vorkommen von *Alauda alpestris* bei Neuwarp am 1. Januar, von *Lanius borealis* im November hin.

Herr Bünger beobachtete *Fringilla montifringilla* bei Berlin in diesem Winter, und Herr Grunack macht darauf aufmerksam, dass *Nucifraga macrorhyncha* in Geflügelhandlungen der Friedrichsstadt wiederholt zum Verkauf ausgestellt gewesen sei. —

Die nächste Sitzung findet Montag den 6. März 1893 statt.

Bolle,	Matschie,	Schalow,
Vorsitzender.	Schriftführer.	stellv. Secr.

Nachrichten.

An die Redaction eingegangene Schriften.

(Siehe Jahrgang 1892, Seite 460.)

2419 Zeitschrift für Ornithologie und praktische Geflügelzucht. Herausgegeben und redigirt vom Vorstande des Ornithologischen Vereins zu Stettin. XVI. Jahrg. Nr. 11 u. 12. November u. Dezember 1892. XVII. Jahrg. Nr. 1. Januar 1893. — Vom Verein.

2420. Ornithologische Monatsschrift des Deutschen Vereins zum Schutze der Vogelwelt. Redigirt von Prof. Dr. Liebe. XVII. Jahrg. 12. September 1892. — Nr. 16—17. November u. Dezember 1892. — Vom Verein.

2421. Mittheilungen des ornithologischen Vereins in Wien. „Die Schwalbe". XVI. Jahrg. Nr. 19. 15. Oktober 1852. — 21.—24. November bis Dezember 1892. XVII. Jahrg. Nr. 1. Januar 1893. — Vom Verein.

2422. Ornithologisches Jahrbuch. Herausgegeben von Victor Ritter von Tschusi zu Schmidhoffen. III. Jahrg. Heft 5 u. 6. September u. November 1892 IV. Jahrg. Heft 1. Januar und Februar 1893. — Vom Herausgeber.

2423. Sclater. Remarks on the correct Generic Name of the Linnets. [Aus The Ibis October 1892.] — Vom Verfasser.

2424. H. E. Dresser: Remarks on the Palaeartic white-breasted dippers. [Aus The Ibis Juli 1892.] — Vom Verfasser.

2425. P. L. Sclater: On a collection of birds from the Island of Anguill, West Indies. [Aus Proc. of Zool. Soc. of London 1892.] — Vom Verfasser.

2426. H. E. Dresser: Remarks on *Lanius excubitor* and its allies. [Aus The Ibis Juli 1892.] — Vom Verfasser.

2427. Robert Ridgway. The Humming Birds. [Aus Rep. Nat. Mus. 1890 p. 253 ff.] — Vom Verfasser.

2428. Prof. Dr. Kurt Lampert. Beiträge zur Fauna Württembergs. *(Glaucidium passerinum, Puffinus Kuhlii et Totanus fuscus.)* [Aus Jahreshefte des Vereins für vaterl. Naturkunde in Württ. 1892. Seite 266—268.] — Vom Verfasser.

2429. Ph. C. Dalimil Vladimir Varecka. Der problematische Winterschlaf im Vogelleben. I. Ueberwinternde Rauch- und Stadtschwalben. II. Ueberwinternde Feldlerchen. [Sep.-Abdr. aus „Die Schwalbe" XVI. Jahrg.] — Vom Verfasser.

2430. Derselbe. Einige Notizen zur Ornithologie Böhmens. [Aus „Die Schwalbe" XVI. Jahrg.] — Vom Verfasser.

2431. The Ibis. A. Quarterly Journal of Ornithology. VI. Series. Vol. V. Nr. 17. January 1893. — Von der British Ornithologist's Union.

2432. Teh Auk. A Quarterly Journal of Ornithology. Vol.

X. Nr. 1. January 1893. — Von der American Ornithologist's Union.

2433.   Bulletin of the American Museum of Natural History. Vol.
IV. 1892. New-York 1892. — Vom Museum.

2434.   Bulletin of the Britisch Ornithologist's Club. Nr. I. — V.
November 1892 — January 1893. — Vom Ornithologist's Club.

2435.   George K. Cherrie. Description of two apparently
New Flysatchers from Costa Rica. [From Proc. National
Museum. Vol. XV. Nr. 888.] — Vom Verfasser.

2436.   Dr. John Gundlach. Notes on some Species of Birds
from the Island of Cuba. [From The Auk, April 1891.]
— Vom Verfasser.

2437.   William E. D. Scott. Notes on the Birds of the Caloosakatschie Region of Florida. [From The Auk, July 1892.]
— Vom Verfasser.

2438.   Frank M. Chapman. Notes on Birds and Animals observed
near Trinidad, Cuba, with Remarks on the Origin of·West-
Indien Birdliefe. [From Bulletin Amer. Museum Vol. IV. Nr.
1. pp. 279—300. Dezember 1892.] — Vom Verfasser.

2439.   Joel Asaph Allen. On a Collection of Birds from
Chapata, Matto Grosso, Brazil, made by H. H. Smith.
Part II. *Tyrannidae.* [From Ball. Amer. Mus. of Natur-
Hist. Vol. IV. pp. 331—350 1892.] — Vom Verfasser.

2440.   Charles A. Keeler. Evolution of the colors of North
American Land Birds. Occasional Papers of the Californian Akademy of Sciences. III. pp. I—XII. 1—361. with
19 col. Plates. Januar 1893.] — Vom Verfasser.

2441.   L. Stejneger. Two additions to the Japanese Avifaunaincluding descriptions of a new species [Proc. Un. St. Nat.
Mus. XV. 1892. p. 371—373] [*Acanthopneuste ijimae* wird beschrieben von den Sieben Inseln von Idzu verwandt *A.
coronatus* Temm u. Schleg.] — Vom Verfasser.

2442.   Mittheilungen der Section für Naturkunde des
Oesterreichischen Touristen-Club. IV. Jahrgang
Nr. 11. (Diese Nummer enthält eine kleine Arbeit von
E. F. Rzehak: Ornitho-faunistische Studien aus dem
mährisch-schlesischen Gesenke.) — Vom Verfasser.

2443.   G. Hartlaub. 4 seltene Rallen. (Abh. naturw. Ver.
Bremen. 1892. XII. 3. Heft.) — Vom Verfasser.

2444.   Ch. Bendire. Life Histories of North American Birds,
mit 12 Tafeln. Washington 1892. 446 Seiten. Fol. (Eine
erschöpfende Darstellung des Brutgeschäftes der amerikanischen Hühner, Tauben und Raubvögel mit vielen Bemerkungen über die geographische Verbreitung. 12 vorzüglich
ausgeführte Tafeln mit Abbildungen von Eiern zieren das
Werk.) — Vom Verfasser.

JOURNAL
für
ᵉ ORNITHOLOGIE.
Einundvierzigster Jahrgang.

№ **201.** April. **1893.**

Zwei seltene Brutvögel Deutschlands

(*Muscicapa parva* Bchst. u. *Muscicapa collaris* Behst.)

Von
W. Hartwig.

Beide Vögel sind mehr Bewohner des Südostens unseres Erdtheiles. Während sie in manchen Gegenden Rumäniens, Siebenbürgens und Ungarns zu den häufigen Erscheinungen der Vogelwelt gehören, nimmt im Allgemeinen die Zahl der brütenden Paare nach Norden, bez. Nordwesten, ziemlich schnell ab. Dies schliesst jedoch nicht aus, dass hier einzelne Oertlichkeiten, welche den Vögeln die Lebensbedingungen gewähren, sie wieder in namhafter Anzahl beherbergen. Besonders gilt dies von dem ersteren, dem Zwergfliegenschnäpper (*Muscicapa parva*), der sogar noch am nordwestlichen Rande seines Verbreitungsgebietes an manchen Stellen eine fast häufige Erscheinung ist. So sagt z. B. Herr Alex. v. Homeyer in den Ornith. Monatsber. 1893, 22 in Bezug auf das Vorkommen dieses Vögelchens in Neu-Vorpommern: „Ich traf ihn in den letzten 15 Jahren zur Brutzeit in den meisten Buchenwaldungen Neu-Vorpommerns theils paarweise, theils sogar in 3—10 Paaren." Der Halsbandfliegenschnäpper (*Muscicapa collaris*) hingegen ist noch auf der schwedischen Insel Gottland nicht selten (siehe Nr. 30 des nachfolgenden Ortsverzeichnisses).

Im Süden unseres Gebietes greift *Muscicapa collaris* mehr nach Westen hinüber als *Muscicapa parva*; denn es fehlt z. B.

dieser letztere in Welsch-Tirol (Tridentino) schon ganz (siehe Avifauna Tridentina per Agostino Bonomi 1884, 17). Frei- lich ist *Muscicapa collaris* nach Bonomi in diesem Gebiete schon der seltenste der drei anderen Fliegenschnäpper*) Europas; denn er sagt an der angezogenen Stelle: „È fra le Balie*) la più rara". Ja noch bei Chur, in der Ost-Schweiz, kommt er als Brut- vogel vor (siehe Nr. 4 meines nachstehenden Ortsverzeichnisses).

Im Norden unseres Vaterlandes greift hingegen *Muscicapa parva* am weitesten nach Westen aus, wie aus dem beigefügten Ortsverzeichnisse über das Vorkommen dieses Fliegenschnäppers hervorgehen mag. Es ist dies jedoch nicht sehr in die Augen springend, und sollen daher diese meine Bemerkungen auch nur relative Bedeutung haben.

Ehe ich zur Aufzählung der Fundorte beider Fliegenschnäpper übergehe, will ich noch vorausschicken: erstens, dass ich bei Auf- zählung derselben, wo die Vögel bis jetzt als Brutvögel beob- achtet wurden, mich nicht streng an die Grenzen Deutschlands hielt, sondern mehrmals auf die Nachbarländer hinübergriff; zwei- tens, dass die Aufzählung dieser Orte durchaus keinen Anspruch auf Vollständigkeit machen will, da ich die neueste diesbezüg- liche Litteratur nicht mehr benutzte, vielmehr nur noch aus diesem Journal das Material für meinen Aufsatz sammelte; drittens, dass ich, obwohl ich mir die vorhingenannte Beschränkung schon aufer- legte, dennnoch manche sog. Beobachtung — aus nahe liegenden Gründen — gänzlich unberücksichtigt liess. Trotzdem sind un- zweifelhaft noch nicht alle angeführten Beobachtungen zuverlässig, da Verwechselungen in solchen Fällen immer vorkommen; be- sonders mag dies gelten in Bezug auf *Muscicapa collaris*, der ja im Jugend- und Herbstkleide nicht allzuleicht von *Muscicapa atricapilla* L. zu unterscheiden ist. Litteraturstellen, aus welchen ich nicht ersehen konnte, ob der Vogel am angeführten Orte nistete, wurden entweder gar nicht oder doch nur ausnahmsweise berücksichtigt.

Ueber die Anordnung der nun folgenden Orte sei bemerkt, dass dies im Allgemeinen von Westen nach Osten geschah.

I. Beobachtungen über *Muscicapa parva* Bcbst.

1. Blankenese (bei Hamburg): 1) In Cab. Journ. für Ornith. 1878, 387 heisst es: „Bei Blankenese wurde die Art brütend ge-

---

*) Ital. heisst der Fliegenschnäpper: Balia, Batiále; Pigliamosche, Piz- zamosche etc.   Der Verfasser.

funden." 2) In demselben Journale 1880, 34 lesen wir: „Diese Art ist 1877 bei Blankenese brütend gefunden worden." 3) Im Jahrgange 1886, 250 sagt Herr Krohn: „Männchen und Weibchen wurden vor einigen Jahren im Godefroyschen Garten zu Blankenese im Juni beobachtet. Es mag das Pärchen dort gebrütet haben."

2. Ebrach (Bayern): Herr Schlichtegroll berichtet in Cab. Journ. für Ornith. 1887, 467: „Nach den Mittheilungen des Wundarztes Kress ist der Vogel in den Buchenwäldern bei Ebrach Brutvogel."

3. Walkenried (Süd-Harz): Herr v. Vultejus in Cab. Journ. f. Ornith. 1883, 36: „Unbedingter Sommervogel für Walkenried."

4. Oberstüllbach (Sachsen-Coburg-Gotha): Herr Sembach I in Cab. Journ. 1887, 467: „Brutvogel."

5. Bützow (Mecklenburg): Herr Riefkohl in Cab. Journ. f. Ornith. 1862, 457: „Sie brütet auch bei uns, und habe ich die Freude gehabt, ein Nest dieses Vogels aufzufinden." Es war dies am 12. Juni; das Nest enthielt ein Ei.

6. Rügen (Insel): 1) Herr Th. Krüper in Cab. Journ. für Ornith. 1853, 447: „Von Herrn v. Homeyer auch nistend auf Rügen gefunden." 2) Herr W. Schilling in Cab. Journ. f. Ornith. 1853, 133: „Es giebt wohl kein Buchen- und Laubholz von einiger Grösse in unserer Provinz (Pommern) und auf Rügen, wo ich nicht ein Thierchen dieser beiden Arten*) gesehen oder gehört hätte."

7. Grimmen (Neu-Vorpommern): „Herr Alex. v. Homeyer in Cab. Journ. f. Ornith. 1870, 227: „Kommt als Brutvogel im Zarntiner Buchenwalde (Grimmen) an der Trebel vor."

8. Eldena (bei Greifswald): 1) Herr Ludwig Holtz in „Vogelwelt von Neu-Vorpommern": „Einige Male als Brutvogel beobachtet." 2) Herr W. Schilling in Cab. Journ. f. Ornith. 1853, 130: „Am 15. Juli 1830 war ich endlich so glücklich, wieder ein Pärchen weisskehliger Fliegenfänger (*Muscicapa minuta*),*) und zwar mit ihren bereits ausgeflogenen Jungen, zu finden." Eldena war wohl der erste Ort in Norddeutschland, an welchem der Zwergfliegenschnäpper als Brutvogel festgestellt wurde, und Dr. W.

---

*) Schilling stellte die Art *Muscicapa minuta* auf; es ist dies aber nur die Jugendform von *Muscicapa parva* Bchst. Der Verfasser.

9*

Schilling derjenige Ornithologe, der ihn hier zuerst auffand; es war dies also 1830.

9. Neu-Brandenburg (Mecklenburg): In Cab. Journ. f. Ornith. 1864, 64: „Herr Heidemann hat in diesem Jahre ein Nest mit 4 Eiern bei Neu-Brandenburg gefunden."

10. Falkenwalde (bei Stettin): 1) Herr Holland berichtet darüber in „Wirbelthiere Pommerns". 2) Herr Th. Krüper in Cab. Journ. f. Ornith. 1853, 447: „Im Sommer 1849 wurden von Landleuten 6 Eier nach Stettin zu Markte gebracht. Am 5. October v. J. (1852) besuchte ich einen Freund in Stettin. In seiner Eiersammlung fand ich ein Schächtelchen, welches 6 Eier enthielt, die ebenfalls von *Muscicapa parva* waren."

11. Eberswalde (Prov. Brandenburg): Herr Herm. Schalow in Cab. Journ. f. Ornith. 1876, 133: „Mitte Juni 1872 wurde ein Nest mit 5 Jungen in vorgenannter Gegend aufgefunden."

12. Lanke (bei Biesenthal: Prov. Brandenburg): 1) Herr Herm. Schalow in Cab. Journ. f. Ornith. 1876, 133: „Anfang August hörten wir hellen vollen Gesang in den prächtigen Buchenbeständen beim Dorfe Lanke und beobachteten daselbst auch mehrere Vögel." 2) Ich selber beobachtete und hörte den Vogel dort im Buchenwalde an einem Bergesabhange (am Obersee) zweimal: 1888 im Juli und 1890 im Juni. Ich bin der festen Ueberzeugung, dass er dort auch brütet.

13. Tegel (bei Spandau): 1) In den Jahren 1890 und 91 erhielt ein hiesiger Vogelhändler von dort her (zwischen Schloss Tegel und Tegelort) kaum flügge gewordene junge Vögel; ich selbst sah die Vögel. 2) Dort beobachtete auch ich in den ersten Tagen des August 1892 ein altes Männchen. Der Vogel war, nach seinem Verhalten zu schliessen, nicht auf dem Zuge. Ich suchte diese Oertlichkeit damals nur zu dem Zwecke auf, volle Gewissheit über das dortige Vorkommen des Zwergfliegenschnäppers zu erhalten.

14. Spandau: Herr C. Bolle in Cab. Journ. f. Ornith. 1863, 61: „In der Jungfernheide heckend angetroffen." In der Jungfernheide, aber mehr noch bei Finkenkrug hinter Spandau, werden von den berliner Vogelfängern, oder wurden wenigstens noch bis vor wenigen Jahren, Zwergfliegenschnäpper gefangen und den hiesigen Vogelhändlern als „Spanische Rothkehlchen" zum Kaufe angeboten. Mir selber wurden noch 1882 Ende August vom „alten" Bless, wie der bekannte Vogelhändler von den Liebhabern

stets genannt wurde, zwei schöne alte Männchen des sogenannten „Spanischen Rothkehlchens" (einen andern Namen kannte der alte Herr nicht) angeboten. Diese Vögel waren aber wohl stets Durchzügler; denn nur zum Herbste wurden sie von den Fängern gebracht.

15. Brandenburg a. d. Havel: Herr Hornung in Cab. Journ. f. Ornith. 1887, 467: „Kommt seit vier Jahren hier als Brutvogel vor." Gewisse Oertlichkeiten der weiteren Umgebung Brandenburgs, die ich aus eigener Anschauung kenne, sind wie geschaffen für diesen Vogel. Es wäre nur zu verwundern, wenn *Muscicapa parva* nicht schon früher dort genistet haben sollte; aber sie entzieht sich durch ihre Lebensweise dem Nichtkenner des Vogelgesanges nur zu leicht der Beobachtung.

16. Königswusterhausen (Prov. Brandenburg): Im Jahre 1889 am 28. Mai hörte ich gelegentlich des officiellen Ausfluges, welchen die Ornith. Gesellschaft nach der Duberow bei Königswusterhausen unternahm, in der Nähe des dortigen Reiherstandes zwei Männchen flott singen. Da die Gegend sehr geeignet für unser Vögelchen ist, und der Termin für Durchzügler schon zu spät war, so zweifle ich nicht daran, dass es an dem Orte brütet. Der Wald dort ist alter Hochwald, bestehend aus Buchen, Eichen und einigen Fichten (Rothtannen); das Terrain ist hügelig und schliesst sich einem grösseren Seengebiete an.

17. Rüdigsdorf bei Kohren (Kgr. Sachsen): Herr Jul. Schulze in Cab. Journ. f. Ornith. 1887, 467: „In unserer Gegend nur im Park zu Rüdigsdorf nistend." Derselbe in Cab. Journ. f. Ornith. 1888, 426: „Einzelne Paare nisteten auch in diesem Jabre im Parke zu Rüdigsdorf."

18. Schwarzach (Bayern): Herr Baumeister in Cab. Journ. f. Ornith. 1886, 250: „Ankunft im Hochwalde Anfangs Mai, Abzug Ende August. Die erste Brut Mitte Mai (? W. Hartwig). Am 12. Juli d. J. ein Nest mit vier stark bebrüteten Eiern, im Vorjahre ein solches mit sechs solchen am 29. Mai entdeckt." Derselbe in Cab. Journ. für Ornith. 1887, 467: „Brutvogel im Schwarzacher Forste und Hochwalde in 3—5 Paaren."

19. Grendsberg (Bayern): Herr Baumeister in Cab. Journ. f. Ornith. 1887, 467: „Mitte Mai nistend."

20. Hallein (Salzburg): Herr v. Tschusi im Jahresbericht (1882) des Comités für Ornith. Beob.-Stationen in Oesterreich-Ungarn: „Einzelne Paare brüten in den Gebirgswaldungen."

Derselbe in Cab. Journ. f. Ornith. 1880, 134: „In ziemlicher
Zahl am Brandt bei Hallein und auch zwei flügge Junge entdeckt.“

21. Warbelow bei Stolp (Pommern): Herr Eug. v. Homeyer
in Cab. Journ. f. Ornith. 1855, 116: „Nistet hier alljährlich.“

22. Cöslin (Pommern): 1) Herr Hintze in Cab. Journ. f.
Ornith. 1861, 450: „Am 2. 6. vier Eier gefunden.“ Derselbe in
Cab. Journ. f. Ornith. 1864, 42: „Anfangs Juni ein Nest mit
vier frischen Eiern erhalten.“ 2) Herr H. Perrin in Cab. Journ.
f. Ornith. 1887, 467: „Brutvogel. Heute erhielt ich ein Paar
todte *Muscicapa parva*. Der Mann hatte die Alten beim Neste
gefangen.“

23. Cörlin (Pommern): Herr E. Ziemer 1885 briefl.: „Im
Buchenwalde nistend gefunden.“ Diese Mittheilung, so wie auch
die folgenden brieflichen, waren für Cab. Journ. f. Ornith. bestimmt, sind aber wohl verloren gegangen.

24. Belgard (Pommern): Herr E. Ziemer 1885 briefl.: „Die
Alten beim Neste gefangen.“

25. Schivelbein (Pommern): Herr Wiese in Cab. Journ.
1855, 508: „Eier erhalten.“

26. Wittowo a. d. Warthe (Prov. Posen): Herr Alex. v. Homeyer in Cab. Journ. f. Ornith. 1865, 254: „Selten als Brutvogel.“

27. Waldenburg (Schlesien): Herr Alex. v. Homeyer in Cab.
Journ. für Ornith. 1873, 220: „In mehreren Paaren.“

28. Cudowa (Scbles. Gebirge): Herr Alex. v. Homeyer in
Cab. Journ. f. Ornith. 1865, 366: „Ich hörte wohl 5—6 Männchen
singen;“ Seite 367: „Brutvogel ist *Muscicapa parva* ganz gewiss
hier und dieses durchaus nicht selten.“ Derselbe in Cab. Journ.
f. Ornith. 1870, 227: „Als Brutvogel beobachtet.“

29. Alt-Haide (bei Habelschwerdt in Schlesien): Herr Alex.
v. Homeyer in Cab. Journ. f. Ornith. 1873, 220: „In mehreren
Paaren als Brutvogel;“ Seite 221: „Von mir selbst wurde ja dieses
Vögelchen bereits 1865 als Brutvogel der Buchenwaldungen Cudowas
und der Waldungen in der Grafschaft Glatz bei Alt-Haide bezeichnet.“

30. Wien: In der Umgegend von Wien kommt *Muscicapa
parva* als Brutvogel vor, u. a. auch nach Temminck (Man. d' Ornith.
(1835) III, 86): „In geringer Zahl.“ Ich möchte dem hinzufügen,
dass der Vogel in der weiteren Umgegend Wiens eine häufige Erscheinung ist. Ich selber liess mir schon, nur um seine Mauser

. und Verfärbung genau beobachten zu können, drei Vögel dieser Art
von einem Wiener Vogelhändler schicken, ebenso thaten dies verschiedene hiesige Liebhaber. Berliner Vogelhändler erhalten gleichfalls von dort Zwergfliegenschnäpper.

Hier will ich etwas über die Verfärbung des Vogel einschie-
ben. Die jungen Vögel sind a l l e an Kehle und Brust weisslich.
Nach der ersten Mauser werden sie roth und nach jeder weiteren
röther. Mit etwa drei oder vier Jahren sind sie so intensiv
rostroth, dass nun durch die Vermauserung eine Farbenerhöhung
(Nachdunkelung) nicht mehr stattfindet. Der Vogel gehört zu den-
jenigen, welche in der Gefangenschaft genau so schön ausfärben
wie im Freien. Der Gesang ist, fast möchte ich sagen: nach
Stämmen, sehr verschieden. Ich besass ein Stück mit weisser
Brust und Kehle, welches bedeutend besser als ein alter Vogel
sang. Es ist aber durchaus falsch, wenn behauptet wird, ein
weisskehliger Vogel mit vorzüglichem Gesange müsse älter sein,
als ein rothkehliger mit stümperhaftem Gesange. Wer dies behauptet, kennt den Vogelgesang nicht. Bei Königswusterhausen,
neben der sog. Fasanerie, haben wir z. B. einen sehr eng begrenzten Stamm von vorzüglich schlagenden Finken; dicht dabei in
den Gehölzen, wie etwa im dortigen Thiergarten, sind die Finken-
hähne ebensolche Stümper, wie sie es in der nächsten Umgebung
Berlins fast ohne Ausnahme sind.

31. Weisskirchen (Mähren): Herr W. Čapek in den Mittheil.
des Ornith. Vereins zu Wien (1884), 6: „Zwischen Weisskirchen
und Leipnik zwei junge Vögelchen gefangen.“

32. Neu Titschein (Mähren): Herr W. Čapek in den Mittheil. des
Ornith. Vereins zu Wien (1884), 6: „Als Brutvogel nachgewiesen.“

33. Hotzendorf (Mähren): Herr Talsky in den Mittheil. des
Ornith. Vereins zu Wien (1880), 26: „Alljährlich mehr oder weniger
häufig brütend.“

34. Rožnau (Mähren) und 35. Frankstadt (Mähren): Herr
Talsky (l. c.): „Alljährlich mehr oder weniger häufig brütend.“

36. Gömör (Ungarn): Herr von Tschusi in der Zeitschrift für
die ges. Ornithologie (1884): „Brütet nicht selten.“

37. Norkitten (Ostpreussen): Herr Robitzsch im Cab. Journal
für Ornith. 1886, 250: „Brütet bei uns gar nicht selten. Ich habe
ihn erst 1880 entdeckt. Er scheint besonders Fichtenwälder
zu lieben, die mit einzelnen Espen, Eichen und Linden ge-
mengt sind.“

38. Louisenberg (Ostpreussen): Herr Meier in Cab. Journal
für Ornith. 1887, 467: „Zur Brutzeit beobachtet."

Was nun die Angaben über den Aufenthalt von *Muscicapa
parva* anbelangt, so geben einige Beobachter Nadelwald als seinen
Lieblingsaufenthalt an. So sagt z. B. Herr Robitzsch (Nr. 37)
„Er scheint besonders F i c h t e n w ä l d e r zu lieben." Herr
Madarász sagt in der Zeitschrift für die ges. Ornithol. 1884, 117:
„Ist in einigen Gegenden des Landes (Ungarn) ziemlich häufig,
besonders in einzelnen N a d e l h o l z w ä l d e r n der Karpathen."
Herr v. Tschusi schreibt in Cab. Journ. für Ornith. 1880, 134:
„Hält sich nach meinen bisherigen Erfahrungen mit Vorliebe auf
hügeligem Terrain und zwar in schütter stehenden, aus F i c h t e n
und T a n n e n gebildeten Beständen auf, in denen nur sehr vereinzelt die Buche zu finden ist."

Andere Beobachter berichten, dass er ganz besonders den
Buchenwald bevorzuge. So sagt z. B. Herr W. Schilling in Cab.
Journ. für Ornith. 1853, 133: „Wo jedoch B u c h e n verschiedener
Grösse vorherrschend waren, da war sie (*Muscicapa parva*) am
liebsten", und Seite 135: „Ihr Nest baut *Muscicapa minuta* gewöhn-
lich auf nur mässig hohe, aber zuweilen auch auf sehr hohe
B u c h e n. Auf einer anderen Baumart habe ich dasselbe bis jetzt
nicht gefunden."

Drittens giebt es Beobachter, welche berichten, der Haupt-
aufenthalt unseres Fliegenschnäppers seien aus Nadel- und Laub-
wald (Buchenwald) gemischte Bestände. So sagt z. B. Herr Alex.
v. Homayr in Cab. Journ. für Ornith. 1873, 221: „Da, wo die
E d e l t a n n e in ungefähr $\frac{1}{3}$ Zahl mit den R o t h b u c h e n in $\frac{2}{3}$ Zahl
in buntem Gemisch stehen und diese Bäume ihre Zweige . . . .
bunt durcheinander weben, ... wo unter dem grünen Dach ein
heiliges Dunkel herrscht, da ist unser Vögelchen zu Hause."

Ich selber beobachtete den Zwergfliegenschnäpper bis jetzt
nur an drei Stellen, bei Lanke (Nr. 12): in reinem Buchenwalde,
in der Duberow (Nr. 16): in aus Buchen (vorherrschend), Eichen
und einigen Fichten (Rothtannen) gemischtem Bestande und bei
Tegel (Nr. 13): an der Südseite des Forstes, welcher aus Buchen
(in der Mehrzahl), Eichen, einigen Fichten und Linden besteht.

Auf jeden Fall ist die Behauptung wohl hinfällig, dass der
Vogel hauptsächlich nur in reinem Buchenwalde vorkäme; es
kommen dabei noch andere seiner Lebensbedingungen in Betracht.
An allen drei Orten, welche ich zuletzt anführte, ist das Gelände

hügelig und enthält in nächster Nähe reichlich Wasser. Die
Nähe des Wassers scheint mir das Vögelchen nämlich ebenso zu
lieben, wenn nicht noch mehr, wie die Nachtigall es thut. In der
Gefangenschaft badet es sehr stark und häufig; so wird es wohl
auch im Freien zu thun pflegen. In den Hochwäldern, welche
es bewohnt, scheint es ganz besonders die Ost- und Südseite zu
bevorzugen. — Am 4. Juni 1893 beobachtete ich ein Männchen
in Hochbuchen bei Oderberg (Brandenburg).

II. Beobachtungen über *Muscicapa collaris* Bchst.

1. Karlsruhe (Baden): Herr Schütt in Cab. Journ. für Ornith.
1887, 469: „Selten. Ist mit dem Verschwinden der Eichen-
bestände weggezogen.“

2. Trogen (Schweiz): Herr Stölker in „Vogelfauna der Kan-
tone St. Gallen und Appenzell“, p. 7: „Jährlich nistend.“

3. Bühler (Schweiz): Herr Stölker (l. c.): „Mitunter nistend.“

4. Chur (Schweiz): Herr Theobald im Cab. Journ. für Ornith.
1870, 95: „In allen Gärten ungemein häufig.“

5. Ebrach (Bayern): Herr Schlichtegroll in Cab. Journ. für
Ornith. 1887, 469: „Häufig in den Buchenwäldern des Gebietes.“
Herr Schlichtegroll citirt naeh: Kress, „Die Vögel des Steiger-
waldes“, 1864.

6. Beckedorf bei Hermannsburg (Hannover): Herr Wundram
1885 brieflich: „Sehr selten, oft in mehreren Jahren hier nicht
brütend.“

7. Feldrom (Teutoburgerwald): Herr Schacht im „Zoologischen
Garten“ von 1871, 202: „Seit einigen Jahren in meinem Garten.“

8. Ludwigsburg bei Tübingen (Würtemberg): Herr Graf v.
Scheler im Cab. Journ. für Ornith. 1887, 469: „1882 ein Nest
gefunden auf einer mittelhohen Tanne.“

9. Witzenhausen (Hessen-Nassau): Herr F. v. Coelln in Cab.
Journ. für Ornith. 1887, 469: „Beobachtet.“ Ich hatte mir 1885
aus der brieflichen Mittheilung des Herrn Conrectors F. v. Coelln
ausgeschrieben: „Brütend.“ Dieses wichtigste Wort der ganzen
Mittheilung ist leider nicht in den Druck aufgenommen worden.
Das Wort „beobachtet“ hat für sich allein gar keinen Werth.

10. Grünberg (Hessen): Herr Limpert in Cab. Journ. für
Ornith. 1888, 427: „Nicht seltener Brutvogel.“

11. Gotha: Naeh Chr. L. Brehms Handbuch I, (1831) p. 224,
kommt der Halsbandfliegenschnäpper bei Gotha vor. Ob heute noch?

12. Allach und Nymphenburg b. München: Herr Hellerer in
Cab. Journal für Ornith. 1888, 427: „Heuer (und schon im Vorjahre) beobachtete ich ihn hier den ganzen Sommer; ein Nest
fand ich nicht, wohl aber flügge Junge."

13. München: Herr Hellerer in Cab. Journ. f. Ornith. 1888,
427: „Sommerbrutvogel, aber selten." Soll wohl nur Brutvogel
heissen.

14. Seega (Schwarzburg-Rudolstadt): Herr Berninger in Cab.
Journ. f. Ornith. 1887, 469: „Brutvogel, selten."

15. Halle a. d. Saale: Herr E. Rey in „Ornis von Halle":
„1870 ein Pärchen nistend," „1871 auch ein Pärchen." Im
„Zool. Garten" von 1872 ist von Herrn E. Rey dasselbe veröffentlicht worden.

16. Gera: Herr Liebe in „Brutvögel der Umgebung von Gera":
1871: „Nest mit Eiern," 1872: „Junges." Derelbe in Cab.
Journ. für Ornith. 1878, 30: „Brütete ein einziges Mal (1871) auf
der Kosse unterhalb Geras." Hat später der Vogel nie wieder
dort gebrütet?

17. Steigerwald (Nord-Bayern): Herr Jaeckel im Cab. Journ.
für Ornith. 1885, 274: „Ziemlich häufiger Brutvogel."

18. Kraaz bei Gransee (Prov. Brandenburg): Herr Emil Snet-
lage 1885 brieflich: „1882 ein Paar brütend."

19. Brandenburg a. d. Havel: Herr Hornung in Cab. Journ.
für Ornith. 1887, 469: „In diesem Jahre (1885) zwei Nester
gefunden."

20. Schellenberg (Kgr. Sachsen): Herr Zämpfe in Cab. Journ.
1888, 427: „Sommerbrutvogel." Soll wohl nur Brutvogel heissen.

21. Greifenberg i. d. Uckermark (Prov. Brandenburg): Herr
Forstreferendar Baron Berthold 1885 brieflich: „Brütet hier regelmässig."

22. Meusdorf bei Kohren (Kgr. Sachsen): Herr Jul. Schulze.
1885 brieflich: „In einzelnen Paaren im Parke zu Rüdigsdorf
nistend."

23. Blottendorf bei Leipa (Böhmen): Herr Schnabel theilt im
Jahresbericht (1882) des Comités für Ornith. Beob.-Stationen in
Oesterreich und Ungarn mit, dass der Vogel dort nistet.

24. Pöls (Steiermark): Herr Baron Washington im oben genannten Jahresberichte: „Seit Kurzem ins Kainachthal eingewandert."

25. Casimir (Schlesien): Herr Rudolph Mitschke 1885 briefl.: „Ich fand sein Nest zweimal in einem hohlen Baume."

26. Mistek (Mähren): Herr Adolf Schwab in „Vogelfauna von Mistek", Seite 82: „Selten vorkommend."

27. Breslau (Strachate, 2 St. südöstlich von Breslau): Herr Kurt Floericke im Ornith. Jahrbuch 1890, 194: „Ich beobachtete ein Pärchen und schoss das ♂ am 24. Juni 1890." Wenn um diese Zeit ein Pärchen beobachtet wurde, so ist der Vogel höchstwahrscheinlich dort Brutvogel.

28. Gömör (Nord-Ungarn): Herr v. Tschusi in der Zeitschrift für die gesammte Ornithologie, 1884: „Brütet hier häufig."

29. Krakau: Herr Schauer in den Mittheil. des Ornith. Vereins in Wien 1878, 72: „Selten, 1864 ein Nest mit 6 Eiern gefunden."

30. Gottland (schwed. Insel unter dem 57⁰—58⁰ nördl. Br.): Herr Ludwig Holtz in Greifswald berichtet über diesen nördlichen Fundort in Cab. Journ. für Ornith. 1866, 362: „Am 13. Juni ein Gelege des Halsbandfliegenfängers gefunden. Das Nest befand sich in einem Loche einer Eiche, in Höhe von 9 Fuss." Seite 363: „Er ist nicht selten." Derselbe in Cab. Journal für Ornith. 1868, 116: „Zwei in diesem Jahre am 25. Juni gefundene Nester."

Sicher wurde *Muscicapa collaris* Bebst. manchmal mit *Muscicapa atricapilla* L. verwechselt; jedoch nicht immer so, meine ich, dass man *Muscicapa atricapilla* für *Muscicapa collaris* hielt. Vielmehr wird manchmal auch zu seinen Ungunsten der umgekehrte Fall eingetreten sein, wo man ihn für *Muscicapa atricapilla* hielt. Meistens wird freilich der erste Fall angenommen, jedoch mit Unrecht. Meine Ansicht ist, dass dieser Fliegenschnäpper in Deutschland denn doch etwas häufiger als Brutvogel vorkommt, als gewöhnlich geglaubt wird. Der Vogel lebt sehr versteckt; nur der Kenner seines Gesanges wird ihn, während der Brutperiode, leicht auffinden.

Es wurde früher sogar bestritten, dass die schwarze Form (wenn man so überhaupt noch sagen darf, da es ja nur der alte Vogel ist) des Trauerfliegenschnäppers in der Provinz Brandenburg brüte, vielmehr behauptet, dass sie nur durchzöge. Ich konnte aber mehreren Herren auf einem Ausfluge nach der Duberow (28. 5. 1889) beide Formen in verschiedenen Stücken und nebeneinander zeigen. Im Thiergarten zu Königswusterhausen kann Jedermann jährlich beide Formen brüten sehen, ebenso im Park bei Lanke; ja dasselbe kann jeder berliner Ornithologe bequem im hiesigen Thiergarten, in den Gruppen alter Buchen, beobachten. Um festzustellen, dass die graue Form allmählich durch Vermauserung in die schwarze Form übergehe, habe ich den ·Trauerfliegenschnäpper einfach in aller Form dem Experimente unterworfen (siehe Cab. Journ. für Ornith. 1888, 111 und 1889, 74). An beiden Orten ist meine damalige Mittheilung etwas verstümmelt wiedergegeben worden. Ich habe damals gesagt, dass die schwarzen Vögel im Herbste durch die Mauser grau geworden waren und dass aus den grauen Vögeln schwarze Vögel werden.

Selbst für den grössten Zweifler geht doch wohl aus dem vorstehenden Beobachtungsmateriale hervor, dass *Muscicapa collaris* ganz bestimmt an verschiedenen Orten Deutschlands als Brutvogel festgestellt worden ist. Es steht mir nicht zu, die einzelnen Beobachtungen — bezw. die Beobachter — zu kritisiren. Jeder Leser meines Aufsatzes mag dies, nach Gutdünken, für sich thun! Steigen ihm da Zweifel in Bezug auf die Beweiskraft eines Theiles des Materials auf, so mag er, soviel in seinen Kräften steht, dahin wirken, dass wir bald beweiskräftigeres Material aus Deutschland erhalten, möglichst dadurch, dass über jeden Vogel, der von einem Sammler, welcher nicht Ornithologe ist, für *Muscicapa collaris* Bchst. gehalten wird, das Urtheil eines zünftigen Ornithologen eingeholt wird. —

Der Zweck meines Aufsatzes wäre erreicht, wenn recht bald unanfechtbares Beobachtungsmaterial in Bezug auf das Brüten beider in meinem Thema genannten Vögel innerhalb ihrer nördlichen Grenzgebiete in reichlicherem Maasse, als es bisher geschehen ist, veröffentlicht würde, und wir so endlich sichere Kenntniss über ihre Verbreitung in unserem Vaterlande erlangten. Ganz besonders gilt dies von *Muscicapa collaris* Bchst.

Ibisse in Schlesien.
Von
Dr. Curt Floericke.

Die interessanteste Mittheilung, welche ich in diesem Jahre aus Schlesien erhielt, ist diejenige über das Vorkommen von *Plegadis falcinellus* (L.) bei Breslau. Drei Exemplare dieses für Deutschland

so seltenen Vogels hatten sich auf einer Weideniederung bei Schottwitz, 2 Stunden südwestlich von Breslau, niedergelassen. Herr
Rittergutsbesitzer Fromberg war so glücklich, am 10. October
2 der, fremden Gäste zu schiessen, die dann von Herrn Conservator
Tiemann in Breslau ausgestopft wurden. Schottwitz liegt an
der Oder, gerade gegenüber der ornithologisch schon mehrfach be-
rühmt gewordenen Strachate. Es ist sehr lange her, dass Sichler
in Schlesien erlegt wurden. In der ersten Hälfte unseres Jahr-
hunderts kamen sie in dem östlichsten Theile der Provinz und
namentlich in der Bartschniederung noch bisweilen vor, und bei
Wartenberg wurden einmal 6 Junge gefunden, die z. Th. in die
Sammlung des Herrn v. Minckwitz wanderten. Auch bei
Hoyerswerda in der Lausitz wurde nach v. Zittwitz vor langen
Jahren einmal ein Stück geschossen. Jedenfalls ist demnach das
neuerliche Vorkommen des Vogels sehr interessant und bemerkens-
werth.

Bemerkungen über einige Capitoniden.

Von

Ernst Hartert.

Beim Auspacken einer Balgsendung von Herrn Nehrkorn im
Museum meines Freundes Herrn v. Berlepsch kamen uns Exemplare
von *Xantholaema haematocephala* von den Philippinen aus den
Sammlungen Dr. Platens in die Hände, und es fiel uns beiden
sofort auf, dass diese philippinischen Exemplare sich von denen
vom indischen Festlande, deren wir sehr viele in Händen gehabt,
und ich selbst in Indien eine Anzahl geschossen, augenfällig unterscheiden.

Vor allen Dingen ist beim Philippiner der Schnabel viel länger.
Das den rothen Vorderkopf hinten begrenzende Schwarz ist aus-
gedehnter und allmählich in die grüne Rückenfärbung übergehend,
während es beim vorderindischen Vogel scharf abschneidet. Beim
Philippiner sind die ganzen Kopfseiten schwarz, beim Indier
dagegen nur ein Fleck unter und hinter dem gelben Felde. Ober-
und Unterseite haben beim Inselvogel eine gesättigtere Färbung,
und die grüne Streifung der Unterseite ist schärfer markirt.

Die Unterschiede zwischen den vorderindischen und philippinischen Vögeln sind sehr deutlich und auf den ersten Blick zu

erkennen, doch zeigen Exemplare von Burma und Tenasserim, der
Malakkahalbinsel und der Insel Sumatra fast denselben Färbungs-
typus wie die Philippiner, haben jedoch den kleinen Schnabel der
Festlands-Vögel. Es erscheinen also auch hier wieder Gegenden
mit feuchterem, mehr insulärem Klima und üppigerer Waldvege-
tation von einer dunkleren und lebhafter gefärbten Form bewohnt
zu werden, wie es häufig der Fall ist. Unterschiede zwischen.
vorderindischen und philippinischen Stücken sind auch schon von
Anderen bemerkt worden, vergl. z. B. Marshall, Monogr. Capit.
p. 103, wurden jedoch wegen mangelnden Materials nicht weiter
ausgeführt. Auch Wallace bemerkte die Unterschiede zwischen
indischen und sumatranischen Stücken.

Da der Name *Bucco haemacephalus* P. L. S. Müller auf dem
Barbu des Philippines von Brisson beruht, so muss dieser Name
dem Philippiner erhalten bleiben. Die Angabe von Marshall in
Monogr. Capit. p. 102, dass Müllers Name *haematocephala* auf
Exemplaren von Sumatra beruhte, ist unrichtig. (Vergl. darüber
auch Walden, Ibis 1891, p. 162.) Für den indischen Vogel
dagegen ist der Name *Bucco lathami*, Gm. Syst. Nat. I, p. 408
(1788) in Anwendung zu bringen. Ausser den Exemplaren im
Museum H. v. Berlepsch habe ich noch eigene Stücke und die
in der Rothschildschen Sammlung verglichen, sowie auch das
riesige Material im Brit. Museum. Bei Vergleichung dieser
Serien zeigt sich mehr Variation, als man bei kleineren Serien
vermuthet, und geht daraus hervor, dass man die beiden Formen
wohl nur subspecifisch trennen kann, aber eine Trennung ist
immerhin geboten.

Im Journal für Ornithologie 1889 Seite 429 habe ich mich
auf Grund einiger von mir in Ober-Assam gesammelten Exemplare
von *Cyanops (Magalaema) asiatica* für die Hinfälligkeit der
Species *Cyanops davisoni* ausgesprochen, habe mich nun aber nach
Untersuchung der Serien beider Arten im Brit. Museum und
im Museum H. v. Berlepsch überzeugt, dass die letztgenannte
Art eine sehr gute Species ist. Wie schon Shelley im Cat. B. XIX,
p. 63 und ich schon vorher l. c. auseinander gesetzt haben, zeigen
Stücke von *C. asiatica* aus dem östlichen Wohngebiete der Art
nicht selten blaugemischten Scheitel, doch nicht so lebhaft wie
C. davisoni aus Central-Tenasserim. Die letztere ist auch von
solchen Exemplaren immer noch zu unterscheiden.

Shelley hat l. c. p. 78 *Megalaema inornata* mit *M.*

caniceps vereinigt, weil sich zahlreiche Uebergänge zwischen beiden finden. Nach meiner Auffassung ist die erstgenannte Form eine wohlerkennbare Subspecies, wenn auch durch gelegentliche Zwischenformen mit *M. caniceps* verbunden. Ich glaube auch, dass man die insulare Form *M. lineata* von der festländischen *M. hodgsoni* subspecifisch — allerdings nicht als Species — unterscheiden kann, und scheinen die Exemplare von Tenasserim mehr nach der Inselform hinzuneigen, wie wir es in ähnlicher Weise bei *Xantholaema lathami* sahen.

Tring, England, Januar 1893.

Notiz über *Anas penelope* L.
Von
Prem.-Lieut. von Winterfeldt.

Das Jahr 1857 brachte, so viel ich mich erinnere, eine recht trockene Zeit während des Sommers. Der Bückwitzer-See war durch die andauernde Dürre sehr in sich zurückgetreten, und mehr Wasser- und Sumpfvögel wie sonst belebten sein Gebiet, da die Teiche in den Feldern auszutrocknen begannen und die Quellen in den Wiesen und Gräben versiegten. Viel Wildenten führten daher auch ihre Jungen nach den Rohrschonungen und Schilfbeständen des Sees. Hauptsächlich war hier *Anas querquedula* vertreten, dann *boschas*, weniger *Anas crecca*. Als mir an einem Augustmorgen unter anderen auch *Anas clypeata* zum Schuss gekommen war, standen zwei junge Enten aus hohem Wiesengrase auf, welche mir fremd erschienen. Ich erlegte hiervon eine, und glaube mit Bestimmtheit und Beihülfe der Naturgeschichte von C. G. Friderich sie als Pfeifente erkannt zu haben. Mein Bruder, welcher am nächsten Tage jenes Gebiet wieder berührte, hatte das Glück, noch mehrere zur Küche zu liefern. Ihr Wildpret liess nichts zu wünschen übrig.

Zur Frage: **Warum brütet der Kukuk nicht?**
Von
Ad. Walter.

Eine nicht geringe Anzahl bedeutender Ornithologen hat dem Brutgeschäft des Kukuks ganz besondere Aufmerksamkeit gewidmet und vor Allem nach dem Grunde des Nichtbrütens geforscht.

Von ihnen haben die meisten den Grund für das Nichtbrüten in der langsamen Entwickelung des Eies, die sich erst nach 6 bis 8 Tagen vollzieht, gefunden. Zu dieser Ansicht bekennen sich sowohl ältere wie neuere Ornithologen, wie Bechstein, Naumann, Opel, Gloger, G. W. Thienemann, E. v. Homeyer, Baldamus. Diesen Ornithologen tritt Dr. Rey jetzt in seiner Schrift: „Altes und Neues aus dem Haushalte des Kukuks" entgegen, indem er das Dogma von der langsamen Entwickelung des Kukukseies für unhaltbar erklärt und nachweist, dass der Kukuk einen Tag um den andern, also in Zwischenpausen von nur 1 Tag seine Eier legt, deren Anzahl im Ganzen 17—22 im Jahre beträgt. Durch diese grosse Anzahl wird, so glaubt Herr Dr. Rey, der Brutparasitismus des Kukuks bedingt.

Obgleich ich in der gediegenen Arbeit des Dr. Rey: „Altes und Neues aus dem Haushalte des Kukuks" sehr viel Uebereinstimmung mit meinen Ansichten vorfinde, die ich seit 17 Jahren in verschiedenen ornithologischen Zeitschriften mittheilte, so möge es mir doch erlaubt sein, neben dem Uebereinstimmenden auch meine abweichende Ansicht kundzuthun, und da der Dr. Rey in seiner Schrift mich in einigen meiner ihm gemachten Mittheilungen missverstanden hat, so muss ich diese Missverständnisse beseitigen, was mir nur möglich ist, wenn ich näher auf die einzelnen Kapitel seiner Arbeit eingehe. Zwar ist diese schon von verschiedenen Seiten, so auch in Nr. 14 des Jahrg. 1892 der „Ornitholog. Monatsschrift des Deutschen Vereins zum Schutze der Vogelwelt" von Herrn Baurath Pietsch besprochen und nach Gebühr gewürdigt worden, aber grade die letztgenannte Kritik giebt mir Veranlassung, auf dieselbe zurückzukommen. Bevor ich jedoch darauf eingehe, muss ich das Missverständniss des Dr. Rey beseitigen.

Da Herr Dr. Rey die Legezeit des Kukuks für Gülzow und Reiersdorf auf nur 40 Tage dauernd angiebt, während sie in Wirklichkeit circa 75 Tage währt, so muss ich bemerken, dass dieser Irrthum dadurch herbeigeführt ist, dass Herr Dr. Rey mich schriftlich bat, ihm den Fundort und die Legezeit der sämmtlichen Kukukseier meiner Sammlung mitzutheilen. Ich hatte aber von 284 von mir selbst aufgefundenen Kukukseiern nur noch 73 in meiner Sammlung und konnte also auch nur von diesen 73 die Fundorte, Legezeiten, Maasse und Gewichte angeben. So kam es, dass Herr Dr. Rey der Meinung war, es seien diese 73 die sämmtlichen von mir entdeckten Kukukseier. Hätte ich die Liste von sämmtlichen bisher gefundenen Eiern vorlegen können, so würde Herr Dr. Rey nicht eine 40 tägige, sondern eine 75 Tage dauernde Legezeit für Reiersdorf und Gülzow herausgefunden haben, auch würde er nicht zu dem falschen Schluss gekommen sein, dass die Hauptlegezeiten in diesen Revieren auffallenderweise beinahe 6 Wochen auseinander liegen, denn in dieser sechswöchentlichen Zwischenzeit fand ich ebenfalls Kukukseier, die aber nicht mehr in meinem Besitz waren, als ich die Liste meiner Kukukseier an Herrn Dr. Rey sandte.

Unwillkürlich werde ich durch diese Auseinandersetzung dazu verleitet, mich noch weiter über die verdienstvolle Arbeit des Dr. Rey zu äussern. Ich kann sagen, dass ich bisher noch in keiner Arbeit, die das Fortpflanzungsgeschäft des Kukuks behandelt, so viel Uebereinstimmung mit meinen Beobachtungen und Erfahrungen gefunden habe, wie in der des Verfassers. Ich schliesse aus dieser Uebereinstimmung, dass, da wir Beide ganz unabhängig von einander nur Thatsachen berichteten, die wir selbst erlebten, selbst erforschten, unsere Ansichten die richtigen sein müssen.

Ich stimme den in den ersten 8 Kapiteln ausgesprochenen Ansichten des Dr. Rey vollständig zu, habe dies auch durch zahlreiche Publikationen zur Genüge bewiesen und auch meinerseits alles das, was in diesen Kapiteln vorkommt, längst besprochen, nur nicht in so geordneter und übersichlicher Weise. Neues kann ich also in diesen Kapiteln nicht entdecken. Dagegen bringt das 9. Kapitel des Herrn Verfassers manches Neue, auf das ich weiter unten zurückkomme. Nun sagt Herr Baurath Pietsch in seiner Kritik, dass auch im ersten Kapitel zum Theil Neues vorkommt, und er könnte damit vielleicht die von mir noch niemals erwähnte Uebereinstimmung der Eier der *Ruticilla phoenicurus* und der *Fringilla montifringilla* mit den Eiern des Kukuks verstehen, doch habe ich mich zu Herrn Dr. Rey darüber bereits brieflich ganz in dem Sinne der Ansichten des Dr. Rey ausgesprochen. Oeffentlich konnte ich noch nicht darüber berichten, da das Auffinden der in den Nestern der *Fringilla montifringilla* aufgefundenen Kukukseier erst in der letzten Zeit stattfand, worüber ich noch einiges Nähere mittheilen möchte, schon deshalb weil ich die betreffenden Eier in Händen hatte, Herr Dr. Rey sie aber nur aus der Beschreibung kennt. Herr Ramberg in Gothenburg (Schweden) sandte die eben erwähnten Eier nicht an Dr. Kutter, wie in der Schrift angegeben ist, sondern an mich, um zu erfahren, ob das etwas grössere Ei in jedem der Gelege wohl ein Kukuksei sei, und um mich um die Merkmale eines richtigen Kukukseies zu bitten. Auf den ersten Blick erkannte ich an der Form, dass ich ein echtes Kukuksei vor mir hatte, als ich das mit den Eiern des einen Geleges in Farbe und Zeichnung vollständig übereinstimmende Kukuksei sah, und war natürlich sehr überrascht von dieser Gleichheit. In einem zweiten Gelege von *Fringilla montifringilla* war das Kukuksei auch den Nesteiern recht ähnlich, doch nicht in dem Grade, wie beim ersteren. Nachdem ich mit feiner Centigramm-Wage das Gewicht der sämmtlichen Eier festgestellt hatte ($23\frac{1}{4}$ Centigr. und $22\frac{3}{4}$ Centigr. die Kukukseier, $15\frac{1}{4}$ und $16\frac{1}{4}$ die Nesteier) ging ich mit sämmtlichen Eiern zum Oberstabsarzt Dr. Kutter, der nicht wenig erstaunt war über die auffallende Gleichheit der Kukukseier und der Nesteier des einen Geleges. Er bat mich, da er mit Herrn Ramberg nicht bekannt sei, an denselben zu schreiben und ihn zu ersuchen, ihm, dem Dr. Kutter, gegen andere werthvolle Eier ein derartiges Gelege von *Fringilla montifr.* abzulassen. Ich kam Dr. Kutters Bitte sogleich nach und erhielt auch bald Antwort. Als ich am 7. März 1891 mit dem Briefe in der Hand Kutters Wohnung betrat, war der als Mensch wie als Forscher gleich ausgezeichnete edle Mann wenige Stunden vorher an Herzlähmung verschieden.

Einige Monate später, am 28. November 1891 bekam ich von Herrn Ramberg von Neuem eine Kiste mit 6 Gelegen, die Kukukseier enthielten, zugeschickt. Unter diesen Gelegen befanden sich wieder 2 der *Fringilla montifr.* Herr Ramberg schreibt in dem die Kiste begleitenden Briefe: „Was die Kukukseier mit Nesteiern der *Fringilla montifringilla* betrifft, so stammen diese aus derselben Hand wie die früheren und sind ganz ähnlich denen, die Sie die Güte hatten, als echte Kukukseier zu bestimmen; jene waren aber bedeutend grösser, ganz wie gewöhnliche Kukukseier, diese dagegen bedeutend kleiner und dazu 2 Kukukseier in einem Nest! Können es vielleicht nicht abnorme Eier der Fringilla montifringilla sein? Sämmtliche 7 Kukukseier habe ich durch zuverlässige Personen bekommen. Ueber die Zusammengehörigkeit der sogenannten Kukukseier und Nesteier ist gar kein Zweifel. Was glauben Sie nun von allen diesen Eiern etc."

Beim Anblick dieser kleinen Kukukseier — denn solche waren es — bedauerte ich sehr, dass ich mit ihnen nicht mehr

den Dr. Kutter überraschen konnte, denn hier war die Uebereinstimmung der Kukukseier mit den Nesteiern nicht nur in Farbe
und Zeichnung, sondern auch in der Grösse, resp. Länge, vorhanden; nur die Dicke des Kukukseies betrug etwas mehr als
die der Nesteier, weshalb die Kukukseier rundlicher erschienen.

Von den übrigen als Kukukseier bezeichneten Stücken war
das eine Ei ein gewöhnliches Haussperlingsei.

Trotz dieser wunderbaren Uebereinstimmung einiger Kukukseier mit den Nesteiern der *Fringilla montifringilla* bleibt dennoch
die Annahme unhaltbar, dass der Kukuk für sein Ei nur solche
Nester wählt, deren Eier den seinigen gleichen. Ursprünglich,
vor Tausenden von Jahren, wird dies zugetroffen sein, was man
daraus schliessen könnte, dass jetzt die mit den Nesteiern übereinstimmenden Kukukseier nur noch in solchen Gegenden gefunden
werden, die wenig betreten und durch die Kultur wenig verändert
werden, z. B. in Lappland, woher die Gelege der *Fringilla
montifr.* mit den Kukukseiern stammen, und Finnland, wo auch
der Kukuk stets in genügender Anzahl die von ihm gewählten
Nester derselben Art zum Ablegen seines Eies vorfand. Wo
Beides nicht mehr statthatte, wo der Kukuk nicht mehr dieselbe
Nistgelegenheit benutzen konnte, musste er andere Nester wählen,
deren Eier nicht mehr mit den seinigen in Farbe und Zeichnung
übereinstimmten. In jetziger Zeit sucht das Kukuksweibchen
immer nur nach Nestern der Vogelart, die ihn erzog, und nur,
wenn solche Nester fehlen, wählt es andere, zunächst ähnliche;
die Farbe der Nesteier kommt bei ihm gar nicht in Betracht;
daher findet man nur selten Kukukseier, die den Nesteiern ähnlich sind oder gar gleichen. Herr Dr. Rey hat sich ausführlicher
darüber ausgesprochen, und ich verweise den geehrten Leser
deshalb auf das verdienstvolle Werk des Verfassers.

Zum Kapitel II möchte ich mir zu bemerken erlauben, dass
zwar alles in jenem Kapitel Gesagte mit meinen Ansichten und
Erfahrungen übereinstimmt, dass aber doch ein kleiner Irrthum
obwaltet, wenn Herr Baurath Pietsch berichtet: „Ferner ist auf
die Festigkeit der Schale hinzuweisen, welche bei Kukukseiern so
gross ist, dass man nicht begreift, wie der Altmeister Naumann
dieselben „dünn und zart" nennen konnte, ein Irrthum, welcher
in der gesammten Kukukslitteratur zum Axiom aufgewachsen ist."

Dieser Ausspruch des Herrn Baurath Pietsch möchte doch
nur für den Fall stichhaltig sein, dass meine Aufsätze über den

Kukuk als nicht zur Kukukslitteratur gehörend betrachtet werden, denn ich habe über die Härte und Festigkeit der Schale seit 12 Jahren sehr viel geschrieben, so viel, dass. ich mich fast genire, noch einmal eine ganz kurze Wiederholung einiger Beispiele und sicherer Beweise hier folgen zu lassen.

In Cabanis Journal für Ornithologie, Januar 1889 S. 38 wird von mir neben mehreren Beispielen über die Festigkeit der Kukukseischale berichtet, wie ein im Brieselang bei Nauen von mir entdecktes Kukuksei aus einem Neste in 14 Fuss Höhe auf die Erde herabfiel und nicht zerbrach.

Im „IX. Jahresbericht (1884) des Ausschusses. für die Beobachtungen der Vögel Deutschlands" schrieb ich Seite 201: Ausnahmsweise fand ich dies Jahr ein Ei im Nest der Heckenbraunelle am 1. Juli, aus dem der junge Kukuk noch am selben Tage ausgeschlüpft wäre, da das Ei beim Auffinden schon von innen durchstochen war, so dass der Schnabel des kleinen Kukuks als kleine Spitze zum Vorschein kam. Aus Versehen wurde das Nest genommen. Nachdem noch an demselben Tage in das Kukuksei ein Loch gebohrt war, wurde es nach 12 Tagen entleert und liegt jetzt in meiner Sammlung als Beweis für die Härte der Schale des Kukukseies, der kein anderes Vogelei ähnlicher Grösse an Härte und Festigkeit gleichkommt etc.

Auch Friderich sagt in der 4. Auflage (1891) seiner „Naturgeschichte der Deutschen Vögel" Seite 408: „Diese entleerte Schale des Kukukseies ist ein Viertel bis ein Drittel schwerer als andere Eierschalen gleicher Grösse, nicht sehr dick, aber von so grosser Härte und Festigkeit, wie bei keinem anderen gleich grossen Ei. Wenn man Eier vom Kukuk mit der Nadel durchsticht, so muss man viel stärker drücken, um die Schale zu durchbohren, als dies bei anderen Eiern der Fall ist. (Ornithol. Centralblatt 1880 Nr. 24. Ad. Walter)."

Endlich sei noch das von mir vor mehr als 12 Jahren im „Ornithologischen Centralblatt" Jahrgang 1880 Seite 186 über die Festigkeit der Schale des Kukukseies Mitgetheilte in Kürze wiederholt: „Die Schale des Kukukseies ist zwar nicht sehr dick, aber von so grosser Härte, Festigkeit und Haltbarkeit, wie bei keinem anderen Ei. Wenn eine Hühnereischale die Härte einer Kukukseischale hätte, könnte man sie mit einer gewöhnlichen Nähnadel gar nicht durchbohren, was doch ganz gut beim Hühnerei zu bewerkstelligen ist. Hat man Nesteier von der Grösse des Kukukseies durchstochen und kommt nun zum Kukuksei, so muss man bei diesem viel stärker mit der Nadel drücken, wenn das Ei durchbohrt werden soll.''

Kapitel IX trägt die Ueberschrift: Wie viel Eier legt der Kukuk jährlich und in welchen Abständen geschieht dies?

Dies Kapitel ist das einzige, welches mit meinen Anschauungen nicht harmonirt. Schade darum!

Ich halte fest an der bisherigen Annahme, dass das Kukuksweibchen, abweichend von allem Kleingevögel, längere Zeit als dieses gebraucht, um ein Ei dem anderen folgen zu lassen, jedoch komme ich der Ansicht des Dr. Rey, der nur 1 Tag Zwischenzeit berechnet, näher, indem ich die Zwischenzeit nicht immer auf 7 oder 8 Tage wie andere Forscher ausdehne, sondern für gewöhnlich nur auf 2—4 Tage, wie ich dies schon vor 16 Jahren, auf Thatsachen gestützt, feststellen konnte. Auch halte ich nicht dafür, dass der Kukuk bis 20 Eier legt. Meine Beobachtungen, Untersuchungen und Erfahrungen berechtigen mich einigermassen dazu, die Ansichten des Dr. Rey zu bezweifeln.

Bevor ich jedoch weiter eingehe auf die vielen, durch Zusammenstellung der Eier vorgeführten Beweisstücke des Herrn Dr. Rey, erlaube ich mir Folgendes vorauszuschicken:

1. Nur dadurch, dass man in einer Gegend forscht, in der keine Störung der Vogelwelt durch Menschen oder Verkehr überhaupt stattfindet, kann man ein sicheres Resultat über die Legezeit erzielen. Ausserdem muss der Forscher zu jeder Tageszeit am Platze sein können und auch wirklich sein.

Mir war es vergönnt, während 13 Jahre hintereinander mitten im Walde zu wohnen, in welchem 6—7 Kukuksweibchen in der nächsten Umgebung der Wohnung ihrem Fortpflanzungsgeschäft oblagen. Ich konnte von der Wohnung, besonders von der Veranda des Hauses aus die Kuknke beobachten, auch täglich und zwar wochenlang das nicht allzugrosse, mit Hochwald und Wachholdergesträuch bestandene Kukuksrevier durchforschen, so dass jeder Strauch — nur in solchen baut hier der Zaunkönig — mehrmals untersucht wurde und kein Nest unentdeckt bleiben konnte.

2. Es ist nothwendig, dass man behufs Feststellung der Abstände des Eierlegens auch auf die ganze Zeit der Bebrütung des Kukukseies Bedacht nimmt, da das Kukuksweibchen beim Ausschlüpfen des jungen Kukuks aus dem Ei wieder erscheint und

in einzelnen Fällen tagelang vom Fortpflanzungstrieb abgezogen
werden kann. Ich komme hierauf wieder zurück.

Wenn, wie Herr Dr. Rey sagt, „weder der Eierstock noch
die Entwickelung der Eier des Kukuks irgend welche Anomalie
in Vergleich zu anderen Vögeln zeigt" und der Kukuk einen
Tag um den andern ein Ei legt, so drängt sich wohl gleich mir
manchem der geehrten Leser die Frage auf: Warum brütet denn
nun nicht der Kukuk selbst? Der Zaunkönig, das Rothkehlchen,
der Waldlaubvogel, alle 3 häufig die Pflegeeltern des jungen
Kukuks, legen 7 Eier in 7 Tagen und brüten dann. Nach Herrn
Dr. Rey würde der Kukuk in 7 Tagen 4 Eier gezeitigt haben.
Warum sollte er nun nicht auf diesen 4 Eiern brüten, da doch
viele Vögel von ähnlicher Grösse wie der Kukuk auf 4 Eiern
brüten, z. B. alle schnepfenartigen Vögel, die Mandelkrähe, der
Pirol? — Zwei Eier, die der Kukuk in 3 Tagen gelegt hätte,
wären aber auch schon hinreichend zur Brut, denn wir sehen, dass
andere Vögel von Kukuksgrösse wie Turteltaube und Ziegenmelker,
Caprimulgus europaeus," stets nur 2 Eier legen. Aber noch niemals konnte mit Sicherheit nachgewiesen werden, dass der Kukuk
selbst gebrütet hätte.

Wenn Herr Dr. Rey meint: „Vielleicht wird gerade durch die
hohe Eierzahl der Brutparasitismus des Kukuks bedingt," so erlaube
ich mir zu erwidern: 1) legt der Kukuk nach meiner Ansicht
und meinen Erfahrungen nicht 17—20 Eier und 2) weist auch
der Eierstock des Kukuks durchaus nicht auf eine hohe Eierzahl
und, durch diese bedingt, auf Brutparasitismus hin. Auch bei
anderen Vögeln findet man, dass sie 17—20 Eier im Jahr legen,
sie sind aber deshalb doch nicht Parasiten. Sie legen sogar eine
noch grössere Anzahl, wenn ihnen die Eier öfter genommen werden.
Und beim Kukuk ist dies Letztere fast immer der Fall; davon
kann Herr Dr. Rey Zeugniss ablegen. Der Kukuk weiss, wenn
ihm sein Ei aus dem Zaunkönignest genommen ist, dies ebenso
gut wie der Zaunkönig, wenn ihm seine Eier geraubt wurden,
denn der Kukuk erscheint spätestens am Zaunkönignest (ebenso
an anderen Nestern) dann, wenn die Zeit des Ausschlüpfens des
jungen Kuknks aus dem Ei gekommen ist, um die Nesteier oder
Nestjungen zu beseitigen. Aber trotzdem ihm eine grosse Anzahl
seiner Eier genommen wird, legt er doch bei Weitem nicht so
viele Eier, wie Herr Dr. R. annimmt. Legte das Kukuksweibchen
einen Tag um den anderen ein Ei, so kämen auf 3 Wochen Zeit

10—11 Eier. Ich fand in 3 Wochen in der eigentlichen Legezeit des Kukuks in Reiersdorf, wo sich 6—7 Kukuksweibchen aufhielten, als höchste Eierzahl 23, als niedrigste in anderen Jahren 11 Eier. Nach Dr. Reys Annahme müsste ich mindestens 60 Kukukseier gefunden haben, denn ich entdeckte alle Nester jenes abgeschlossenen Kukukreviers, weil, wie ich oben schon mittheilte, kein Strauch von mir ununtersucht blieb, auch täglich dies Revier von mir von Neuem durchforscht wurde und Niemand ausser dem Forstpersonal es betreten durfte.

Wenn ich in einem Jahr in 3 Wochen 23, in einem anderen Jahr nur 11 Eier bei gleicher Anzahl von Kukuksweibchen entdeckte, so folgt daraus, dass das Kukuksweibchen nicht gleichmässig legt, dass es zwar öfter schon nach 3—4 Tagen ein Ei dem anderen folgen lässt, dass es aber nicht selten Pausen macht und erst nach 6—7 Tagen mit dem Legen fortfährt. Den Grund hierfür kann ich mir erklären, nachdem ich das Weibchen in seinem Thun und Treiben auch noch nach dem Ablegen des Eies beobachtet habe. Ausserdem aber finde ich als Grund den Umstand, dass der Kukuk in Polygamie lebt. Bei allen in Polygamie lebenden Vögeln bemerkt man diese Unregelmässigkeit im Ablegen der Eier. Nicht nur bei unseren Haushühnern sehen wir dies, sondern auch bei den im Freien lebenden hühnerartigen Vögeln. Es ist bekannt, dass der Fasan, *Phasianus colchicus,* bei keiner Brut regelmässig ein Ei dem anderen folgen lässt, denn wenn er einige Eier Tag auf Tag gelegt hat, macht er Pausen von 1, 2, sogar 3 Tagen. Bei den in Polygamie lebenden Kukuken ist aber das Kukuksweibchen weit weniger als der Fasan an die Zeit gebunden, da erstens das nachfolgende Ei nicht wie beim Fasan mit den vorher gelegten Eiern gemeinsam bebrütet wird, und zweitens, weil das Kukuksweibchen vor dem Legen ein passendes Nest suchen muss, was ihm oft schwer fällt, mitunter gar nicht gelingt, wie zwei von verschiedenen Weibchen in ein und dasselbe Nest gelegte Eier beweisen; endlich drittens, weil es nach dem Ausschlüpfen des jungen Kukuks aus dem Ei das Nest seines Sprösslings von darin befindlichen Nesteiern oder Nestjungen befreien muss, zu welcher Arbeit es, je nachdem es gestört wird, 1—2 Tage Zeit gebraucht. Dann erst begattet es sich von Neuem. In solchem Falle, in welchem das Kukuksweibchen mehrere Tage vom Fortpflanzungstrieb abgehalten wird, kann es nur nach 6—7 Tagen ein neues Ei zu Tage fördern.

Dreimal habe ich Gelegenheit gehabt, den jungen Kukuk im Nest
gleich nach seinem Ausschlüpfen, als noch die stark bebrüteten
Nesteier neben ihm lagen, zu finden und allemal viel Zeit und
Mühe darauf verwandt, den weiteren Fortgang im Nest zu beobachten. Zweimal habe ich auch darüber berichtet, und gern hätte
ich es gesehen, wenn — zugleich als Bestätigung meiner Beobachtung — auch ein anderer Forscher sich dazu verstanden hätte,
gleich nach dem Ausschlüpfen des jungen Kukuks den weiteren
Verlauf beim Nest zu verfolgen; allein bis jetzt ist mir nichts von
einem solchen Nachforschen zu Ohren gekommen.

Leicht ist es freilich nicht, genau zur Stunde einzutreffen, in
der der junge Kukuk ausschlüpft, und dann muss man auch
Herr seiner Zeit sein; denn nur durch andauerndes, lange Zeit
fortgesetztes Beobachten aus nicht zu entferntem Hinterhalt kann
man die Gewissheit erlangen, dass nicht der Nestvogel die Nesteier entfernt, welche stets kurze Zeit nach dem Ausschlüpfen des
jungen Kukuks ausserhalb des Nestes gefunden werden, sondern
vom Kukuksweibchen herausgeworfen werden. Am 2. Tage wird
man dasselbe Resultat erfahren, wenn man die Nesteier wieder
zum kleinen Kukuk legt, der noch keine andere Bewegung aus-
führen kann, als den Kopf erheben und mit den nackten Flügeln
zucken. Im Laufe des 3. Tages aber wird der Beobachter sich
überzeugen, dass beim Kukuksweibchen wieder der Fortpflanzungstrieb erwacht ist, indem es sich nicht mehr um das Nest be-
kümmert, da die vom Beobachter wieder ins Nest geschobenen
Nesteier nun darin liegen bleiben, so dass sie mitunter, zum Theil
wenigstens, noch nach dem Ausfliegen des jungen Kukuks im
Nest gefunden, gewöhnlich aber schon etwas früher durch den
sich schnell entwickelnden Kukuk zertreten werden.*)

Wenn schon das Kukuksweibchen durch das Auswerfen der
Nesteier vom Brutgeschäft mehrere Tage hindurch abgezogen
werden kann, so wird es öfter in dem Falle, wo schon die Nestjungen zugleich mit dem jungen Kukuk ausgeschlüpft sind, noch
längere Zeit vom Brutgeschäft fern gehalten. Folgendes Beispiel
wird Zeugniss davon geben: Der verstorbene Pfarrer Jäckel in

---

*) Sehr ausführlich ist diese Beobachtung von mir mitgetheilt in der
„Zeitschrift für die gesammte Ornithologie" von Dr. Julius von Madarász,
1886, Heft I, Budapest: Fürsorge des Kukuks für seine Nachkommenschaft
von Ad. Walter (Ist leider ohne vorangegangene Correctur gedruckt, daher
voll von Druckfehlern.)

Windsheim, Bayern, den geehrten Lesern als scharfer und gewissenhafter Beobachter der Vogelwelt bekannt, theilte mir kurz vor seinem Tode einen Fall mit, in welchem die Nestjungen des Rothkehlchens, die zugleich mit dem jungen Kukuk aus dem Ei geschlüpft waren, erst nach und nach, das letzte sogar erst am 4. Tage vom Kukuksweibchen entfernt wurden, weil der vom Apotheker Link in Burgpreppach zur Beobachtung des Nestes beauftragte Schäfer, zeitweis auch der Lehrer des Ortes sich nicht weit genug vom Nest entfernten und dadurch der oft ganz in der Nähe des Nestes erscheinende Kukuk verscheucht wurde und nur immer dann einen jungen Nestvogel aus dem Neste herauszerrte, wenn Lehrer und Schäfer sich auf kurze Zeit zurückzogen. Am 4. Tage wurde das letzte der 3 Nestjungen aus dem Nest geworfen und zwar diesmal wohl durch den inzwischen schon erstarkten jungen Kukuk, denn an diesem Tage wurde der alte Kukuk nicht mehr gesehen. In diesem Falle wird also das Kukuksweibchen mindestens 6—8 Tage Zeit gebraucht haben, um ein neues Ei zu Tage zu fördern, da es volle 3 Tage hindurch alle Zeit auf das Auswerfen der Nestvögel verwenden musste und dadurch von Begattung und Nestsuchen abgehalten wurde.

Fasse ich nun alles zusammen, so ist meine Ansicht darüber diese: Das Kukuksweibchen lässt seine Eier in unbestimmten Abständen, die 2—3 aber auch 5—8 Tage währen können, auf einander folgen. Die Anzahl der Eier ist, je nachdem die Abstände längere oder kürzere sind, verschieden im Jahr. Wo das Weibchen nach späterer Besichtigung des Nestes niemals einen eben aus dem Ei geschlüpften Kukuk vorfindet, wie bei Leipzig, kann es in kürzeren Abständen, also in 40 Tagen eine grössere Anzahl Eier legen, als da, wo es stets den eben zu Tage geförderten jungen Kukuk vorfindet. Es legt ungefähr 10—12 Eier im Jahr, wie die meisten Vögel, die zweimal brüten.

Diese letztere Annahme, die sich auf vieljährige Beobachtung und Erfahrung stützt, bleibt aber eben nur Annahme; sicher ist indess, dass die Abstände zwischen den Eiern verschieden sind, denn Thatsache ist das Entfernen der Nesteier oder Nestjungen durch das Kukuksweibchen, wodurch es tagelang, namentlich beim Entfernen von Nestjungen, im Fortpflanzungsgeschäft resp. Eierlegen aufgehalten werden kann.

Schon vor 16 Jahren konnte ich durch Auffinden von Kukuks-

eiern feststellen, dass die gewöhnliche Zwischenzeit beim Ablegen
der einzelnen Eier nur einige Tage beträgt, denn damals schrieb
ich in Cabanis Journal für Ornithologie, Octoberheft 1876: „Von
2 Kukuken weiss ich genau, dass sie 2 Eier in einer Woche lie-
ferten. Am 5. Juli hatte ein Kukuk sein Ei in ein Bachstelzen-
nest unter einem Backofendach gelegt. Das Nest wurde zufällig
gleich darauf zerstört, doch bekam ich das Ei. Derselbe Kukuk
legte am 9. Juli, 4 Tage darauf, da dieselben Bachstelzen sogleich wieder nahe dabei bauten, in das kaum fertige Nest sein
Ei. Kukuk und Bachstelze habe ich täglich von meiner nahe-
liegenden Wohnung aus genau beobachtet. Beide Kukukseier
sind sich an Farbe und Grösse ganz gleich. Ferner fand ich in
8 Tagen 3 frische Eier ein und desselben Kukuks in 3 Zaunkönignestern, alle 3 in geringer Entfernung von einander. Die Eier
haben ein und dieselbe Form, dieselbe von anderen Kukukseiern
abweichende Farbe und dieselbe Grösse, d. h. alle 3 sind auffallend klein." (Ich zeigte die Eier auf der Jahresversammlung,
in der auch Herr Dr. Rey anwesend war, vor.) „Von diesen Eiern
kann nur 1 in der früheren Woche gelegt sein, die beiden anderen
in der, in der ich sie fand."

Meine Ansicht, dass mehrere Tage vergehen, bevor der Kukuk
von Neuem legt, wird noch unterstützt durch die gewiss sichere
und genaue Mittheilung von H. Hesseling in Groningen im „Ornithologischen Centralblatt von Cabanis und Reichenow", 1878
Seite 150, wo es heisst: „Am Morgen des 7. Juni brachte mir
einer meiner Freunde ein lebendes Kukuksweibchen, welches er
einige Stunden vorher geschossen, aber nur sehr unbedeutend
verletzt hatte. Sehr gross war mein Erstaunen und meine Freude,
als mein Kukuksweibchen am Abend ein Ei legte. Ich gab mir
jetzt die grösste Mühe, den Vogel am Leben zu erhalten, in der
Hoffnung, noch ein zweites Ei zu gewinnen, doch am Mittag des
10. Juni erkrankte er und starb. Ich entschloss mich, den Vogel
für mein Cabinet zu präpariren und mit Hülfe meines verehrten
Freundes Wuizend, Assistent am hiesigen Museum, genau zu untersuchen. Am 12. Juni präparirten wir den Kukuk und fanden im
Eileiter ein Ei, welches dem früheren ähnlich gefärbt war. Das
erste Ei ist ein wenig grösser im Umfang und von dem zweiten
die Grundfarbe ein wenig lichter.

Also am 7. Juni erhielt ich das erste Ei, am 10. starb der
Vogel und ein zweites Ei war anwesend; doch hätte der Vogel

wenn er am Leben geblieben wäre, dieses Ei wohl nicht sofort gelegt."

Mir scheint dieser vorliegende Fall weit mehr zu beweisen als die von Herrn Dr. Rey vorgelegten, in Kloake und Eileiter befindlichen Eier, die doch in Zweifel lassen, ob nach Verlauf eines Tages oder zweier Tage das eine Ei dem anderen würde gefolgt sein.

Da Herr Dr. Rey in seiner Zusammenstellung sämmtlicher Funde von Kukukseiern eine Anzahl von Weibchen aufführt, bei denen er als erwiesen annimmt, dass sie fortgesetzt einen Tag um den anderen, also in der Zwischenzeit von nur 1 Tag ihre Eier gelegt haben, ich aber bei genauem Forschen und mitten im Kukuksrevier wohnend als kürzeste Zwischenzeit bei ein und demselben Weibchen 2 Tage, gewöhnlich aber längere Dauer feststellen konnte, so muss auf einer Seite ein Irrthum vorhanden sein, denn man wird doch nicht annehmen können, dass bei Leipzig die Kukukseier sich schneller entwickeln als in Reiersdorf!

Ich erkläre mir den Irrthum auf folgende Weise: In jedem Kukuksrevier, das eine nicht zu geringe Anzahl von Kukuksweibchen beherbergt, sind zwar die Eier der verschiedenen Weibchen oft recht abweichend in der Farbe und Zeichnung, ich habe aber gesehen, dass da, wo eine grössere Anzahl von Weibchen vorkommt, stets mehrere Weibchen gleiche Eier legen. Namentlich ist dies der Fall bei den Eiern von stumpf hellgrünlicher Grundfarbe und bräunlichgrünen Flecken am stumpfen Ende bis zur Mitte oder auch von schmutzig lehmgelber Grundfarbe mit stumpfbraungrünen Flecken und schwarzen Punkten.

Nur hier bei Cassel, wo sich nur eine geringe Anzahl von Kukuken vorfindet, habe ich keine Uebereinstimmung der Eier der wenigen Kukuksweibchen gefunden, aber überall in anderen Gegenden, und das waren sehr viele, denn ich habe ausser in der Provinz Hessen-Nassau noch in der Nähe von 10 Städten in den Provinzen Brandenburg und Pommern Kukukseier oder junge Kukuke entdeckt. In Pommern bei Gülzow legten sogar alle Kukuksweibchen fast gleiche Eier, so dass man nicht wusste, von welchem Weibchen die entdeckten Eier stammten. Es wäre also ganz unnatürlich, wenn in der Leipziger Umgebung, wo Herr Dr. Rey von 34, sage vierunddreissig, Kukuksweibchen Eier sammelte, nicht wie überall mehrere Weibchen gleiche Eier legen sollten. Man muss schon annehmen, dass die Nachkommen solche Eier legen, die denen der Voreltern ähnlich oder gleich sind.

Und so möchte ich denn behaupten, dass da, wo Herr Dr. Rey
vermuthete, dass gleichgefärbte Eier von einem Weibchen
stammten, diese von mindestens 2 Weibchen gelegt wurden.
Dann kommt nicht 1 Tag, sondern 2 Tage und mehr Zwischenzeit oder Abstand heraus. So habe ich z. B. bei Gülzow in Pommern häufig 4 Tage hinter einander täglich ein frischgelegtes,
stets gleichgefärbtes Kukuksei gefunden. Diese 4 Eier hatte
selbstverständlich trotz ihrer Gleichheit nicht 1 Weibchen gelegt,
sondern sie stammten von 3 oder 4 Weibchen.

Ich möchte Herrn Dr. Rey ersuchen, meine Anschauung hierüber in Erwägung zu ziehen und bei fortgesetztem Forschen ein
wenig zu berücksichtigen. Ich für meine Person würde ebenfalls
fortfahren, mein Augenmerk ganz besonders auf diesen Punkt zu
richten, leider aber bietet sich mir nicht mehr wie früher eine so
günstige Gelegenheit zum fortgesetzten genauen Beobachten dar,
auch darf ich nicht mehr jedem Unwetter Trotz bieten und Letzteres möchte doch öfter nothwendig sein.

Fasse ich nun alles zusammen, was ich über das Eierlegen
des Kukuks mitgetheilt habe, so folgt daraus, dass der Kukuk
aus dem Grunde nicht brüten kann, weil er in sehr verschiedenen Abständen Eier legt und auch in der
Zwischenzeit noch nach den Nestern zurück-
kehren muss, die seine Eier enthalten, um beim Ausschlüpfen des jungen Kukuks aus dem Ei die Nesteier oder Nestjungen zu entfernen, welche Beschäftigung,
wie ich oben mittheilte, das Brutgeschäft, resp. das Eierlegen
um mehrere Tage verzögern kann.

Ich will nun noch bemerken, dass vielleicht mancher der geehrten Leser bezweifeln mag, dass das Kukuksweibchen im Stande
ist, das Ablegen seines Eies zu verzögern. Es kann dies aber in
der That und auch andere Vögel vermögen dies. Nur kann nicht
das schon sehr stark entwickelte Ei oder schon in der Kloake
sich befindende vom Vogel zurückgehalten werden. Man mache
nur den Versuch an einem Sperling, wie ich es früher that. Ich
griff Abends in der Dunkelheit auf dem Neste ein Sperlings-
weibchen, das an diesem Tage das erste Ei gelegt hatte. Am
folgendem Morgen legte es auf den Boden des Käfigs das zweite
Ei, aber es folgte kein drittes, und doch würde der Vogel in
der Freiheit 5 Eier gelegt haben.

Mein Dompfaffenweibchen legte im vergangenen Jahre, ohne

ein Nest zu bauen, auf dem Boden des Käfigs mehrere Tage hintereinander ein Ei. Als es nach einiger Zeit wieder mit Baustoffen herumgeflogen war, fing es wieder an zu legen. Ich trennte es sofort vom Männchen und brachte es in ein anderes Zimmer. Am andern Morgen fand ich in dem kleinen Käfig ein zweites Ei, aber kein drittes folgte.

Bei Kanarienvögeln wird gewiss schon mancher Vogelfreund dieselbe Erfahrung gemacht haben, besonders dann, wenn das Weibchen in Legenoth sich befand, d. h. nur unter Anstrengung und dadurch herbeigeführter Hinfälligkeit legen konnte. Es legt gewöhnlich in solchem Falle, und wenn man es vom Männchen trennt, nicht einmal ein zweites Ei.

Damit der Leser der Schrift des Dr. Rey nicht zu einem falschen Schluss gelangt, will ich auf eine etwas unklare Stelle in der Schrift aufmerksam machen. Herr Dr. Rey schreibt nämlich Seite 60, dass ich 2, sogar 3 Eier von ein und demselben Weibchen an einem Tage gefunden habe. Das ist richtig und es ist dies nicht einmal, sondern wohl zehnmal der Fall gewesen, gewöhnlich an dem ersten Tage meiner jedesmaligen Ankunft im Revier; aber, wie sich von selbst versteht, waren diese verlassenen und klaren Eier in mir unbekannten Abständen (Zwischenzeiten) gelegt und hatten sich meistentheils recht gut in den geschlossenen und geschützten Zaunkönignestern erhalten besonders bei trübem Wetter.

Endlich möchte auch ich nicht unterlassen, allen denen, welche Belehrung über das Brutgeschäft des Kukuks suchen, die Schrift des Dr. Rey zu empfehlen. Ob der Kukuk ein paar Eier mehr oder weniger im Jahre legt, darauf wird es zunächst für den Belehrung Suchenden nicht ankommen; nur dem strengen Forscher darf dies nicht gleichgültig sein.

Zwergohreulen im hessischen Hinterlande.
Von
Dr. Kurt Floericke.

In den letzten Tagen des Jahres 1891 sah ich bei einem Bauer auf einem 2 Stunden westlich von Marburg gelegenen Dorfe eine Anzahl daselbst geschossener und leidlich ausgestopfter Vögel. Unter denselben befand sich auch eine schöne Zwerg-

ohreule. Auf Befragen erzählte mir der Besitzer, dass früher ein
Pärchen dieses Vogels jahrelang dicht am Dorfe gebrütet habe,
aber schliesslich durch wiederholte Vernichtung der Bruten ganz
aus der Gegend vertrieben worden sei.

Ornithologisches aus Hessen.

Von

K. Junghans, Cassel.

Acrocephalus palustris (Bchst.).   Der „Kornspötter" ist
erst seit einigen Jahrzehnten hier bei Cassel eingewandert.
Ein durchaus kundiger und sicherer Beobachter weiss sich noch
genau der Zeit zu erinnern, da *Acrceph. pal.* noch nicht hier vorkam, und des Erstaunens, das die ersten Einwanderer bei den
Vogelkennern damals erregten.   Die Art muss sich dann aber
rasch hier vermehrt haben, denn Geh. Regierungsrath Sezekorn,
der im Jahresberichte des Vereins für Naturkunde zu Cassel 1864
ein Verzeichniss der Vögel der Provinz Niederhessen gab, sagt
von ihr: „Häufig, namentlich in den Weidenhegern an der Fulda."
Für die Gegenwart ist *Acroceph. pal.* auch als häufig zu bezeichnen, doch scheint sein Bestand, wie auch bei *Aroceph.
streperus* (Vieill.), erheblichen Schwankungen unterworfen zu sein.
1891 war der Frühlingsdurchzug so lebhaft, wie ich es noch nie
zuvor bemerkt hatte. — Er hat auch hier die schon öfters betonte
Eigenthümlichkeit, dass er gerne in Kornfeldern, oft weit ab vom
Wasser, nistet.   Voriges Jahr stand ein Nest, das durchaus nach
dem Typus des Teichrohrsängernestes gebaut war, in Brennnessel-
sträuchern in einem etwas verwilderten Garten, wo keinerlei Wasser
in der Nähe war.

Serinus hortulanus Koch. Seit Anfang der 80er Jahre ist der
Girlitz hier ansässig.   Ich hörte ihn 1882 zuerst hier.   Seitdem
hat er sich in der Umgegend der Stadt — aber auffallenderweise nur auf der am hohen linken Fuldaufer liegenden Seite und
durchaus nicht in den am flachen rechten Ufer liegenden Gärten
— so stark vermehrt, dass er als recht häufig zu bezeichnen
ist. In den letzten zwei Jahren indessen waren nicht so viele da,
wie sonst, ohne dass ich einen Grund hierfür anzugeben wüsste.
Bei einem meinem Hause gegenüber im Garten nistenden Paare

konnte ich voriges Jahr zwei Bruten beobachten. Das ♂ kam oft
auf den hohen Thurm eines im modernen Stile erbauten Hauses
und liess von der Dachrinne herab seinen schwirrenden Gesang
hören.

Lanius senator L. War zwar auch früher hier „nicht sehr
häufig" (Sezekorn), doch war er auch keine Seltenheit; er
nistete besonders gern in den Stammausschlägen der Alleebäume.
Jetzt ist sein Vorkommen hier ganz vereinzelt, ohne dass eigentlich ein Grund für diese Abnahme anzugeben wäre, während es
begreiflich erscheint, wenn *Lanius excubitor* L. abgenommen hat,
da in Folge der Verkoppelung seine liebsten Wohnstätten, die im
Felde stehenden alten Obstbäume, immer mehr verschwinden.

Clivicola riparia (L.) Am 30. 7. d. J. fand ich in einer
kleinen Lehmgrube im Felde in der Nähe des Dorfes Holzhausen,
einige Stunden südlich von Cassel, ein einzelnes Paar *Cliviola
riparia* nistend. Beide Alten waren eifrig mit Fütterung der
Jungen beschäftigt. Ein zweites Nistloch, das sich etwa ½ m
seitlich unter dem bewohnten befand, war kaum ½ Fuss tief und
offenbar nur ein wegen irgend eines Hindernisses von den Vögeln
angegebener Versuch. Da das Vorkommen eines ganz vereinzelten
Paares dieser sonst so geselligen Vögel jedenfalls etwas Ausser-
gewöhnliches ist, so suchte ich, ob nicht etwa in der Nähe eine
Colonie sich befinde, von der dies ein Abzweigung wäre, doch
fand ich selbst im weiteren Umkreise keinerlei Brutansiedelung
(cf. übrigens J. Cabanis: „Ueber ein vereinzelt nistendes Ufer-
schwalbenpaar in Cab. Journ. 1. Jahrgang No. 5, p. 367—368).

Dryocopus Martius (L.). Seit einigen Jahren hat sich ein
Paar im Söhrewalde bei Oberkaufungen, einem 10 km südlich von Cassel liegenden Dorfe, dauernd angesiedelt. Die
schönen Spechte stehen unter dem thatkräftigen Schutze des
dortigen Stiftsoberförsters, und wie ich von dem Sohne desselben,
einem tüchtigen und gewissenhaften Beobachter höre, haben sie,
wenigstens in 1892, mit Erfolg genistet. Ich selbst hatte im
letzten October das Glück, ein prächtiges ♂ aus ziemlicher Nähe
zu beobachten und seine weithin schallende, den Wald wunderbar
belebende Stimme zum ersten Male in hiesiger Gegend zu hören.
Früher hatte sich *Dryocopus Martius* nur dann und wann bei
uns sehen lassen. So sagt der schon erwähnte Geheimrath Sezekorn: „Sehr selten und nur an wenigen Orten, z. B. in der
Söhre im Kreise Cassel und bei Eschwege beobachtet." Vor etwa

5 Jahren sah ich ein ebenfalls in der Söhre, wenn auch einige Stunden weiter südlich, geschossenes Exemplar bei dem hiesigen Präparator Beckmann.

Falco aesalon Tunst. November 1891 wurde ein junges ♂ bei Cassel geschossen und im October 1892 eins bei dem benachbarten Arolsen.

Falco peregrinus Tunst. Zum ersten Male seit 10 Jahren hat in 1892 kein Paar am Bilstein bei Besse im südwestlichen Habichtswalde, einige Stunden von hier, gebrütet. Wahrscheinlich sind sie auf der neu errichteten Krähenhütte des benachbarten Jagdpächters geschossen. Präparator Beckmann erhielt April 1892 ein Paar, ♀ mit Brutfleck, die von der Ruine Schachtenburg, einige Stunden nordwestlich von hier, stammten. Der dritte der hiesigen Horste, am Hohlestein im nördlichen Habichtswalde, war dieses Jahr überhaupt unbesetzt geblieben.

Ciconia nigra (L.). Ein Stück in diesem Herbste (1892) bei Ziegenhain an der Schwelm geschossen. Er brütet wohl noch im Süden des Fürstenthums Waldeck in den waldigen Ederbergen.

Somateria mollissima L., ein ♀ im October d. J. bei Eschwege an der Werra geschossen.

Notiz über *Lanius major*.
Von
Prem.-Lieut. von Winterfeldt.

Ueber diesen grössten Würger, welchem ich hin und wider auf den Feldern Metzelthins auch bei strenger Kälte begegnete, allerdings immer nur vereinzelt, hätte ich zu erwähnen, dass ich einst, einen solchen beobachtend, sah, wie derselbe von dem Ast eines dürren Baumes abflog, dann in der Luft ganz in der Weise, wie es die Falken und Bussarde gern thun, rüttelte, sich schnell zur Erde stürzte, den erspähten Raub aufnahm und sich nach seinem Standort zurückbegab.

Die Vogelfauna des Nordwestlichen Schonens in Schweden.

Von

Hans Wallengren.

Das Gebiet der folgenden Wahrnehmungen ist der nordwest-
liche Theil Schonens, besonders die Landzunge, die mit Kullaberg
als Endpunkt in das Kattegat herausschiesst. Dieser Theil
Schonens ist mit nur einer Ausnahme ein flaches Land mit
Waldungen, hier und da Reste ehemaliger zusammenhängender
Wälder. Es sind meistentheils Laubbäume, Birke, Buche, Erle
und Eiche, welche hier die Wälder bilden. Nadelwälder giebt es
nunmehr nur als Pflanzungen, wie bei Engelholm und Wegeholm,
ein Gut nahe bei Engelholm, und auf den südlichen Abhängen
Kullabergs, wo sie doch ein ziemlich grosses Areal einnehmen.
Aber obschon der Hauptcharakter des Landes der der Ebene ist,
giebt es doch bergige Gegenden, wenn man überhaupt von solchen
in den südlichsten Provinzen Schwedens reden kann. Es ist Kullaberg mit seinen schroffen Gneis- und Granitfelsen, das Rang und
Würde als die Gebirgsgegend des nordwestlichen Schonens erhält.

Von grösseren Süsswasseransammlungen giebt es keine, während
im nordöstlichen Schonen ein entgegengesetztes Verhältniss vor-
herrschend ist. Wohl zeugen einige grössere oder kleinere Torf-
moore davon, dass auch hier einmal die Gegend nicht so arm an
Wasser gewesen ist wie jetzt. Diese haben auch vor etwa zwanzig
Jahren als prächtige Sümpfe den Sumpfvögeln, den Gänsen und
Enten vorzügliche Heckplätze und Aufenthaltstellen dargeboten.
Jetzt aber hat die die Natur umwandelnde Cultur sie meistentheils
entwässert und abgegraben, so dass, wo vorher Schaaren von
Wasservögeln lebten, jetzt wogende Saatfelder sich befinden.

Zwei grössere Ströme Rouneå und Wegeå, durchziehen die
Gegend, und geben noch in ihren schilfbewachsenen Ufern den
Enten und Sumpfvögeln etwas Schutz. Ein kleinerer Strom, Görslöfså,
der zwar während der Sommermonate gewöhnlich beinahe aus-
trocknet, besitzt auf seinen Ufern ziemlich schöne Sumpfwiesen,
welche mehreren Sumpfvögeln während ihrer periodischen Wanderungen beliebte Ruheplätze darbieten.

Zwischen dem Vorgebirge Kullabergs und der nördlichen
Richtung der Landhöhe Hallandsås, streckt der Meerbusen, Skalde-
wik, sein seichtes Wasser hinein. Die Küste auf der Kullabergs-
seite ist in der inneren Hälfte des Meerbusens sandig, flach und

allmählich sehr abschüssig. Hier und da, besonders bei den Strom-
oder Bachmündungen ist das Gestade jedoch bis zur Wasserfläche
mit Gras bewachsen. Auf solchen Stellen giebt es im Allgemeinen
zahlreiche Brachwasseransammlungen. In der äusseren Hälfte des
Meerbusens nordwestlich von Rekekroken und Svanesball, zwei
kleinen Fischerdörfern, ist dagegen die Küste steil und steinig
oder felsig.

Einleuchtend ist es, dass eine so beschaffene Küste, wie besonders die des inneren Theiles des Skeldewiks den Sumpfvögeln
während der periodischen Wanderungen eine sehr beliebte Auf-
enthaltstation sein muss. Und dies nur um so viel mehr, weil
der Wasserstand in dem Meerbusen sehr wechselnd ist. Oftmals
wird der von Gras und Seetang bewachsene Meeresboden auf
einer Strecke von 100—150 Meter oder mehr trocken gelegt und
bietet so den Sumpfvögeln den grössten Reichthum an leicht zu-
gänglichen Nahrungsmitteln. Darum haben wir auch hier einen
sowohl an Individuen als Arten sehr reichen Sumpfvogelzug.

An der Mündung des Skeldewiks liegt wie eine unmittelbare
Fortsetzung der Hallandsås-Landhöhe die Insel Vläderö mit ihren
Scheeren und Klippinselchen, die als Brutplätze verschiedenen
Möven- und Entenarten dienen. Im inneren Theile des Meer-
busens, der Mündung des Wegeås gegenüber, befindet sich ein un-
gefähr 200 Meter langes Riff, Sälrönnen, das im Herbste und
Frühjahr einen sehr geeigneten Platz darbietet, um verschiedene
Meeresvögel wahrzunehmen oder zu schiessen, die vorüber ziehen
oder sich, um zu ruhen, niederlassen.

Nach dieser kurzen Darstellung der Naturverhältnisse der
betreffenden Gegend, die ich für die Beurtheilung ihrer Ornis
als nothwendig hielt, gehe ich zu einem Specialverzeichniss der
hierselbst gefundenen Vogelarten über. Die Nomenklatur und die
systematische Anordnung sind in Uebereinstimmung mit der
Fauna S. Nilssons gehalten, die wohl noch als das Hauptwerk
uber die schwedische Ornis betrachtet werden muss.

Falco peregrinus, Lin. Zugvogel. Ob er fortfahrend wie
angegeben (Westerlund: Skandinavisk Oologi Pag. 176) nistet,
ist mir nicht bekannt. Auf Kullaberg brüten jedoch alljährlich
5 oder 6 Paare. Während des Herbstzuges selten. Auch bisweilen während der Wintermonate, wenn die Kälte nicht zu streng
ist, bleiben einzelne zurück.

Falco subbuteo, Lin. Zugvogel. Nistet selten. Auch auf dem Fruhjahr- und Herbstzug nicht häufig vorkommend.

Falco lithofalco, Gmel. Kommt nur im Frühjahr und Herbst und zwar ziemlich selten vor.

Falco tinnunculus, Lin. Zugvogel. Nistet zahlreich auf Kullaberg und hier und da in den Wäldern. Im Frühjahr und Herbst sehr häufig.

Astur palumbarius, Lin. Zugvogel. Als Brütvogel selten. Während des Frühjahrs und Herbstes häufig. Etliche ältere Individuen überwintern.

Astur nisus, Lin. Zugvogel. Nistet nicht gerade allgemein. Während des Frühjahrs und Herbstes häufig. Ueberwintert bisweilen.

Aquila chrysaëtus, Lin. Kommt nur während des Herbstzuges vor, und zwar ziemlich selten.

Aquila albicilla, Lin. Im Herbstzug bisweilen gesehen, ist aber seltener als der vorgenannte.

Pandion Haliaetos, Lin. Wird regelmässig, aber nur in etlichen Exemplaren während des Herbstes bemerkt.

Milvus regalis, Briss. Hat früher auf 5 oder 6 Plätzen gebrütet, kommt aber jetzt nie nistend vor. Es scheint übrigens, als ob dieser stattliche Raubvogel auch in anderen Gegenden der Provinz in Abnahme sei zufolge Mangels an passenden Heckplätzen. Während des Frühjahrszuges kommt er doch noch ziemlich häufig vor, im Herbste dagegen selten zu sehen.

Buteo vulgaris, Raji. Zugvogel. Brütet in verschiedenen Lokalitäten wie Wegeholm und den Pflanzungen bei Engelholm. Kommt auch während des Frühjahrs- und Herbstzuges sehr häufig vor. Einzelne überwintern, namentlich in gelinden Wintern, die meisten aber ziehen weg.

Buteo lagopus, Brünn. In April und Oktober selten. Dann und wann auch zur Winterzeit gesehen.

Pernis apivorus, Lin. Kommt niemals nistend vor. Selten im September, Oktober und November.

Circus cyaneus, Anett. Selten in Oktober, November.

Strix nyctea, Lin. Diese schöne Eule, die innerhalb Skandinavien eigentlich nur die arctische Zone bewohnt, streicht während des Herbstes und Winters weiter nach Süden, so dass sie sich nicht so selten auch in Schonen einfindet. Hier in den nordwestlichen Theilen der Provinz kommt sie jedoch seltener

vor als in den nordöstlichen. Im Spätherbst und Winter 1888
wurden doch mehrere Exemplare hier gesehen.

Strix funerea, Lath. Dann und wann im Spätherbst und
im Winter bemerkt.

Strix passerina, Lin. Ein paar Mal bei Wegeholm im
Dezember geschossen.

Strix bubo, Lin. Nistet auf Kullaberg. Kommt während
der Wintermonate auf dem Flachland vor, doch nunmehr sehr
selten.

Strix othus, Lin. Strichvogel. Kommt ziemlich häufig vor,
auch nistend.

Strix brachyotus, Lath. Während des Herbst- und
Frühjahrzuges selten.

Strix aluco, Lin. Strichvogel. Brütet häufig.

Strix Tengmalmi, Gmel. In Oktober und November
selten.

Strix flammea, Gmel. Standvogel. Diese hübsche Eulen-
art ist seit 1834, wo sie zum ersten mal bei Ystad bemerkt wurde,
in Schweden eingewandert, und ist in steter Verbreitung von dem
südlichen Theile der Provinz nach dem nördlichen begriffen. Ziemlich zahlreich ist sie in den südlichen und mittleren Theilen vorgekommen, wo sie in den Kirchthürmen genistet. Auch im nordwestlichen Schonen wird sie brütend gefunden, wie in der Kirche
zu Brunnby. Der harte Schneewinter 1888 richtete sie doch
hier wie anderswo übel zu und zwar dermaassen, dass sie auf
mehreren Plätzen ausstarb. Im nordwestlichen Schonen wurde
sie demzufolge während 1890 und 1891 nicht gesehen. Jetzt
ist sie doch nochmals eingewandert und nistet hier wieder.

Picus martius, Lin. Auf Kullaberg im Herbst oder Winter
bisweilen gesehen.

Picus viridis, Lin. Strichvogel. Brütet nicht besonders
häufig.

Picus major, Lin. Strichvogel. Nistet ziemlich häufig.

Picus medius, Lin. Strichvogel. Als nistend nicht bemerkt, im Herbst und Winter ziemlich selten.

Picus minor, Lin. Strichvogel. Kommt zahlreicher als
vorgenannte vor.

Jynx torquilla, Lin. Zugvogel. Nistet selten. Auf dem
Frühjahrstrich nicht so selten.

Cuculus canorus, Lin. Zugvogel. Ziemlich häufig vorkommend.

Alcedo ispida, Lin. Bei Helsingborg einmal geschossen und bei dem Errarps-Strome in Munka-Ljungby nahe bei Engelholm ein Mal gesehen.

Merops apiaster, Lin. In der Nähe von Engelholm ein Mal geschossen. Nach Angabe soll er auch in den 60er Jahren in der Nähe von der genannten Stadt genistet haben.

Upupa epops, Lin. Bisweilen im Frühjahr und Herbst bei Kullaberg, Höganäs und Engelholm bemerkt. Nistet aber hier nicht.

Certhia familiaris, Lin. Strichvogel. Brütet häufig.

Sitta europaea, Lin. Wie Professor W. Liljeborg gezeigt hat (Öfversigten af Kongl. Wit. Akad. Förhand. Stockholm 1851) sind die schwedische *S. europaea*, Lin, und Pallas' *S. europaea*, sowie Lichtensteins und Glogers *S. uralensis* identisch. Auch die innerhalb des nordwestlichen Schonens vorkommende *S. europaea* gehört der Uralensis-Form an und *S. caesia* ist hier niemals bemerkt geworden, während die andere Form sowohl als Brütevogel wie als Strichvogel zahlreich vorkommt. Auf Seeland kommt ebenso nur *S. uralensis* vor, wird jedoch nach mündlicher Angabe des Herrn Inspektor des Zool. Museums zu Kopenhagen, Winge, im südlichen und mittleren Jutland von der europäischen Form *S. caesia* ersetzt.

Corvus corax, Lin. Strichvogel. Nistet in einigen Paaren wie in Wegeholm und drei oder vier auf Kullaberg. Kommt auch im Herbst und Winter spärlich vor. Es scheint als ob dieser unser grösster Krähenvogel in den südlichen Provinzen mehr und mehr verschwinden sollte; indem er sich vor der hervordringenden Kultur zurückzieht.

Corvus cornix, Lin. Strichvogel. Nistet zahlreich.

Corvus corone, Lin. Nicht bemerkt. Der Förster H. Gadamer hat diesen Vogel in einem Verzeichniss über die Vögel im nordöstlichen Schonen (Naumannia Bl. II; H. 3, 1852) als „nicht selten" angeführt, eine Angabe, die offenbar in einer Verwechselung mit den Jungen von *C. frugilegus* begründet ist.

Corvus frugilegus, Lin. Zugvogel. Sein nächster Heckplatz ist in Vestra Karup. In der Kullabergsgegend giebt es nirgends eine Kolonie. Im Herbst und Frühjahr kommt er zahlreich vor. In gelinden Wintern bleiben Einzelne zurück.

Corvus monedula, Lin. Standvogel. Brütet zahlreich.

Pica caudata, Lin. Standvogel. Nistet zahlreich.

Garrulus glandarius, Lin. Strichvogel. Nistet selten· Im Herbst ziemlich allgemein, im Frühjahr seltener.

Caryocatactus guttatus, Nilss. Kommt in gewissen Jahren ziemlich allgemein vor, so im Herbst 1887, wo er auch anderswo in Schweden angetroffen wurde.

Sturnus vulgaris, Lin. Zugvogel. Nistet sehr häufig. In den letzten Jahren hat er an Anzahl zugenommen, nachdem es unter der Bevölkerung mehr allgemein geworden ist ihm Heckkästen auszusetzen.

Bombycilla garrula, Lin. Kommt bisweilen im Spätherbst und Winter vor, wie im vergangenen Jahre.

Caprimulgus europaeus, Lin. Zugvogel. Kommt hier und da vor.

Cypselus apus, Illig. Zugvogel. Nistet ziemlich häufig an gewissen Plätzen.

Hirundo rustica, Lin. Zugvogel sehr häufig.

Hirundo urbica, Lin. Zugvogel sehr häufig.

Hirundo riparia, Lin. Zugvogel sehr häufig.

Muscicapa grisola, Lin. Zugvogel nistet häufig.

Muscicapa atricapilla, Lin. Zugvogel. Nistet selten. Auf dem Herbststrich selten, im Frühjahr aber häufiger.

Muscicapa albicollis, Tem. Auf dem Herbststrich ein paar Mal gesehen, ist jedoch vermuthlich nicht beständig zurückkommend.

Lanius excubitor, Lin. Kommt regelmässig in einzelnen Exemplaren während des Herbstes und Winters vor.

Lanius collurio, Lin. Zugvogel. Brütet ziemlich häufig.

Saxicola oenanthe, Lin. Zugvogel. Nistet sehr häufig.

Saxicola rubetra, Lin. Zugvogel. Nistet häufig.

Sylvia hortensis, Bechst. Zugvogel. Nistet häufig.

Sylvia atricapilla, Lath. Zugvogel. Nistet selten. Auf dem Frühjahrsstrich jedoch ziemlich allgemein, im Herbst selten. Ein altes Männchen wurde noch so spät wie am Ende Oktober 1891 im Fachult geschossen.

Sylvia curruca, Lin. Zugvogel. Brütet ziemlich häufig.

Sylvia cinerea, Lath. Zugvogel. Brütet ziemlich häufig.

Luscinia philomela, Bechst. Zugvogel. Nistet nicht selten.

Luscinia suecica, Lin. Ein paar Mal im Herbst geschossen.

Luscinia rubecula, Lin. Zugvogel. Brütet ziemlich häufig. Während der beiden Wanderungsperioden sehr zahlreich in den Gärten. Einzelne überwintern regelmässig auch in strengen Wintern.

Luscinia phoenicurus, Lin. Zugvogel. Nistet ziemlich häufig.

Ficedula hippolais, Lin. Zugvogel. Brütet allgemein.

Ficedula sibilatrix, Bechst. Zugvogel. Brütet ziemlich selten.

Ficedula trochilus, Lath. Zugvogel. Brütet ziemlich häufig.

Ficedula abietina, Nilss. Erscheint jedes Frühjahr und jeden Herbst zur Zugzeit nicht selten, besonders in den Tannenpflanzungen bei Engelholm und Vegeholm.

Calamoherpe schoenobenus, Lin. Zugvogel. Nistet häufig.

Calamoherpe arundinacea, Briss. Im Frühjahr gesehen, sehr selten.

Turdus viscivorus, Lin. Selten im Frühjahr und Herbst.

Turdus musicus, Lin. Zugvogel. Nistet selten. Auf dem Frühjahrs- und Herbststrich sehr häufig.

Turdus iliacus, Lin. Ziemlich selten im Frühjahr und Herbst. Einzelne überwintern in gelinden Wintern.

Turdus pilaris, Lin. Während der beiden Wanderungen häufig. In Jahren, wo die Vogelbeerbäume reichlich Frucht tragen und die Kälte nicht zu streng ist, überwintert er in grosser Anzahl und zieht von einem Orte zum Andern.

Turdus torquatus, Lin. Selten im Frühjahr und Herbst.

Turdus merula, Lin. Zugvogel. Nistet allgemein. Einige überwintern auch in ziemlich strengen Wintern.

Cinclus aquaticus, Bechst. Während des Herbstes und des Winters kommt er bei Rönne und Vegeå und an einigen kleineren Bächen ver. Ist jedoch selten.

Motacilla alba, Lin. Zugvogel. Brütet sehr häufig.

Motacilla Yarrellii, Gould. Im Juni 1883 wurde in Farhult ein Männchen von dieser Form beobachtet, das mit einem Weibchen von der gewöhnlichen *M. alba* brütete.

Motacilla boarula, Pen. Nach Angabe von S. Nilsson

im December 1843 bei Krapperup, ein Gut nahe bei Kullaberg, geschossen. Nachher ebenda im Juni 1879 bemerkt.

Motacilla flava, Lin.

Motacilla borealis, Sundev. Die nördliche Form kommt während des Frühjahrszuges im Mai selten vor.

Motacilla Raji, Bonap. Die südliche und westliche Form brütet ziemlich häufig.

Anthus campestris, Bechst. Zugvogel. Nistet ziemlich häufig.

Anthus rupestris, Nilss. Zugvogel. Nistet häufig. Einige Individuen überwintern und ertragen sogar strenge Winter. So wurden z. B. im Januar 1887 bei −13° C. verschiedene Exemplare geschossen, die sich auf an die Küste aufgeworfene Seetange in Heljaröd, bei Fachult, aufhielten. Bei Untersuchung zeigte es sich, dass sie sehr wohlbeleibt waren. Ein bis drei mm dickes Specklager lag unter der Haut, und der Magen war vollgepfropft von Theilen von Dipteren.

Anthus pratensis, Bechst. Zugvogel. Nistet häufig.

Anthus arboreus, Bechst. Zugvogel. Nistet nicht selten.

Accentor modularis, Koch. Im Frühjahr und Herbst häufig. Einzelne Individuen überwintern.

Troglodytes europaeus, Leach. Strichvogel. Brütet ziemlich allgemein.

Parus major, Lin. Strichvogel. Nistet sehr häufig.

Parus ater Lin. Im Herbst und Winter sehr häufig in den Nadelholzpflanzungen bei Engelholm, Vegeholm nnd Kullaberg. Kleinere Schaaren begeben sich im Winter auch in die Gärten und Gehölze hinaus.

Parus cristatus, Lin. Häufig im Herbst und Winter in denselben Lokalen wie der Letztgenannte, scheint jedoch mehr als jener an den Nadelholzwald gebunden zu sein, weshalb er auch sehr selten auf Streifzügen in den Gärten bemerkt wird.

Parus palustris, Lin. Strichvog. Nistet sehr häufig.

Parus borealis, De Selys. Viell., die wohl als eine nördliche und östliche Form angesehen werden muss, ist hier im nordwestlichen Schonen niemals gesehen, während sie in den Nadelwäldern im nordöstlichen häufig vorkommt.

Parus coeruleus, Lin. Strichvogel. Nistet sehr häufig.

Parus caudatus, Lin. Strichvog. Brütet in den Nadelwäldern bei Engelholm und Vegeholm, aber selten. Im Herbst und Winter ziemlich häufig in grösseren oder kleineren Schaaren.

Regulus cristatus, Willug. Strichvog. Nistet bei Engelholm und Vegeholm in den Nadelwäldern. Im Herbst und Winter sehr häufig in den Wäldern und Gärten.

Alauda arvensis, Lin. Nistet sehr häufig. Einzelne überwintern, namentlich in gelinden Wintern in grösserer Anzahl.

Alauda cristata, Lin. Standvogel. Diese nach Schweden in der letzten Zeit eingewanderte Lerchenart nimmt von Jahr zu Jahr an Menge zu und hat sich während der letzten 20 Jahre an der West- und Südküste von Schonen landeinwärts verbreitet. So kam sie zum Beispiel im nordwestlichen Schonen am Ende der 60 er Jahre nur in einzelnen Exemplaren bei Höganäs und in Washy vor. Ist aber jetzt ziemlich häufig bis östlich von Engelholm. Durch ihre Lebensweise ist sie mehr geeignet, die strengen Schneewinter auszustehen als die vorgenannte Art, die ja auch nach Süden zieht, während diese sich bei den Menschenwohnungen einstellt, um auf den Abfallshaufen ihre Nahrung zu suchen.

Alauda arborea, Lin. Während des Frühjahrszuges nicht besonders selten.

Alauda alpestris, Lin. Nicht selten vom Oktober bis März, wo sie schaarenweise vorkommt, besonders auf der Sandbank an der Küste.

Emberiza miliaria, Lin. Standvog. Nicht sehr häufig.

Emberiza citrinella, Lin. Standvog. Nicht sehr häufig.

Emberiza hortulana, Lin. Zugvog. Brütet nicht gerade selten.

Emberiza schoeniculus, Lin. Zugvog. Brütet selten. Im Frühjahr und Herbst nicht selten, Sogar im Anfang December 1892 geschossen.

Emberiza lapponica, Lin. Ein paar Mal im November und December gesehen.

Emberiza nivalis, Lin. Kommt im Winter sehr häufig vor und bleibt oft bis in den Juni.

Fringilla linaria, Lin.

    magnirostris. Sehr selten während der Wintermonate.

    brevirostris. Kommt alljährlich vor, gewisse Jahre in grosser Menge im Herbst und Winter.

Fringilla spinus, Lin. Strichvog. Nistet selten. Während des Herbstes und Winters häufig. Sein Auftreten ist jedoch ziemlich wechselnd. In gewissen Jahren zahlreich, in anderen spärlich.

Fringilla carduelis, Lin. Strichvog. Nistet. Kommt während Herbstes und Winters in kleineren Schaaren ziemlich häufig vor.

Fringilla cannabina, Lin. Zugvog. Nistet häufig.

Fringilla flavirostris, Lin. In gewissen Jahren im Winter sehr häufig, dazwischen kommt er gar nicht vor.

Fringilla coelebs, Lin. Zugvog. Brütet häufig. Einzelne, besonders Weibchen überwintern.

Fringilla montifringilla, Lin. Erscheint jedes Frühjahr und jeden Herbst zur Zugzeit. Besonders im Herbst sehr zahlreich. Einzelne bleiben hier den ganzen Winter.

Fringilla chloris, Lin. Zugvog. Nistet ziemlich häufig. Im Herbste sehr allgemein. Ein grosser Theil bleibt hier den Winter über.

Fringilla domestica, Lin. und *montana*, Lin. Standvogel. Nistet sehr häufig.

Pyrrhula vulgaris, Temm. Im Spätherbste und Winter häufig, aber in wechselnder Menge auftretend. Im Winter 1892 ist er sehr zahlreich gewesen.

Corythus Enucleator, Cuv. Dieser „schwedische Papagei", wie er auch genannt wird, kommt im Sommer nur in den nördlichen Theilen unserer Halbinsel vor. Im Herbst und Winter aber findet er sich im mittleren und südlicheren Schweden ein und besucht dann auch Schonen. Er ist hier doch nicht ein jährlicher Wintergast, sondern wird nur dann und wann gesehen. So ist er im Winter 1892 sehr zahlreich gewesen.

Loxia pityopsittacus, Bechst. Selten im Spätherbst gesehen.

Loxia curvirostra, Lin. Häufig im Herbst und Winter gewisser Jahre.

Loxia bifasciata, Nilss. Ist als Heckvogel nur in den nördlichen Gegenden unserer Halbinsel bemerkt. Kommt aber auf seinen Herbst- und Winterzügen in südlichen Gegenden dann und wann vor, wo er auch in Schonen beobachtet ist. Das letzte Mal, dass er hier angetroffen wurde, war im Herbst 1889. Am 10. September wurden die Ersten gesehen, welche sich bis zu Ende October hier aufhielten.

Coccothraustes vulgaris, Klein. Als Brutvogel nicht beobachtet. Im Herbst finden sich regelmässig einzelne Exemplare in den Gärten ein.

Columba palumbus, Lin. Im Frühjahr und im Herbst allgemein.

Columba oenas, Lath. Zugvog. Nistet häufig. Besonders auf der Insel Väderö kommt sie zahlreich brütend vor.

Perdix cinerea, Lath. Standvog. Brütet sehr häufig.

Perdix coturnix, Lath. Die Wachtel ist hier früher vorgekommen und hat auch zum Beispiel auf dem Gute Vegeholm genistet, ist jedoch während der Heckzeit seit mehreren Jahren nicht gesehen. Wahrscheinlich brütet sie hier jetzt nicht, aber wird bisweilen auf dem Zug im Herbst gesehen.

Tetrao tetrix, Lin. Kommt in verschiedenen Lokalen innerhalb des nördlichen und nordöstlichen Theiles des Gebietes vor, aber in der eigentlichen Kullagegend nirgends. Ist jedoch in den letzten Jahren auf dem Gute Vegeholm eingebürgert worden, wo er auch jetzt brütet.

Syrrhaptes paradoxus, Pall. Kam hier in einzelnen kleineren Schaaren vor in derselben Zeit, als es in dem übrigen Schweden gefunden wurde. Im Sommer 1888 wurde ein Paar mit 6 oder 8 Küchlein gesehen. Es hat also hier wie auch im südlichen Halland gebrütet; aber das nächste Jahr wurde es nicht wieder gesehen, sondern ist wahrscheinlich entweder vor Kälte verkommen oder wieder emigrirt.

Otis tarda, Lin. Dieser stattliche und schöne Vogel, der noch ungefähr vor dreissig Jahren in grösserer oder geringerer Anzahl auf den grossen Sandfeldern des östlichen und nordöstlichen Schonens nistete, ist jetzt aus unserer Ornis verschwunden, aber besucht uns doch bisweilen, und ist auch hier im nordwestlichen Schonen gesehen. So wurde ein Männchen im Oetobe 1887 bei Svedberg geschossen.

Charadrius hiaticula, Lin. Zugvogel. Nistet häufig. Auf dem Zuge im Frühjahr und Herbst sehr allgemein.

Charadrius minor, Mey. Zugvogel. Nistet nicht selten. Zahlreich im Frühjahr und Herbst.

Charadrius cantianus, Lt. Zugvogel. Nicht selten. Auf dem Zug ziemlich häufig.

Charadrius morinellus, Lin., der den Alpengegenden der nördlichen Provinzen Skandinaviens angehört, wird bisweilen wäh-

rend der periodischen Wanderungen im südlichen Schweden angetroffen. So ist er mehrmals in nordöstlichen und südlichen
Theilen Schonens geschossen. Hier habe ich ihn jedoch während
meiner vieljährigen Jagdzüge niemals gesehen.

Charadrius cantianus, Lt. Zugvog. Nistet selten. Auf
dem Zug ziemlich häufig.

Charadrius apricarius, Lin. Im Frühjahr und Herbst
allgemein. besonders auf dem Herbstzug.

Charadrius helveticus, Oh. Bonap. Wie der Vorige.
Kommt aber nicht in so grossen Schaaren wie jene vor.

Vanellus cristatus, Mey. Zugvogel. Nistet allgemein.
Während der letzten 10 Jahre hat er doch merkbar an Anzahl
abgenommen und es wird wahrscheinlich nicht sehr lange dauern,
da das Ausseichen der ihm geeigneten Lokale immer fortgeht, bis
er in diesen Gegenden den Raritäten angehört.

Strepsilas collaris, Tem. Zugvogel. Brütet wahrscheinlich nicht mehr. Auf dem Zug sparsam. Einzelne überwintern
in milden Wintern wohl auch, oder bleiben wenigstens so lange
die Küsten eisfrei sind, zurück.

Haematopus ostralegus, Lin. Zugvogel. Häufig. Nistet
hier und da.

Grus cinerea, Bechst. Bisweilen auf dem Herbstzug bemerkt. Wahrscheinlich geht sein Zug nicht regelmässig hierüber.

Ciconia alba, Briss. Brütet nnnmehr hier nicht vor Mangel
an ʹihren passenden Jagdplätzen. Zeigt sich bisweilen in einzelnen Paaren im Frühjahr und Herbst.

Ardea cinerea, Lin. Zahlreich im Herbst. Einzelne überwintern wohl auch oder kommen allzu früh sogar gleich nach
Neujahr zurück. Ein altes Männchen wurde im Januar 1886 geschossen und ein Paar wurde in demselben Monate 1892 bei
Rabbelberga, dicht bei Engelholm, gesehen.

Numenius arcuata, Lin. Zugvogel. Nistet an der Mündung des Flusses Vegeå auf einer Strandwiese. Im Frühjahr und
Herbst häufig.

Numenius phaeopus, Lin. Kommt wohl nur in einzelnen
Exemplaren auf dem Zug bisweilen vor.

Limosa melanura, Leisl. Sehr selten während des
Herbstes.

Limosa rufa, Briss. Jedes Frühjahr und jeden Herbst zur
Zugzeit ziemlich häufig.

Totanus glottis, Lin. Auf dem Zug nicht sehr allgemein.

Totanus fuscus, Bechst. Wie der Vorige.

Totanus calidris, Lin. Brütet hier nicht mehr. Im Früh-jahr und Herbst sehr häufig.

Totanus ochropus, Lin. Auf dem Zug nicht so häufig.

Totanus glareola, Lin. Auf dem Zug ziemlich häufig.

Totanus hypoleucos, Lin. Auf dem Zug häufig.

Machetes pugnax, Cuv. Im Frühjahr und Herbst nicht gerade häufig. Nistet hier nicht.

Tringa maritima, Brünn. Im Winter ein paar Mal ge-schossen, kommt aber wohl regelmässig jeden Winter vor, wenn das Eis die nördlichere Küste zuschliesst.

Tringa subarquata, Nilss. Im Frühjahr und Herbst ziemlich allgemein.

Tringa alpina, Lin. Zugvogel. Nistet nicht gerade häufig. Auf dem Zug sehr allgemein.

Tringa platyrhyncha, Tem. Auf dem Herbststrich nicht so selten. Ist niemals in Schaaren zusammen mit anderen Tringa-arten gesehen, sondern kommt einzeln oder auch in kleineren Schaaren von 4 oder 5 vor und zwar besonders auf solchen Plätzen an der Küste, wo der Boden sumpfig und mit Gras bewachsen ist.

Tringa minuta, Leisl. Auf dem Zug im Frühjahr und Herbst häufig. Am 20. Juni 1888 wurden zwei, Männchen und Weibchen, geschossen, vielleicht ein Paar, welches von dem eigent-lichen Zuge zurückgeblieben war, und sich hier für den Sommer in diesen südlichen Gegenden eingerichtet hatte. Wenigstens kam es mir während der Zeit, dass ich sie beobachtete, einen Vor-mittag, so vor, als ob sie sich in der Nähe des Nestes befunden hätten. Ein Schuss beendigte doch ihr Leben, aber in Folge eines Missgeschicks konnte ich die Eierstöcke des Weibchens nicht untersuchen.

Tringa Temminckii, Leisl. Auf Frühjahr- und Herbstzug bisweilen gesehen.

Tringa islandica, Lin. Während der beiden Wanderungen, besonders des Herbstzuges sehr häufig.

Calidris arenaria, Illig. Erscheint auf dem Durchzug im Frühjahr und Herbst nicht gerade häufig.

Scolopax rusticula, Lin. Im Frühjahr und Herbst selten.

Scolopax major, Gmel. Im Frühjahr und Herbst nicht häufig.

Scolopax gallinago, Lin. Im Frühjahr und Herbst all-gemein. Während milder eisfreier Winter bleibt er bis in die Weinachtszeit.

Scolopax gallinula, Lin. Im Frühjahr und besonders im Herbst sehr häufig. Bleibt in grösserer Anzahl als der Vorige zurück.

Gallinula crex, Lath. Zugvogel. Nistet nicht gerade häufig.

Gallinula porzana, Lath. Im Herbst ziemlich selten.

Fulica atra, Lin. Auf dem Herbststrich nicht häufig.

Phalaropus angustirostris, Schintz. Zwei mal, im Herbst 1889 in Välinge am Fluss und in Fachult im Jahre 1891 am Meere geschossen.

Sterna hirundo, Gmel. Brütet allgemein auf der Insel Halland Väderö.

Sterna arctica, Tem. Nistet auf denselben Lokalen wie die Vorige, aber nicht so häufig. Im inneren Theile des Skalde-viks kommt sie nur selten vor, während dort die Vorige da ge-wöhnlich ist.

Sterna minuta, Lin. Ein paar Mal beobachtet und ge-schossen. Diese kleine und hübsche Seeschwalbe brütet hier nicht, sondern sie findet sich im nordwestlichen Schonen nur dann und wann während ihres Herbstzuges. Ihr nächster Nistplatz ist im südlichen Theile der Provinz auf einer kleinen Insel, Maskläppen, bei Skanöc und Falsterbo.

Larus ridibundus, Lin. Einzelne Exemplare im Herbst an der Küste bemerkt.

Larus tridactylus, Lin. Vom November bis im März kommt sie in Skaldevik nicht gerade selten vor.

Larus canus, Lin. Brütet sehr häufig auf der Insel Hal-land Väderö.

Larus argentatus, Brünn. Wie die Vorige, aber nicht in so grosser Menge.

Larus marinus, Lin. Brütet in einigen Paaren auf Hal-land Väderö. Kommt übrigens alle Jahreszeiten in Skaldervik nicht selten vor.

Larus fuscus, Lin. Nistet auch auf der genannten Insel

aber sparsam. Er findet sich aber niemals oder sehr selten im inneren Theile des Skalderviks.

Thalassidroma Leachii, Tem. Im December 1891 am Hafen von Engelholm geschossen.

Cygnus musicus, Bechst. Kommt ziemlich allgemein im Herbst und während eisfreier Winter vor.

Cygnus olor, Vieil. Wie die Vorige, aber sparsam.

Anser cinereus, Mey. Brütet nicht, wie S. Nilsson angegeben hat auf Halland Väderö, aber kommt während der Mauser Anfang und Mitte Juni ziemlich zahlreich da vor. Da die Gänse nachdem sie die grossen Schwingen verloren haben, nicht fliegen können, werden sie auf dem Meere in Booten gejagt. Während der letzteren Jahre ist jedoch eine bedeutende Abnahme an der Anzahl bemerkt geworden, die durch das emsige Jagen hervorgerufen, wodurch ein Theil verscheucht und die Andern äusserst schen und schwer erreichbar geworden sind. Die Graugans hat auf einer sumpfigen Wiese in der Nähe von Vegeholm genistet, wo ein Nest mit Jungen im Anfang der 70er genommen wurde; nachher ist sie jedoch nicht wiedergefunden. Sie kommt übrigens während der beiden Wanderungsperioden ziemlich häufig in den nordwestlichen Schonen vor.

Anser segetum, Gmel. Nicht so zahlreich wie die vorige, im Herbst und Frühjahr.

Anser albifrons, Bechst. Bisweilen in kleineren Schaaren, während des Herbstzuges.

Anser leucopsis, Bechst. Einmal im Winter 1868 bei Fachult geschossen.

Anser torquatus, Frisch. Jährlich während des Herbstes und Winters in kleineren Schaaren.

Anas tadorna, Lin. Brütet ziemlich häufig, besonders auf Halland Väderö. Im Anfang Januar 1889 wurde ein altes Weibchen bei Fachult geschossen. Das Männchen wurde auch gesehen. Vermuthlich war dieses Paar zu früh hierher gekommen.

Anas clypeata, Lin. Bisweilen im Herbst gesehen.

Anas boschas, Lin. Brütet allgemein.

Anas acuta, Lin. Ziemlich häufig im Frühjahr und Herbst.

Anas penelope, Lin. Kommt auch zur Zugzeit zahlreich vor, besonders im Herbst. Ist häufiger als die Vorige.

Anas querquedula, Lin. Kommt hier wahrscheinlich nicht vor.

Anas crecca, Lin. Brütet ziemlich häufig. Zahlreich auf den periodischen Wanderungen.

Fuligula cristata, Steph. Selten im Frühjahr und Herbst.

Fuligula marila, Lin. Häufig während der Zugzeit. Einige überwintern.

Fuligula fusca, Lin. Wie die Vorige, aber häufiger. Einige überwintern allerdings, doch scheinen Viele sich südlich zu ziehen.

Fuligula nigra, Lin. Nicht so häufig wie die Vorige. Einzelne überwintern.

Fuligula clangula, Lin. Häufig im Herbst und Winter.

Fuligula mollissima, Lin. Allgemein. Brütet ziemlich zahlreich auf Halland Väderö.

Mergus merganser, Lin. Brütet hier nicht. Kommt zur Winterszeit nicht gerade selten vor.

Mergus serrator, Lin. Brütet auf Halland Väderö. Kommt im Herbst und Winter häufig vor.

Mergus albellus, Lin. Der „weisse Säger", der ein nordöstlicher Vogel ist und innerhalb unserer Halbinsel in Karesuando-Lappmark vielleicht brütet, kommt nach südlichen Gegenden nur im Winter. Im nordöstlichen Schonen wird er so in kälteren Wintern oft gefunden. Hier aber ist er niemals gesehen.

Sula bassana, Briss. Ist einmal am Hafen von Engelholm angetroffen worden und wurde damals lebendig gefangen.

Phalacrocorax carbo, Lin. Kommt im Winter im Skaldervik nicht gerade selten vor.

Colymbus arcticus, Lin. Im Herbst und Winter häufig. Einzelne Individuen bleiben auch über die Sommermonate hier, ist jedoch als brütend nicht gefunden worden.

Colymbus septentrionalis, Lin. Während des Herbsts und Winters ziemlich häufig.

Uria Troile, Lin.
a) *troile*, Tem. Im Herbst und in eisfreien Wintern zahlreich.
b) *Brünnichii*, Sabine. Mehr selten als die Vorige.

Uria Grylle, Lin. Brütet auf Väderö, übrigens alle Jahreszeiten sehr häufig im Skaldervik.

Mormon arcticus, Lin. Ein Exemplar wurde im Winter 1887 bei Fachult gesehen.

Alca torda, Lin. Im Herbst und Winter häufig.

Fassen wir das bis jetzt angeführte in Ziffern zusammen, so finden wir dass die innerhalb nordwestlichen Schonens brütenden Vogelarten 94 und daselbst während ihrer periodischen Wanderungen auftretenden 88 ausmachen. Ausserdem kommen 26 Arten mehr oder weniger sporadisch vor. Die gesammte Anzahl der bis jetzt in diesem Gebiete beobachteten Vogelarten ist also 208. Von diesen dürfen selbstverständlich solche wie *Alcedo, Merops, Motacilla Yarellii* und *Boarula*, *Emberiza lapponica, Syrrhaptes, Otis tarda, Phalaropus angustirostris, Thalassidroma Leachii* und einige andere dieser Fauna nicht zugerechnet werden, da sie nur aus irgendeiner Veranlassung, wie von dem Winde getrieben oder irre herumtreibend, hier angetroffen sind. Diese und einige, die hier nur mehr selten beobachtet sind, ausgenommen, besitzt also die Fauna des nordwestlichen Schonens circa 190 Vogelarten. In Relation zu der Vogelfauna Skandinaviens im ganzen gestellt, macht sie beinahe vier Fünftheile aus, wenn man nämlich die innerhalb Skandinaviens vorkommenden Vogelarten zu 250 anschlägt, denn solche wie *Aquila naevia, Circus cineraceus* und *pallidus, Strix psilodactyla, Oriolus Galbula, Muscicapa parva, Fringilla erythrina* und solche andere können nicht mit Fug zu dieser Ornis gerechnet werden.

Trommelt der Grünspecht wirklich nicht?
Von
Dr. F. Helm.

Auf einer am 26. Mai vor. Jahres in die Gegend von Limbach bei Chemnitz unternommenen Excursion hörte ich in den Vormittagsstunden einen Specht auf einer mitten im Nadelholz stehenden Buche abwechselnd trommeln und dem Grünspecht ähnlich lachen.

Obwohl die dortigen Wälder grösstentheils aus Fichten und Kiefern bestehen, vermuthete ich doch in dem trommelnden Spechte einen Grauspecht (*Gecinus canus* Gm.). Um die Art genau festzustellen, näherte ich mich besutsam der Buche und sah den Vogel bald im Gipfel derselben an einem von der Sonne beschienenen ca. 20—25 cm starken dürren Aste unterhalb der Stelle sitzend, wo er sich in zwei annähernd gleich starke, circa 12 bis

15 cm im Durchmesser haltende Theile spaltete. Gleich auf den ersten Blick schien mir der Umschau haltende Vogel für einen Grauspecht ungewöhnlich gross zu sein. Als er dann der Gegend, in welcher ich stand, das Gesicht zuwendete, bemerkte ich schon mit den unbewaffneten Augen die dunklen Seitentheile des Gesichts. Ich betrachtete in Folge dessen den Specht erst durch den Feldstecher und darauf mit dem Fernrohre näher, und konnte namentlich mit dem letzteren deutlich den schwarzen Zügel und die gleich gefärbte Umgebung des Auges, den bis in den Nacken karminrothen Oberkopf, den roth und schwarzen Bartstreifen und den einfarbig licht grünlichgrauen Unterkörper — kurz alle diejenigen Merkmale erkennen, durch die sich das Männchen des Grünspechts vor dem des Grauspechtes auszeichnet. Nachdem ich mich kurze Zeit ruhig verhalten, stellte auch der Specht seine Bewegungen mit dem Kopfe ein und liess bald darauf seinen Paarungsruf hören. Nach einer darauf folgenden ziemlichen Pause, während der er wieder die Umgebung nach allen Richtungen durch Drehen und Wenden des Kopfes übersehen hatte, hämmerte er kurze Zeit auf eine bestimmte Stelle des senkrechten Asttheiles los, so dass ein Schnurren entstand, das an Stärke nur demjenigen von *Picus major* L. gleichkam, aber nicht so lange anhielt als bei diesem; darauf überblickte er wieder die Gegend, liess abermals seinen Paarungsruf hören, hielt dann Umschau, trommelte, und fuhr so einige Zeit, immer an derselben Stelle hängen bleibend, fort. Erst als Rabenkrähen (*Corvus corone* L.), die wahrscheinlich in der Nähe ihr Nest hatten und mich bemerkt haben mochten, über dieser Stelle des Waldes rufend kreisten und sich endlich in unmittelbarer Nähe des Spechtes niedersetzten, verliess dieser seinen Platz und flog, nochmals sein Paarungsgeschrei ausstossend, in den Wald hinein. Der Aufenthalt des Grünspechts an derselben Stelle der Buche mag ungefähr $^3/_4$ Stunden gedauert haben. Trommeln und Lachen folgten, wie schon bemerkt, stets in längeren Zwischenräumen, während welcher der Vogel die Gegend durchmusterte, aufeinander.

Eine gleiche Beobachtung über den Grünspecht machte übrigens in demselben Frühjahre einer meiner Bekannten auch im Vogtlande.

Die Angabe Bachsteins (Naturgesch. Deutschlands II pag. 1012), dass der Grünspecht „besonders gern und stundenlang auf einem Brettchen, das auf einem hohlen Aste eines Obstbaumes zum

Schutze gegen eindringenden Regen genagelt war, so schnell
hämmerte, dass dadurch ein lautes Schnurren hervorgebracht
wurde" kann demnach, trotzdem sie Naumann in seiner Naturgeschichte der Vögel Deutschlands V. pag. 279 bezweifelt, auf
richtigen Beobachtungen beruhen.

Die Gewohnheiten einer und derselben Vogelart weichen ja
vielfach, je nach den Orten, wo sie sich aufhält, von einander ab.
Ich erinnere in dieser Hinsicht nur an die Ringeltaube (*Columba
palumbus* L.), Amsel (*Merula vulgaris* Leach.) etc. Obgleich dieselben in den meisten Gegenden den Wald zu ihrem Wohnsitze
gewählt haben, kommen sie doch auch in verschiedenen Städten
vor, und es ist beispielsweise in Dresden gar nicht selten zu beobachten, dass die Ringeltaube auf Bäumen in den öffentlichen
Anlagen, sogar auf den Deckeln der an den Strassenbäumen an-
gebrachten Starkästen oder an Häuser ihr Nest baut.

Sitzungsbericht

der

Allgemeinen Deutschen Ornithologischen Gesellschaft zu Berlin.

Bericht über die März-Sitzung 1893.

Ausgegeben am 25. März 1893.

Verhandelt Berlin, Montag, den 6. März 1893,
Abends 8 Uhr, im Sitzungslokale, Bibliothekzimmer
des Architekten-Vereinshauses, Wilhelmstr. 92 II.

Anwesend die Herren: Reichenow, Thiele, Schalow,
Schreiner, Bünger, Grunack, von Treskow, Pascal,
Freese, Krüger-Velthusen, Schäff, Nauwerck, Wacke,
Matschie, Deditius Rörig, Cabanis jun., Ehmcke
und Heck.

Von Ehrenmitgliedern: Herr Bolle.

Als Gäste die Herren: Major von Homeyer (Greifswald)
Dinger, Mangelsdorf und Bohndorff.

Vorsitzender: Herr Bolle.   Schriftf.: Herr Matschie.

Herr Reichenow referirt über einige neu erschienene ornithologische Schriften.

Herr Schalow legt die im verflossenen Monat erschienenen Nummern einer Anzahl periodischer Zeitschriften vor und bespricht die in denselben enthaltenen Arbeiten.

Herr Bünger legt die neu erschienene Wandtafel vor, auf welcher im Auftrage des Vereins zum Schutze der deutschen Vogelwelt Herr Professor Goering eine Anzahl deutscher Vögel dargestellt hat.

Herr A. von Homeyer erwähnt, dass die Uraleule in Bosnien und im südlichen Banat bei Bazias an der Donau nicht selten brüte, und dass in der Sammlung des Herrn von Csató ein Ei des Schlangenadlers sich befinde, welche Art er in Deutschland in der bayrischen Pfalz und in der Provinz Posen brütend ange-troffen habe.

Herr Schäff bespricht: Ornithology in relation to Agriculture and Horticulture. By various writers. Edited by John Watson. London 1893:

Das herausgegriffene Kapitel über den Staar enthält manches Befremdliche, so z. B. die Angabe, dass Früchte nur ganz aus-nahmsweise gefressen werden. Für deutsche Verhältnisse ist dies jedenfalls nicht zutreffend; ob die Staare in England wirklich anders verfahren als bei uns, dürfte doch wohl zweifelhaft sein. Ebenso sonderbar erscheint die Behauptung, der Staar beseitige Thierkadaver und sonstige faulende thierische Substanzen. Ob er nicht etwa darin nach Fliegen- oder Aaskäfer-Larven sucht? Interessant ist die Mittheilung, dass auf einer der nördlich von Schottland gelegenen Inseln sich eine Staarenansiedlung - in der Nähe einer Mantelmövenkolonie fand. Die Staare brüteten dort z. Th. in einigen alten Mauerresten, z. Th. zwischen Steinen, selbst in Erdlöchern.

Herr von Homeyer weist auf seine langjährigen Arbeiten über die Frage der Nahrung unserer Staare hin und betont, dass dieser Vogel während des Frühjahrs eminenten Nutzen durch die Vertilgung von Agrotiden-Raupen schafft, welche er unter den die Ackerkrume bedeckenden verdorrten Blättern auflese. Auf Wiesen seien es namentlich die Brutstadien von *Gryllotalpa*, welche von den Staaren vorwiegend gefressen würden. Sobald die jungen Staare zu schwärmen beginnen, werden sie durch Einfallen in die Kirschplantagen zuweilen schädlich.

Herr Reichenow giebt hierauf einen längeren Bericht über:

Charles A. Keeler, Evolution of the Colors of North American Land Birds.

Herr Schalow legt eine ihm zugegangene briefliche Mittheilung H. E. Dresser's vor, in welcher die von dem Referenten vermuthete Identität von *Lanius raddei* Dress. und *L. bogdanowi* Bianchi (vergl. Sitzungsbericht vom 27. Februar c.) bestätigt wird. Ferner weist Dresser darauf hin, dass *Buteo zimmermannae* Ehmcke unzweifelhaft mit *Buteo menetriesi* Bogd. zu identifiziren sein dürfte. Dresser besitzt mehrere Exemplare dieser Art aus Archangel in seiner Sammlung.

Herr Schalow hatte bereits in der vorigen Sitzung bei Gelegenheit der Vorlage des Typus von *B. zimmermannae* durch Herrn Ehmcke auf die Beziehungen dieser Art zu *B. vulpinus* Licht. (Menzbier, Raubvögel des europäischen Russland, Moskau 1882 p. 353, pl. 8) hingewiesen. Eingehend wird nun noch einmal die Synonymie dieser Art besprochen: *Buteo martini* Hardy (Rev. Mag. Zool. 1857 p. 136), *B. tachardus* Bree auct., *B. menetriesi* Bogd. (Vögel des Kaukasus, Kasan 1879 p. 45 und Schalow, J. f. O 1880 p. 260), *B. tachardus* var. *rufus* Radde (Ornis Caucasica 1884 p. 90 Taf. 1, 2). Herr Schalow sucht an der Hand der von ihm s. Z. gegebenen Diagnose von *B. menetriesi* Bogd. (l. c.), verglichen mit der von *B. zimmermannae* Ehmcke, den Nachweis der Identität beider Arten zu führen. Jedenfalls dürfte es nach des Vortragenden Ansicht gewagt sein, auf Grund eines einzigen Exemplares eine neue *Buteo* sp. zu schaffen. Die von Ehmcke a. a. O. aufgeführten Speciescharactere: spitzerer Oberschnabel und spitzere Krallen, möchte der Vortragende nicht als wichtige, für die Unterscheidung einer Bussardform characteristische Momente betrachten.

Herr Ehmcke hält diesen Ausführungen gegenüber die Artselbstständigkeit von *B. zimmermannae* aufrecht und wird eine Abbildung und Beschreibung der von ihm vorgelegten Form im Journal veröffentlichen.

Schluss der Sitzung.

Die nächste Sitzung findet Montag, den 10. April 1893 statt.

| Bolle, | Matschie, | Schalow, |
| Vorsitzender. | Schriftführer. | stellv. Secr. |

Bericht über die April-Sitzung 1893.

Ausgegeben am 27. April 1893.

Verhandelt Berlin, Montag, den 10. April 1893, Abends 8 Uhr, im Sitzungslocale, Bibliothekzimmer des Architekten-Vereinshauses, Wilhelmstr. 92, II.

Anwesend die Herren: Reichenow, Schalow, Freese, Frenzel, Bünger, von Treskow, Nauwerck, Grunack, Matschie, Hartwig, Thiele, Rörig, Cabanis jun., Pascal, Heck und Krüger-Velthusen.

Von auswärtigen Mitgliedern: Herr Leverkühn (München).

Vorsitzender: Herr Reichenow. Schriftf.: Herr Matschie.

Herr Reichenow legt einige neu eingegangene Schriften vor, unter welchen ein „Bericht über das Kaukasische Museum und die öffentliche Bibliothek in Tiflis für das Jahr 1892" von Dr. G. Radde besonders erwähnt sein möge.

Herr Schalow bespricht die im Laufe des Monats eingegangenen periodischen Zeitschriften. Einige Arbeiten in denselben werden eingehender erwähnt: H. Kreye's, Die Vögel Hannovers und seiner Umgebung (Tschusi, Ornith. Jahrbuch, Heft 2) dürfte nur mit Vorsicht zu gebrauchen sein. Einen eingehenden Bericht über die Vögel des Regierungsbezirkes Gumbinnen, jenes interessanten, wenig erforschten Gebietes, bringt A. Szielasko (ebenda). Reichenow beschreibt nach den Sammlungen Emins und Stuhlmann's 6 weitere sp. aus Central-Afrika (Ornith. Monatsberichte Nr. 4), sowie eine *Glaucidium* sp. aus Kamerun, *G. sjöstedti* (ebenda). A. B. Meyer characterisirt *Goura beccarii huonensis* n. subsp. von Huon, Neu Guinea (ebenda). Zollikofer veröffentlicht einen Aufsatz: Ueber einen zweifelhaften Fall von totaler Hahnfedrigkeit bei *Tetrao urogallus* im ersten Lebensjahre (Mitth. Ornith. Ver. Wien Nr. 3).

J. A. Allen, List of Mammals and Birds collected in Northeastern Sonora and Northwestern Chihuahua, Mexico, on the Lumholtz Archaeological Expedition 1890—1892 (Bull. Am. Mus. Nat. Hist., vol. 5. art. 3 p. 27—42). 162 sp. wurden gesammelt. Bei den meisten Arten werden nur die Fundorte mitgetheilt, bei einigen wenigen finden sich kritische Bemerkungen bezügl. der Beziehungen zu nahe verwandten Arten.

Herr B ü n g e r legt vor und bespricht: Deutschlands nützliche und schädliche Vögel. 32 Farbendrucktafeln nebst erläuterndem Text. Herausgegeben von Dr. Herm. Fürst, Kgl. Oberforstrath und Director der Forstlehranstalt in Aschaffenburg. Vollständig in 8 Liefrgn., à 3 M.

Nach den heute vorliegenden beiden ersten Lieferungen, enthaltend die Meisen, Würger, Drosseln, Spechte, Kukuksvögel Schwalben, verspricht das Werk ein recht gutes zu werden, welches seiner Hauptbestimmung, Unterrichtszwecken zu dienen, vollauf gerecht werden dürfte. Die Abbildungen zeichnen sich vor andern zu gleichem Zweck erschienenen durch Naturwahrheit in Farbe und Gestalt der Vögel, sowie durch übersichtliche Anordnung derselben aus; zu bedauern aber natürlich ist nur, dass es bei dem Preise nicht möglich war, a l l e nützlichen und schädlichen deutschen Vögel abzubilden. Der Text ist zwar kurz, bringt aber bei allen Gruppen das Nothwendigste, und beweist, . B. beim Kukuk dass der Verfasser mit den neuesten ornitholog. Forschungen wohl, vertraut ist. Referent wird später auf das Werk zurückkommen.

Herr L e v e r k ü h n legt den Anwesenden eine reichhaltige Sammlung von Abbildungen, theils Photographien, theils Lichtdrucken vor, auf welchen ein grosser Theil der älteren und viele der jüngeren Ornithologen dargestellt sind.

Herr R e i c h e n o w hält einen längeren Vortrag über die V o g e l f a u n a v o n D a m a r a - L a n d auf Grund einer Sammlung von ca. 600 Bälgen in 200 Arten, welche Herr Dr. F l e c k auf seiner Reise nach dem Ngami-See zusammengebracht hat.

Herr R e i c h e n o w spricht zum Schluss über einen sehr hellen *Oedicnemus* aus Tunis,

Die nächste Sitzung findet am Montag, den 8. Mai 1893, Abends 6 Uhr, im Zoologischen Garten statt.

R e i c h e n o w.	M a t s c h i e,	S c h a l o w,
Vorsitzender.	Schriftf.	stellv. Secr.

[Weitere Berichte zum Abdruck sind bisher nicht eingegangen.
Der Herausgeber.]

Nachrichten.

An die Redaction eingegangene Schriften.

(Siehe Seite 119 u. 120.)

2445. Zeitschrift für Ornithologie und praktische Geflügelzucht. Herausgegeben und redigirt vom Vorstande des Ornithologischen Vereins zu Stettin. XVII. Jahrgang Nr. 2—11. Februar bis November 1893. Vom Verein.

2446. Ornithologische Monatsschrift des Deutschen Vereins zum Schutze der Vogelwelt. Redigirt von Prof. Dr. Liebe. XVIII. Jahrg. Nr. 2—11. Februar bis November 1893. — Vom Verein.

2447. Mittheilungen des ornithologischen Vereins in Wien. „Die Schwalbe". XVII. Jahrg. Nr. 2—11. Februar bis November.'— Vom Verein.

2448. Ornithologisches Jahrbuch. Herausgegeben von Victor Ritter von Tschusi zu Schmidhoffen. IV. Jahrg. Heft 2—5. März bis Oktober 1893. — Vom Herausgeber.

2449. The Ibis. A. Quarterly Journal of Ornithology. VI. Series. Vol. V. Nr. 18—20. April bis Oktober 1893. — Von der British Ornithologist's Union.

2450. The Auk. A Quarterly Journal of Ornithology. Vol. X. Nr. 2—4. April bis Oktober 1893.

2451. Bulletin of the British Ornithologist's Club. Nr. VII—VIII. X. XI. 1893. — Von B. O. Club.

2452. The Oologist. Vol. X. Nr. 3. Albion N-Y. Mar. 1893.

2453. A Dictionary of Birds. By Alfred Newton. Assisted by Hans Gadow, with Contributions from Rich. Lydekker, Charles S. Roy and Rob. W. Sheefeldt. Part I and II. (A.—Moa.) London, Adam and Charles Black 1893. — Vom Verfasser.

2454. The Hawks and Owls of the United States in their Relation to Agriculture. Prepared under the direction of Dr. C. Hart Meriam by A. K. Fisher. (Mit colorirten Abbildungen.) Washington 1893. — Von U. St. Department of Agriculture.

2455. North American Fauna Nr. 7. The Death Valley Expedition. Biological Survey of Parts of California, Nevada, Arizona and Utah. (Birds by A. K. Fisher). Washington 1893. — Von U. St. Department of Agriculture. —

2456. Actes de la Société scientifique du Chile. Tome II. (1892) 3éme Livraison. Santiago. 1893. — Von der Gesellschaft.

2457. P. L. Sclater. Remarks on a rare Argentine Bird,

Xenopsaris albinucha. Cum Tabula — [From Proc. Z. S. London, January 17, 1893.] — Vom Verfasser.

2458. Sclater. Note on *Paramythia montium* and *Amalocichla sclateriana.* (Cum Tabula.) [From the Ibis, April 1893.] Von Demselben.

2459. Sclater. Note on the Proper Use of the Generis Terms *Certhiola* and *Cvereba.* [From the Ibis for April 1893.] — Von Demselben.

2460. G. E. Shelley et Sclater. List of Birds collected by Mr. Alexander Whyte in Nyassaland. With a Proface by the Editor. (Cum Tab. I. *Smilornis Whytii*; II. *Hyphantornis Bertrandi*; III. *Haplopelia Johnstoni.*) [From The Ibis, January 1893.] — Von Demselben.

2461. A. H. Holland. Field-Notes on the Birds of Estancia Sta. Elena, Argentine Republic With Remarks by P. L. Sclater. [From the Ibis for October 1893.] — Von Demselben.

2462. Prof. Piatro Pavesi. Calendario ornithologico Pavese. 1890—93. [Estratto del Boll. scientif. Nr. 2., Anno XV 1893.] Pavia 1893. — Vom Verfasser.

2463. P. Pavesi. Un Ibrido Naturale di *Anas boscas* e *Chaulelasmas streperus* uccisonel Pavese. PadovaStabilimento Prosperini 1893. — Von Demselben.

2464. H. E. Dresser. On *Acredula caudata* and its allied Forms. [From The Ibis, April 1893.] — Vom Verfasser.

2465. R. B. Sharpe. On the Zoo-Geographical Areas of the World. Illustrating the Distribution of Birds. [Reprinted from „Natural Science" Vol. 3, Nr. 18, August 1893.] — Vom Verfasser.

2466. Rob. Ridgway. Description of two supposed New Species of Swifts. [From Proc. Nat. Mus. Vol. XVI Nr. 923.] — Vom Verfasser.

2467. A. Kaiser. Zur Ornis der Sinaihalbinsel. Beobachtungen in den Jahren 1890 und 1891. [Sepr.-Abdr. aus Ornithologisches Jahrbuch 1892. Heft 6.] — Vom Verfasser.

2468. Dir. Dr. Heinr. Bolau. Die Scheidenschnäbel im Hamburger zoologischen Garten. [Aus Zeitschr. der Zoologische Garten. 34. Jahrg. Nr. 10. 1893.] Vom Verfasser.

2469. Dr. Carl Parrot. Ueber die Grössenverhältnisse des Herzens bei Vögeln. [Abdr. aus den Zoologischen Jahrbüchern. Siebenter Band.] — Vom Verfasser.

2470. A. B. Meyer. *Aquila rapax* (Temm) von Astrachan, nebst Bemerkungen über verwandte Formen, besonders *Aquila boecki* Hom. [Sepr.-Abdruck aus Abh. des Ges. „Isis" in Dresden. Abh. Nr. 11. 1892.] — Vom Verfasser.

2471. Emil C. F. Rzehak. Charakterlose Vogeleier. Eine
zoologische Studie. [Aus Annalen K. K. Naturh. Hof-
museums. Bd. VIII. 1.] — Vom Verfasser.
2472. E. C. F. Rzehak. Einige Bemerkungen über die Rötel-
falken in Oesterr.-Ungarn. [Sonderabdr. aus Reichenow's
Ornithol. Monatsberichte. I. Jahrg.] — Von Demselben.
2473. Rzehak. Vorkommen der Zwergohreule (*Psilorhina
scops* L.) in Oesterr.-Ungarn. [Mittheilungen der Section
für Naturkunde des Oesterr. Touristen-Club. V. Jahrg.
Nr. 3. März 1893.] — Von Demselben.
2474. G. Radde. Bericht über das kaukasische Museum und
die öffentliche Bibliothek in Tiflis für das Jahr 1892.
— Vom Verfasser.
2475. Henry E. Dresser. A Monograph of the *Coraoiidae*,
or Family of the Rollers. Prospectus.
2476. Walter von Rothschild. „Novitates Zoologicae".
Prospekt. — Vom Tring Museum, England.

Journal-Angelegenheit.

Das Journal für Ornithologie ist Eigenthum der Allgemeinen
Deutschen Ornithologischen Gesellschaft geworden und hat Herr
Dr. A. Reichenow die fernere Herausgabe des Journals über-
nommen. Das I. Heft des Jahrgangs 1894 ist im Drucke und
wird im Laufe des nächsten Januars erscheinen, während das
Doppelheft III und IV 1893, welches den General-Index der letzten
26 Jahrgänge enthält, im Laufe des ersten Quartals 1894 nach-
geliefert wird.

Friedrichshagen bei Berlin, im November 1893.

Prof. Dr. J. Cabanis.

Gez.u.lith.v. E de Maes   ⅛   Druck.v.A.Henry, Bonn

Saxicola moesta, Licht. ♂ juv.
= (Saxicola philothamna, Tristr)

Tab II.

Gez.u.lith.v. E.de Maes.

Druck v.A.Henry, Bonn.

Rhamphocoris Clot-Beÿ, Bp.

1. juv. 2. ♂ adult (vere.)

⅛

General-Index

für

die Jahrgänge 1868 – 1893

des

Journal für Ornithologie.

—◇·◇—

Verzeichniss

aller lateinischen Familien-, Gattungs- und Artnamen,

sowie

Autoren- und Sachregister und Verzeichniss der Abbildungen

in alphabetischer Ordnung.

Bearbeitet von

H. Bünger, C. Flöricke, A. Jacobi, G. Pascal, R. Rörig und
H. Schalow

unter Redaktion von

Ant. Reichenow.

—✦—◈—✦—

(Journal für Ornithologie, XLI. Jahrgang 1893, Heft III und IV.)

Issued during first quarter of 1894!

General-Index

Journal für Ornithologie.

Verzeichniss

aller lateinischen Familien-, Gattungs- und Artnamen,

sowie

Autoren- und Sachregister und Verzeichniss der Abbildungen

in alphabetischer Ordnung.

Bearbeitet von

H. Bünger, C. Flöricke, A. Jacobi, G. Pascal, R. Rörig und H. Schalow

unter Redaktion von

Ant. Reichenow.

I. Systematischer Index.

Acrocephalus 1876, 181. 1885, 66. 227.
— agricolus 1876. 222.
— albotorquatus 1880, 212. 325. 1881, 420.
— aquaticus 1878, 11. 1885, 198. 1889, 211. 1890, 34, 42. 1891, 166. 278.
— arundinaceus 1876, 182. 1878, 9. 11. 1879, 58. 118. 1883, 381. 1885, 141. 281. 1886, 267. 1887, 77. 91. 199. 258. 259. 301. 491. 1888. 24. 114. 115. 190. 215. 446. 1889, 75. 143. 144. 220. 1890, 35. 42. 128. 1891, 166. 211. 279. 1892, 59. 200.
— baeticatus 1880, 325. 1881, 420. 1885, 140.
— bistrigiceps 1874, 320. 1881, 54.
— brunnens 1868, 135.
— dumetorum 1885, 198. 1886, 449.
— dybowskii 1886, 449.
— fasciatus 1870, 309.
— horticola 1887, 259. 492. 1888, 114. 446. 1889, 144.
— iliensis 1886, 449.
— locustella 1879, 118.
— mendanae 1883, 209. 1886, 449.
— orientalis 1882, 362. 440. 1889, 349.
— otatare 1886, 448.
— palustris 1878, 10. 1883, 381. 426, 1885, 281. 1886, 266. 1887, 91. 190· 199. 253. 259. 490. 1888, 24. 114. 115 215. 445. 1889, 144. 213. 412. 1890, 35. 42. 1891, 166. 278. 1892, 200. 239. 1893, 150.
— phragmitis 1878, 11. 1887, 91. 190. 200. 253. 254. 259. 301. 307. 494. 1888, 192. ... 1892, 59.
— pistor 1883, 209. 1885, 450.
— schoenobaenus 1885, 198. 1887, 77. 1889, 150. 1890, 34. 42. 1891, 166. 278. 1892, 59.
— stentoreus 1868, 135.
— streperus 1876, 182. 1886, 449. 1889, 286. 1890, 34. 42. 1891, 166. 278. 1892, 59. 200. 1893, 150.
— sp. 1885, 46. 64.
— tenuirostris 1868, 135.
— turdoides 1868, 135. 1870, 388. 1873, 302. 1875, 206. 207. 1876, 136. 1877, 200. 1878, 9. 1879, 58. 118. 170. 1881, 313. 1885, 282. 1886, 134. 267. 1887, 162. 190. 199· 258. 492. 1888, 23. 24.

50. 115. 192. 447. 1889, 143. 219. 1891, 211. 368.
Acroleptus violaceicollis 1874, 83. 1878, 195.
Acryllium vulturinum 1876, 210. 1878, 244. 294. 1879, 300. 1885, 119.
Actaeon 1871, 4.
Actenoides hombroni 1877, 218. 1883, 121. 122.
Actitis 1871, 427. 1873, 299. 1880, 306. 307. 1885, 151. 1886, 411. 414. 420. 432. 433.
— bartrami 1877, 193.
— bartramius 1874, 260.
— glareola 1883, 133.
— hypoleucus 1868, 337. 397. 404. 1869, 337. 1870, 53. 181. 229. 1871, 21. 22. 23. 25. 140· 388. 1872, 154. 382. 1873, 12. 17. 102. 212. 299. 334. 340. 381. 420. 1874, 104. 325. 336. 377. 409. 449. 1875, 48. 183. 1876, 21. 160. 1877, 8. 11. 33. 67. 73. 329. 1878, 80. 245. 423. 1879, 101. 125, 297. 338. 379. 1880, 78. 244. 275. 397. 1882, 96. 185. 1883, 66. 1885, 96. 116. 209. 332. 1886, 372. 436. 518. 523. 570. 608. 1887, 138. 145. 179. 226. 267. 296. 306. 595. 1888, 92. 279 550. 1889, 145· 150. 214. 1890, 107. 314. 456. 1891, 175. 188. 260. 343. 345. 1892, 9. 1893, 92.
— incanus 1870, 122. 349. 402. 422. 1872, 33. 53. 1880, 294. 306.
— macularia 1874, 309. 1885, 209. 1887, 596. 1892, 104. 120.
— pulverulentus 1868, 337. 1873, 102. 1874, 336. 1876, 201.
— rufescens 1871 213.
Actiturus 1871, 427.
— bartramius 1871, 291. 1874, 260. 1878, 199.
— longicaudus 1871, 291. 1874, 260. 1875, 326. 1881, 401. 1882, 161.
Actodroma minuta 1871, 24. 140. 298. 1873, 418.
— temminckii 1870, 182. 1871, 24. 140.
Actodromas 1885, 144.
— acuminata 1885, 188.
— bairdi 1885, 189.
— bonapartei 1874, 263. 1875, 328.
— damarensis 1891, 260.
— maculata 1874, 261. 262. 313. 1878, 161. 188. 1885, 144. 188. 1886, 399.
— maculatus 1875, 328.

Actodromas minuta 1881, 190. 1888, 278. 1890, 314. 456. 1893, 91.
— minutilla 1871, 291. 1874. 313. 1875, 327. 328. 1878, 161. 188. 1885, 144. 189.
— ruficollis 1891, 260.
— temminckii 1881, 190.
— wilsonii 1871, 291.
Actodromus bairdii 1883, 281.
— minutillus 1883, 281.
Adamastor cinereus 1872, 255.
Adelarus hemprichii 1875, 58.
— leucophthalmus 1875, 58.
Adelomyia cervina 1887, 335.
— inornata 1884, 311.
— melanogenys 1884, 311. 1887, 325.
Adophoneus nisorius 1871, 197. 1880, 271.
Aechmophorus maior 1887, 126.
Aëdon familiaris 1871, 213 1873, 380. 381. 1875, 79. 1880, 271. 1882, 345.
— galactodes 1869, 42. 1872, 150. 1874, 52. 411. 421. 1876, 181. 1879, 443. 1888, 127. 130. 203. 1892, 284. 405. 413.
— leucophrys 1876, 430. 1884, 425.
— leucoptera 1878, 221. 1882, 345. 1883, 206. 366.
— psammochroa 1879, 328. 355. 440. 1882, 345.
Aedonopsis 1886, 439.
Aegialeus melodus 1874, 314. 1875, 336. 337. 1878, 162. 189.
— semipalmatus 1874, 314. 1875, 335. 1878, 162. 189.
— tenuirostris 1871, 292. 294. 1875, 336.
Aegialites 1870, 342. 344. 1885, 143. 1891, 415.
— albifrons 1888, 271. 1893, 84.
— albidipectus 1885, 454.
— alexandrinus 1882, 128.
— azarae 1872, 158.
— bifrontatus 1882, 112. 124.
— cantianus 1870, 54. 142. 1871, 301. 1872, 158. 1873, 120. 123. 341. 385. 1874, 53. 399. 448. 1875, 183. 1876, 187. 1879, 271. 273. 274. 1880, 243. 275. 1881, 187. 1885, 208. 1886, 529. 1887, 578. 1888, 271. 536. 1890, 313. 452. 1892, 296. 1893, 84.
— collaris 1872, 158. 1887, 36. 125. 1889, 320.
— curonicus 1874, 400. 1880, 131. 243. 1881, 70. 190. 1885, 208. 1886, 527.
— dubius 1874, 400.

Aegialites falclandica 1887, 134.
— fluviatilis 1870, 181. 1871, 137. 1873, 12. 16. 102. 409. 1874, 336. 1876, 187. 1880, 131. 1882, 435. 440. 1885, 161. 1887, 182. 264. 1888, 37. 270. 1893, 83.
— forbesi 1884, 190.
— geoffroyi 1885, 35. 208.
— gracilis 1872, 158.
— hartingi 1881, 187.
— hiaticula 1868, 160. 164. 1871, 12. 24. 92. 103. 221. 384. 1872, 118. 128. 1873, 12. 16. 101. 340. 385. 408. 1874, 53. 336. 400. 1875, 183. 1876, 23. 43. 58. 1879, 271. 273. 274. 391. 1880, 243. 275. 1881, 190. 290. 301. 1883, 220. 1885, 208, 317. 1886, 352. 388. 610. 1887, 47. 84. 138. 182. 264. 587. 1888, 270. 309. 536. 1890, 254. 313. 1892, 7. 1893, 84.
— jerdoni 1881, 70. 1892, 217.
— intermedius 1874, 49.
— leucopolius 1884, 437.
— marginata 1884, 437.
— mechowi 1884, 437. 438. 1886, 576. 610. 1890, 132.
— melodus circumcinctus 1885, 143.
— minor 1868, 337. 339. 1870, 54. 1871, 24. 1872, 338. 1873, 332. 340. 385. 1874, 53. 420. 1875, 183. 1876, 23. 43. 1877, 193. 1878, 79. 1879, 391. 1880, 131. 275. 1881, 62. 301. 1882, 344. 1885, 317. 1886, 352. 373. 388. 1887, 182. 208. 209. 264. 578. 1888, 90. 270. 304. 309. 537. 1893, 83. 84.
— minut... 1881, 70.
— mong... 1874, 399. 1883, 127. 1885, 188. 1891, 259.
— nivosa 1872, 158. 1887, 134.
— occidentalis 1872, 158. 1885, Tab. VI.
— pecuarius 1873, 212. 299. 1874, 377. 1886, 610. 1892, 7.
— placidus 1881, 187.
— pyrrhothorax 1868. 36.
— semipalmatus 1870, 343. 1883, 278. 1885, 143. 188. 1891, 259.
— sp. 1890, 132.
— tenuirostris 1875, 336.
— venusta 1884, 437. 438. 1890, 132.
— vociferus 1886, 456. 457.
— wilsoni 1870, 343.
Aegintha temporalis 1869, 79. 1870, 28. 29.

Agapornis swinderiana 1879, 224.
— swindereni 1881, 257. 258.
— tarantae 1881, 257.
— xanthops 1881, 258.
Agelaeinae 1884, 190.
Agelaeus assimilis 1871, 287,
— cyanopus 1884, 190.
— flavus 1891, 120.
— icterocephalus 1889, 300.
— imthurmi 1882, 449.
— phoeniceus 1871, 287.
— sclateri 1887, 223.
Agelaius 1874, 130. 135. 1878,
    179.
— assimilis 1870, 29. 1874, 131.
— badius 1887, 11.
— chrysopterus 1874, 309. 315. 1878,
    160. 177.
— cyanopus 1887, 11. 116.
— flavus 1887, 116.
— gubernator 1874, 78.
— humeralis 1874, 128. 130. 132.
    1878, 177.
— phoeniceus 1869, 303. 1872, 87.
    1874, 78. 131. 132. 133. 1880,
    415. 1883, 85.
— pyrrhopterus 1887, 11.
— ruficapillus 1887, 116.
— thilius chrysocarpus 1887, 116.
Aglaeactis aequatorialis 1887, 324.
— cupripennis 1884, 319. 1887,
    324.
Aglaja coeruleocephala 1884, 290.
— cyaneicollis 1884, 290.
— episcopus 1873, 240.
Agriornis 1878, 196.
— maritima 1887, 130.
— striata 1891, 120.
Agrobates familiaris 1873, 345.
    1875, 177.
Agrodroma 1875, 152. 1884, 234.
    1885, 227.
— campestris 1870, 44. 181. 455.
    1871, 297. 1880, 271. 1885,
    308. 1886, 311. 1887, 82. 90
    261. 528. 1888, 27. 216. 484.
    1890, 278. 399. 1893, 30.
— sordida 1868, 30.
Agrodromus campestris 1876, 182.
Agropterus 1891, 398.
Agyrtria 1887, 330.
— albicollis 1873, 276.
— albiventris 1874, 225.
— apicalis 1887, 331.
— bartletti 1889, 305.
— brevirostris 1873, 276. 1874.
    225.
— coeruleiceps 1887, 330.
— fluviatilis 1889, 100.
— lactea 1889, 306,

Agyrtria linnaei 1887, 330.
— maculata 1887, 330.
— milleri 1887, 330.
— terpna 1887, 330. 331.
— tobaci 1887, 330.
— viridissima 1887, 330. 331.
Ailuroedus buccoides 1885, 34.
Airops 1884, 236.
Aithyia capensis 1876, 294.
— ferina 1870, 55. 1871, 149.
    1872, 371. 382. 1873, 13. 17.
    110. 343. 1874, 402. 1875, 185.
    1878, 87.
— leucophthalma 1878, 87.
— marila 1872, 371. 382.
— nyroca 1871, 148. 1873, 13. 17.
    344. 1875, 185. 1887, 183. 268.
    605.
— valisneria 1875, 382.
Aix 1885, 147.
— falcata 1875, 257.
— galericulata 1875, 256. 1876,
    202. 1881, 63. 1882, 340.
    1888, 92. 93.
— sponsa 1868, 356. 1870, 150.
    1875, 381. 1876, 11. 341. 1885,
    147. 1890, 203. 232. 1892, 124.
Ajaja 1877, 157.
— rosea 1877, 157. 1891, 124.
Alaemon 1873, 208.
— alaudipes 1893, 48.
— desertorum 1868, 230. 1874, 53.
    1893, 47. 48. 112.
— duponti 1888, 130. 230.
— margaritae 1888, 130. 191. 228.
    230. 1891, 53. 1892, 282. 314.
    315. 316. 389. 441. 1893, 17. 48.
Alauda 1871, 458. 1873, 187. 192.
    202. 1884, 234. 368
— abyssinica 1873, 202.
— albigula 1869, 52. 1873, 378.
    379. 1877, 183.
— alpestris   406. 1869, 51.
    52. 233.   188, 191. 1872, 116.
    383. 1873, 124. 1875, 108. 266.
    1877, 33. 64. 72. 307. 1878,
    393. 1880, 41. 230. 1884, 24.
    1887, 164. 533. 1893, 118. 161.
— anthirostris 1868, 224. 1873,
    200.
— apiata 1890, 75. 76.
— arborea 1868, 224. 389. 403. 1869,
    18. 338. 1870, 41. 398. 1871, 24.
    66. 190. 1872, 139. 152. 380. 386.
    1873, 9. 200. 1874, 52. 1875, 266.
    290. 427. 1877, 64. 306. 435. 1878,
    35. 393. 1879, 368. 1880, 40.
    230. 1881, 190. 191. 1882, 53.
    1883, 40. 1884, 24. 1885, 202.
    308. 327. 1886, 491. 523. 1887,

105· 379. 1873, 11. 147. 1874,
11. 51. 396. 449. 454. 1875, 105.
254. 428. 1876, 118. 156. 177.
1877, 33. 65. 317. 1878, 53. 343.
406. 1879, 50, 115. 130. 212. 216.
217. 361. 1880, 57. 147. 272. 384.
1881, 219. 307. 1882, 77. 159.
397. 1883, 286—291. 336. 369.
1884, 31. 1885, 79. 90. 203. 261.
1886, 202. 456. 521. 524. 1887,
104. 169. 191. 254. 286. 418. 1888,
11. 166. 306. 378. 1889, 75. 81.
1890, 24. 41. 58. 130. 1891, 32.
168. 283. 1892, 206. 316. 365.
367. 1893, 107. 1893, 157.
Alcedo ispidoides 1883, 115. 136.
1892, 238. 258.
— leucogastra 1875, 15. 49. 1890,
116.
— meninting 1882, 397. 1883, 115.
132. 1889, 365.
— moluccensis 1876, 323. 1883,
115. 136.
— nais 1877, 20.
— picta 1875, 15. 49. 1877, 7. 20.
1878, 235. 255. 288. 1883, 174.
1887, 308. 1889, 276. 1892, 28
— quadribrachys 1873, 301. 1874,
362. 1875, 15. 49. 1887, 307.
1890, 116. 1891, 380.
— rubescens 1887, 22.
— rudis 1870, 151. 1874, 51. 1875,
278.
— semicoerulea 1871, 4.
— semitorquata 1876, 407.
— senegalensis 1886, 428.
— smyrnensis 1875, 278.
— sondaica 1882, 397.
— verreauxi 1882, 397.
— viridis 1887, 23.
— sp. 1886, 412. 423.
Alcidae 1871, 414. 418. 419. 1883,
285. 1888, 296. 1890, 38. 1891,
87. 171. 271.
Alcippe nipalensis 1889, 413.
— pectoralis 1880, 200.
— peracensis 1889, 380. 383.
Alcyone 1880, 313.
— lessoni 1885, 31. 1892, 258.
— richardsi 1883, 422.
Alecthelia 1871, 429.
Alecto dinemelli 1887, 67. 154.
Alectorides 1871, 326 u. f.
Alectorurus guira-yetapa 1887, 117.
— tricolor 1887, 117.
Alectrurus psalurus 1891, 121.
— risorius 1891, 121.
Alethe 1874, 371.
— castanea 1890, 128. ·
— diademata 1891, 392.

Alethe maculicauda 1891, 392.
Allotrius aenobarbus 1880, 320.
— oenobarbus 1868, 33.
— xanthochloris 1868, 33.
— xanthochlorus 1868, 33.
Alophonerpes fulvus 1883, 135.
— wallacei 1885, 403. 1886, 543.
Alseonax adusta 1884, 54. 1892,
32. 33. 218.
— epulata 1881, 99.
— fantisiensis 1881, 99.
— fuscula 1892, 32. 33. 218.
— latirostris 1882, 363. 440. 1889,
353.
— minima 1884, 443.
— murina 1884, 54. 1885, 128.
— pumila 1892, 3. 32. 33. 218.
Alsocomus hodgsonii 1868, 36.
Aluco flammeus americanus 1883.
96.
Amadina 1868, 1. 1878, 331.
— acuticauda 1877, 444. 1890,
189.
— castanotis 1876, 322.
— cucullata 1874, 374. 1891, 389.
— erythrocephala 1868, 4. 1874,
349. 1876, 427.
— fasciata 1869, 79. 1874, 349.
1887, 41. 42.
— frontalis 1890, 189.
— granatina 1875, 217.
— larvata 1868, 16.
— molucca 1883, 125.
— nisoria 1889, 391.
— optata 1872, 32. 44.
— pallida 1883, 125.
— punctulata 1889, 355.
— sanguinolenta 1868, 11. 12.
— squamifrons 1876, 426.
— striata 1877, 444. 1890, 189.
— temporalis 1872, 44.
— ultramarina 1869, 143.
Amadinae 1873, 33.
Amandava punctularia 1869, 141.
1875, 291.
— punctulata 1869, 78.
Amauresthes fringilloides 1871, 236.
1877, 173. 179. 206. 1878, 265.
266. 282. 1879, 352. 280. 1885,
135. 1889, 283.
Amaurornis 1891, 414.
— leucomelaena 1883, 139.
— olivaceus 1890, 145.
— phoenicura 1885, 402.
Amaurospiza concolor 1869, 301.
— fuliginosa 1874, 85.
— unicolor 1874, 85.
Amazilia 1887, 331. 1878, 212.
1890, 136.

Amazilia aeneobrunnea 1889, 329.
1890, 129. 136.
— beryllina 1887, 331.
—- cyanëifrons 1884, 312.
— erythronota 1887, 331.
— fuscicaudata 1887, 331.
— lawrencei 1889, 329.
— lucida 1878, 112. 1887, 332.
— riefferi 1884, 311.
— viridiventris 1884, 319.
— warszewiczi 1884, 319.
Amazilius castaneiventris 1887, 331.
Amazona 1881, 365.
— brasiliensis 1891, 365.
— icterocephala 1881, 377. 378.
— lilacina 1881, 373.
Amblycercus prevosti 1869, 302.
— solitarius 1887, 10. 116.
Amblynura 1872, 43.
— cyanovirens 1872, 32. 42. 43. 44.
— kleinschmidti 1879, 405.
Amblyospiza albifrons 1888, 3.
1892, 45.
— capitalba 1888, 4. 1892, 45.
— melanotis 1888, 1. 4.
— unicolor 1888, 3. 1889, 282.
Amblyrhamphus holosericeus 1882,
11. 1887, 117.
Ammodromus caudacutus 1881, 410.
— caudacutus becki 1892, 229.
— henslowii occidentalis 1891, 215.
— maritimus 1871, 269. 287.
— peruanus 1889, 299.
Ammomanes 1873, 198. 1890, 156.
— algeriensis 1891, 110. 1892, 283.
389. 1893, 51. 52.
— cinnamomea 1868, 227. 1888,
192.
— cinctura 1873, 198. 199. 1891,
111. 1892, 316. 389. 1893, 53.
— deserti 1868, 225. 226. 1873,
199. 200. 208. 1888. 191. 1890,
156. 1891, 110. 1892, 316. 389.
1893, 52.
— elegans 1873, 198. 1888, 191.
1893, 53.
— fraterculus 1873, 199.
— grayi 1876, 447.
— isabellina 1870, 42. 1873, 200.
1888, 191. 1890, 156. 1893,
51. 52.
— lusitana 1874, 53. 1891, 110.
— lusitanica 1873, 199. 1890, 156.
— pallida 1868, 224. 1873, 198,
208.
— parvirostris 1890, 156. 1891,
110
— phoenicura 1873, 208. 1891,
110.
— phoenicuroides 1891, 110.

Ammomanes regulus 1871, 6. 1873,
198. 199. 1888, 191. 1892,
389. 1893, 53.
Ammopasser ammodendri 1891, 37.
Ammoperdix bonhami 1880, 275.
— griseogularis 1876, 187.
Ampeliceps 1882, 444.
— coronatus 1872, 230. 1882, 388.
Ampelidae 1869, 395. 1874, 89.
1881, 87. 201. 1883, 180. 269.
1885, 372. 1886, 84.
Ampelinae 1871, 455. 1874, 90.
Ampelioides flavitorques 1872, 230.
Ampelion 1872, 230.
— cucullatus 1873, 266.
Ampelis 1872, 230. 430. 1874, 90.
1886, 412. 1890, 49.
— cedrorum 1872, 430. 1881. 201.
— garrula 1868, 38. 1869, 112.
1871, 200. 1872, 308. 1874,
397. 1877, 300. 1878, 387.
1880, 34. 372. 1881, 56. 1881,
201. 405. 1882, 45. 1883, 37.
104. 269. 390. 1884, 22. 1885,
95. 200. 420. 1887, 163. 1888,
75. 334. 1889, 153. 1890, 49.
64. 1891, 22. 252. 1892, 134.
374. 1893, 118.
— phoenicoptera 1875, 249. 1880,
122. 1888, 75.
— pompadora 1872, 230.
— riefferi 1872, 230.
— viridis 1872, 230.
Amphibolae 1886, 5.
Amphispiza belli cinerea 1891, 207.
Amydrus 1874, 232. 1876, 93.
1886, 411. 412. 432.
— blythii 1869, 14. 15. 1874, 232.
1882, 227. 1885, 68. 1887,
141. 241.
— caffer 1876. 424.
— elgonensis 1891, 428.
— frater 1882, 227.
— fulvipennis 1869, 14. 1876, 424.
— hartlaubi 1875, 37. 49. 1890,
120.
— morio 1869, 15. 1874, 232.
1876, 424. 1885, 131. 1889,
280. 1891, 340.
— naboroup 1869, 13.
— orientalis 1891. 221.
— reichenowi 1874, 232. 1875, 37.
— ruppellii 1869, 12. 14. 1874,
232. 1885, 68 131. 1887, 141.
154. 241. 1891, 221.
— sp. 1886, 428.
— tristrami 1869, 13. 15.
— walleri 1881, 101.
Anabates 1871, 458. 1872, 418.
1874, 86. 87. 1878, 332.

Anabates atricapillus 1874, 87.
— fernandinae 1871, 262. 1872, 418.
— leucophrys 1874, 87.
— leucophthalmus 1874, 87.
— unirufus 1891, 123.
Anabatidae 1871, 455. 1874, 86. 1880, 318. 1881, 88. 1882, 218. 1884, 385. 1886, 90. 1891, 122.
Anabatoïdes fuscus 1873, 253.
Anabazenops lineatus 1869, 304.
— oleagineus 1886, 90. 1887, 119.
— rufo-superciliatus 1886, 90.
— variegaticeps 1869, 304.
Anadontorhynchus 1881, 264.
Anaeretes 1887, 181.
— flavirostris 1891, 121.
— parvulus 1891, 121.
Analcipus consanguineus 1882, 227.
— cruentus 1882, 227.
Anaplectes 1885, 374.
— melanotis 1891, 157.
— rubriceps 1889. 264. 281.
Anarhynchus 1870, 341. 342. 343.
— frontalis 1870, 343. 1872, 169. 1874, 172. 194.
Anas 1871, 458. 1874, 223. 1875, 285. 1876, 169. 287. 1884. 336. 1885, 146. 1886, 431. 432. 1890, 222 u. f. 1891, 398. 415.
— acuta 1868, 44. 58. 127. 1869, 281. 346. 1870, 231. 312. 432. 1871, 21. 24. 213. 273. 283. 1872, 7. 369. 390. 1873, 13. 407. 409. 415. 420. 1874, 53. 314. 1875, 184. 378. 1876, 12. 57. 1877, 69. 389. 1878, 432. 1879, 274. 1880, 90. 248. 403. 1881 295. 1882, 105. 1883, 72. 1884, 50. 1885, 335. 1886, 378. 535. 1887, 183. 268. 297. 601. 602. 1888, 558. 1889, 151. 1890, 10. 39. 82. 205. 1891, 170. 198. 267. 290. 1892, 211. 251. 1893, 167.
— adunca 1890, 227.
— albatus 1885, 212.
— albeola 1875, 383. 1886, 398. 1891, 269.
— affinis 1871, 278.
— anser 1872, 368.
— americana 1871, 273. 278. 1874, 307. 309. 314. 1875, 378. 1890, 298. 1891, 14.
— angustirostris 1888, 285.
— arborea 1871, 278. 1874, 307. 309. 314. 1875, 375.
— bäeri 1870, 433.

Anas bahamensis 1871, 273. 1872, 78. 1890, 227 229. 231.
— bernicla 1872, 367.
— bimaculata 1890, 229.
— boschas 1868, 58. 338. 401. 404. 1869, 21. 97. 281. 320. 346. 1870, 55. 87. 90. 143. 182. 392. 431. 1871, 21. 24. 121. 124. 146. 236. 283. 304. 1872, 78. 87. 138. 139. 185. 232 369. 380 390. 1873, 13. 17. 109. 340. 407. 408. 409. 410. 414. 415. 420. 1874, 53. 336. 372. 389 401. 423. 448. 1875, 105. 184. 187. 378. 380. 428. 1876, 12. 56. 161. 1877, 34. 69. 97. 142. 336. 385. 430. 1878, 86. 115. 431. 1879, 5. 80. 128. 246. 381. 392. 1880, 88. 147. 148. 248. 276. 402. 1881, 63. 1882, 104. 149. 150. 151. 152. 181. 1883, 72. 220. 281. 397. 1884, 49. 1885, 96. 146. 191. 206. 334. 406. 1886, 377. 525. 534. 535. 536. 539. 1887, 86. 182. 211. 267. 600. 1888, 38. 50. 93. 94. 296 309. 555. 1889, 81. 136. 151. 213. 261. 262. 1890, 10. 39. 82. 98. 204. 488. 1891, 88. 170. 267. 290. 400. 1892, 211. 429. 1893, 103. 135. 167.
— boschas domestica 1870, 87. 88. 1889, 134. 333.
— brasiliensis 1874, 231. 1890, 229. 231. 1891, 125.
— capensis 1877, 389.
— carolinensis 1871, 283. 1875, 381. 1877, 389.
— casarca 1879, 157.
— castanea 1883, 122. 1890, 229. 231.
— caudacuta 1871, 273. 1891, 268.
— chiloensis 1890, 229. 231. 232.
— chlorotis 1870, 357. 1872, 186. 1874, 173. 202.
— clamatrix 1890, 227.
— clangula 1869, 281. 1870, 89. 433. 1871, 121. 1872, 371. 1877, 34 69. 73 389. 390. 1879, 274. 1884, 334. 336. 337. 338. 339. 341. 1888, 95.
— clypeata 1868, 44. 404. 1870, 281. 432. 1871, 278. 280. 289. 1872, 370. 1873, 13. 381. 420. 1874, 309. 314. 410. 1875, 379. 1876, 56. 1877, 68 385. 1879, 274. 1880, 249 404. 1885, 24. 1886, 539. 1887, 183. 184. 267. 598. 1888, 309. 1889, 338. 1890, 10. 39. 82. 204. 1891, 170. 290. 1892, 211. 251. 1893, 135. 167.

Androglossa farinosa 1881, 366. 368.
— festiva 1881, 366. 370.
— finschi 1881, 366. 370.
— guildingi 1881, 367. 380.
— guatemalae 1881, 366. 367.
— hecki 1891, 217.
— levaillanti 1881, 367. 379.
— mercenaria 1881, 366. 368.
— nattereri 1881, 366. 369.
— ochrocephala 1881, 367. 378.
— ochroptera 1881, 367. 378.
— panamensis 1881, 367. 378.
— pretrii 1881, 367. 373.
— ventralis 1881, 367. 375.
— versicolor 1881, 366. 369.
— vinacea 1881, 366. 372.
— viridigenalis 1881, 366. 373.
— vittata 1881, 366. 371.
— xantholora 1880, 366. 375.
— xanthops 1881, 367. 379.
Andropadus 1874, 360. 1875, 34.
  1886, 420. 421. 428. 431. 1891,
  346.
— cameronensis 1892, 126.
— eugenius 1892, 3. 53. 133.
— flavescens 1877, 180. 425. 1878,
  215. 227. 261. 269. 277. 278. 1879,
  303. 348. 287. 1880, 188. 192.
  1883, 194. 1885, 137. 1886,
  414. 428. 431. 1887, 75. 155.
  242. 1889, 285.
— gabonensis 1892, 188.
— gracilirostris 1875, 34. 1881, 90.
  104. 105. 1884, 412. 1887, 301.
  305. 1892, 189.
— gracilis 1881, 96. 104. 1884,
  412. 1887, 301. 1892, 126. 189.
— latirostris 1875, 34. 49. 1887,
  308. 1890, 125. 1891, 346.
  1892, 53. 133.
— marchei 1879, 432.
— montanus 1892, 188. 220.
— minor 1881, 96.
— oleagineus 1868, 133.
— virens 1875, 34. 49. 1877, 25.
  1881, 96. 104. 1884, 412. 1886,
  581. 1887, 301. 1890, 125. 1891.
  221. 346. 1892, 53. 188. 220.
— ? 1886, 419.
Androphilus accentor 1889, 112.
Anhinga melanogaster 1891, 302.
Anisodactylae 1886, 6.
Anodorhynchus 1881, 264.
— learii 1881, 265.
— maximiliani 1881, 264. 265.
Anoplorhynchus 1881, 264.
Anorhinus 1889, 426. 428.
— austeni 1889, 195. 196. 426. 429.
— comatus 1889, 369.
— exaratus 1883, 136.

Anorhinus galeritus 1884, 223.
— tickelli 1889, 195. 428.
Anorthura alascensis 1885, 181.
— pallescens 1886, 439.
— troglodytes hyemalis 1880, 415.
  1887, 163. 188. 197. 257. 290. 473.
Anous 1870, 319. 411. 1880, 309.
  1891, 415.
— cinereus 1879, 410.
— leucocapillus 1879, 409. 410.
  1880, 295.
— melanogenys 1876, 327. 1880,
  295. 308.
— parvulus 1879, 409. 410.
— stolidus 1870, 122. 370. 402. 1871,
  279. 1872, 273. 1874, 314. 1875,
  395. 1876, 327. 1877, 381.
  1878, 163. 191. 1879, 409. 410.
  1880, 295, 307. 308. 1881, 400.
Anser 1873, 410. 414. 1875, 285.
  1876, 169. 1880, 247. 1884,
  337. 1885, 25. 146. 1890, 218.
— aegyptiacus 1879, 260.
— albatus 1892, 427.
— albifrons 1869, 283. 345. 394.
  1870, 182. 287. 292. 293. 294.
  296. 297. 298. 299. 300. 301. 430.
  1871, 22. 146. 283. 1872, 72.
  122. 128. 367. 1873, 13. 108. 416.
  420. 1874, 53. 336. 401. 418.
  1875, 184. 375. 1876, 14. 53.
  1877, 335. 430. 1878, 430. 1879,
  127. 1880, 87. 247. 276. 401.
  1883, 81. 1885, 205. 1886,
  402. 1890, 11. 39. 61. 81. 218.
  1891, 170. 266. 289. 1893, 167.
— albifrons gambelli 1885, 146. 190.
  1891, 267.
— antarcticus 1876, 329.
— arvensis 1870, 429. 1872, 72.
  368. 383. 1875, 184. 1876, 53.
  55. 1880, 276. 345. 346. 1882,
  305. 1883, 81. 1885, 205. 1890,
  81. 218. 220. 1891, 170. 232. 290.
— bernicla 1870, 430. 1871, 88.
  102. 1872, 120. 1873, 410.
  1876, 54. 57. 1880, 247. 1883,
  79. 1890, 218.
— brachyrhynchus 1870, 287. 289.
  290. 291. 292. 1871, 86. 87. 92.
  102. 104. 107. 1872, 72. 122.
  368. 1876, 53. 1882, 11. 1883,
  76. 78. 79. 80. 1884, 48. 1885,
  424. 1886, 375. 1890, 81. 243.
  252. 254. 1891, 170. 193. 290.
  1892, 230. 426.
— brenta 1880, 247. 1891, 267.
— brevirostris 1870, 296. 1872,
  367. 383.
— bruchi 1872, 367. 383.

Anseranas 1871, 421. 458. 1877,
141. 395.
— melanoleuca 1882, 11.
Anseres 1871, 332. 333. 351. 400.
418. 420. 1872, 184. 1873, 13.
1878, 365. 1880, 810. 1887,
124. 1889, 184.
Anseridae 1870, 287. 1874, 50.
1885, 115. 1887, 46. 1888,
284. 1890, 39. 1891, 170.
Anseriformes 1891, 398.
Anserinae 1871, 159.
Antenor unicinctus 1887, 27. 122.
1891, 114.
Anthinae 1872, 162.
Anthocephala castaneiventris 1869,
316.
— floriceps 1887, 335.
Anthochaera 1870, 248.
— aubryanus 1887, 247.
— bulleri 1870, 247.
— carunculata 1870, 247, 248. 1872,
83. 272. 1874, 222.
— inauris 1872, 168.
Anthodiaeta collaris 1878, 226. 1885,
138. 1887, 143. 155. 242.
— zambesiana 1885, 138. 1889, 285.
Anthornis 1872, 108.
— auriocula 1870, 243. 250. 1872,
83. 107.
— melanocephala 1870, 250. 1872,
83. 107. 1874, 171. 182.
— melanura 1870, 243. 248. 250. 332.
1872, 107. 1874, 171.
— ruficeps 1868, 240. 1870, 248.
249. 250. 1872, 107.
Anthoscopus capensis 1886, 118.
Anthothreptes aurantia 1887, 301.
1890, 127.
— celebensis 1882, 375. 376.
— chlorigaster 1882, 376.
— griseigularis 1882, 376.
— hypodila 1890, 126. 1892, 54.
191.
— longuemarii 1878, 227. 1885,
138. 1887, 155. 242.
— malaccensis 1882, 375. 376. 377.
441. 1885, 154. 1889, 350.
— orientalis 1885, 138. 1887, 75.
154. 1889, 285. 1891, 161.
— phoenicotis 1889, 350.
— rhodolaema 1882, 375. 476.
— subcollaris 1887, 301. 306.
— tephrolaema 1887, 306.
— zambesiana 1891, 161.
Anthracoceros 1878, 212.
— convexus 1889, 368.
— lemprieri 1887, 112.
Anthreptes 1890, 143. 1891, 68.
— celebensis 1881, 92. 1883, 114. 137.

Anthreptes chlorigaster 1890, 189.
— lepidus 1883, 137.
— leucosoma 1880, 213.
— longuemarii 1880, 213. 1881,
91. 1883, 360. 1892, 236.
— malaccensis 1877, 375. 1881, 92.
1883, 114. 137. 1884, 215. 1890,
14³.
— orientalis 1880, 213. 1881, 91.
1891, 60. 161.
— rectirostris 1891, 68.
— rhodolaema 1881, 92.
— tephrolaema 1891, 68. 1892, 191.
— zambesiana 1883, 360.
Anthropoides 1871, 329 u. f.
— virgo 1868, 337. 1870, 52. 1871,
298. 1873, 100. 1874, 94. 336.
1880, 275. 1881, 190. 1886,
541. 1888, 96. 1893, 79.
Anthus 1869, 409. 1872, 272. 1873,
118. 325. 1874, 335. 1876, 66.
1882, 15. 20. 1884, 2. 1885,
227. 1887, 294. 1888, 215.
1891, 31.
— agilis 1873, 95. 1874, 335. 1876,
194. 1889, 412. 418.
— angolensis 1876, 140.
— antarcticus 1884, 254. 1885,
221. 1888, 108. 1891, 17. 397.
— aquaticus 1868, 30. 1869, 174.
229. 233. 1870, 44. 96. 102. 105.
107. 112. 113. 114. 117. 1871,
115. 191. 1873, 197. 343. 383.
1874, 406. 1875, 175. 227. 419.
1876, 139. 182. 1877, 391. 1878,
33. 363. 380. 1879, 363. 389.
1880, 24. 366. 1882, 32. 1883.
27. 1884, 16. 1885, 423. 1886,
309. 474. 526. 527. 534. 536. 1887,
90. 525. 1888, 49. 481. 482.
1890, 278. 1892, 326.
— arboreus 1868, 334. 339. 389. 403.
1869, 174. 229. 1870, 45. 105.
110. 114. 117. 181. 454. 1871,
65. 68. 70. 113. 191. 1872, 139.
197. 198. 200. 380. 387. 462. 1873,
10. 16. 342. 355. 382. 409. 419.
1874, 52. 420. 1875, 112. 173.
203. 231. 266. 420. 427. 1876,
140. 177. 63. 291. 318. 1878,
34. 102. 380. 1879, 59. 119. 270.
363. 399. 1880, 25. 236. 217.
271. 366. 1881, 56. 190. 1882,
32. 1883, 28. 382. 1884, 16.
1885, 92. 254. 308. 1886, 310.
490. 522. 1887, 90. 201. 212. 261.
290. 526. 532. 1888, 27. 72. 216.
483. 1889, 75. 255. 262. 1890,
95. 278. 311. 399. 1893, 30. 160.
— arboreus parvirostris 1873, 347.

Anthus auclandicus 1870, 322. 1874, 188. 222.
— australis 1870, 322. 1872, 162. 1874, 188. 1891, 397.
— bertheloti 1886, 454. 455. 473. 1889, 199. 1890, 278. 302. 311. 398. 399. 403. 469. 479. 1893, 4.
— bogotensis 1884, 254. 317.
— brachycentrus 1875, 175.
— butleri 1884, 409.
— caffer 1876, 431.
— campestris 1868, 116. 389. 403. 1869, 173. 1870, 114. 223. 1871, 191. 1872, 139. 152. 162. 336. 380. 1873, 10. 148 344. 381. 1874, 52. 188. 409. 1875, 111. 152. 175. 266. 1876, 140. 182. 430. 431. 432. 1877, 58. 63. 291. 1878, 33. 133. 380. 1879, 119. 363. 1880, 25. 266. 1881, 210. 314. 1882, 33. 1883, 28. 1884, 16. 1885, 200. 1886, 490. 522. 1887, 82. 90. 261. 528. 1888, 27. 412. 1890, 4. 32. 41. 399. 1891, 167. 281. 309. 1892, 242. 1893, 160.
— campestris brachycentrus 1873, 348.
— cervinus 1869, 174. 1870, 44' 1871, 192. 213. 1872, 115. 128' 384. 1873, 112. 195. 1874, 52' 397. 1877, 58. 1880, 120. 1881' 330. 1883, 71. 191. 215. 216. 309' 1891, 167. 191. 254. 1893, 30.
— chii 1887, 113.
— correndera 1884, 248. 254. 1887, 113.
— erythronotus 1876, 431.
— furcatus 1884, 254. 1887, 130.
— gouldi 1875, 46. 1877, 30. 1885, 137. 1886, 532. 1890, 124. 1891, 390. 1892, 51.
— grayi 1870, 322. 1874, 188.
— gustavi 1890, 139.
— intermedius 1875, 175.
— japonicus 1869, 173. 1873, 85. 1876, 194. 1880, 120. 1882, 334. 1886, 109. 1888, 71.
— lineiventris 1876, 431.
— littoralis 1869, 174. 1872, 336.
— ludovicianus 1871, 213. 1883, 268. 1885, 181.
— malayensis 1889, 354. 1891, 202. 203.
— nattereri 1879, 224.
— novae zealandiae 1870, 322. 1872, 162. 273. 1874, 171. 188. 222.
— obscurus 1870, 223. 1872, 336.

1885, 200. 1887, 188. 1889, 150. 1890, 235.
Anthus orientalis 1875, 175.
— pallescens 1872, 162. 1876, 431.
— parvirostris 1875, 175.
— parvus 1887, 130.
— plumatus 1874, 52.
— pratensis 1868, 116. 157. 164. 389. 403. 1869, 19. 21. 86. 108. 111. 173. 229. 338. 1870, 36. 44. 114. 181. 309. 454. 1871, 12. 67. 106. 192. 1872, 151. 380. 1873, 10. 16. 342. 421. 432. 1874, 52. 423. 1875, 175. 203. 230, 266. 427. 1876, 139. 182. 1877, 34. 71. 291. 301. 428. 1878; 34. 380. 1879, 119. 363. 1880, 24. 236. 271. 376. 1882, 32. 1883, 28. 1884, 16. 198. 1885, 181. 200. 307. 331. 1886, 310. 490. 522. 1887, 90. 188. 190. 202. 260. 290. 525. 1888, 27. 214. 215. 482. 1889, 150. 255. 262. 1890, 32. 41. 278. 399. 401. 403. 1891, 167. 254. 280. 1892, 202. 241. 1893, 28. 160.
— pratensis intermedius 1873, 348.
— pyrrhonotus 1887, 308. 1890, 124. 1892, 51.
— raalteni 1872, 162. 1874, 48. 1876, 431. 1877, 207. 1878, 220. 268. 279. 1879, 279. 294. 299. 303. 355. 1883, 206. 367. 1885, 137. 1887, 73. 1889, 284. 1891, 60. 160. 1892, 51.
— richardi 1868, 334. 339. 406. 1869, 173. 1871, 212. 213. 214. 393. 1873, 96. 118. 1881, 190. 1883, 28. 1892, 422.
— rosaceus 1886, 536. 539. 546.
— rufigularis 1880, 120.
— rufogularis 1869, 173. 1870, 36. 1871, 120. 1875, 175. 1876, 99. 1879, 130.
— rufulus 1889, 354. 1891, 205. 1892, 52.
— rufulus malayensis 1889, 354.
— rufus 1869, 127. 133. 268. 1870, 9. 15.
— rupestris 1868, 334. 1869, 86. 111. 1875, 227. 1880, 236. 1887, 525. 1890, 235. 1893, 160.
— sinensis 1869, 173.
— sordidus 1885, 137. 1887, 73. 1892, 160.
— spinoletta 1871, 123. 191. 212. 1872, 380. 1873, 85. 1874, 52. 397. 1880, 271. 1881, 183. 190. 1885, 200. 1888, 191.

Ardea ardesiaca 1876, 302. 1877,
260. 261. 277. 1885, 48. 118.
1887, 146. 227.
— argala 1877, 164. 165.
— argentea 1878, 314.
— aruensis 1877, 274.
— asha 1877, 261. 262.
— atra 1877, 170. 262.
— atricapilla 1873, 212. 1874, 380.
1875, 48. 1877, 13. 254. 277.
1879, 297. 1885, 118. 1886,
606. 1887, 50. 139. 1890, 108.
— atricollis 1876, 302. 1877, 264.
1886, 605. 1888, 265. 1892,
12. 1893, 79.
— audax 1877, 257.
— australasiae 1877, 237.
— australis 1877, 246.
— bacchus 1877, 258. 277.
— badia 1877, 274.
— bicolor 1877, 259.
— bilineata 1877, 246.
— bononiensis 1877, 274.
— botaurulus 1877, 257.
— botaurus 1877, 266.
— brachyrhyncha 1877, 265.
— brag 1874, 333. 336. 1875, 182.
1877, 265.
— brasiliensis 1877, 249. 250.
— brasiliensis candida 1877, 240.
— brevipes 1877, 254. 274. 277.
— brunnescens 1871, 282. 1875,
308. 1877, 255. 277.
— bubulcus 1877, 259. 1882, 193.
1883, 341. 1884, 245. 1885, 52.
65. 118. 1886, 415. 606. 1887, 50.
139. 146. 227. 299. 1888, 273.
1889, 192. 406. 1890, 15. 16. 48.
313. 454. 1893, 88.
— bullaragang 1877, 263.
— caerulea 1871, 266. 271. 277.
1874, 308. 309. 313. 1877, 260.
263. 277. 1884, 320. 1874, 317.
1887, 128.
— calceolata 1876, 302. 1877, 261.
— caledonica 1877, 238.
— callocephala 1877, 239.
— cana 1877, 274.
— canadensis 1875, 293. 1877, 275.
— candida 1874, 268. 1877, 272.
— candida minor 1877, 258.
— candidissima 1871, 271. 277.
1874, 267. 313. 1875, 304.
1877, 273. 274. 277. 1884, 320.
1887, 30. 129. 1891, 124. 1892,
120.
— carolinensis 1877, 273.
— carolinensis candida 1877, 274.
— carunculata 1877, 275.
— caspica 1877, 266.

Ardea castanea 1877, 256.
— cayanensis 1877, 239.
— cayanensis cristata 1877, 264.
— cayennensis 1871, 272. 1877,
239.
— chalybea 1877, 264.
— chloroptera 1877, 255.
— ciconia 1877, 168. 169. 170.
— cineracea 1877, 206. 265. 271.
1878, 249.
— cinerea 1868, 286. 337. 349. 404.
1869, 339. 342. 413. 1870, 52.
143. 181. 427. 1871, 8. 142. 302.
390. 1872, 139. 155. 382. 1873,
13. 17. 106. 144. 340. 385. 1874,
53. 285. 333. 351. 401. 449. 1875,
182. 428. 1876, 17. 52. 66. 160.
169. 170. 188. 302. 1877, 66. 139.
142. 193. 202. 245. 252. 260. 265.
277. 326. 430. 1878, 80. 418.
1879, 3. 76. 125. 257. 381. 392.
1880, 71. 147. 246. 275. 331. 393.
1881, 298. 1882, 90. 194. 1883,
62. 126. 220. 396. 1884, 39.
1885, 20. 25. 80. 96. 161. 205.
324. 1886, 359. 456. 540. 605.
1887, 84. 175. 210. 265. 297. 581.
1888, 37. 91. 272. 302. 539.
1889, 213. 1890, 15. 40. 313.
453. 486. 1891, 169. 286. 418.
1892, 209, 230. 1893, 87. 164.
— cinerea brag 1873, 348.
— cinnamomea 1870, 428. 1883,
120. 160.
— cobaga 1877, 259.
— cocoi 1874, 269. 1877, 264.
1884, 320. 1887, 29. 123. 1889,
185. 1891, 124.
— coerulea 1869, 376. 1870, 136.
138. 1875, 305.
— coerulescens 1877, 263.
— comata 1869, 339. 1870, 230.
1871, 391. 1874, 53, 363, 379.
1877, 66. 72. 139. 256. 1878,
249. 1879, 79. 125. 274. 284. 297.
392. 1885, 118. 1887, 42.
1890, 313. 453. 1893, 87.
— concolor 1877, 262. 277.
— coromanda 1877, 259. 277.
— coromandelensis 1877, 259.
— coromandeliana 1877, 163.
— cracra 1877, 274.
— crinita 1877, 166.
— cristata 1877, 263. 265.
— cubensis 1875, 301. 1877, 270.
— cucullata 1877, 239.
— cyanirostris 1880, 207. 1883,
107.
— cyanocephala 1877, 240.
— cyanopus 1877, 264. 277.

Artamides schistaceus 1990, 139. 142.
— striatus 1891, 292.
— temmincki 1883, 137. 1890, 142.
Artamus 1870, 121.
— celebensis 1883, 137.
— insignis 1877, 352.
— leucogaster 1883, 115. 137. 1885, 32. 1891, 203.
— leucopygialis 1876, 322.
— leucorrhyncbus 1877, 374. 1883, 115. 137. 308. 1891, 203. 1889, 356.
— melanops 1876, 322.
— mentalis 1879, 401. 402., 405. 1891, 129. 209.
— monachus 1883, 137.
— papuensis 1877, 374.
— perspicillatus 1876, 322.
Artomyias fuliginosa 1875, 22. 1887, 305. 1890, 115.
Arundinax aedon 1872, 347. 353. 1874, 334. 1875, 245. 1891. 35.
— olivacea 1873, 188.
Arundinicola leucocephala 1884, 318. 1887, 117.
Ascalaphia coromanda 1889, 431.
— savignyi 1870, 39.
Ascalopax gallinago 1869, 232. 1871, 112. 1872, 389. 1887, 180. 190. 209. 266. 296. 592. 1890, 236.
— gallinula 1870, 54. 1872, 389. 1887, 180. 190. 209. 267. 592.
— major 1871, 212. 1872, 389. 1887, 157. 180. 209. 266. 592. 1892, 120.
Asio accipitrinus 1879, 311. 1883, 96. 414. 1885, 185. 204. 1887, 133. 1890, 20. 40. 94. 101. 1891, 115. 168. 195. 283. 1892, 207. 247.
— americanus 1883, 96.
— brachyotus 1887, 162. 173. 187. 194. 252. 293. 407. 1889, 72. 150.
— butleri 1880, 195.
— butrio 1879, 311. 426.
— clamator 1887, 27.
— coromandus 1879, 311.
— galopagoensis 1883, 414.
— madagascariensis 1879, 311.
— mexicanus 1887, 27. 122. 1889, 317.
— otus 1885, 203. 1886, 485. 1889, 72. 1891, 168. 195. 284. 1892, 207.
— portoricensis 1883, 414.
— stygius 1887, 93.
Astacophilus lindsayi 1882, 171.
Astragalinus tristis 1871, 19. 1881, 407.

Astrarchia 1891, 417.
— stephaniae 1889, 321.
Astrilda cinerea 1869, 78. 1870, 28.
— melpoda 1869, 78. 1870, 28.
— nonnula 1883, 425. 1886, 105, 1890, 109.
— phoenicotis 1869, 78.
— undulata 1869, 78.
Astur 1891, 404. 1876, 171. 1888. 59.
— albus 1873, 62.
— atricapillus 1874, 78. 1883, 256. 264. 1885, 186.
— badius 1882, 430. 444.
— brachyurus 1883, 410.
— brevipes 1868, 253. 1892, 135. 1877, 74.
— candidissimus 1885, 456.
— cenchroïdes 1873, 346. 366. 388. 1874, 421. 1875, 171.
— cooperi 1871, 281. 284.
— cruentus 1883, 115.
— cuculoides 1883, 119. 152.
— etorques 1881, 112.
— griseiceps 1877, 365. 1883, 152.
— gularis 1873, 240. 1876, 191.
— gundlachi 1871, 281. 284.
— hiogaster 1877, 365.
— insectivorus 1873, 290.
— macroscelides 1890, 109. 1891, 374.
— magnirostris 1873, 289. 290.
— melanoleucus 1890, 109. 1892, 19.
— meyerianus 1880, 432.
— nattereri 1873, 290.
— nisus 1868, 53. 253. 1869, 226. 239. 338. 1870, 217. 236. 1871, 4. 22. 24. 65. 67. 211. 1872, 142. 386. 1873, 7. 382. 1874, 430. 1875, 171. 420. 427. 1876, 33. 155. 169. 1877, 61. 195. 322. 428. 1878, 70. 413. 1879, 358. 386. 1880, 65. 145. 227. 259. 389. 1882, 85. 1883, 57. 373. 1884, 35. 1885, 91. 1886, 515. 623. 1887, 173. 193. 252. 294. 381. 1888, 13. 14. 61. 65. 85. 1889, 150. 1893, 154.
— novae hollandiae 1873, 62.
— palumbarius 1868, 46. 116. 253. 295. 331. 339. 403. 1869, 232. 1870, 180. 195. 197. 318. 1871, 22. 24. 65. 67. 181. 211. 1872, 19. 142. 288. 310. 348. 379. 386. 461. 1873, 7. 14. 126. 127. 128. 129. 139. 339. 387. 410. 1874, 49. 51. 78. 106. 334. 395. 453. 1875, 171. 427. 1876, 33. 66. 155. 169. 176. 281. 282. 1877,

61. 322. 405. 1878, 69. 385. 391.
413. 1879, 44. 111. 130. 358. 386.
1880, 64. 114. 145. 226. 259. 388.
1881, 304. 1882, 85. 1883,
57. 373. 1884, 35. 1885, 78.
91. 204. 236. 1886, 171. 1887,
168. 171. 193. 252. 294. 377. 379.
395. 405. 1888, 14. 59. 140. 340.
1889, 71. 150. 215. 432. 1890,
18. 40. 92. 1891, 169. 285. 1892,
269. 286. 1893, 154.
Astur palumbarius var. atricapillus
1883, 264.
— pectoralis 1874, 228.
— pileatus 1871, 281. 284.
— polyzonoides 1889, 271. 1891,
144.
— pucherani 1873, 290.
— pulchellus 1883, 411.
— rhodogaster 1883, 152.
— ruficauda 1873, 290.
— rufitorques 1879, 393. 394. 1891,
128.
— soloensis 1877, 365. 1883, 119.
152. 411.
— spectabilis 1892, 180.
— sphenurus 1887, 53. 1891, 58.
144. 370. 375.
— striatus 1885, 186.
— tachiro 1892, 19.
— tenuirostris 1883, 120. 151.
— torquatus 1876, 325.
— trinotatus 1877, 365. 1883, 152.
— trivirgatus 1889, 375.
— versicolor 1883, 411.
— wallacii 1879, 425.
— zonarius 1877, 14. 1891, 374.
Asturidae 1871, 329.
Asturina albifrons 1874, 229.
— cinerea 1871, 360.
— magnirostris 1869, 369. 1884,
316.
— nattereri 1873, 289. 290.
— nitida 1869, 369.
— plagiata 1869, 208.
— polionota 1869, 208. 369.
— rutilans 1891, 114.
— scotoptera 1873, 291.
Asturinula 1886, 412.
— monogrammica 1874, 385. 1875,
48.
1878, 242. 251. 279. 1879,
292. 1882, 203. 1883, 343.
1885, 121. 1886, 417. 1887,
148. 229. 1889, 271. 1890, 110.
1891, 58. 144. 374.
Atelornis 1877, 343. 1883, 11.
— crossleyi 1875, 352.
Athene 1874, 177. 1884, 371. 372.
373. 374.

— albifacies 1870, 245. 1872, 95.
Athene brama 1875, 286.
— capensis 1882, 206. 1883, 345.
1885, 56. 1886, 411. 414. 421.
426. 432. 1887, 54. 230. 1892, 20.
— cuculoides 1881, 79.
— cunicularia 1882, 11. 1884, 370.
374.
— dasypus 1878, 71.
— ejulans 1872, 95.
— ferruginea 1869, 206.
— forsteri 1870, 123.
— glaux 1874, 395. 1888, 127. 131.
161. 1892, 280. 281. 316. 349.
— infuscata 1869, 207.
— meridionalis 1870, 38. 1876, 66.
1891, 215.
— minutissima 1869, 208.
— nana 1869, 206.
— noctua 1868, 331. 403. 1870,
117. 180. 202. 1871, 66. 183.
1872, 379. 1873, 8. 148. 421.
1874, 448. 1875, 286. 1876,
66. 1877, 324. 1878, 71. 414.
1879, 114. 360. 1880, 67. 263.
390. 1881, 191. 1882, 87. 1883,
59. 375. 1884, 36. 1885, 78.
247. 1886, 182. 516. 1887, 174.
252. 294. 398. 1888, 16. 161.
359. 1890, 339.
— — meridionalis 1872, 142.
— — var. persica 1876, 176.
— novae zealandiae 1870, 245. 246.
1872, 94. 1874, 170. 177.
— nudipes 1876, 176.
— orientalis 1873, 380. 381. 1875,
171.
— passerina 1878, 71. 1882, 87.
1883, 59. 1886, 182. 1887,
398. 1888, 108. 359. 1890, 2.
— perlata 1876, 313.
— plumipes 1872, 349. 1873, 347.
1874, 395. 1875, 171. 1886,
526. 541.
— pumila 1869. 208.
— punctulata 1883, 135.
— radiata 1868, 25.
— siju 1869, 207. 1890, 336.
— tengmalmi 1878, 415. 1880, 67.
390. 1882, 87.
— torquata 1873, 282.
Atlapetes citrinellus 1883, 109. 1886,
110.
Atraphornis aralensis 1873, 345.
1875, 176.
— nana 1874, 440. 1873, 345. 346.
1875, 176.
Atrichia 1891, 401.
Atrichiidae 1891, 87.

Atricilla catesbaei 1893, 15.
Attagen francolinus 1880, 274. 1885, 80.
Attagis 1871, 428. 1884, 229. 1887, 103. 104.
— gayi 1875, 441. 1887, 103.
Atticora albiceps 1892, 30.
— cyanoleuca 1869, 406. 1884, 317. 1887, 114.
— — var. montana 294.
— fucata 1887, 114. 1891, 118.
— holomelaena 1885, 128. 1891, 381.
— leucosternon 1869, 406.
— nigrita 1886, 590.
— obscura 1891, 381.
Attila 1887, 132.
— cinereus 1889, 303.
— citriniventris 1884, 193. 1889, 303.
— sclateri 1869, 306.
— spodiosthetus 1886, 84.
Audubonia 1877, 260.
— occidentalis 1874, 313. 1875, 298. 1878, 161. 187.
Augastes superbus 1887, 328.
Augornithes 1869, 1.
Aulacorhamphus albivitta 1884, 319.
— coeruleigularis 1869, 362.
— derbianus 1883, 420. 1889, 313.
— whitelianus 1883, 419.
Aulanax 1872, 427.
— aquaticus 1879, 335. 336.
— cineracea 1879, 335. 336.
— fuscus 1871, 286. 1872. 427.
— latirostris 1879, 335.
— lembeyei 1871, 286. 1872, 427.
— nigricans 1879, 335.
Auripasser luteus 1868, 86. 88.
Australasia 1881, 145.
— malaisiae 1881, 160.
— novae-hollandiae 1881, 145.
— viridis 1881, 156.
Automolus 1884, 385. 1890, 129.
— assimilis 1886, 90.
— cervinigularis 1869, 304. 1880, 197.
— culicivorus 1869, 294.
— dorsalis 1881, 88.
— ignobilis 1880, 196.
— pallidigularis 1869, 304. 1881, 88.
— melanogenys 1869, 294.
— melanotis 1869, 294.
— mesochrysus 1869, 294.
— rubidus 1886, 90.
— rubiginosus 1886, 90. 1890, 129.
— rufescens 1869, 304.
— rufobrunneus 1890, 129.
— sclateri 1889, 303.

Automolus stictoptilus 1873, 66.
— uropygialis 1869, 294.
Avicida orientalis 1879, 292.
— verreauxi 1879, 329. 1887, 157.
Avocettinus 1887, 325.
Aythia ferina 1880, 276.
Aythya marila nearctica 1891, 268.
— nyroca 1868, 37.
Baeocerca virens 1877, 29.
— flaviventris 1878, 202.
Baeopipo validirostris 1883, 237.
Balaeniceps 1871, 433. 1877, 121. 122. 123. 124. 125. 126. 128. 130. 132. 133. 134. 137. 138. 139. 232. 276. 344. 393. 394.
— rex 1874. 61. 1877, 232. 276. 1885, 208.
Balearica 1871, 336. 339. 1886, 418. 419. 422. 432. 434.
— gibberifrons 1892, 126.
— pavonina 1874, 94. 1876, 298. 434. 1885, 212. 1886, 608. 1887, 48. 1888, 265. 1891, 58. 88. 1893, 79.
— regulorum 1874, 94. 1876, 298. 1885, 52. 212. 1886, 435. 1887, 48. 145. 1891, 58. 1892, 126.
Bambusicola hyperythra 1879, 422.
Banksianus 1881, 31.
— australis 1881, 33.
— fulgidus 1881, 22.
— bilineata 1881, 81.
— fischeri 1881, 80.
— leucolaema 1881, 81.
— olivacea 1881, 81.
Barbatula 1886, 415.
— affinis 1879, 283. 303. 314. 343. 1885, 124. 1887, 59.
— atroflava 1890, 112.
— bilineata 1891, 345. 346. 1892, 25.
— chrysocoma 1876, 402.
— chrysopyga 1889, 340.
— coryphaea 1892, 181. 218.
— duchaillui 1892, 25. 215.
— fischeri 1885, 125.
— leucolaema 1873, 214. 1880, 193. 1883, 167. 1890, 112. 1891, 378. 1892, 25. 281.
— simplex 1884, 180. 1885, 124.
— subsulphurea 1881, 81. 1887, 299.
— ugandae 1892, 3. 25. 215.
— uropygialis 1878, 240. 1879, 314.
—spec. 1885, 49.
Bartramia 1885, 144.
— longicauda 1885, 144. 1887, 126. 1889, 101.

Bias musicus 1874, 103. 1875, 25. 49.
1877, 22. 1885, 129. 1887,
305. 309. 1889, 278. 1890, 119.
1891, 383.
Blacicus 1872, 426. 1874, 147.
— blancoi 1874, 311. 1875, 224.
1878, 159. 171.
— caribaeus 1871, 266. 275. 1872,
424. 426. 1878, 172.
— pallidus 1875, 224.
Boarula sulphurea 1870, 103. 1879,
269. 273. 274.
Boissonneaua 1887, 321.
Bolbopsittacus intermedius 1892, 228.
— lunulatus 1892, 227.
Bolborhynchus 1881, 345.
— aymara 1889, 185. 1891, 116.
— aurifrons 1881, 346. 347.
— brunniceps 1881, 345. 346.
— dorbignyi 1881, 347.
— lineolatus 1881, 345. 348.
— luohsi 1881, 345. 346.
— monachus 1881, 345. 346. 1887,
121. 1889, 185. 1891, 116.
— orbignyi 1881, 347.
— rubirorstris 1881, 346. 347. 1891,
116.
— tigrinus 1881, 345.
Bombycilla 1885, 78.
— americana 1871, 269.
— cedrorum 1871, 269. 1872, 430.
1877, 219.
— garrula 1868, 58. 899. 1869, 124.
232. 1870, 68. 181. 222. 224. 444.
1871, 200. 221. 1872, 382. 387.
442. 1873, 9. 421. 1875, 179.
427. 1876, 132. 1877, 65. 72.
1878, 96. 107. 1879, 122. 372.
1880, 234. 266. 1881, 311. 1883,
105. 1885, 274. 1886, 251.
1887, 163. 257. 370. 470. 1888,
75. 175. 334. 427. 1890, 25. 41.
1891, 168. 175. 252. 283. 1892,
246. 1893, 158.
— phoenicoptera 1869, 125. 1875,
249. 1880, 122.
Bombylonax breweri 1877, 21.
Bonasia 1871, 438. 1885, 142.
— betulina 1868, 336· 1873, 98.
1875, 255. 1881, 62. 1882,
388. 1885, 195. 207. 1888, 89.
111. 309.
— bonasia lagopus 1891, 35.
— sylvestris 1869 231. 1871, 66. 70.
312. 1872, 380. 1873, 12. 16.
306. 419. 1878, 77. 1891, 35.
— umbelloides 1885, 187.
— umbellus 1885, 142. 187.
Boscis 1869, 17.
Bostrychia 1877, 153.

Botaurus 1871, 329. 352. 1876, 172.
1877, 130. 241. 276. 1883, 403.
1885, 143.
— adspersus 1877, 248.
— arundinaceus 1877, 248.
— brasiliensis 1877, 250. 251. 277.
— cabanisi 1877, 251. 277.
— cinnamomeus 1877, 245. 276.
— erythromelas 1877, 244.
— eurythmus 1877, 245. 276.
— exilis 1877, 244.
— fasciatus 1877, 250. 277.
— flavicollis 1877, 245. 276.
— lacustris 1877, 248.
— lentiginosus 1871, 288. 293. 1874,
313. 1875, 309. 1877, 248. 277.
1878, 161. 187. 210. 1885, 143.
— leucolophus 1877, 12. 251. 277.
— limnophylax 1877, 247. 277.
— maculatus 1877, 243. 276.
— major 1877, 267.
— melanolophus 1877, 246. 277.
— melanotus 1877, 249.
— minor 1871, 288. 1877, 256.
— minutus 1872, 172. 1875, 428.
1877, 13. 130. 242. 276. 326.
1878, 249. 418. 1880, 72. 394.
1882, 91. 1883, 62. 1885, 325.
1892, 11.
— naevius 1877, 237.
— phaëton 1877, 247. 277.
— pinnatus 1877, 249. 277.
— podiceps 1877, 13.
— poeciloptera 1870, 348.
— poeciloptilus 1874, 195. 1877,
249. 277.
— pumilus 1877, 249. 277.
— pusillus 1877, 243. 276.
— rufus 1877, 242.
— salmoni 1877, 251. 277.
— sinensis 1877, 244.
— stellaris 1870, 52. 143. 181. 1871,
144. 391. 1872, 382. 1873, 17.
106. 340. 1874, 401. 1875, 182.
428. 1876, 16. 1877, 130. 192.
234. 248. 277. 326. 1878, 81. 418.
1880, 72. 276. 394. 1881, 298.
1882, 91. 1883, 63. 1884, 40.
1885, 205. 325. 1886, 361. 1887,
162. 177. 265. 297. 583. 1888,
54. 265. 540. 1889, 214. 1890,
15. 40. 313. 1891, 169. 286.
1892, 210. 249. 1893, 79.
— striatus 1877, 242.
— sturmi 1877, 245. 276.
— tayarensis 1877, 248.
Bourcieria assimilis 1879, 429. 1880,
196. 1884, 277. 310. 311. 1887,
324.
— columbiana 1887, 324.

Bourcieria conradi 1884, 320. 1887, 335.
— excellens 1887, 324.
— prunelli 1879, 429. 1884, 310. 1887, 324.
— purpurea 1887, 335.
— torquata 1887, 324.
— traviesi 1887, 323.
— wilsoni 1879, 429. 1887, 335.
Brachonyx apiata 1890, 75.
Brachygalba 1883, 82.
— goeringi 1880, 196.
— salmoni 1880, 196.
Brachyotus cassinii 1871, 281. 285. 375. 1874, 307. 310. 1878, 158. 164.
— lagopus 1873, 14. 407. 417. 418.
— palustris 1868, 331. 339. 1870, 39. 1871, 184. 285. 1872, 350. 380. 1874, 334. 389. 1880, 263. 1885, 255. 1886, 189. 1887, 162. 173. 187. 194. 252. 293. 407. 1888, 163. 366. 1890, 309. 1892, 357.
— vulgaris 1870, 180. 202. 1871, 296.
Brachypodidae 1875, 32. 1881, 96. 402. 403. 1882, 378. 1883, 194. 360. 1884, 412. 1885, 137. 1886, 114. 1887, 74. 242. 1890, 139. 145. 1891, 202.
Brachypteracias 1883, 11.
Brachypteryginae 1873, 396.
Brachypteryx bicolor 1886, 443.
— celebensis 1883, 137.
— erythrogyna 1889, 112.
— flaviventris 1879, 328.
— malaccensis 1886, 439.
— salaccensis 1885, 211.
— saturata 1879, 328.
Brachyrhamphus 1891, 246.
— antiquus 1891, 246.
— brachypterus 1891, 246.
— kittlitzi 1876, 203. 1885, 196. 1891, 246.
— marmoratus 1883, 285. 1885, 196. 1891, 246.
— wrangelii 1883, 286. 1891, 246.
Brachyurus bankanus 1871, 80.
— megarhynchus 1871, 80.
— oreas 1871, 80.
— steerii 1878, 112.
Bradyornis 1877, 334. 1884, 53. 240. 241. 254.
— ater 1876, 420. 1884, 241. 1892, 36.
— böhmi 1884, 253.
— brunnea 1887, 92. 93.
— cinereola 1891, 153.
— diabolicus 1892, 36.

Bradyornis grisea 1882, 211. 235. 1883, 83. 338. 353. 1884, 390. 1885, 128. 1891, 153.
— mariquensis 1876, 420. 1889, 50.
— microrhyncha 1887, 40. 62.
— murinus 1876, 420. 1885, 128. 1887, 93. 305. 1889, 50.
— muscicapina 1891, 221.
— oatesi 1883, 83. 1884, 381. 1887, 100.
— pallida 1878, 223. 257. 273. 1879, 277. 299. 303. 345. 1882, 211. 235. 1883, 353. 1884, 391. 1885, 128. 1886, 590. 1887, 62. 1889, 49. 50. 277. 1891, 59. 153.
— pammelaena 1878, 223.
— ruficauda 1875, 222. 234. 1876, 420.
— semipartita 1887, 44. 62. 290. 1891, 338.
— spec. 1891, 59.
Bradypterus 1890, 152.
— alfredi 1890, 152. 1891, 221.
— brachypterus 1883, 205. 1885, 140.
— cettii 1888, 130. 193. 1892, 392.
Branta bernicla 1877, 335. 1878, 430. 1880, 87. 401. 1882, 102. 1884, 48. 1890, 11. 81. 1891, 170. 290. 1892, 170. 211. 251. 328.
— canadensis hutchinsii 1891, 267.
— leucopsis 1877, 335. 1878, 430. 1880, 87. 401. 1890, 39. 81. 1891, 170. 290.
— ruficollis 1890, 81.
— rufina 1870, 278. 1872, 370. 384. 1873, 13. 1876, 79.
— subalaris 1875, 128.
Brenthus jubatus 1883, 11.
Brevipennes 1871, 324. 428. 1892, 449.
Broderipus acrorhynchus 1882, 168. 1883, 309.
— celebensis 1873, 404. 1883, 114. 117. 125. 137.
— coronatus 1877, 372. 1883, 114. 137.
— formosus 1873, 404.
Brotogerys 1873, 33. 1881, 341. 1884, 234. 1889, 291.
— aurifrons 1881, 344.
— chiriri 1887, 26.
— chrysopogon 1881, 341. 343. 344.
— ferrugineifrons 1880, 209. 1881, 341. 343.
— jugularis 1881, 341. 343. 1889, 291. 316.
— notata 1881, 341. 344.

Brotogerys panychlorus 1884, 234.
1885, 459.
— passerina 1881, 341. 345.
— pyrrhoptera 1881, 341. 342.
— tiriacula 1874, 228. 283.
— tirica 1882, 347. 1891, 88.
— tovi 1869, 364. 1884, 316.
— virescens 1881, 341. 342. 1887,
26.
— viridissima 1881, 341.
— xanthoptera 1881, 341. 342. 1887,
26. 122.
Bruchigavia gouldi 1872, 242.
— jamesonii 1872, 242.
— melanorhyncha 1870, 361. 1872,
248.
— pomare 1872, 248.
Buarremon 1882, 452.
— albifrenatus 1884, 293.
— assimilis 1869, 300.
— brunneinuchus 1869, 300. 1880,
99.
— chrysopogon 1869, 300.
— citrinellus 1883, 109. 1886, 110.
— comptus 1880, 98.
— crassirostris 1869, 300.
— elaeoprorus 1880, 205.
— inornatus 1880, 99.
— latinuchus 1880, 99. 205.
— melanocephalus 1880, 322.
— melanolaemus 1880, 99.
— nationi 1881, 429. 1882, 451.
— pallidinuchus 1884, 293.
— specularis 1880, 205.
— spodionotus 1880, 99.
— tibialis 1880, 322. 323.
Bubo 1876, 170. 1878, 273. 1884,
36. 1885, 50. 1886, 430. 1888,
63. 1889, 247. 1891, 398.
— ascalaphus 1876, 212. 1888, 131.
163. 1892, 303. 329. 351.
— atheniensis 1870, 39. 117.
— blackistoni 1885, 398.
— cinerascens 1892, 233. 234.
— crassirostris 1869, 243. 249.
— fasciolatus 1876, 313.
— ignavus 1879, 114. 1885, 24. 91.
204. 1888, 163. 1889, 72. 1890,
20. 40. 93. 1891. 168.
— lacteus 1878, 241. 1879, 276.
289. 290. 340. 1882, 207. 1883,
11. 345. 1885, 122. 1890, 170.
— leucostictus 1874, 387. 1875, 48.
1890, 110.
— maculosus 1876, 313. 1877, 9.
14. 1887, 54. 157. 1891, 59.
1892, 20.
— magellanicus 1887, 122.
— maximus 1868, 296. 403. 1870,
180. 201. 217. 1871, 116. 183.

221· 1872, 142. 232. 379. 386.
1873, 8. 14 340. 380. 381. 419.
1874, 51. 395. 1875, 171· 231.
422. 427. 1876, 28. 66. 1877,
62. 72. 74. 323. 1878, 73. 91. 414.
1879, 47. 256. 359. 1880, 66.
145. 227. 263. 380. 1881, 219. 221.
302. 1882, 86. 1883, 58. 1884,
35. 1885, 49. 252. 404. 423.
1886, 133. 185. 516. 1887, 173.
404. 1888, 141. 364. 1892, 286.
Bubo maximus turcomanus 1873, 348.
— milesi 1887, 112.
— nigrescens 1889, 247.
— orientalis 1884, 214. 216. 1889,
374.
— scandiacus 1877, 62. 72.
— sibiricus 1868, 331. 339. 1872,
350. 1873, 94 1874, 334. 1877,
407. 1878, 91. 1882, 332. 1888,
63.
— turcomanus 1875, 171. 188.
— virginianus 1869, 366. 1883,
97. 264. 1891, 115.
— — var. pacificus 1883, 265.
— virginianus subarcticus 1885, 185.
— spec. 1885, 49. 56. 1886, 532.
1887, 157. 231.
Bubonidae 1891, 115.
Buboninae 1882, 428.
Bubulcus 1877, 258. 277. 1886, 431.
1891, 415.
— coromandus 1873, 405. 1882,
436. 441. 1883, 118. 140. 1885,
160. 403. 1889, 406. 1890, 139.
1892, 440.
— ibis 1870, 52. 1876, 302. 1878,
245. 1883, 341. 1887, 50. 139.
146. 1889, 406. 1890, 15. 65.
1891, 339.
— russatus 1880, 276.
Bucanetes 1868, 98.
— githagineus 1868, 98. 1872, 238.
1879, 178.
Bucanodon anchietae 1876, 403.
Bucco 1878, 332. 1883, 82.
— cayanensis 1874, 307.
— chacuru 1887, 23. 121. 1889,
308.
— haemacephalus 1893, 134.
— lathami 1893, 134.
— macrodactylus 1889, 308.
— maculatus 1887, 133. 1891, 117.
— pectoralis 1884, 277. 315.
— rubecula 1874, 226.
— ruficollis 1884, 318.
— striatus 1873, 271.
Bucconidae 1869, 216. 311. 1871,
158. 445. 452. 1874, 226. 347.
1875, 7. 1882, 120. 127. 1883,

3*

Buteo albonotatus 1869, 368.
— anceps 1875, 55.
— apivorus 1872, 396.
— aquilinus 1872, 189. 1874, 328.
— augur 1868, 68. 1876, 309.
1878, 251. 272. 1879, 292. 1885,
122. 1887, 54. 157. 158. 1892,
20.
— auguralis 1868, 68. 1875, 55.
1876, 310. 1892, 439.
— borealis 1871, 281. 365. 1874,
310. 1875, 126. 127. 1878, 158.
163. 1883, 256.
— var. montanus 1869, 210. 368.
— socorroensis 1882, 117.
— brachypterus 1876, 310.
— calurus 1869, 210. 1875, 127.
1883, 259.
— canescens 1868, 27.
— cinereus 1871, 178. 1872, 310.
379. 1888, 140.
— cirtensis 1870, 37. 1876, 309.
310. 1880, 263. 1893, 118.
— communis 1871, 109. 1872, 288.
1873, 138. 139.
— cooperi 1869, 211.
— delalandii 1876, 309. 310.
— desertorum 1868, 67. 68. 1870,
462. 1871, 109. 1873, 139. 293.
294. 1874, 51. 70. 71. 1875,
226. 432. 1876, 309. 310. 311.
1877, 321. 1878, 65. 368. 1880,
260. 1885, 122. 1886, 553.
1887, 396. 1888, 131. 157. 158.
1889, 71. 1890, 2. 5. 19. 40. 93.
130. 332. 334. 1891, 21. 22. 1892,
134. 207. 316. 346. 1893, 107.
118.
— erythronotus. 1869, 210. 368.
1880, 194. 1887, 133. 1891,
114.
— eximius 1875, 170.
— ferox 1868, 24. 253. 1873, 347.
1874, 49. 51. 93. 328. 1875, 170.
1880, 260. 1888, 131, 141. 158.
1892, 286. 346.
— fuliginosus 1869, 368.
— hemilasius 1874, 327. 328. 1880,
114.
— hypospodius 1880, 194.
— japonicus 1868, 254. 1872, 138.
347. 1882, 330.
— lagopus 1868, 145. 254. 294.
1870, 215. 1871, 24. 109. 153.
222. 1872, 386. 1873, 419.
1874, 71. 429. 1876, 169. 171.
1877, 32. 61. 72. 321. 1878, 66.
411. 1879, 258. 1880, 61. 386.
1882, 83. 1883, 55. 375. 1884,

34. 1885, 420. 1887, 171. 252.
294. 391. 1889, 173. 1893, 155.
Buteo latissimus 1871, 281.
— leucurus 1868, 54. 253. 1870,
177. 1872, 59. 1878, 332. 379.
1874, 93. 418. 1875, 170. 1888,
141. 158. 1892, 346.
— lineatus 1883, 256.
— martini 1873, 344.
— melanoleucus 1888, 6. 7.
— menetriesi 1880, 258. 260. 261.
1881, 77. 1883, 101. 1893, 173.
— minor 1893, 118.
— montanus 1869, 210. 368. 1875,
127.
— nigricans 1875, 170.
— orientalis 1868, 331.
— orthurus 1875, 170.
— pennsylvanicus 1869, 368. 1871,
281. 366. 1874, 310. 1878, 158.
163. 1883, 256.
— plumipes 1882, 330.
— poecilochrous 1880, 194.
— poliogenys 1881, 51.
— polionotus 1873, 291.
— pyrrhogenys 1881, 51.
— rufinus 1868, 24. 1870, 37. 384.
1874, 93. 1875, 170. 1880,
262.
— rufiventer 1876, 310. 1880, 260.
1893, 118.
— scotopterus 1873, 290.
— swainsoni 1889, 185.
— tachardus 1868, 329. 1870, 37.
68. 176. 177. 201. 384. 462. 1871,
56. 109. 153. 1872, 288. 1873,
138. 293. 294. 343. 344. 1875,
170. 1876, 309. 310. 1877, 61.
74. 1878, 366. 368. 1879, 273.
274. 1887, 93. 94. 1888, 111.
1890, 19. 51. 53. 61.
— — orthurus 1873, 347.
— tricolor 1891, 114.
— ventralis 1875, 127.
— vulgaris 1868, 253. 254. 294. 331.
339. 402. 403. 1870, 37. 117.
180. 201. 1871, 22. 24. 63. 64.
153. 211. 1872, 139. 141. 333.
386. 396. 1873, 8. 14. 294. 295.
419. 1874. 51. 70. 71. 73. 453.
1875, 417. 418. 427. 1876, 30.
155. 171. 1877, 32. 61. 195. 321.
428. 1878, 65. 322. 323. 411.
1879, 41. 111. 273. 358. 1880,
61. 145. 226. 260. 261. 386. 1882,
83. 330. 1883, 55. 375. 1884,
29. 34. 370. 1885, 77. 91. 204.
231. 238. 244. 1886, 178. 455.
483. 515. 521. 623. 1887, 79. 86.
94. 171. 172. 194. 252. 294. 298.

Carduelis cucullata 1874, 309. 312.
— elegans 1868, 211. 265. 1870,
51. 180. 183. 390. 1871, 309.
1873, 14. 1874, 106. 449. 1875,
173. 428. 1876, 184. 1877, 64.
428. 1878, 41. 1879, 62. 174.
390. 1880, 265. 323. 1881, 219.
1882, 451. 1883, 384. 1885,
79. 93. 200. 311. 1886, 331. 623.
1887, 83. 166. 203. 212. 262. 288.
557. 1888, 30. 239. 248. 514.
1889, 190. 257. 1890, 31. 42.
270. 431. 483. 1891, 167. 1892,
203. 243. 439. 1893, 65.
— europaeus 1873, 382.
— kawariba 1879, 174.
— lutea 1868, 88.
— major 1880, 323.
— orientalis 1873, 92. 382. 1875,
173. 1890, 270.
— pinus 1871, 276.
— septentrionalis 1887, 559.
Carenochrus castaneifrons 1886, 111.
— dresseri 1886, 110.
— leucopterus 1886, 110.
— schistaceus 1886, 111.
— seebohmi 1886, 110.
— taczanowskii 1886, 111.
Cariama 1891, 88.
— cristata 1887, 125. 1890, 135.
Cariamidae 1891, 87. 125.
Carinatae 1886, 557. 1888, 118.
Carine noctua 1889, 72. 187. 1890,
21. 40. 94. 1891, 168. 283. 1892,
206.
— passerina 1889, 72. 1890, 94.
1891, 168. 283. 1892, 169. 274.
Carphibis 1877, 150.
Carpococcyx radiatus 1885, 405.
Carpodacus 1873, 353. 1875, 97.
— caucasicus 1873, 339. 1875, 173.
1879, 178.
— davidianus 1886, 536. 537. 540.
543.
— dubius 1886, 536. 539. 540.
— erythreus 1868, 335. 339. 1870,
44.
— erythrinus 1868, 34. 1870, 29.
1871, 215. 1873, 93. 94. 341.
365. 380. 381. 1874, 336. 391.
398. 421. 1875, 88. 172. 1876,
184. 1877, 309. 1878, 91. 100.
133. 1879, 178. 1880, 265. 1881,
185. 1885, 201. 423. 1886, 526.
1888, 82. 309. 1892, 423.
— frontalis 1879, 178.
— githagineus 1868, 98.
— haemorrhous 1885, 213.
— pulcherrimus 1892, 441.

Carpodacus purpureus 1869, 81.
1870, 29. 1871, 18. 1881, 406.
— purpuropterus 1879, 178.
— rhodochlamys 1873, 346. 373. 386.
1875, 74. 173. 1880, 154.
— rhodochrous 1880, 154.
— rhodopterus 1868, 98.
— roseus 1868, 335. 1873, 92. 93.
1874, 336. 1879, 178. 1880, 126.
1882, 335. 1888, 81. 82.
— rubicilla 1868, 34. 1873, 345.
354. 373. 386. 1875, 173. 1886,
534.
— rubicilloides 1886, 537. 540.
— sinaiticus 1868, 97.
— striatus 1868, 94.
— synoicus 1868, 97.
— uropygialis 1868, 91.
— xanthopygius 1868, 91.
Carpodectes nitidus 1869, 310.
Carpophaga 1870, 130. 1877, 378.
1878, 356. 1891, 301. 414.
— aenea 1882, 177. 125. 126. 1883,
300. 315. 1887, 245. 1889, 377.
1891, 300. 301.
— concinna 1891, 301.
— etiennei 1883, 116.
— finschii 1883, 403.
— griseicapilla 1889, 433.
— latrans 1876, 325. 1879, 407.
1891, 127.
— melanochroa 1879, 96.
— myristicivora 1885, 34.
— neglecta 1877, 377.
— nigra 1879, 288.
— novae zealandiae 1870, 334. 1872,
168. 1874, 172. 192.
— nuchalis 1882, 126. 177. 1883,
403. 1891, 301.
— oceanica 1879, 407. 1880, 292.
304.
— oenothorax 1892, 228.
— pacifica 1870, 122. 134. 402. 408.
1872, 32. 48. 1876, 325.
— paulina 1877, 377. 1882, 125.
126. 176. 177. 1883, 139. 403.
1891, 301.
— pickeringi 1890, 137.
— pinon 1882, 348. 1885, 34.
— poecilorrhoa 1883, 120. 121. 141.
142.
— radiata 1885, 403.
— richardsi 1879, 424.
— rosacea 1876, 325.
— rubricera 1876, 325.
— rufigaster 1883, 403.
— rufiventris 1885, 34.
— salvadori 1883, 404.
— westermanni astrolabiensis 1892,
129.

Ceocephus cinnamomeus 1878, 112.
— cyanescens 1878, 112.
Ceopbloeus 1892, 135.
— erythrops 1874, 227.
— lineatus 1874, 227. 1887, 20.
120. 1889, 307.
Cephalolepis delalandi 1874, 226.
Cephalopterus glabricollis 1869, 310.
Cephalopyrus flammiceps 1868, 29.
Cephomorphae 1874, 346.
Cepphus 1877, 231.
— arcticus 1891, 270.
— columba 1871, 101. 206.
— grylle 1871, 82. 84. 100. 101. 206.
1873, 419. 1876, 3.
— lomvia 1885, 422. 1891, 271.
— mandtii 1871, 85. 90. 100. 101.
105. 107. 206. 1872, 124.
— meissneri 1871, 206.
— scopus 1877, 231.
— torquatus 1891, 270.
Ceratogymna atrata 1890, 114.
— elata 1890, 114. 1891, 379.
Ceratorhyncha monocerata 1882, 341.
Ceratornis 1872, 73.
— temminckii 1872, 73.
Ceratotriccus furcatus 1874, 87.
Cerchneis 1884, 233.
— amurensis 1876, 447.
— angolensis 1876, 438.
— ardesiaca 1876, 438.
- cenchris 1873, 344. 381. 1875,
171. 1876, 175. 1880, 259.
1885, 78. 404. 1886, 133. 169.
1887, 371. 1888, 131. 153. 1890,
330. 1892, 340.
— cinnamomina 1891, 114.
— — japonicus 1890, 327.
— neglectus 1889, 263. 1890, 332.
— rupicola 1876, 438. 439. 447.
— sparveria cinnamomina 1887, 123.
— subbuteo 1890, 20.
tinnunculus 1873, 140. 144. 340.
354. 380. 1874, 405. 1875, 171.
1876, 447. 1877, 32. 1880,
259. 1885, 78. 233. 1886, 166.
1887, 139. 157. 172. 192. 193.
251. 295. 371. 1888, 12. 62. 152.
336. 1890, 285. 331. 1892, 340.
— tinnunculus canariensis 1889, 263.
1890, 285. 309. 324. 325. 327. 468.
473.
— vespertina 1873, 140. 1876, 447.
1891, 431.
Cercibis 1877, 152.
Cercococcyx 1882, 230. 1891, 378.
— mechowi 1882, 230. 1883, 419.
1891, 370. 377.
Cercomacra nigricans 1884, 308.
— tyrannina 1869, 30. 1884, 308.

Cercotrichas erythroptera 1870, 384.
Cereopsis 1879, 260. 1882, 305.
1884, 339.
— novae-hollandiae 1871, 255. 1872,
87. 1877, 389. 1884, 334.
Ceriornis blythii 1871, 79. 1880,
101. 1885, 21.
— hastingii 1883, 9.
— melanocephala 1868, 36.
— satyra 1883, 9.
— temmincki 1883, 8.
Cerorhina 1891, 246.
— monocerata 1876, 203. 1882, 329.
341.
— orientalis 1891, 246.
Certhia 1875, 98. 1878, 334. 1880,
414. 1887, 250. 1888, 87.
— americana 1883, 258. 266. 1891,
257.
— brachydactyla 1868, 53. 1869,
172. 1870, 181. 1871, 131. 189.
1881, 190. 1887, 256. 1891,
166. 1892, 202.
— brittanica 1884, 419. 420.
— candida 1887, 256.
— carunculata 1870, 125.
— costae 1884, 419.
— cyanea 1874, 139.
— discolor 1884, 420.
— familiaris 1868, 118. 210. 291.
304. 336. 395. 403. 1869, 72. 172
1870, 40. 117. 181. 316. 389. 456.
1871, 72. 122. 131. 189. 1872,
143. 318. 353. 379. 387. 1873, 11.
16. 339. 373. 382. 1874, 338. 396.
1875, 80. 180. 245. 428. 1876, 128.
157. 1877, 65. 199. 305. 1878,
22. 392. 1879, 71. 101. 123. 374.
1880, 39. 115. 147. 236. 272. 374.
414. 1882, 52. 1883, 39. 94.
391. 1884, 17. 23. 419. 1885,
95. 199. 272. 1886, 241. 536. 540.
623. 1887, 164. 207. 256. 289.
451. 1888, 35. 66. 87. 101. 170.
415. 1889, 216. 1890, 33. 42.
63. 72. 1891, 166. 247. 257. 280.
1892, 202. 240. 374. 1893, 157.
— flaveola 1874, 307.
— himalayana 1868, 26. 1873, 346.
373. 1875, 80. 180.
— manipurensis 1884, 420.
— mexicana 1884, 419. 420.
— montana 1884, 419.
— muraria 1871, 189.
— occidentalis 1884, 419.
— rufa 1884, 419.
— spilonota 1889, 116.
— taeniura 1873, 382. 1875, 180.
— virens 1872, 27.

Ceyx samarensis 1891, 297.
— solitaria 1885, 31.
— suluensis 1890, 139. 1891, 297.
— tridactyla 1882, 397. 441.
— uropygialis 1890, 141. 149.
— wallacii 1869, 360.
Chaemarrhornis leucocephala 1868, 28. 1886, 538. 540.
Chaetocercus 1887, 330.
— bombus 1887, 330.
— burmeisteri 1889, 185.
Chaetops 1869, 360.
— anchietae 1876, 428. 429.
— grayi 1876, 428.
Chaetoptila 1872, 24.
Chaetura 1878, 331. 1879, 94. 1880, 313. 1882, 352. 1885, 344. 1891, 439.
— boehmi 1883, 104. 338. 352. 1884, 381. 1885, 367. 1886, 83.
— cassinii 1883, 104. 178. 352. 1884, 382. 1886, 83.
— caudacuta 1872, 351. 1874, 334.
— cinereicauda 1887, 120.
— colardeaui 1892, 124.
— coracina 1889, 400.
— dominica 1889, 334.
— fumosa 1884, 319.
— gaumeri 1884, 381.
— gigantea 1889, 380. 400. 403.
— leucopygialis 1889, 400.
— novaeguineae 1879, 315.
— pelasgia 1869, 407. 1883, 93.
— picina 1879, 315.
— sabinii 1877, 21. 1883, 104.
— sclateri 1886, 83.
— — occidentalis 1886, 83.
— stictilaema 1885, 127.
— zonaris 1884, 313. 1888, 8.
Chaeturina 1871, 447.
Chalcites clasii 1892, 24.
— chrysochlorus 1891, 345. 1892, 24.
— cupreus 1892, 24.
— smaragdineus 1873, 442. 1879, 188.
Chalcococcyx amethystinus 1891, 298.
Chalcomitra amethystina 1887, 227. 1880, 419. 1881, 92.
— deminuta 1880, 419. 1881, 92.
— gutturalis 1878, 227.
— kalckreuthi 1878, 205. 227. 1880, 419. 1881, 92.
Chalcoparia phoenicotis 1882, 374.
Chalcopelia 1886, 412. 415.
— afra 1869, 336. 1872, 391. 1873, 213. 1874, 372. 387. 1875, 48. 1876, 315. 316. 1877, 173. 175. 176. 207. 208. 1878, 250. 292. 1879, 300, 303. 389. 1880, 192.

1883, 343. 1885, 119. 1886, 604. 1887, 51. 147. 228. 1889, 270. 1890, 109. 1891, 339. 373. 1892, 15.
Chalcopelia chalcospila 1876, 315. 1878, 243. 1883, 343. 1885, 119. 1889, 270. 1892, 15.
— puella 1875, 222.
— tympanistria 1878, 292. 293. 1879, 300. 1892, 15.
Chalcophanes 1874, 132. 135. 1878, 179.
— baritus 1871, 270. 288. 291.
— brachypterus 1874, 312. 1878, 160. 177. 178.
— gundlachi 1871, 270. 291. 292. 293. 1874, 135. 1878, 178.
— helenae 1871, 288.
— lugubris 1874, 309.
— quiscalus 1871, 288.
Chalcophaps 1891, 414.
— chrysochlora 1887, 245.
— indica 1883, 162. 315. 1889, 433. 1890, 139.
— mortoni 1883, 406.
— stephani 1883, 114. 139. 162. 1885, 34.
— wallacei 1883, 114. 122. 139. 162.
Chalcopsitta 1881, 164.
— bernsteini 1881, 165.
— insignis 1881, 165.
— rubifrons 1881, 166.
— rubiginosa 1881, 162.
— torrida 1881, 164.
Chalcopsittacus 1880, 313. 1881, 17. 164. 396.
— bruijnii 1881, 165.
— chloropterus 1881, 166.
— duivenbodei 1884, 444.
Chalcostetha 1882, 444.
— insignis 1883, 158.
— pectoralis 1882, 356. 374.
— porphyrolaema 1877, 375.
Chalcostigma 1887, 325.
— herrani 1887, 325. 335.
— heteropogon 1887, 325. 335.
— olivaceum 1887, 325.
— ruficeps 1887, 325.
— stanleyi 1887, 325.
Chalybura buffoni 1884, 309. 1887, 316.
— carmioli 1869, 315.
— coeruleiventris 1887, 316.
— isaurae 1869, 315.
— melanorrhoa 1869, 315.
Chamaea fasciata 1884, 420.
— henshawi 1884, 420.
Chamaepelia 1874, 296.
— amazilia 1884, 319.
— passerina 1869, 371. 1874, 296.

161. 168. 169. 276. 384. 388. 390.
391. 1878, 332. 1882, 279. 1891,
398.
Ciconia abdimii 1874, 51. 1876,
301. 440. 1877, 169. 276. 1878,
245. 1885, 39. 52. 1886, 431.
606. 1887, 50. 146.
— alba 1868, 400. 404. 1869, 213.
232. 1870, 52. 143. 181. 392. 428.
1871, 144. 223. 257. 392. 1872,
4. 139. 382. 1873, 13. 17. 123.
368. 388. 1874, 53. 371. 400.
419. 1875, 80. 256. 283. 1876,
18. 51. 188. 1877, 33. 35. 66.
142. 170. 188. 276. 326. 389. 1878,
81. 103. 429. 1879, 76. 125. 247.
256. 258. 285. 380. 1880, 72. 147.
185. 246. 276. 395. 1882, 91. 191.
1883, 63. 395. 1884, 5. 40. 1885,
25. 39. 52. 64. 80. 96. 205. 322.
1886, 134. 356. 412. 419. 456. 523.
524. 532. 1887, 49. 136. 146. 177.
210. 227. 246. 578. 1888, 37. 265.
538. 1889, 213. 1890, 15. 40.
313. 1891, 34. 169. 286. 1892,
210. 1893, 73. 164.
— — asiatica 1877, 171.
— — var. major 1875, 182. 1877,
171.
— albescens 1877, 170.
— americana 1877, 168.
— argala 1877, 164.
— asiatica 1877, 171. 276.
— azreth 1877, 171.
— bicaudata 1877, 168.
— biclavata 1877, 168.
— boyciana 1875, 256. 1877, 170.
276.
— brasiliensis 1877, 166.
— calva 1877, 166.
— candida 1877, 170.
— capillata 1877, 164. 166.
— chrysopelargus 1877, 170.
— comata 1890, 16.
— cristata 1877, 166.
— crumenifera 1877, 164.
— dicrura 1877, 168. 169. 276.
— ephippiorhynchus 1877, 167.
— episcopus 1875, 57. 1876, 301.
1877, 8. 12. 127. 168. 181. 276.
1878, 249. 1879, 301. 1882,
191. 1885, 118. 1886, 428. 1887,
146.
— fusca 1877, 169. 170.
— guianensis 1877, 168.
— jabiru 1877, 169.
— javanica 1877, 166.
— leucoptera 1877, 167.
— maguari 1875, 443. 1887, 32.
124. 1891, 4.

Ciconia major 1877, 170.
— marabou 1877, 164. 165.
— microscelis 1877, 168.
— mycteria 1877, 166. 1879, 257.
— mycteriorhyncha 1873, 347. 1875,
182. 1877, 171.
— nigra 1868, 337. 400. 404. 1870,
182. 428. 1871, 121. 144. 213.
257. 392. 1872, 382. 1873, 13.
17. 106. 340. 371. 387. 1874, 53.
336. 351. 401. 409. 1875, 182.
283. 412. 427. 1876, 18. 51. 79.
188. 301. 1877, 66. 169. 193. 276.
327. 389. 392. 1878, 81. 93. 421.
1879, 74. 247. 258. 274. 1880,
73. 147. 185. 246. 276. 395. 1882,
92. 339. 1883, 64. 395. 1884,
41. 49. 1885, 80. 96. 205. 232.
324. 1886, 358. 532. 1887, 177.
210. 264. 580. 1888, 53. 97. 538.
1889, 213. 434. 1890, 15. 40.
1891, 169. 218. 286. 314. 415.
1892, 210. 249. 424. 1893, 152.
— nivea 1877, 170.
— nudifrons 1877, 165. 166.
— pruyssenaerii 1877, 168.
— umbellata 1877, 168.
— vetula 1877, 164.
— xenorhyncha 1877, 163.
Ciconiae 1874, 272. 1887, 297.
Ciconidae 1874, 379. 1877, 383.
384. 387. 394. 1885, 117. 455.
1887, 227.
Ciconiidae 1871, 431. 1882, 115.
190. 437. 1883, 340. 1890, 40.
108. 1891, 87. 124. 169.
Ciconiinae 1882, 437.
Cillurus 1874, 98.
— albidiventris 1873, 319.
— fuscus 1873, 319.
— minor 1873, 319. 1878, 196.
— patagonicus 1876, 323.
— rivularis 1873, 319.
Cinclidae 1869, 290. 1883, 268.
Cinclinae 1871, 457.
Cinclodes fuscus 1887, 119. 1891,
118.
— vulgaris 1891, 118.
Cinclosoma 1874, 191. 1891, 401.
— castanothorax 1886, 439. 440.
— marginatum 1886, 439.
Cinclus 1878, 331. 1884, 2. 1885,
227. 276. 1886, 450. 1889, 184.
1891, 31.
— albicollis 1877, 355. 1880, 133.
1891, 32. 166.
— americanus 1883, 268.
— aquaticus 1869, 86. 226. 227. 338.
358. 1870, 45. 112. 117. 181. 275.
449. 1871, 10. 64. 66. 111. 123.

192. 1872, 336. 379. 1873, 10.
15. 148. 1874, 339. 1875, 105.
112. 124. 230. 265. 423. 427. 1876,
141. 177. 1877, 72. 289. 1878,
8. 107. 378. 1879, 118. 274. 364.
1880, 22. 133. 146. 236. 266. 364.
1881. 315. 1882, 30. 57. 1883,
26. 210. 1884, 14. 1885, 79. 81.
275. 420. 1886, 254. 1887, 163.
190. 197. 474. 1888, 95. 175. 430.
477. 1890, 43. 1891, 13. 175.
1892, 374. 1893, 159.
Cinclus ardesiacus 1869, 390. 1883,
102.
— asiaticus 1868, 30. 1873, 334.
346. 382. 419. 1875, 76. 178.
1880, 266.
— cashmiriensis 1868, 30. 1880,
266.
— cinclus 1893, 111.
— interpres 1869, 342. 1874, 53.
— kaschmiriensis 1886, 534. 540.
— leucocephalus 1883, 102.
— leucogaster 1868, 333. 1869, 172.
1872, 435. 1873, 334. 346. 382.
383. 1875, 76. 178. 1880, 266.
— leuconotus 1883, 102. 1884, 317.
— melanogaster 1872, 336. 1876,
141. 1880, 266. 1881, 315.
1885, 197. 1887, 221. 257. 1889,
150. 342.
— merula 1891, 32. 166. 1892, 226.
232. 318.
— mexicanus 1883, 102. 268. 1885,
180.
— pallasii 1868, 333. 1869, 172.
1872, 344. 1875, 246. 1885,
398.
— schulzi 1883, 102. 1884, 431.
1886, 450.
— septentrionalis 1889, 342. 1890,
36. 42. 1892, 226. 232. 1873,
118.
— sordidus 1886, 531. 534.
Cinnamopterus tenuirostris 1869, 15.
Cinnamopteryx castaneofuscus 1886,
585.
Cinnicerthia olivascens 1884, 423.
Cinnyridae 1881, 91. 1882, 219.
1883, 190.
Cinnyris 1889, 350. 1891, 401.
— acik 1892, 55.
— affinis 1878, 227. 1884, 56.
1885, 139. 1891, 60. 161.
— afra 1892, 190. 191. 225.
— amethystina 1878, 205. 1887,
155. 242. 1891, 60. 161.
— angolensis 1887, 306. 1890, 126.
1892, 55. 189.
— balfouri 1882, 219.

Cinnyris bifasciata 1887, 75. 1891,
160.
— bohndorffi 1887, 214. 301. 306.
— chalybea 1890, 126. 1892, 191.
— chloropygia 1887, 306. 1890,
126. 1892, 55. 190.
— cupreus 1886, 580. 1887, 306.
1890, 126. 1891, 391.
— cyanocephalus 1886, 581. 1891,
346. 1892, 54.
— cyanolaema 1887, 301. 306.
— dubia 1879, 430. 1880, 101.
— eriksoni 1884, 418. 1891, 346.
1892, 55. 191.
— erythroceria 1891, 340. 1892,
55.
— falkensteini 1884, 56. 1885, 139.
1891, 161.
— fischeri 1880, 142. 1881, 92.
1885, 139.
— fuliginosa 1887, 306. 1890, 126.
— gutturalis 1878, 227. 1879, 348.
1883, 359. 1885, 138. 1887,
75. 143. 155. 1889, 285. 1891,
60. 161.
— heuglini 1882, 220.
— hunteri 1890, 135.
— jardinii 1878, 227. 1879, 347.
1885, 139. 1891, 60. 161.
— jugularis 1883, 312. 1891, 202.
— kalckreuthi 1878, 205. 227. 1879,
348. 1883, 359. 1885, 139.
1891, 161.
— kirki 1885, 139. 1891, 161.
— longuemarii 1879, 347. 1885,
138.
— mariquensis 1891, 161.
— mediocris 1892, 191.
— melanocephalus 1880, 101.
— microrhynchus 1883, 360. 1885,
139. 1889, 285. 1891, 60. 161.
— newtoni 1888, 305.
— obscura 1890, 126.
— olivaceus 1881, 49. '50. 1883,
359. 1885, 139. 1887, 155. 243.
— oritis 1892, 190. 225.
— osea 1891, 400.
— osiris 1887, 75. 1891, 401.
— preussi 1892, 190. 191. 225.
— reichenbachi 1887. 301. 306. 1890,
126. 1892, 190. 225.
— reichenowi 1892, 191.
— rubrater 1880, 298.
— — saturatior 1891, 139. 160.
— sperata 1883, 293. 312. 1891,
202.
— splendidus 1886, 580. 1891, 392.
— suahelica 1891, 139. 161.
— superba 1887, 306. 1890, 126.
1892, 190.

Cirrhopipra filicauda 1889, 302.
Cirripedesmus geoffroyi 1882, 435.
440. 1885, 160.
Cissa chinensis 1889, 422.
— jefferyi 1889, 357.
— — minor 1889, 357.
— ornata 1889, 357.
— thalassina 1874, 238. 1889, 357.
Cissopis leveriana 1873, 245. 1889,
298.
— major 1873, 245. 1874, 84. 1887,
130.
— minor 1889, 298.
Cisticola 1874, 369. 1875, 44. 1877,
344. 1878, 334. 1882, 349. 1890,
127. 1891, 60. 401.
— aberrans 1887, 157. 1891, 69.
— amphilecta 1875, 44. 1886, 578.
— angusticauda 1891, 69. 163. 440.
— beavani 1889, 387.
— cantans 1885, 140.
— celebensis 1883, 114. 119.
— chubbi 1892, 56.
— cinerascens 1886, 578.
— cisticola 1882, 39. 1889, 349.
1892, 56.
— cursitans 1877, 207. 1878, 267.
1879, 279. 1883, 114. 203. 204.
1885, 140. 1888, 193. 1891,
399. 1892, 56. 309. 392.
— emini 1892, 3. 56.
— erythrogenys 1891, 163.
— erythrops 1889, 285. 1891, 393.
— erythroptera 1885, 140. 1885,
140.
— ferruginea 1887, 306. 309.
— fischeri 1891, 139. 162.
— fortirostris 1878, 222. 1883, 366.
1885, 139. 1889, 286.
— grayi 1873, 405.
— haematocephala 1868, 412. 1869,
335. 1878, 222. 267. 280. 1879,
279. 287. 303. 354. 1885, 140.
1886, 578. 1889, 286. 1892,
56.
— hypoxantha 1882, 454.
— incana 1882, 454.
— isodactyla 1868, 132. 1885, 140.
1892, 56.
— ladoensis 1884, 423.
— lateralis 1887, 301. 306. 1891,
393.
— levaillantii 1868, 132.
— lugubris 1868, 412. 1886, 578.
1887, 77. 1892, 56.
— marginalis 1884, 423.
— meridionalis 1886, 440.
— modesta 1891, 393.
— mystacea 1887, 301.
— nana 1884, 260. 440. 1885, 140.

Cisticola natalensis 1887, 158.
— orientalis 1886, 440.
— procera 1868, 132.
— rhodoptera 1881, 421.
— robusta 1885, 139.
— rufa 1887, 306.
— ruficapilla 1887, 306. 1890, 127.
1891, 69.
— ruficeps 1872, 316. 1882, 454.
— rufopileata 1891, 69. 1892, 56.
— schoenicola 1870, 46. 1872, 151.
1874, 51. 396. 1878, 334. 1880,
217. 431. 1881, 109. 1888, 130.
193. 204. 1892, 56. 392.
— semirufa 1872, 316.
— strangei 1887, 306. 307.
— tenella 1879, 279. 303. 354. 1892,
57.
— tenerrima 1892, 56.
— terrestris 1889, 286.
— spec. 1885, 49. 55. 65.
Cistothorus 1880, 415.
— alticola 1886, 441.
— brunneiceps 1882, 221. 1886,
441.
— fasciolatus 1873, 231.
— palustris 1880, 415.
— polyglottus 1887, 113.
— stellaris 1880, 416.
Citrinella alpina 1870, 118. 1878,
43. 1879, 147. 371. 1886, 330.
1887, 555. 1888, 233. 513. 1893,
54.
— brumalis 1870, 104.
— citrinelloides 1868, 92.
— hortulana 1868, 74.
— melanops 1868, 92.
— nigriceps 1868, 92.
Cittocincla nigra 1878, 112.
Cittura cyanotis 1877, 368. 369. 370.
1883, 123. 136.
— sanghirensis 1869, 360. 1877,
368. 369. 370. 1882, 348. 1883,
123.
Cladorhynchus 1871, 425.
Cladurus duchaillui 1877, 17.
Clamatores 1870, 318. 1871, 324 u. f.
453. 1874, 11. 85. 458. 1882,
393. 1883, 348. 1887, 140. 150.
Clangula 1885, 147. 1890, 222.
223.
— albeola 1883, 282. 1885, 147.
191.
— americana 1871, 290. 1885, 191.
— angustirostris 1890, 222.
— barrowii 1883, 282.
— glaucion 1868, 339. 1869, 347.
1872, 371. 382. 1875, 105.
1876, 11. 1877, 338. 1878, 93.
1879, 382. 1881, 294. 1885,

Coccystes pica 1877, 16. 1878, 288.
1879, 113. 303. 342. 1885, 123.
1887, 140. 308. 1892, 23.
— serratus 1876, 401. 1878, 237.
238. 252. 291. 1882, 120. 1885,
124.
Coccyzus 1871, 79. 1874, 156.
— americanus 1871, 270. 277. 1874,
156. 157. 312. 1876, 336. 1878,
160. 185. 1882, 158. 160. 1887,
133.
— carolinensis 1871, 270. 277.
— cayanos 1874, 226.
— chiriri 1887, 24.
— chochi 1887, 24.
— cinereus 1887, 121.
— dominicus 1871, 270.
— erythrophthalmus 1871, 270. 282.
293. 1874, 157. 1878, 160.
185.
— geoffroyi 1874, 226.
— guira 1874, 226.
— melanocoryphus 1887, 24. 121.
— minor 1871, 282. 1874, 157. 308.
312. 1878, 160. 185.
— naevius 1874, 226.
— seniculus 1871, 282.
Cochlearius 1877, 121. 127. 132. 133.
137. 138. 139. 233. 235. 236. 276.
— fuscus 1877, 236.
— naevius 1877, 236. 387.
Cochoa beccarii 1879, 320.
Coelebs 1868, 90.
Coenocorypha aucklandica 1870, 352.
Coenomorphae 1886, 5.
Coereba atrata 1892, 72.
— barbadensis 1892, 68. 72. 77. 78.
79.
— brevirostris 1884, 287.
— coerulea 1873, 235. 1874, 84.
1884, 287.
— cyanea 1869, 297. 1891, 219.
— — eximia 1884, 287.
— dominicana 1892, 78. 79. 80. 81.
— flaveola 1873, 239. 1874, 84.
— longirostris 1884, 287.
— martinica 1892, 68. 78. 79. 80.
81.
— microrhyncha 1884, 287.
— sacharina 1892, 72.
— spiza 1874, 84.
— uropygialis 1892, 64. 70. 72. 77.
79. 81. 85.
Coerebidae 1869, 297. 1873, 68. 69.
236. 1887, 114. 222. 1888, 6.
Colaeus monedula 1889, 80. 1890,
28. 41. 1891, 167. 282. 1892,
204. 230. 245. 325.
Colaptes 1874, 151. 153. 345. 1884,
197. 1885, 462. 1892, 457.

Colaptes agricola 1891, 117.
— auratus 1871, 266. 277. 288.
1874, 153. 154. 155. 1879, 416.
1883, 88. 95. 258. 1885, 185.
1891, 439. 1892, 229. 457.
— australis 1891, 117.
— caffer 1892, 229. 457.
— campestris 1887, 121. 1891, 117.
— chrysocaulosus 1871, 266. 277. 288.
1874, 150. 153.
— chrysoides 1892, 229.
— collaris 1891, 258.
— cristatus 1891, 117.
— fernandinae 1871, 266. 277. 1874,
155.
— leucofrenatus 1875, 445.
— longirostris 1883, 97. 98. 1885,
462.
— mexicanus 1874, 344. 1879,
416.
— mexicanoides 1892, 229.
— rupicola 1881, 81. 1883, 97. 98.
1885, 462.
— stolzmanni 1881, 81.
— superciliaris 1871, 266. 277.
Colaris 1868, 322.
— orientalis 1869, 50.
Colchicus chinensis 1873, 322.
Colibri albogularis 1873, 276.
— mystax 1873, 275.
Colidae 1886, 5.
Coliidae 1871, 445. 446. 1875, 2.
1885, 123. 1886, 5. 6. 1887,
57. 1891, 59. 87. 149.
Coliinae 1886, 5.
Colinae 1886, 5.
Coliopasser axillaris 1889, 283.
— capensis 1890, 122. 123.
— concolor 1892, 440.
— macrurus 1890, 123.
— xanthomelas 1890, 122.
Coliostruthus 1885, 70.
— ardens 1885, 62. 72. 135. 1887
143. 1892, 46.
— macrourus 1886, 584.
— macrurus 1891, 388.
Coliphimus 1886, 41. 58.
— concolor 1886, 69.
— fasciatus 1886, 63.
Colius 1871, 326 u. f. 1874, 361.
1886, 4. 63. 417. 432. 433.
— affinis 1892, 22.
— castanotus 1876, 317.
— erythromelas 1876, 317. 1885,
376.
— indicus 1876, 317.
— leucocephalus 1879, 299. 313. 341.
1885, 123.
— leucotis 1876, 94. 1878, 218. 237.
252. 269. 289. 290. 1879, 282.

Coturnix 1872, 290. 1882, 272. 281.
284. 1891, 401.
— adansoni 1874, 383. 1875, 48.
1890, 109.
— australis 1872, 87.
— communis 1868, 36. 210. 396. 404.
1869, 118. 1870, 149. 1871,
8. 380. 1872, 154. 381. 1874,
53. 399. 1875, 428. 1876, 66.
306. 1877, 325. 1878, 77. 314.
416. 1879, 72. 124. 391. 1880,
69. 274. 392. 1882, 88. 271. 281.
284. 1883, 60. 394. 1884, 87.
1885, 96. 1886, 455, 484. 1887,
174. 572. 1888, 36. 1889, 151.
1890, 16. 40. 1891, 169. 285.
1892, 229.
— dactylisonans 1870, 51. 181. 1871,
136. 1873, 12. 16. 99. 123. 1876,
187. 1880, 241. 1885, 207. 251.
316. 1886, 350. 623. 1887, 174.
263. 571. 572. 1888, 257. 530.
1889, 260. 1890, 288, 305. 312.
449. 468. 1893, 75.
— delegorguei 1882, 196. 1885, 121.
1887, 53.
— emini 1892, 3. 18. 131.
— histrionica 1876, 306.
— indica 1892, 98.
— muta 1868, 337. 339. 1872, 138.
1873, 99. 1874, 336.
— novae-zealandiae 1868, 243. 1870,
334. 1872, 168. 1874, 172. 193.
— pectoralis 1870, 336. 1872, 87.
— vulgaris 1869, 339. 1870, 272.
1873, 380. 1890, 296.
Cotyle 1869, 406. 1870, 12. 1874,
114. 1881, 200.
— shelleyi 1887, 300.
— cineta. 1891, 345. 1892, 31.
— congica 1887, 300.
— cowani 1884, 389. 390.
— flavigastra 1869, 406. 1873, 235.
— fuligula 1869, 405. 1876, 410.
1884, 53.
— leucorrhoea 1869, 127. 133. 264.
270. 1870, 11. 15. 1891, 118.
— littoralis 1887, 300.
— minor 1874, 48. 1887, 300. 1892,
32.
— obsoleta 1870, 384. 1888, 164.
1892, 359. 1893, 113.
— paludicola 1877, 8 21. 1884, 390.
— palustris 1869, 406.
— riparia 1868, 336. 1869, 295.
406. 1870, 39. 142. 143. 180. 388.
398. 441. 1871, 10 24. 25. 201.
293. 1872, 353. 381. 1873, 16.
340. 385. 420. 1874, 51. 114. 311.
334. 339. 396. 421. 435. 448. 1875,

55. 179. 1876, 66. 129. 134. 176.
1878, 51. 159. 172. 1879, 68.
122. 1880, 272. 1881, 201.
1883, 389. 1885, 16. 95. 200.
1886, 513. 1887, 62. 162. 206.
253. 415. 1888, 166. 306. 308.
1889, 75. 79. 81. 123. 136. 149.
1890, 349. 1892, 32. 365.
Cotyle ruficollis 1873, 285.
— rufigula 1884, 53. 1885, 128.
1891, 340. 1892, 31.
— rupestris 1869, 405. 1870, 39.
263. 384. 1871, 61. 1873, 343.
354. 382. 1874, 51. 396. 1875,
179. 1876, 176. 1877, 200.
1879, 217. 1880, 272. 1881,
190. 211. 1886, 513. 536. 1888,
164. 1890, 349. 1891, 399.
— serripennis 1869, 406.
— sinensis 1869, 406.
— tapera 1869, 270. 1870, 11.
1891, 118.
— torquata 1869, 406.
Cracidae 1869, 373. 1871, 80. 329.
330. 1874, 230. 1877, 181. 185.
Cracinae 1871, 437.
Cracticus 1885, 33.
— cassicus 1885, 32.
— crassirostris 1874, 239.
— quoyi 1885, 32.
— rufescens 1886, 99.
Craniorrhinus waldeni 1877, 224.
Cranopelargus 1877, 164.
Cranorrhinus cassidix 1877, 370.
1883, 136. 1885, 403.
— corrugatus 1889, 366.
— leucocephalus 1883, 306.
Craspedophora duivenbodei 1891, 40.
Crassirostres 1888, 139. 1890, 315.
488.
Crateropodidae 1881, 95. 1891, 21.
Crateropodinae 1873, 396.
Crateropus 1877, 334. 1886, 75.
411. 412. 413. 414. 415. 416. 1887,
239.
— acaciae 1892, 396.
— affinis 1876, 416.
— atripennis 1891, 392.
— bicolor 1885, 403.
— canorus 1889, 439. 1890, 154.
— fulvus 1870, 45. 1892, 396.
— gutturalis 1876, 416. 1883, 189.
— gymnogenys 1876, 416.
— harlaubii 1876, 417.
— haynesi 1891, 392.
— hypoleucus 1878, 205. 226. 1887,
76.
— hypostictus 1877, 25. 103. 1885,
139. 1889, 285. 1891, 162.
— jardinei 1876, 416. 1877, 103.

Crypturus tataupa 1874, 230. 1887,
37. 126. 1891, 123.
— undulatus 1887, 126.
Cuculi 1886, 50.
Cuculidae 1869, 361. 1871, 406.
407. 445. 452. 1872, 102. 1873,
462. 1874, 156. 170. 226. 347.
1875, 2. 1878, 332. 1880, 311.
313. 314. 1881, 80. 1882, 120.
404. 1883, 164. 345. 418. 1885,
123. 341. 410. 1886, 5. 6. 1887,
57. 121. 233. 1888, 166. 1890,
40. 111. 138. 145. 1891, 59. 87.
116. 149. 168. 298. 416.
Cuculinae 1871, 452. 1882, 404.
Cuculo adfinis 1886, 22.
Cuculus 1871, 326 u. f. 1873, 72.
1876, 170. 190. 200. 1880, 313.
1884, 229. 1885, 260. 261. 285.
1886, 427. 428. 429. 1887, 98.
1889, 73. 1890, 6. 1891, 378.
398.
— abyssinicus 1888, 166.
— americanus 1873, 72. 73. 1874,
156. 312.
— asturinus 1883, 120. 153.
— audeberti 1879, 427.
— auratus 1868, 212.
— aurivillei 1892, 313.
— bubu 1868, 336.
— canorinus 1872, 236. 1873, 36.
118. 1874, 336. 1875, 254. 1876,
201. 1881, 186. 1886, 540.
— canoroides 1873, 96. 1883, 115.
1890, 145. 1891, 401.
— canorus 1868, 36. 38. 51. 53. 56.
119. 140. 159. 164. 210. 243. 258.
259. 291. 299. 336. 403. 1869, 20.
84. 117. 226. 1870, 40. 117. 181.
205. 209. 218. 268. 1871, 12. 70.
133. 187. 1872, 139. 143. 236.
358. 380. 386. 1873, 11. 16. 73.
84. 305. 340. 365. 380. 405. 421.
1874, 53. 399. 421. 1875, 180.
279. 280. 424. 428. 452. 1876, 78.
117. 156. 186. 369. 370. 371. 391.
402. 1877, 65. 111. 196. 297. 317.
428. 447. 1878, 63. 102. 369. 407.
1879, 49. 114. 130. 169. 170. 171.
172. 212. 270. 361. 387. 1880,
58. 112. 147. 229. 272. 348. 364.
366. 385. 1881, 186. 217. 1882,
78. 158. 160. 296. 1883, 50. 115.
360. 1884, 31. 1885, 90. 124.
203. 259. 285. 446. 447. 449. 1886,
134. 199. 298. 456. 521. 524. 526.
527. 536. 597. 622. 623. 1887, 79.
94. 169. 188. 190. 191. 253. 286.
418. 1888, 10. 11. 100. 166. 378.
1889, 34—46. 73. 75. 124. 149.

1890, 21. 40. 171. 310. 1891, 168.
232. 283. 1892, 206. 326. 365.
1893, 157.
Cuculus capensis 1876, 402.
— clamosus 1875, 55. 1876, 402.
1877, 16.
— cupreus 1892, 24.
— dicruroides 1882, 405. 444.
— dominicus 1871, 270. 1874, 307.
— erythrophthalmus 1873, 72. 1874,
157.
— gabonensis 1877, 16. 1892, 180.
— glandarius 1869, 414. 1872, 143.
145. 1879, 387. 1882, 160. 1888,
166 1890, 310.
— guineensis cristatus viridis 1886,
22. 39.
— gularis 1876, 402. 1883, 165.
1892, 224.
— hepaticus 1868, 53.
— heuglini 1877, 16.. 1885, 124.
1887, 58. 1889, 273. 1891, 342.
— himalayanus 1873, 347. 380. 1875,
180. 1881, 186.
— indicus 1872, 236. 1873, 95. 96.
119. 1874, 336. 1876, 200. 201.
1892, 224.
— klaasi 1892, 24.
— leptodetus 1872, 236. 1879, 341.
1883, 345. 1885, 124. 1887,
140.
— lineatus 1879, 283.
— lucidus 1870, 332. 333.
— micropterus 1882, 406.
— mindanensis 1882, 408. 441.
— minor 1874, 157. 307. 312.
— nigricans 1877, 16. 1878, 237.
1885, 124. 1886, 597. 1887,
58.
— nitens 1870, 332.
— optatus 1868, 259. 1870, 308.
1872, 236. 1873, 85.
— orientalis 1882, 408. 1890, 171.
— poliocephalus 1868, 36. 1881,
186.
— pravatus 1882, 404.
— regius 1886, 13.
— rubeculus 1877, 16.
— rufus 1868, 53. 1871, 187.
1873, 96.
— saturatus 1875, 180.
— simus 1879, 394.
— smaragdineus 1892, 23.
— solitarius 1891, 378.
— sparverioides 1868, 258. 1876,
201. 1879, 427. 428. 1883, 153.
— striatus 1872, 236. 1882, 406.
— stormsi 1887, 140. 223.
— swinhoei 1882, 406.
— taitiensis 1881, 80.

Cuculus validus 1879, 289. 313. 341.
440. 1882, 230. 1883, 419. 1891,
377.
— vetula 1871, 271. 1874, 307.
Culicipeta burkii 1868, 31.
— ceylonensis 1889, 423.
Culicivora caerulea 1871, 275.
— dumicola 1891, 118.
— lembeyei 1872, 410.
— stenura 1887, 131.
Cuncuma 1880, 312.
— leucogaster 1882, 428. 441. 1883,
135. 1885, 158. 1889, 346.
Cupidonia 1885, 142.
— cupido 1885, 142.
Curruca 1872, 342. 354. 1874, 307.
1886, 581.
— atricapilla 1871, 197. 1875 56.
427. 1876, 117. 137. 181. 1877,
200. 1879, 366. 1886, 581. 623.
— cinerea 1868, 115. 1871, 197.
1875, 427. 1876, 137. 1879,
366. 1880, 58.
— — var. persica 1876, 181.
— curruca 1886, 623.
— famula 1870, 384.
— garrula 1868, 334. 1871, 197.
1872, 434. 1875, 427. 1876,
136. 1879, 274. 419. 1881,
313.
— hortensis 1871, 197. 1875, 56.
427. 1876, 117. 137. 181. 430.
1877, 201. 1879, 366. 1881,
313. 1884, 245. 1886, 623.
1892, 389.
— leucopogon 1881, 211.
— melanocephala 1874, 48.
— momus 1870, 384. 1874, 48.
— nisoria 1876, 117. 136. 1879,
366. 1881, 313.
— olivacea 1873, 226.
— orphea 1868, 264.
— rüppelli 1892, 389.
— stentorea 1868, 135.
Cursores 1869, 373. 1874, 230. 253.
254. 1887, 103.
Cursoridae 1888, 265.
Cursorieae 1871, 426.
Cursorius 1878, 341. 1891, 338.
— bicinctus 1884, 178. 1891, 337.
— chalcopterus 1876, 296. 1878,
245. 1882, 184. 1883, 340.
1885, 72. 115. 1887, 138. 1891,
58. 141.
— cinctus 1876, 297. 1879, 310.
337. 1885, 115. 1887, 41. 46.
— europaeus 1870, 228. 1876, 187.
1892, 424.
— gallicus 1890, 87.

Cursorius gracilis 1884, 178. 1885,
115. 1887, 46. 1891, 58. 141.
— isabellinus 1869, 256. 1870, 52.
1880, 275. 1888, 130. 227. 266.
1890, 297. 1892, 215. 316. 317.
1893, 80.
— senegalensis 1873, 213. 1874,
382. 1876, 297. 1885, 51. 72.
115. 1887, 138. 1891, 58. 141.
— spec. 1886, 427.
— venustus 1887, 41.
Curvirostra crucirostra 1873, 223.
— pinetorum 1871, 310.
Curvirostres 1869, 329.
Cyanalcyon 1880, 313.
— diops 1883, 124. 131. 222.
— elisabeth 1883, 222. 1886, 81.
— macleayi 1883, 222.
— nigrocyanea 1881, 84.
— quadricolor 1881, 83.
Cyanecula 1884, 2.
— coerulecula 1871, 315. 1872,
365. 435. 1874, 335. 388. 396.
1880, 271. 1886, 542.
— leucocyanea 1870, 181. 445. 1871,
315. 1872, 366. 1876, 144. 178.
1878, 17. 1879, 116. 365. 1881,
111. 315. 1883, 19. 1884, 10.
1885, 197. 1886, 297. 1887,
190. 195. 260. 514. 1888, 191.
205. 498. 1889, 194. 200. 219.
1890, 311. 1892, 389. 412.
— orientalis 1881, 111.
— suecica 1868, 29. 302. 403. 1870,
47. 1871, 12. 24. 315. 1872,
366. 435· 450. 1873, 342. 354.
410. 419. 1874, 52. 409. 419. 1875,
177. 1876, 157. 178. 1877, 284.
1878, 373. 1879, 117. 1880, 16.
359. 1881, 111. 1882, 22. 1883,
19. 1884, 9. 1885, 180. 197. 300.
1886, 297. 1888, 205. 1889,
410. 1892, 412. 421.
— wolfi 1878, 17. 1879, 365. 1881,
111. 1887, 515. 1888, 18. 1889,
200. 1890, 311.
— yucatanica 1881, 68.
Cyanicterus 1880, 205.
Cyanistes 1885, 111.
— coeruleus 1870, 41. 1872, 443.
1877, 213. 214. 215. 1880, 267.
1885, 79. 211.
— cyaneus 1874, 335. 1882, 333.
1884, 196. 1885, 79.
— cyanus 1871, 124. 1872, 442.
1873, 119. 341. 342. 1875, 172.
249. 1877, 213. 214. 217. 218.
1878, 91. 1880, 267. 1885,
211. 1888, 69. 106. 111.

1876, 331. 409. 1877, 57. 197.
1879, 217. 386. 1880, 272. 1882,
77. 1885, 257. 1886, 507. 523.
1888, 165. 1889, 190. 1892, 360.
Cypselus murarius 1868, 336. 1873,
381. 1875, 179. 1877, 65. 1882,
159. 1886, 527. 528. 529.
— murinus 1874, 49.
— myochrus 1886, 116. 1887, 135.
141. 152.
— niansae 1887, 43. 61.
— pacificus 1870, 308. 1872, 351.
1874, 334. 1875, 74. 1876, 192.
1885, 398. 1886, 540. 1891, 401.
— pallidus 1874, 49. 395. 1890,
269. 302. 309. 345. 346. 347. 348.
474. 1892, 359. 360. 361.
— palmarum 1869, 408. 1885, 344.
— parvus 1868, 388. 1876, 409.
1877, 21. 174. 180. 1878, 256.
289. 1879, 303. 1883, 177. 1885,
127. 344. 1886, 116. 417. 590.
1887, 61.
— pekinensis 1874, 395.
— rüppelli 1887, 61.
— stictilaemus 1879, 293. 315. 344.
1885, 128.
— subfurcatus 1869, 407.
— unicolor 1871, 9. 1876, 409.
1886, 454. 457. 1890, 266. 270.
302. 309. 342—348. 468. 474.
Cyrtostomus andamanicus 1882, 377.
— flammaxillaris 1882, 377.
— frenatus 1876, 320. 1883, 137.
1885, 33. 403.
— — plateni 1886, 543.
— pectoralis 1884, 215. 1885, 349.
— rhizophorae 1882, 377.
Dacelo 1878, 332. 1880, 313.
— chloris 1877, 367. 1879, 395.
— erythrorhynchus 1871, 4.
— gigantea 1875, 342.
— lazuli 1877, 367.
— princeps 1877, 367.
— recurvirostris 1879, 395.
— sacra 1879, 394.
Dacnididae 1873, 311. 1874, 84.
139. 1881, 92. 1882, 373. 1884,
418. 1886, 436.
Dacnidinae 1873, 68.
Dacnis 1873, 67. 70. 1886, 437.
— aequatorialis 1873, 69.
— albiventris 1873, 69. 70.
— analis 1873, 69. 1887, 114. 1889,
294. 295.
— angelica 1873, 69. 70. 1889, 294. 295.
— bicolor 1873, 69. 70. 237.
— cayana 1873, 235. 237. 311. 1874,
84. 1887, 114.
— coerebicolor 1873, 69. 1884, 286.

Dacnis cyanocephala 1873, 236. 237.
— cyanomelas 1873, 69. 70. 235. 236.
238. 243. 1887, 114.
— egregia 1873, 69. 70. 1884, 286.
— flaviventris 1873, 69. 70. 1889,
294.
— leucogenys 1873, 69. 70. 1884,
317.
— melanotis 1873, 69. 79.
— modesta 1873, 64. 1889, 295.
— nigripes 1873, 69. 70. 236. 237.
238.
— plumbea 1873, 64.
— pulcherrima 1873, 69. 70.
— speciosa 1873, 69. 70. 1887, 114.
— ultramarina 1869, 297. 1873,
69. 70. 336.
— venusta 1869, 297. 1873, 69.
70.
— viguieri 1886, 436.
Dafila 1885, 146.
— acuta 1869, 378. 1870, 55. 182.
1871, 148. 1872, 139. 369. 382.
1873, 17. 109. 147. 408. 410. 1874,
314. 337. 402. 1875, 378. 1877,
336. 1878, 86. 162. 190. 1879,
81. 128. 1880, 276. 1881, 63.
1885, 146. 191. 206. 1887, 183.
268. 297. 601. 602. 1888, 93.
296. 1890, 232. 1892, 429.
1893, 103.
— bahamensis 1875, 440. 1887,
133. 1891, 125.
— spinicauda 1887, 133.
Damophila amabilis 1869, 317.
— juliae 1884, 312. 1887, 333.
— panamensis 1884, 312.
— typica 1884, 312.
Dandalus 1885, 227.
— rubecula 1875, 177. 1885, 301.
1886, 298. 1887, 88. 98. 191.
195. 212. 260. 290. 515. 1888,
19. 206. 470. 1889, 129. 136. 254.
1890, 95.
Daption capensis 1870, 373. 1872,
256. 1874, 174. 208. 1875, 449.
1876, 293. 329. 1891, 17.
Dasycephala cinerea 1868, 188. 1874,
86.
Dasycrotopha speciosa 1879, 95.
Dasylophus superciliosus 1882, 175.
Dasyptilus 1880, 313. 1881, 2. 6.
22.
— pesqueti 1882, 347. 348.
Daulias hafizi 1885, 79.
— luscinia 1885, 197.
— philomela 1885, 197.
Defilippia crassirostris 1868, 67.
Demiegretta 1877, 268. 1891, 415.
— concolor 1877, 262.

Dendroeca caerulescens 1874, 311.
— capitalis 1892, 72. 76. 77.
— coronata 1874, 303. 311. 1885, 182.
— discolor 1874, 308. 311.
— dominica 1874, 308. 311.
— maculosa 1874, 311.
— palmarum 1874, 311.
— petechia 1892, 72.
— — portoricensis 1874, 308. 311.
— rofupileata 1892, 62. 70. 72. 76. 77. 85. 102. 115. 116.
— striata 1874, 311. 1885, 182.
— tigrina 1874, 308.
Dendrofalco aesalon 1870, 180. 194. 1873, 410.
— subbuteo 1870, 180. 193. 1871, 22. 1873, 14.
Dendroica 1880, 417. 418. 1872, 413.
— adelaidae 1878, 159. 167. 1886, 111.
— aestiva 1869, 293. 1880, 417. 1881, 198. 199. 1883, 85. 1884, 282.
— blackburniae 1869, 293. 1881, 196. 1884, 317.
— caerulea 1872, 414.
— caerulescens 1872, 413. 1878, 159. 167.
— canadensis 1880, 418.
— castanea 1881, 196. 1884, 277. 282.
— coerulea 1880, 418.
— coerulescens 1880, 418.
— coronata 1869, 293. 1872, 413. 1878, 159. 167. 1881, 196. 197. 1883, 267.
— delicata 1886, 111.
— discolor 1872, 416. 1878, 159. 1881, 197.
— dominica 1872, 415. 1878, 159.
— gundlachi 1871, 291. 1872, 414. 1878, 167.
— maculosa 1872, 415. 1878, 159. 167. 1881, 197.
— palmarum 1872, 415. 1878, 159. 1881, 197.
— pennsylvanica 1869, 293. 1881, 196. 1883, 85.
— petechia 1878, 159. 167.
— pinus 1881, 197.
— pityophila 1872, 415.
— striata 1872, 414. 1878, 159. 167. 1881, 196.
— townsendi 1883, 258. 267.
— vieilloti 1869, 293.
— virens 1869, 293. 1872, 413.
Dendromus brachyrhynchus 1876, 98.
— nivosus 1891, 379.

Dendromus punctuligerus 1886, 597.
Dendrophila corallina 1882, 372. 373.
— frontalis 1882, 372. 373. 1883, 312. 1889, 416.
— oenochlamys 1878, 112. 1883, 293. 311.
Dendropicus cardinalis 1876, 404. 1887, 303. 304. 1892, 26.
— gabonensis 1884, 190.
— hartlaubi 1887, 150. 303. 304. 308. 1892, 26.
— hemprichi 1885, 125. 1887, 302. 1889, 274. 1892, 26.
— lafresnayi 1886, 596. 1892, 183.
— lugubris 1884, 190.
— minutus 1875, 220.
— sharpii 1879, 428. 1892, 182. 183.
— tropicalis 1887, 302. 1892, 235.
— xantholophus 1885, 462.
— zanzibari 1885, 125. 1887, 303. 304. 1892, 26.
Dendroplex 1873, 395.
Dendrornis 1873, 395. 396.
— elegans 1889, 304.
— erythropygia 1869, 305.
— — aequatorialis 1886, 91.
— lacrymosa 1886, 91.
— multiguttata 1889, 304.
— palliatus 1889, 304.
— pardalotus 1869, 305.
— polysticta 1886, 91.
Dendrortyx leucophrys 1869, 373.
Dentirostres 1870, 153. 1871, 158. 1891, 250.
Dermophrys atricapilla 1872, 316.
— jagori 1872, 316.
— maja 1889, 355.
Deroptyus 1881, 2. 280. 281.
— accipitrinus 1881, 380.
Desmognathae 1874, 347.
Diallectes 1872, 233.
— albiventris 1872, 233.
— bicolor 1872, 234.
— borbae 1872, 234.
— granadensis 1872, 234.
— major 1872, 233.
— melanocrissus 1872, 234.
— melanurus 1872, 234.
— semifasciatus 1872, 234.
— stagurus 1872, 233.
— transandeanus 1872, 234.
Diaphorophyia blissetti 1873, 462.
— castanea 1887, 300. 305. 1891, 383.
Dicaeidae 1880, 311. 336. 1884, 442. 1885, 33. 372. 1890, 145. 1891, 202. 416.
Dicaeinae 1890, 127.

6*

Drymoeca striaticeps 1892, 395.
— stulta 1869, 335. 1886, 579.
— subcinnamomea 1886, 443.
— superciliosa 1875, 44. 45.
— tenella 1868, 412. 1877, 30.
  1883, 365. 1885, 140. 1886,
  578. 1887, 77. 1892, 57.
— terrestris 1887, 158. 1892, 56.
— troglodytes 1871, 79.
— undosa 1882, 211. 235. 1883,
  203. 338. 365. 1884, 424.
Drymoica 1878, 334.
— eremita 1870, 384.
— inquieta 1870, 384.
— modesta 1881, 422.
— saharae 1870, 45. 384.
— striaticeps 1870, 384.
— stulta 1878, 222.
— superciliosa 1878, 222.
— tenella 1878, 222.
Drymornis 1889, 185.
— bridgesi 1891, 123.
Dryobates namiyei 1887, 112.
Dryocopinae 1874, 227. 1882, 424.
Dryocopus erythrops 1887, 133.
— lineatus 1884, 319.
— martius 1868, 336. 1871, 186.
  1873, 16. 304. 1874, 399. 1875,
  254.. 1876, 116. 1877, 212. 447.
  1878, 132. 210. 1880, 272.
  1882, 337. 1885, 24. 203. 269.
  404. 1886, 133. 235. 1887, 170.
  191. 445. 1888, 85. 408. 1889,
  215. 1890, 23. 40. 44. 1892,
  326. 1893, 151.
— richardsi 1880, 195.
— scapularis 1869, 364.
— turdinus 1874, 87.
Dryodromas 1882, 346. 349. 1884,
  426.
— flavidus 1878, 222. 1882, 346.
  1884, 425. 426. 1892, 57.
— flavocincta 1892, 57.
— fulvicapillus 1882, 349. 1884,
  425.
— melanurus 1882, 349. 1884, 425.
Dryonastes 1886, 443.
— ruficollis 1889, 412.
Dryopicus martius 1873, 97. 1874,
  336.
Dryoscopus 1873, 217. 1877, 179.
  207. 334. 1885, 348. 1886, 122.
  415. 429. 1887, 239. 1889, 116.
  117. 199.
— aethiopicus 1883, 182. 1885, 66.
  129. 1886, 411. 412. 413. 414.
  415. 416. 418. 432. 1887, 141.
  153. 239. 1889, 116. 117. 120.

Dryoscopus affinis 1877, 207. 1878,
  258. 274. 1883, 182. 354. 1885,
  129. 1887, 305. 1889, 278. 279.
  1891, 59.
— bicolor 1877, 24. 1889, 116. 117.
  118. 119. 120.
— cinerascens 1880, 212. 1881, 100.
  1892, 37.
— coronatus 1875, 128.
— cruentatus 1887, 64.
— cubla 1876, 415. 1877, 103.
  1878, 224. 1883, 181. 355. 1885,
  129. 1886, 413. 417. 422. 427.
  428. 429. 1887, 63. 153. 239.
  1889, 279. 1891, 454.
— funebris 1879, 300. 322. 1887,
  63. 1891, 59. 340. 1892, 38.
— gambensis 1873, 217. 1877, 24.
  1886, 588. 1887, 300. 305. 1891,
  59. 154. 384. 1892, 37.
— guttatus 1876, 415. 1889, 116.
  117. 118. 119. 120.
— hamatus 1883, 182. 1885, 44.
— leucopsis 1868, 412. 1878, 258.
  274. 1879, 277. 303.
— leucorhynchus 1877, 24. 1887,
  305. 1890, 119. 1892, 183.
— lühderi 1890, 119.
— lugubris 1878, 259. 1879, 277.
  346. 1892, 38.
— major 1873, 217. 1875, 222.
  1877, 24. 1881, 101. 1886,
  588. 1887, 305. 1889, 117.
  118. 119. 120. 278. 1891, 345.
  384. 1892, 38.
— — casatii 1889, 116. 119.
— — mossambicus 1880, 141. 142.
  1881, 100. 1885, 129. 1889,
  278.
— mossambicus 1881, 101.
— neglectus 1889, 119.
— nigerrimus 1879, 322. 346.
— orientalis 1889, 278. 279.
— picatus 1889, 116. 119. 120.
— ruficeps 1886, 128.
— salimae 1878, 224. 258. 274. 1879,
  303. 1883, 182.
— similis 1876, 415.
— sublacteus 1877, 207. 1878, 274.
  275. 1879, 277. 303. 346. 1880,
  189. 1883, 182. 1885, 129. 1887,
  63.
— sticturus 1885, 129. 1889, 116.
  119. 120.
— thamnophilus 1868, 412. 1876,
  334.
— tricolor 1877, 24. 103.
Dryospiza canariensis 1887, 93.
— leucopygia 1868, 94.
— leucopygos 1868, 94.

1872, 17. 87. 139. 335. 380. 336.
1873, 9. 15. 143. 146. 410. 419.
1875, 111. 174. 208. 427. 1876,
126. 158. 1877, 35. 64. 301. 307.
1878, 39. 393. 1879, 60. 119.
369. 1880, 41. 147. 231. 265.
278. 348. 376. 1881, 309. 1882,
55. 1883, 41. 109. 202. 383.
1884, 24. 1885, 92. 202. 309.
352. 1886, 318. 1887, 82. 85.
165. 202. 212. 262. 287. 313. 462.
534. 535. 572. 1888, 28. 106. 232.
233. 309. 419.'492. 1889, 75. 130.
133. 150. 256. 1890, 32. 41. 96.
193. 312. 404. 1891, 167. 281.
1892, 203. 322. 439. 449. 1893,
53. 54. 161.
Emberiza coronata 1891, 255.
— damarensis 1874, 49.
— elegans 1869, 54. 1875, 253.
1876, 199. 1880, 127. 278. 1881,
59. 1882, 336. 1888, 83.
— esclavonicus 1869, 55.
— flavigastra 1868, 75. 1882, 325.
1887, 73. 1889, 284.. 1892,
50.
— flaviventris 1868, 75. 76. 77. 1875,
42. 50. 1883, 364. 1890, 124.
1891, 159. 1892, 50.
— fuscata 1868, 34. 1869, 56. 1871,
215. 1875, 252. 1876, 198.
1880, 128. 280. 1881, 59. 1888,
84.
— giglioli 1873, 88. 1874, 329. 330.
— godlewskii 1874, 330. 1880, 280.
1886, 543.
— gracilis 1891, 256.
— hortulana 1868, 38. 74. 75. 391.
403. 406. 1869, 339. 1870, 31.
32. 180. 186. 220. 237. 393. 1871,
221. 306. 1872, 153. 335. 381.
462. 1873, 88. 143. 148. 342. 381.
1874, 52. 409. 420. 449. 453.
1875, 111. 123. 174. 267. 268.
1876, 126. 183. 184. 1877, 59.
64. 198. 307. 1878, 39. 92. 124.
125. 393. 1879, 369. 390. 1880,
4. 41. 138. 147. 278. 279. 376.
1881, 190. 211. 1882, 54. 1883,
41. 1884, 5. 24. 1885, 24. 202.
301. 308. 309. 1886, 134. 319.
1887, 165. 262. 536. 1888, 234.
440. 1889, 75. 220. 1890, 4.
32. 41. 1891, 167. 281. 1892,
242. 1893, 55. 161.
— buttoni 1873, 347. 1875, 174
1876, 184. 1880, 279. 1886,
526.
— hyperborea 1891, 256.
— icterica 1877, 219.

Emberiza intermedia 1868, 79. 1874,
48. 52. . 1880, 266. 281.
— lapponica 1869, 87. 1893, 161.
— leucocephala 1873, 86. 1874, 335.
398. 1875, 254. 1888, 106.'309.
1892, 229.
— luteola 1877, 110. 1880, 277. -
— melanocephala 1871, 213. 307.
1872, 384. 1873, 9. 1875, 266.
1876, 66. 99. 1877, 199. 1879,
390. 1880, 277. 1882, 55. 1883,
41.
— melodia 1891, 256.
— meridionalis 1868, 74.
— miliaria 1868, 73. 391. 403. 1870,
220. 397. 398. 1871, 305. 1872,
153. 380. 386. 1873, 9. 342. 381.
1874, 52. 409. 1875, 269. 270.
409. 1876, 126. 1877, 64. 199.
308. 318. 1878, 38. 394. 1879,
59. 100. 119. 271. 390. 1880, 41.
147. 277. 376. 1882, 56. 1883,
41. 383. 1884, 5. 24. 1885, 92.
202. 261. 1886, 485. 1887, 82.
165. 202. 212. 261. 533. 1888,
28. 223. 233. 1889, 130. 220.
1890, 312. 404. 468. 479. 1892,
393. 1893, 54. 61.
— mitrata 1891, 256.
— nivalis 1869, 18. 86. 1871, 305.
1872, 335. 1875, 427. 1877,
64. 72. 307. 1878, 393. 1879,
119. 1880, 41. 376. 1882, 54.
1883, 41. 220. 1885, 444. 1887,
102. 164. 188. 262. 370. 539. 1888,
85. 1891, 255. 1893, 161.
— olivacea 1874, 307.
— orientalis 1889, 284.
— oryzivora 1874, 129.
— pallasi 1869, 336. 1874, 398.
1880, 281. 1882, 336.
— pallida 1871, 282. 1874, 122.
— palustris 1877, 198.
— passerina 1869, 395. 401. 1871,
282. 1882, 336.
— personata 1869, 54. 1876, 199.
1880, 128. 1888, 84.
— pileata 1892, 82.
— pityornus 1868, 141. 335. 339.
1869, 55. 142. 217. 1871, 307.
1872, 384. 1873, 86. 341. 382.
383. 1874, 330. 398. 418. 436.
1875, 97. 174. 197. 253. 254.
1877, 70. 198. 1880, 130. 280.
1881, 59. 1882, 336. 1883, 41.
1886, 526. 1888, 84.
— polaris 1869, 56. 395. 396. 400.
1880, 282. 1881, 184. 1882, 336.
— pusilla 1868, 335. 1869, 56. 400.
402. 1871, 213. 1872, 307. 1873,

90. 421. 1874, 335. 398. 1875,
270. 1876, 99. 1877, 69. 198.
1878, 125. 1880, 130. 277. 281.
1883, 108. 1886, 542. 1888,
85. 1891, 167. 1892, 229. 1893,
53. 54.
Emberiza pyrrhuloides 1873, 380.
385. 1874, 409. 1879, 390. 442.
1880,281. 1881, 190. 418. 1882,
57.
— quelea 1886, 391.
— quinquelineata 1874, 323. 935.
1875, 252. 1880, 129.
— quinquevittata 1868, 75.
— rufibarba 1868, 74. 1875, 174.
— rufina 1883, 271. 1891, 246.256.
— rutila 1869, 54. 1880, 129. 278.
1888, 84.
— rustica 1868, 335. 1869, 55.
1870, 463. 1871, 215. 1872,
138. 307. 309. 1873, 89. 421.
1874, 335. 398. 1876, 99. 1877,
69. 198. 1878, 125. 1880, 128.
277. 281. 1881, 59.. 1885, 202.
1888, 84.
— saharae 1888, 232. 1891, 52. 55.
1892, 316.
— salvadorii 1891, 64.
— savanna 1871, 282.
— schoeniclus 1868, 79. 118. 1869,
19. 55. 56. 87. 395. 396. 401.
1870, 220. 1871, 82. 305. 1872,
87. 139. 380. 1873, 9. 148. 1874,
52. 418. 422. 1875, 270. 409. 427.
1876, 126. 159. 161. 1877, 34.
64. 198. 308. 1878, 40. 394. 1879,
119. 369. 1880, 41. 231. 281. 376.
1881, 184. 309. 1882, 56. 1883,
41. 383. 1884, 25. 1885, 202.
1887, 165. 202. 212. 260. 262. 287.
538. 1888, 50. 232. 1889, 150.
256. 262. 1890, 32. 41. 1891,
281. 310. 1892, 202. 242. 1893,
161.
— — var. minor 1869, 396. 1882,
336.
— scotops 1891, 63.
— septemstriata 1868, 77. 78.
— shah 1876, 184.
— socialis 1871, 282.
— spec. 1887, 202.
— spinoletta 1891, 246.
— spodocephala 1868, 335. 339.
1869, 54. 1872, 353. 1873, 84.
1874, 335. 1875, 254. 1876,
199. 1880, 128. 278. 1881, 59.
1888, 83.
— stewarti 1868, 34. 1880, 279.
— stracheyi 1875, 174. 1880, 129.
279.

Emberiza striolata 1868, 78. 79. 1872,
152. 1880, 266. 279. 1888, 232.
1892, 50.
— sulphurata 1880, 278.
— tahapisi 1892, 56.
— tristrami 1875, 252. 1876, 198.
1880, 129. 1881, 59. 1888, 84.
— unalaschkensis 1885, 184. 1891,
246. 256.
— usticollis 1891, 64.
Emberizidae 1888, 232.
Emberizinae 1868, 73. 1875, 42.
1882, 386.
Emberizoides melanotis 1887, 116.
— sphenurus 1887, 116.
Embernagra conirostris 1884, 296.
— olivascens 1887, 130. 1891, 120.
— platensis 1887, 10. 116. 1891,
120.
— striaticeps 1869, 301.
— superciliosa 1869, 301.
Emblema picta 1876, 322.
Eminia 1882, 456. 1883, 244.
— lepida 1881, 223. 1882, 456.
1887, 76. 1891, 340. 342. 346.
1872, 57.
Empharis 1877, 163.
Empidagra suiriri 1878, 197. 1887,
118. 1891, 121.
Empidochanes altirostris 1868, 196.
— argentinus 1868, 196.
— euleri 1868, 184. 195. 196. 1874,
88.
— fuscatus 1868, 195. 196.
Empidonax 1872, 427.
— acadicus 1871, 268. 286. 1872,
427. 1883, 91. 92.
— bimaculatus 1887, 3. 118.
— brunneus 1887, 3. 118. 223.
— difficilis 1883, 259.
— flavescens 1869, 308.
— flaviventris 1869, 308. 1883, 91.
— minimus 1883, 85. 92.
— pusillus 1871, 286. 1883, 267.
1885, 185.
— traillii 1869, 308. 1883, 92.
Empidonomus varius 1887, 118. 1889,
302.
Engyptila 1884, 272. 1886, 128.
389. 624.
— chalcauchenia 1887, 124. 1891,
123.
Enicognathus 1881, 284.
Enicurus maculatus 1868, 29.
— ruficapillus 1886, 444.
— scouleri 1868, 29. 1886, 445.
Ennoctonus 1875, 98. 146. 1878,
133.
— affinis 1885, 131.
— arenarius 1875, 179.

Erionotus ambiguus 1874, 86.
— coerulescens 1874, 86.
Erismatura 1885, 148.
— dominica 1874, 314. 1875, 384.
1878, 162. 191. 1881, 70. 1887,
133.
— ferruginea 1869, 378. 1887, 133.
1891, 125.
— leucocephala 1874, 50. 54. 1879,
334. 335. 1888, 285. 1890, 84.
1891, 170. 1892, 430. 1893, 95.
— mersa 1873, 344. 1875, 185.
1879, 260.
— rubida 1874, 314. 1875, 384.
1878, 162. 191. 1885, 148.
Erithacus 1891, 31.
— brehmi 1892, 198. 199.
— cairii 1891, 32. 166. 1892, 197.
198. 1893, 111.
— cyaneculus 1890, 37. 42. 1891,
41. 165. 277. 1892, 197. 238.
— hyrcanus 1876, 178. 179. 1890,
389. 392.
— luscinia 1885, 24. 1890, 37. 42.
1891, 165. 277. 1892, 197.
— moussieri 1888, 206. 1892, 413.
— philomela 1885, 24. 1890, 5. 37.
42. 66. 1891, 165. 277.
— phoenicurus 1887, 88. 188. 196.
260. 508. 509. 512. 1890, 37. 42.
1891, 165. 277. 1892, 197. 238.
— rubecula 1871, 226. 1872, 139.
1876, 144. 157. 178. 1877, 202.
284. 318. 428. 1878, 16. 373. 407.
1879, 54. 117. 1885, 91. 194.
1886, 455. 482. 493. 1887, 88.
98. 191. 195. 212. 260. 290. 515.
1888, 19.
— rubeculus 1872, 87. 1890, 37.
42. 268. 283. 385. 391. 470. 478.
1891, 165. 277. 1892, 197. 413.
— suecicus 1891, 41. 165. 1892,
238.
— superbus 1890, 284. 304. 311. 383.
391. 479.
— tithys 1887, 88. 102. 195. 212.
216. 260. 506. 508. 512. 513. 1890,
37. 42. 1891; 165. 166. 277. 1892,
169. 197—199. 238. 317. 1893,
111.
Erodiscus 1877, 242.
Erodius 1877, 268. 277.
— garzetta 1882, 436. 440. 1885,
161.
Eroessa tenella var. minor 1884, 425.
— Viridis 1886, 443.
Erythacus 1872, 112. 1884, 2.
— hyrcanus 1880, 258. 271. 1889,
183.
— luscinia 1889, 144.

Erythacus philomela 1889, 144.
— phoenicurus 1889, 150.
— rubecula 1869, 110. 1874, 52.
1880, 270. 1889, 199.
— rubeculus 1880, 16. 359. 1882,
23. 79. 1883, 19. 376. 1884, 10.
— suecicns 1889, 150.
— superbus 1889, 183. 199. 263.
— tithys 1889, 144. 217.
Erythra leucomelana 1884, 215.
— phoenicura 1882, 438. 441. 1883,
139. 1885, 162. 354.
Erytbrauchoena 1891, 414.
Erythrina 1868, 71.
Erythrobucco 1889, 340.
Erythrocercus maccalli 1883, 103.
— livingstonii 1883, 103.
— thomsoni 1883, 103. 1884, 391.
1885, 128.
Erythrocichla 1886, 443.
Erythromyias 1880, 199.
Erythronota edwardi 1869, 317.
Erythropitta 1890, 146.
— celebensis 1883, 137.
— erythrogastra 1882, 169. 1890,
146.
— propinqua 1890, 146. •
Erythropus 1884, 233.
— amurensis 1870, 286. 1892, 441.
— raddei 1873, 113. 1874, 334.
— vespertinus 1869, 321. 1870, 180.
195. 285. 286. 1871, 24. 180.
1872, 348. 384. 1873, 113. 418.
457. 1874, 94. 342. 1875, 171.
1876, 312. 1878, 90. 1879, 129.
267. 1880, 259. 1885, 78. 233.
1886, 169. 1887, 190. 192. 193.
372. 1888, 41. 109. 154. 336.
1892, 340.
— vespertinus var. amurensis 1873,
113.
Erythropygia 1884, 442. 1891, 62.
— brunneiceps 1891, 63.
— coryphaeus 1882, 345.
— hartlaubi 1891, 41. 63. 221. 1892,
58.
— leucoptera 1885, 141. 1887, 77.
1891, 41. 61. 62. 340.
— munda 1887, 306.
— paena 1884, 425.
— phoenicoptera 1888, 233.
— ruficauda 1882, 345. 1884, 425.
442. 1887, 301. 1888, 99. 1891,
61. 62. 164.
— simplex 1882, 345.
— vulpina 1891, 62.
— zambesiana 1884, 425. 442. 1891,
61. 62.
Erythrospiza 1875, 98.

Erythrospiza githaginea 1870, 51. 1874, 48. 1888, 130. 226. 249. 1890, 297. 308. 1892, 316. 1893, 68.
— hiogastra 1877, 365.
— incarnata 1873, 346. 353. 374. 383. 1874, 437. 1875, 173.
— mongolica 1886, 526. 527. 541.
— obsoleta 1873, 346. 384. 1874, 412. 419. 1875, 75. 79. 173. 1876, 184. 1879, 138.
— phoenicoptera 1868, 98. 1873, 339. 346. 371. 387. 1875, 173.
— regia 1882, 452.
— rhodoptera 1875, 173. 1876, 184. 1880, 265.
— sanguinea 1880, 265. 1893, 68.
— serena 1882, 452.
— sinaitica 1868, 97.
— trinotatus 1877, 365. 1883, 134.
Erythrosterna albicilla 1886, 542.
— leucura 1868, 32. 1872, 448. 1873, 119. 1874, 335.
— luteola 1872, 447. 449. 450. 1873, 119. 1874, 335. 1876, 197.
— parva 1868, 32. 1870, 181. 1871, 200. 1872, 448. 1875, 179. 289. 1876, 133. 177. 1877, 200. 1879, 270. 1880, 267. 1887, 162. 163. 467. 1892, 374.
Erythrostomus 1881, 243.
Erythrothorax 1868, 97.
— erythrina 1871, 24. 1873, 9. 14.
Erythrotriorchis 1892, 255.
— doriae 1892, 255. 460.
Erythrura 1870, 121. 1872, 43.
— cyanovirens 1872, 42. 1879, 406. 1882, 452.
— modesta 1880, 291. 1883, 123. 133.
— pealei 1879, 406. 1891, 129.
— phoenicura 1883, 316. 1889, 347. 377. 381.
— prasina 1882, 252.
— regia 1882, 127. 452.
— serena 1882, 127. 452.
— trichroa 1880, 290. 291. 297. 302.
Esacus magnirostris 1884, 229.
Estrelda 1878, 331.
— angolensis 1876, 426. 1887, 308.
— astrild 1868, 7. 8. 9. 13. 1871, 7. 1877, 29. 1892, 48.
— atricapilla 1875, 41. 50. 1886, 544. 1889, 49. 1890, 124. 1892, 188.
— cinerea 1868, 6. 8. 9. 1871, 7.
— dufresnei 1868, 11. 1876, 426.
— effrenata 1868, 9.
— elegans 1868, 19.

Estrelda ernesti 1868, 10. 11.
— erythronota 1891, 340. 1892, 47.
— erythroptera 1868, 20.
— flaviventris 1868, 10.
— frenata 1868, 8. 9.
— hypomelas 1868, 13.
— kilimensis 1892, 48.
— larvata 1868, 16.
— lateritia 1868, 15. 1869, 336.
— leucotis 1868, 8. 9.
— melanogastra 1868, 13.
— melanopygia 1868, 6.
— melanotis 1868, 11.
— melpoda 1868, 9. 1871, 7. 1873, 216. 1875, 41. 50. 1890, 124. 1891, 389.
— miniata 1868, 11.
— minima 1868, 14. 16. 1891, 345. 1892, 48.
— minor 1892, 48.
— nigricollis 1868, 17.
— nonnula 1889, 46.
— occidentalis 1868, 7. 8.
— paludicola 1868, 9. 10. 13. 1892, 47. 218.
— phoenicotis 1868, 3. 18. 1871, 7. 1873, 216. 1876, 426. 436. 1877, 3. 6. 29. 1887, 308.
— quartinia 1868, 11. 1876, 426. 1891, 345. 1892, 48.
— rhodopareia 1868, 16.
— rhodopsis 1868, 13. 14.
— rhodoptera 1868, 8.
— rhodopyga 1868, 8. 1891, 340. 1892, 48.
— roseicrissa 1892, 3. 47. 218.
— rubricata 1877, 6. 29.
— rubriventris 1868, 7.
— rufibarba 1868, 7.
— rufopicta 1869, 336.
— savatieri 1886, 105.
— senegala 1868, 16.
— speciosa 1868, 19.
— subflava 1871, 7. 1892, 48.
— — orientalis 1868, 11.
— temporalis 1872, 87.
— tenerrima 1892, 47. 188.
— thomensis 1888, 305.
— undulata 1877, 29.
Eucephala grayi 1887, 336.
— hypocyanea 1882, 216.
— pyropygia 1882, 216.
Euchaetes coccineus 1881, 423.
Euchlorornis 1872, 230.
— chlorolepidotus 1872, 230.
Euchroura 1881, 352. 357.
— cingulata 1881, 358. 360.
— dilectissima 1881, 358. 361.
— bueti 1881, 358. 360.
— melanonota 1881, 358. 359.

Euplocomus lineatus 1891, 36.
— praelatus 1885, 21.
— vieilloti 1885, 160.
Eupodornithes 1888, 117. 118.
Eupodotis colei 1876, 298.
— denhami 1881, 223.
— gindiana 1883, 401.
— melanogastra 1876, 298. 434.
— ruficristata 1883, 401.
— senegalensis 1873, 213. 1874,
382.
Euprinodes 1882, 346. 1884, 426.
— flavidus 1882, 346. 1884, 426.
1891, 67. 68.
— flavocincta 1882, 346. 1884, 182.
425. 426. 1891, 67. 68. 163.
1892, 57.
— golzi 1884, 182. 1885, 140.
1887, 76. 1891, 67. 68. 1892,
57.
Eupsittula 1881, 272.
Eupsychortyx cristatus 1892, 68—70.
72. 98—100. 102. 114.
— fasciatus 1892, 98.
— gouldi 1892, 100.
— neozenus 1892, 100.
— sonnini 1892, 99. 100.
Eupterornis 1891, 398.
Eurhynchus alecto 1881, 35.
Eurocephalus anguitimens 1869, 328.
1876, 417. 1878, 214. 225. 1879,
347. 1883, 185. 357. 1885, 130.
— rüppellii 1869, 328. 1883, 185.
357. 1885, 130. 1887, 65. 141.
154. 1891, 59. 154.
Eurostopodus astrolabae 1886, 82.
— guttatus 1868, 377.
Eurostopus 1880, 313.
Euryceros 1877, 343.
Eurylaemidae 1881, 223. 1889, 391.
398. 399. 400. 1890, 145. 1891,
295.
Eurylaeminae 1871, 326 u. f. 445.
448. 1882, 393.
Eurylaemus 1878, 332. 1882, 444.
— javanicus 1882, 394. 1889, 358.
392. 393.
— macrorhynehns 1889, 358.
— ochromelas 1882, 394. 1884, 215.
1889, 358. 391. 392. 393. 394. 400.
Eurylaimus ochromelas 1882, 248.
Eurynorhynchus pygmaeus 1877, 159.
275. 1885, 188.
Euryptila 1886, 443.
Eurypyga 1871, 427. 1877, 119.
120. 130.
— helias 1877, 275. 1885, 417.
1887, 133. 1889, 320.
— major 1869, 377.

Eurystomus 1871, 445. 448. 1872,
240. 1874, 96. 360. 1875, 13.
1878, 332. 1880, 313. 1886,
422. 428.
— afer 1868, 322. 1875, 14. 49.
1876, 406. 1877, 6. 20. 1878,
217. 234. 255. 287. 1879, 291.
343. 1883, 171. 349. 1885, 57.
127. 1886, 416. 424. 592. 1887,
152. 236. 305. 1889, 277. 1890,
117. 1891, 381. 1892, 27.
— calonyx 1891, 214.
— crassirostris 1885, 32. 1891, 214.
— glaucurus 1889, 277.
— gularis 1873, 214. 301. 1875, 14.
1887, 308. 1890, 117. 1891,
381.
— laetior 1891, 214. 428.
— orientalis 1868, 322. 1869, 50.
1873, 350. 1876, 192. 1880,
115. 1882, 393. 441. 1883, 135.
300. 1885, 155. 1888, 64. 1889,
364. 401. 426. 1891, 214. 297.
— pacificus 1876, 323. 1882, 393.
1891, 401.
— purpurascens 1868, 322.
— rubescens 1868, 322.
— rufobuccalis 1892, 27.
— salomonensis 1891, 214. 428.
Eurystopodius guttatus 1868, 377.
Eurystopodus albigularis 1884, 381.
— guttatus 1884, 381.
— nigripennis 1884, 381.
Euryzona euryzonoides 1881, 425.
— fasciata 1881, 425.
— zonativentris 1881, 425.
Euscarthmus 1874, 87. 98. 1884,
298. 1887, 128.
— cinereicollis 1874, 88.
— granadensis 1874, 87. 98. 1884,
299.
— gularis 1873, 67. 1887, 117.
— impiger 1884, 299.
— limbatus 1874, 88.
— margaritaceiventer 1882, 217.
1887, 12. 117.
— margaritiventris 1891, 121.
— minimus 1878, 197.
— nidipendulus 1887, 131.
— nigricans 1869, 262. 1870, 7.
1891, 121.
— orbitatus 1874, 88.
— pelzelni 1882, 217.
— pyrrhops 1874, 98.
— ruficeps 1874, 87.
— ruficollis 1873, 67.
— rufigularis 1873, 67.
— squamicristatus 1869, 307.
— zosterops 1874, 88.

1874, 70. 1875, 107. 1877, 407.
1883, 209. 1885, 397. 1887,
172. 1888, 101. 102. 1891, 222.
Falco cassini 1873, 462.
— castanotus 1868, 212.
— cenchris 1868, 212. 1869, 25.
1870, 214. 1871, 153. 181. 1872,
396. 1873, 294. 1874, 51. 70.
1876, 34. 1877, 61. 195. 1878,
69. 1879, 44. 274. 386. 1881,
190. 1882, 84. 1884, 5. 1886,
514. 515. 521. 577 599. 1888,
131. 1889, 70. 1890, 40. 91.
— cervicalis 1871, 41. 44. 47. 48.
1876, 311. 312. 1888, 105.
— cheriway 1871, 357.
— chiquera 1889, 436.
— chiqueroides 1871, 47.
— cineraceus 1874, 65. 1875, 415.
— cinerascens 1871, 181.
— columbarius 1871, 274. 1874,
78. 309. 310. 1891, 249.
— communis 1868, 24. 1870, 37.
1871, 49. 50. 51. 179. 1874, 78.
1876, 175. 312. 1883, 126. 1892,
286.
— concolor 1868, 212. 1871, 214.
1872, 333. 1875, 55.
— cuvieri 1877, 14. 1885, 122.
— cyaneus 1871, 181. 1874, 65.
1875, 415.
— degener 1874, 230.
— destructor 1874, 229.
— dichrous 1873, 320.
— dickinsoni 1885, 122.
— diodon 1874, 229.
— dominicensis 1871, 265. 267. 274.
— dussumieri 1869, 25.
— eleonorae 1868, 54. 56. 1870,
384. 1872, 89. 333. 1873, 320.
1877, 196.
— feldeggii 1871, 42. 43. 44. 45. 47.
53. 54. 1872, 333. 1875, 227.
1879, 266. 273. 274. 417. 1888,
131. 154. 1892, 341.
— femoralis 1872, 93. 1891, 114.
— ferox 1869, 29. 1872, 89. 92.
1874, 176.
— fulvus 1869, 83. 1891, 248.
— fuscocaerulescens 1891, 114.
— fuscus 1871, 50. 51.
— gracilis 1868, 212.
— gyrfalco 1868, 55. 249. 1869,
83. 1871, 49. 51. 91. 154. 1872,
113. 128. 309. 333. 386. 1873,
410. 1885, 205. 1888, 102. 340.
1889, 150. 187. 1890, 236. 254.
1891, 222.
— haliaëtus 1871, 177. 1884, 166.
— hamatus 1873, 283.

Falco hendersoni 1873, 354.
— herbaceus 1871, 52.
— horus 1868, 212.
— hudsonicus 1871, 267.
— imperator 1891, 248.
— islandicus 1869, 108. 415. 1871,
83. 91. 106. 107. 1872, 137. 309.
1873, 62. 1875, 162. 1888,
102.
— islandus 1873, 21. 1885, 205.
1891, 214.
— jugger 1871, 48. 1872, 156.
1889, 436.
— lagopus 1870, 176. 1871, 178.
1874, 73.
— lanarius 1868, 55. 249. 1871,
41. 42. 44. 45. 49. 179. 1872, 290.
333. 461. 1873, 126. 129. 137.
139. 1874, 49. 51. 453. 1875,
227. 1876, 175. 1879, 41. 104.
112. 266. 267. 274. 1880, 259.
1881, 209. 1888, 155. 1889,
70. 1891, 168. 192. 222. 1892,
341.
— — capensis 1871, 47.
— — graecus 1871, 42. 1888, 155.
— — nubieus 1871, 41. 42.
— laniarius 1870, 180. 192. 318. 384.
1871, 41. 43. 44. 1877, 61. 1887,
377. 1890, 91.
— leucauchen 1873, 287. 288. 1874,
229.
— leucocephalus 1891, 249.
— leucopterus 1891, 248.
— leucurus 1869, 29.
— lithofalco 1869, 83. 108. 1874,
78. 1889, 150. 1893, 154.
— lugger 1871, 49.
— lunulatus 1877, 365.
— macropus 1871, 53.
— maculatus 1875, 157. 162.
— magnirostris 1873, 289. 1874,
229.
— melanogenys 1871, 50. 53.
— mercurialis 1871, 267.
— mexicanus 1871, 41. 1872, 156.
— milvus 1868, 261. 1871, 153.
178.
— minor 1871, 50. 51. 54. 56.
— naevius 1875, 157.
— neglectus 1886, 575. 598.
— nisoides 1873, 286.
— nisus 1869, 25. 1870, 394. 1871,
181. 1873, 286. 295. 1886, 456.
1887, 173. 193. 252. 294. 381.
1889, 328.
— novae-zealandiae 1868, 238. 239.
1872, 87. 1874, 170. 175. 176.
— ornatus 1873, 289.
— osiris 1871, 41.

7*

Falco tscherniajevi 1873, 388. 1875,
171.
— uliginosus 1871, 267.
— vespertinus 1868, 56. 250. 1870,
214. 1871, 120. 1872, 386. 396.
1873, 294. 1874, 51. 1876, 34.
1877, 195. 322. 1878, 68. 1879,
44. 112. 1880, 63. 226. 1881,
304. 1882, 84. 1885, 205. 1887,
190. 192. 193. 372. 1888, 41. 109.
1889, 70. 1890, 40. 91. 1891,
168. 172. 284. 1892, 247. 340.
— virgatus 1870, 306.
— xanthothorax 1874, 229.
— yetapa 1873, 284. 1874, 229.
Falcones 1873, 7.
Falconidae 1869, 367. 1871, 333.
1872, 87. 1874, 170. 228. 384.
1880, 312. 1881, 77. 1882, 117.
201. 428. 1883, 255. 263. 343. 410.
1885, 31. 121. 456. 1887, 53.
229. 1888, 140. 1890, 40. 109.
138. 144. 1891, 58. 114. 144. 168.
415. 416.
Falconinae 1871, 441. 1874, 229.
. 1882, 429.
Ficedula abietina 1893, 159.
— bonelli 1872, 134.
— coronata 1875, 429.
— elaeica 1871, 5. 1876, 181.
— fitis 1880, 238.
— hippolais 1893, 159.
— hypolais 1872, 134. 1876, 158.
1877, 296. 1878, 383. 389. 1880,
29. 146. 237. 369. 1882, 38. 1883,
31. 1884, 19. 1886, 494.
— icterina 1871, 214. 1875, 429.
— rufa 1869, 218. 1880, 238. 1886,
494.
— sibilatrix 1880, 238. 1886, 494.
1893, 159.
— trochilus 1869, 228. 1880, 238.
1886, 494. 1893, 159.
Fisens 1878, 133. 134. 1879, 214.
— capelli 1880, 97.
— caudatus 1878, 226. 1883, 357.
1885, 131.
— collaris 1880, 97.
— dorsalis 1878, 205. 226. 1879,
213.
— humeralis 1878, 205. 226. 1885,
131. 1892, 39.
— newtoni 1891, 429.
— souzae 1880, 220.
Fissirostres 1870, 153. 1871, 158.
1888, 138. 164. 1890, 315. 488.
Floricola 1881, 86. 1887. 321.
Florida 1877, 260.
— caerulea 1874, 313. 1875, 305.
1878, 161. 187.

Florisuga fusca 1874, 283. 284.
— mellivora 1869, 315. 1887, 317.
1889, 305.
— sallei 1891, 215.
Fluvicola 1878, 331. 332.
— albiventris 1887, 117.
— pica 1884, 318.
Fluvicolinae 1871, 455. 1874, 87.
Formicaridae 1869, 305.
Formicariidae 1871, 80. 1882, 352.
1883, 209. 224. 1887, 119. 1891,
123.
Formicarius analis 1869, 306. 1889,
305.
— hoffmanni 1869, 306.
— pallidus 1884, 388.
Formicivora 1883, 336.
— boucardii 1869, 305.
— griseigula 1886, 93.
— intermediae 1884, 308.
— rufatra 1874, 86. 1887, 120.
— schisticolor 1869, 305.
Foudia 1886, 435.
— erythrops 1880, 325. 1891, 388.
— madagascariensis 1869, 81. 287.
357. 415. 1870, 25.
Foulehaio musicus 1870, 125.
Francolinus 1871, 438. 1875, 292.
. 1882, 272. 273. 1885, 42. 71.
1886, 415. 419. 422. 1891, 58.
398.
— adspersus 1876, 305.
— altumi 1884, 179. 1885, 120. 367.
1887, 51. 139. 1889, 340. 1890,
77.
— ashantensis 1876, 434. 1877, 13.
1889, 87. 88. 340.
— bicalcaratus 1873, 213. 1874,
383. 1876, 434. 1886, 602.
1891, 374.
— böhmi 1887, 135. 156. 1892, 17.
— clamator 1879, 208. 1882, 276.
— clappertoni 1884, 179.
— coqui 1882, 194. 1883, 341.
1887. 147. 156. 1891, 58. 1892,
17.
— cranchi 1882, 194. 1883, 341.
1885, 71. 1886, 415. 416. 431.
432. 1887, 52. 136. 139. 147. 229.
1892, 17.
— europaeus 1874, 53.
— finschi 1882, 116.
— fischeri 1887, 51.
— gariepensis 1876, 305. 1880, 140.
1882, 195. 1885, 120.
— granti 1879, 284. 300. 303. 339.
1882, 328. 1885, 119. 120. 1887,
52. 1891, 338.
— gutturalis 1882, 116.

Galerida miramarae 1882, 316. 1884, 411.
— microcristata 1873, 202. 204. 1890, 102.
— modesta 1868, 229. 1873, 208.
— nigricans 1868, 61.
— randonii 1873, 206. 1888, 217. 1893, 35.
— rüppelli 1890, 102.
— rutila 1868, 227. 1873, 208.
— senegalensis 1868, 223.
— — cristata 1868, 223.
— theklae 1873, 200. 201. 202. 203. 1888, 217. 1893, 32.
— undata 1873, 203.
Galerita arborea 1892, 202. 321.
— arenicola 1870, 43.
— brachydactyla 1874, 399.
— cristata 1870, 42. 180. 188. 1871, 191. 1874, 318. 399. 448. 449. 1875, 175. 1876, 127. 182. 1878, 37. 1879, 59. 119. 1880, 266. 1881, 190. 1892, 202. 299. 1893, 31. 34.
— isabellina 1870, 42. 43. 1892, 316. 1893, 37.
— macrorhyncha 1870, 43. 1892, 316. 1893, 35.
— magna 1875, 175. 1886, 527.
— praetermissa 1875, 56.
— randoni 1870, 42. 13.
—: striata 1870, 42.
— teclae 1879, 443. 1893, 32.
Galgulus pilosus 1868, 320.
Gallicrex cinerea 1882, 178.
Gallidae 1891, 301.
Gallinacei 1871, 324 u. f. 1874, 10. 1884, 347. 1887, 295. 1890, 288. 1891, 258.
Gallinae 1869, 373. 1871, 158. 1872, 168. 1874, 112. 1880, 310. 1882, 352. 432. 1884, 437. 1885, 34. 1887, 124. 1891, 414.
Gallinago 1881, 331. 1885, 51. 144. 1891, 415.
— aequatorialis 1876, 299. 300.
— andina 1887, 36.
— angolensis 1876, 299.
— aucklandica 1870, 352. 1872, 174. 1874, 172. 197.
— brasiliensis 1887, 36.
— coelestis 1888, 305. 308. 1889, 434. 1890, 13. 39. 88. 1891, 169. 287. 425. 1892, 211.
— frenata 1874, 252. 253. 1887, 36.
— gallinaria 1885, 96. 208. 219.

1888, 37. 277. 1890, 313. 456. 1893, 89.
Gallinago gallinula 1871, 386. 1872, 382. 1873, 407. 409. 410. 416. 1874, 53. 1877, 330. 1878, 424. 1880, 78. 1885, 209. 331. 1886, 370. 1887, 180. 190. 209. 267. 592. 1888, 277. 548. 1890, 13. 39. 88. 200. 313. 456. 1891, 169. 185. 197. 287. 1892, 211. 230. 249. 1893, 90.
— heterocerca 1870, 235. 1872, 317. 1873, 104. 119. 1874, 336. 1876, 201.
— heteroeaca 1872, 317.
— heterura 1872, 317.
.— horsfieldi 1873, 105. 1875, 255. 1876, 201. 1880, 132. 1888, 92.
— imperialis 1874, 252.
— major 1870, 54. 181. 1871, 139. 1872, 383. 1873, 17. 407. 410. 417. 1874, 49. 53. 1876, 299. 1877, 331. 1878, 424. 1880, 79. 139. 1885, 24. 116. 208. 331. 404. 1886, 134. 370. 1887, 157. 180. 209. 266. 592. 1888, 265. 548. 1890, 13. 32. 88. 1891, 169. 197. 287. 420. 1893, 79.
— media wilsoni 1885, 144. 188.
— megala 1873, 104.
— nesiotis 1891, 400.
— nigripennis 1876, 299. 300.
— paraguayae 1874, 252. 253. 1887, 36. 126. 1891, 126.
— pusilla 1870, 243. 352. 1872, 33. 174. 1874, 197.
— scolopacinus 1868, 36. 1870, 54. 181. 1871, 24. 139. 386. 1872, 382. 1873, 17. 407. 408. 409. 410. 416. 1873, 105. 106. 1874, 53. 336. 400. 1876, 188. 1877, 330. 1878, 424. 1880, 79. 1881, 187. 1885, 330. 1886, 369. 1887, 180. 190. 209. 260. 296. 592. 1888, 548. 1889, 134. 136. 150. 213. 260. 1890, 198.
— solitaria 1873, 104. 1875, 255. 1882, 340.
— spec. 1887, 157.
— stenura 1870, 235. 1873, 105. 1889, 381.
— uniclava 1874, 325. 1875, 255.
— wilsoni 1874, 313. 1875, 321. 1888, 278.
Gallinula 1872, 54. 1882, 279. 1885, 145. 1888, 99. 1891, 414.
— angulata 1876, 298.

Gerygone modesta 1872, 316.
— modigliani 1892, 217.
— simplex 1872, 316.
— sulphurea 1873, 157.
— sylvestris 1874, 171. 188.
Girrenera 1883, 114.
Glandarius pictus 1875, 427.
Glareola 1871, 427. 1876. 88. 89.
1878, 341. 1879, 444. 1884,
437. 1885, 71. 1886, 422. 431.
433. 1891, 414.
— austriaca 1871, 384.
— cinerea 1877, 11. 1886, 610.
1887, 299.
— grallaria 1873, 405.
— limbata 1875, 183.
— melanoptera 1874, 53. 1875,
183. 1877, 67. 73. 1892, 233.
— nordmanni 1878, 363. 1880,
275.
— nuchalis 1877, 9. 11.
— — libeiiae 1882, 113.
— ocularis 1879, 296. 337. 1885,
115.
— orientalis 1882, 253. 1892,
229.
— pratincola 1870, 181. 1871, 137.
384. 1872, 384. 1873, 332. 344.
380. 1874. 53. 409. 1875, 183.
283. 1876, 187. 1877, 193.
1878, 363. 1879, 274. 391. 1880,
275. 1881, 190. 1882, 100. 1888,
266. 1890, 85. 312. 451. 1891,
170. 289. 338. 1892, 248. 308.
424. 1893, 79.
— torquata 1873, 119. 120. 121. 123.
1877, 67. 1879, 124.
Glareolidae 1888, 265. 1891, 414.
Glaucidium brodiaei 1868, 25
— capense 1883, 344. 1887, 148.
1891. 59. 144.
— cuculoides 1881, 79.
— dasypus 1879, 49.
— ferox 1887, 122.
— ferrugineum 1869, 206. 208. 242.
244. 1874, 228.
— gnoma 1869, 205. 207. 366. 1876,
447.
— griseiceps 1876, 447.
— havanense 1869, 207. 1890,
336.
— jardinii 1869, 208.
— infuscatum 1869, 205. 207. 208.
— nanum 1869, 205. 206. 1891,
115.
— noctua 1879, 49.
— passerinoides 1869, 207. 243. 245.
— passerinum 1868, 331. 1870,
110. 117. 1871, 64. 120. 182.
· 1872, 349. 379. 1873, 8. 421.

1875, 243. 1877, 57. 1879,
130. 1880, 263. 1885, 91. 204.
1890, 339. 1893, 112. 119.
Glaucidium perlatum 1887, 148.
1891, 59. 144.
— phalaenoides 1869, 208.
— pumilum 1869, 206. 208. 244. 246.
1876, 447.
— siju 1869, 205. 207. 1871, 265.
268. 375. 1874, 143. 1890, 298.
309. 336. 337. 339.
Glaucion clangula 1873, 110. 407.
1874, 337. 1875, 185. 1878,
433. 1880, 91. 276. 404. 1882,
105. 1883, 73. 1885, 379. 405.
406. 1888, 305.
— hyemalis 1875, 185.
Glaucionetta clangula americana 1891,
269.
Glaucis 1877, 351.
— aeneus 1869, 315. 1887, 314.
— cervinicauda 1887, 314.
— hirsuta 1874, 225.
— lanceolatus 1887, 314.
— melanura 1887, 314.
— ruckeri 1869, 315.
— typus 1887, 314.
Glaucopidae 1874, 172. 181. 191.
Glaucopinae 1868, 305. 1872, 166.
1882, 393.
Glaucopis 1872, 166.
— cinerea 1870, 324. 325. 1872, 167.
1874, 172. 191.
— frontalis 1873, 275.
— olivascens 1870, 324. 1872, 167.
1874, 192.
— senegalensis 1868, 305.
— wilsoni 1870, 324. 1872, 167.
1874, 172. 192.
Glaucus borealis 1873, 111.
Glenargus leucopterus 1882, 393.
Globicera 1879, 94.
— pacifica 1876, 325.
— rubricera 1876, 325.
Glossopsitta 1881, 147.
Glossopsittacus 1881, 144. 147.
Glottis canescens 1871, 23. 142. 389.
1872, 383.
— chloropus 1870, 182.
— melanoleuca 1874, 257.
Glycispina 1868, 74.
— caesia 1868, 74.
— hortulana 1868, 74. 1880, 265.
— huttoni 1880, 258. 265.
Glycyphila satellus 1879, 430.
Glyphorhynchus cuneatus 1884, 307.
1887, 132.
— — castelnaudi 1889, 303.
— pectoralis 1869, 305.
Gnathospiza raimondii 1877, 448.

Goisachius 1891, 415.
— kutteri 1891, 230.
Goisakius 1877, 247. 1881, 424.
— typus 1877, 246.
Goniaphea 1874, 126.
— ludoviciana 1872, 421. 423. 1874, 126.
— melanocephala 1874, 127.
— pårellina 1881, 69.
Gorsachius kutteri 1882, 178.
— melanocephalus 1887, 101.
Gouldia 1887, 328.
— conversi 1869, 315.
— — aequatorialis 1886, 84.
Gouldomyia 1887, 329.
Gonra 1871, 330. 1884, 322. 355 u. f. 1891, 414.
— albertisii 1876, 336.
— coronata 1884, 355. 1885, 34.
— scheepmakeri 1876, 336.
— victoriae 1874, 61.
Gouridae 1871, 443. 1885, 34. 1890, 139. 1891, 414. 415. 416.
Gracula 1889, 380.
— barita 1874, 136.
— baryta 1871, 276.
— carunculata 1869, 16.
— enganensis 1892, 228.
— gnathoptila 1876, 322.
— intermedia 1889, 356. 419.
— javanensis 1889, 356. 391. 419.
— javanica 1892, 228.
— kreffti 1876, 322.
— larvata 1869, 16.
— quiscala 1871, 270.
— rosea 1869, 17.
Graculidae 1883, 400. 1885, 114. 1887, 45. 226.
Graculus 1872, 274. 1874, 215. 1876, 217. 1878, 310. 313. 338. 341. 1886, 433. 435.
— africanus 1874, 215. 1878, 247. 295. 1879, 284. 1882, 179. 1883, 338. 1885, 37. 64. 114. 1887, 137. 144. 226. 1891, 345. 1892, 4.
— bicristatus 1876, 203.
— brasilianus 1874, 282.
— brevirostris 1870, 377. 1872, 259. 260. 1874. 174. 216. 224.
— carbo 1869, 389. 1870, 375. 1872, 257. 258. 1874, 54. 174. 213. 1877, 341. 1879, 284. 1885, 24. 96. 1889, 151.
— carboides 1870, 375. 1872, 258. 1874, 213.
— carunculatus 1870, 375. 1872, 274. 1874, 174. 213. 214.
— chalconotus 1870, 375. 1872, 258. 1874, 174. 214.

Graculus cirrhatus 1870, 375. 1874, 213. 214.
— cormoranus 1883, 398.
— cristatus 1869, 389. 1870, 377. 1889, 146. 151. 1893, 104.
— desmarestii 1893, 104.
— featherstoni 1874, 174. 215.
— floridanus 1875, 400.
— glaucus 1874, 214.
— kochii 1883, 103. 293. 308.
— lagunensis 1883, 104.
— leucopygius 1883, 137.
— lucidus 1878, 247. 296. 1879, 284. 1885, 114. 1887, 137.
— melanoleucus 1870, 375. 1872, 259. 1874, 215. 223. 224. 1877, 381. 1879, 410.
— mexicanus 1868, 70. 1875, 401.
— punctatus 1870, 376. 377. 1872, 259. 274. 1874, 174. 215.
— pygmaeus 1874, 54.
— stictocephalus 1870, 375.
— striatus 1883, 104. 308.
— sulcirostris 1870, 375. 1872, 83. 258. 1874, 174. 213. 1877, 381.
— sumatrensis 1883, 104. 309.
— temmincki 1883, 137.
— varius 1870, 376. 1872, 258. 1874, 174. 215.
— violaceus 1873, 460.
Grallae 1871, 400. 1872, 168. 1874, 49. 1877, 383. 384. 392. 394. 1884, 437. 1890, 288. 1891, 258.
Grallaria albiloris 1881, 90.
— brevicauda 1884, 389.
— dignissima 1880, 335. 1881, 90.
— dives 1869, 306.
— flavotincta 1879, 223.
— guatemalensis 1892, 228.
— haplonota 1890, 256.
— imperator 1873, 255. 256.
— minor 1884, 389.
— perspicillata 1869, 306.
— przewalskii 1884, 389.
— rex 1873, 255. 256.
— ruficapilla 1881, 90.
— ruficeps 1879, 223.
— rufo-cinerea 1880, 197.
— rufula 1880, 197.
— varia 1873, 255. 256.
Grallaricula costaricensis 1869, 306.
Grallatores 1869, 375. 1871, 324. 335. 338. 346. 1873, 12. 144. 1874, 231. 1880, 310. 1882, 352. 434. 1884, 341. 342. 349. 350. 351. 352. 358. 360. 361. 369. 372. 376. 377. 1885, 35. 1886,

8*

171. 1875, 20. 21. 1880, 311.
1881, 98. 200. 402. 1882, 362.
1883, 178. 352. 1884, 53. 389.
1885, 32. 128. 372. 375. 1886,
94. 1887, 62. 114. 237. 1888,
164. 1890, 6. 41. 117. 145. 1891,
59. 118. 153. 168. 294.
Hirundininae 1882, 128. 362.
Hirundo 1872, 431. 1874, 11. 83.
1878, 331. 1881, 200. 402. 1886,
43. 1887, 532. 1889, 187.
— aethiopica 1878, 223. 257. 280.
1879, 302. 344. 1883, 178. 1885,
128. 1886, 590.
— albigularis 1878, 223. 1879, 344.
1885, 128.
— albiventris 1884, 317.
— alpestris 1870, 168. 1873, 334.
346. 371. 385. 387. 1875, 179.
244. 1892, 364.
— — nipalensis 1886, 94.
— americana 1871, 281. 1891, 254.
— anchietae 1876, 409. 410.
— angolensis 1871, 240. 1876, 410.
1892, 31.
— aonalaschkensis 1891, 255.
— apus 1871, 187. 1880, 228.
— arctivitta 1874, 395.
— aterrima 1886, 419. 420.
— atra 1886, 422. 424. 425.
— badia 1889, 390. 391.
— bicolor 1871, 282. 1874, 113. 311.
1891, 247. 254.
— boissonneauti 1875, 276.
— cahirica 1876, 410. 1878, 223.
1892, 359.
— capensis 1876, 409.
— caprimulga 1868, 362.
— cayanensis 1874, 307.
— ciris 1868, 257.
— coronata 1871, 269. 281.
— cryptoleuca 1871, 275.
— cucullata 1876, 409.
— cyanopyrrha 1887, 5.
— daurica 1868, 25. 1874, 51.
1889, 391. 423. 1892, 359.
— domestica 1873, 340. 343. 355.
385. 386. 1874, 420. 1875, 179.
1887, 5.
— dominicensis 1874, 307. 308. 309.
311.
— emini 1892, 3. 30. 215.
— erythrogaster 1871, 286. 1883,
89. 1885, 182. 1886, 95. 1887,
5. 114. 1892, 103. 117.
— esculenta 1880, 298.
— filifera 1868, 25. 1876, 409. 410.
1879, 292. 344. 1885, 63. 71. 128.
1887, 141. 1891, 153.

Hirundo fulva 1869, 405. 1871, 281.
1872, 432. 1874, 308. 309.
— gordoni 1875, 21. 1886, 590.
1891, 382.
— griseopyga 1887, 62. 1891, 340.
1892, 31.
— gutturalis 1869, 405. 1872, 351.
1873, 405. 1874, 334. 395. 1876,
192. 1882, 363. 1886, 94. 1889,
354. 389.
— horreorum 1871, 281. 286. 291.
293. 1872, 419. 431. 1873, 343.
459. 1874, 114. 311. 1878, 159.
172. 1881, 200.
— hyperythra 1889, 391.
— javanica 1869, 405. 1872, 351.
1882, 362. 441. 1885, 32. 1889,
354. 1890, 145. 1891, 294.
— jugularis 1873, 235.
— kamtschatica 1886, 94.
— leucopyga 1872, 351. 1881, 98.
— leucorrhoa 1887, 114.
— leucosoma 1891, 382.
— lunifrons 1881, 66.
— melanocrissa 1891, 340. 345. 382.
1892, 30. 31. 215.
— melanogastra 1881, 66.
— monteirii 1876, 409. 1877, 21.
1878, 222. 257. 280. 1879, 279.
344. 1883, 178. 352. 1885, 128.
1886, 412. 1887, 41. 152. 1891,
59. 153. 1892, 30.
— neoxena 1869, 405.
— niger 1874, 115.
— nigricans 1869, 406. 1870, 243.
246. 1872, 162. 1874, 171.
— nigrita 1877, 8. 21. 1890, 117.
— obscura 1891, 381.
— panayana 1882, 363.
— poeciloma 1874, 311.
— poucheti 1886, 94.
— pristoptera 1869, 406.
— puella 1877, 21. 1878, 222. 257.
280. 1879, 302. 344. 1885, 47.
128. 1886, 417. 424. 425. 1887,
62. 152. 237. 238. 1889, 277.
1891, 59. 153. 345. 1892, 31.
— purpurea 1871, 275.
— riocouri 1869, 405. 1874, 48.
— riparia 1868, 156. 164. 394. 404.
1870, 168. 180. 264. 1871, 201.
282. 1872, 143. 1873, 11. 123.
305. 1874, 11. 114. 311. 452.
1875, 276. 428. 1877, 65. 299.
1878, 95. 386. 1879, 231. 375.
386. 1880, 83. 147. 240. 371.
1882, 44. 159. 1883, 36. 1884,
21. 1885, 259. 1886, 197. 419.
456. 523. 590. 1887, 62. 162. 206.
253. 415. 1888, 166. 308. 375.

Hyphantornis pelzelni 1891, 840.
1892, 44.
— personatus 1868, 170. 1873, 452.
1875, 40. 50. 1890, 121.
— reichardi 1887, 142. 159.
— royrei 1868, 169.
— rubiginosus 1868, 168. 1878, 231.
1883, 362. 1885, 133.
— somalicus 1868, 169.
— spec. 1886, 436.
— subpersonata 1876, 92. 1877,
27.
— superciliosus 1877, 3. 27. 1891,
387.
— taeniopterus 1868, 168.
— temporalis 1880, 322.
— textor 1869, 336. 415. 1872, 391.
1873, 214. 449. 1874, 361. 364.
1876, 436. 1877, 26. 1886, 585.
1890, 121. 1891, 387.
— velatus 1868, 166. 1876, 425.
— vitellinus 1868, 168. 1872, 391.
1873, 215. 449. 452. 1874, 364.
1875, 40. 1876, 436. 1884, 240.
1885, 70. 133. 1887, 142. 159.
— xanthops 1876, 426. 1886, 421.
1887, 141. 154. 158. 159. 241.
1891, 340. 1892, 44.
— xanthopterus 1885, 374.
Hyphantospiza olivacea 1892, 188.
222.
Hyphanturgus 1885, 133.
— brachypterus 1885, 133.
— emini 1885, 133.
— grayi 1878, 232. 1885, 133.
— jonquillaceus 1878, 205. 232. 1885,
133.
— melanoxanthus 1878, 205. 232. 263.
1879, 280. 281. 350. 1885, 133.
1891, 157. 1892, 43.
— nigricollis 1878, 232. 263. 1879,
280. 288. 316. 350. 1885, 133.
1892, 43.
— ocularius 1878, 231. 263. 1879,
288. 303. 350. 1885, 133. 1892,
43.
— reichenowi 1885, 132.
— subpersonata 1885, 133.
Hypherpes 1877, 343. 1881, 429.
Hypocentor aureolus 1882, 386. 440.
1885, 155.
Hypocharmosyna placens 1892, 227.
Hypochera aenea 1892, 49.
— musica 1868, 94.
— nitens 1874, 51. 1883, 221.
1885, 49. 63. 73. 1886, 105. 584.
1887, 143. 158. 159. 1891, 345.
1892, 49.

Hypochera purpurascens 1883, 221.
1885, 135. 1886, 105. 1887,
143. 158. 159. 1892, 49.
— ultramarinus 1869, 79. 1870, 28.
1876, 427. 1878, 230. 1879,
326. 1883, 221. 1885, 135. 1886,
105. 1887, 70. 143. 308. 1892,
49. 233. 236.
Hypochrysia 1887, 323.
— bonapartei 1887, 323.
— helianthea 1887, 323. 335.
— lutetiae 1887, 335.
Hypocnemididae 1871, 455. 1874,
85. 1875, 20. 1881, 90. 1882,
219.
Hypocnemidinae 1874, 85.
Hypocnemis cantator 1873, 65.
— lepidonota 1881, 90.
— leucophrys 1889, 304.
— naevoides 1869, 306.
— poecilonota 1881, 91.
— stellata 1881, 91.
— subflava 1873, 65.
Hypocolius 1886, 427.
— ampelinus 1869, 288. 1877, 51.
Hypoedaleus guttatus 1874, 86.
Hypolais 1870, 225. 1872, 342.
1875, 259. 1878, 347. 1884,
245. 1885, 227. 1891, 35.
— arigonis 1892, 390.
— caligata 1885, 198.
— cinerascens 1872, 150. 1892, 390.
— elaïca 1872, 150. 1874, 47. 453.
1879, 389.
— familiaris 1875, 248.
— fuscescens 1892, 390.
— hortensis 1870, 181. 451. 1871,
296. 1873, 10. 15. 1874, 37.
1875, 227. 1876, 139. 1879,
118. 367. 1890, 50.
— icterina 1875, 429. 1878, 14.
1881, 190. 1883, 380. 1885, 92.
198. 1887, 198. 1888, 22. 1889,
143. 186. 1891, 35. 1892, 390.
— languida 1874, 4. 1885, 141.
— olivetorum 1872, 150. 1874, 47.
453. 1888, 191. 1892, 316.
— opaca 1892, 388. 390. 391.
— pallida 1880, 271. 1885, 141.
1888, 190. 1892, 300.
— philomela 1889, 187. 1890, 35.
42. 1891, 166. 278. 1892, 200.
239. 318.
— polyglotta 1872, 150. 1888, 190.
1891, 35. 1892, 389.
— salicaria 1869, 224. 1871, 64. 69.
72. 110. 195. 196. 1872, 381.
1875, 410. 1884, 245. 1885,
280. 1886, 265. 1887, 91. 198.

Laniarius bicolor 1877, 24.
— blanfordi 1884, 319.
— cathemagmenus 1887, 42. 63.
— chloris 1891, 285.
— chrysogaster 1876, 414. 1886,
589. 1891, 340. 342.
— cruentus 1887, 64.
— cubla 1876, 414. 1883, 355.
— erythrogaster 1887, 44. 64. 220.
1891, 340. 342. 1892, 38.
— funebris 1892, 38.
— gladiator 1892, 441.
— gambensis 1875, 27. 1877, 24.
1891, 384. 1892, 37.
— gutturalis 1877, 6. 24.
— hamatus 1883, 356,
— hypopyrrhus 1875, 49. 1886,
100. 1890, 120. 1892, 183.
— icterus 1871, 240. 1890, 310.
— lagdeni 1884, 443.
— leucopsis 1879, 287.
— leucorhynchus 1875, 28. 49. 1877,
24. 1890, 119.
— lühderi 1874, 101. 1875, 28. 49.
1890, 119.
— major 1875, 27. 1876, 415.
1877, 24. 1891, 384.
— melamprosopus 1878, 209.
— modestus 1876, 415.
— monteiri 1871, 240.
— multicolor 1875, 49. 232. 1878,
209. 1890, 120.
— nigrithorax 1875, 232.
— orientalis 1878, 224.
— peli 1873, 216. 1891, 385.
— poliocephalus 1889, 279.
— poliochlamys 1886, 100.
— quadricolor 1879, 287. 346.
— salimae 1879, 287. 1883, 356.
— senegalus 1884, 399.
— sublacteus 1879, 287.
— sulfureipectus 1875, 29. 1876,
414. 1877, 6. 24. 1879, 346.
1886, 589. 1887, 63. 141. 308.
1891, 59. 385.
— superciliosus 1873, 217. 1886,
589.
— tricolor 1877, 24.
— trivirgatus 1884, 400.
— ussheri 1884, 399.
— viridis 1887, 305.
Lanicterus phoeniceus 1875, 56.
Laniidae 1871, 407. 457. 1872, 165.
401. 1874, 83. 1875, 26. 1880,
97. 112. 311. 320. 1881, 100. 203.
402. 404. 1882, 168. 225. 366.
1883, 181. 270. 354. 1884, 237.
399. 1885, 33. 129. 348. 1886,
99. 1887, 63. 238. 1888, 175.

1890, 41. 119. 139. 145. 1891,
21. 59. 87. 153. 167. 204. 415. 416.
Laniinae 1882, 168. 366. 1884, 244.
Lanio 1873, 434.
— gutturalis 1873, 434.
— lawrencei 1886, 127.
— leucothorax 1869, 299. 1886,
112.
— melanopygius 1886, 111.
— oliva 1873, 434.
Lanioturdus torquatus 1876, 415.
Lanius 1873, 134. 434. 1874, 234.
236. 1875, 98. 1878, 133. 134.
1879, 94. 212. 1885, 129. 131.
1886, 423. 424. 514. 1888, 76.
1891, 31. 398.
— affinis 1884, 261. 440. 1892, 40.
— algeriensis 1870, 48. 1874, 235.
1875, 345. 1886, 123. 1888,
130. 176. 178. 183. 1889, 199.
333. 1890, 307. 310. 361. 362. 427.
1891, 52. 54. 1892, 296. 298.
306. 376. 377. 379. 380. 381. 383.
— andersoni 1875, 144, 145. 1890,
183.
— antiguanus 1878, 153.
— antinorii 1878, 356. 1879, 213.
— arenarius 1873, 348. 366. 1875,
143. 146. 147. 1886, 541.
— assimilis 1874, 234. 1893, 112.
— auriculatus 1881, 190. 1883, 213.
1886, 587. 1891, 386.
— barbarus 1873, 434.
— bentet 1878, 135. 136. 137. 138.
141. 143. 1883, 100. 1891, 205.
— bogdanowi 1893, 173.
— borealis 1873, 75. 77. 78. 79.
409. 1875, 232. 1876, 146.
1886, 270. 1884, 247. 251. 1885,
182. 1893, 118.
— — americanus 1891, 20.
— — europaeus 1885, 200. 1889,
81. 1890, 26. 41. 1891, 20.
— — sibiricus 1891, 20.
— brachyurus 1876, 197. 215.
— brunneicephalus 1886, 535.
— bucephalus 1876, 215. 1884, 247.
1885, 398.
— bulbul 1873, 434. 441. 443.
— canescens 1875, 150.
— caniceps 1878, 148. 150.
— carolinensis 1871, 268.
— carolinus 1871, 268.
— castaneus 1878, 139. 153.
— caudatus 1868, 412i 1878, 214.
226. 259. 276. 1879, 294. 302.
303. 347. 1883, 187. 1884, 177.
1885, 65. 66. 69. 1887, 141.
159. 1892, 40.
— cephalomelas 1878, 153. 154.

Lanius ludovicianus excubitorides
  1882, 128.
— lugubris 1878, 156.
— luzoniensis 1890, 145. 1891, 204.
— mackinnoni 1892, 40. 178. 184.
— macrocercus 1869, 327. 1878,
  139.
— magnirostris 1873, 405. 1875,
  143. 1881, 182. 1883, 118. 148.
— major 1868, 333. 1870, 168.
  1871, 201. 214. 1872, 445. 1873,
  75. 77. 78. 79. 1874, 397. 1875,
  179. 232. 249. 345. 346. 422. 432.
  1876, 132. 146. 198. 211. 215. 222.
  223. 382. 1877, 110. 200. 219.
  1878, 96. 97. 360. 1879, 216.
  223. 1880, 123. 138. 148. 239.
  335. 1881, 57. 105. 106. 321.
  1882, 46. 1884, 247. 251. 1885,
  182. 1886, 397. 408. 1888, 76.
  115. 420. 1889, 81. 84. 1890,
  48. 49. 63. 64. 1891, 20. 167.
— margaritaceus 1878, 145.
— melanthes 1878, 156.
— meridionalis 1872, 144. 1873,
  75. 1874, 235. 1875, 345. 1876,
  382. 385. 386. 1887, 280. 1888,
  178. 1889, 333. 1890, 361. 1891,
  54.
— minor 1868, 296. 403. 1869, 30.
  1870, 181. 442. 1871, 66. 201.
  464. 1872, 381. 1873, 9. 15.
  21. 120. 123. 142. 325. 334. 344.
  380. 385. 1874, 52. 236. 409. 412.
  454. 1875, 146 179. 1876, 131.
  132. 146. 177. 198. 364. 380. 381.
  383. 385. 386. 387. 414. 1877, 62.
  301. 1878, 54. 208. 225. 314. 388.
  389. 1879, 17. 67. 100. 122. 1880,
  35. 239. 267. 370. 1881, 310.
  1882, 46. 168. 1883, 37. 1884,
  22. 1885, 24. 79. 94. 272. 1886,
  133. 245. 514. 623. 1887, 94. 163.
  459. 1888, 33. 420. 1890, 26.
  41. 1891, 167. 173. 282. 1892,
  420.
— mollis 1868, 333. 1880, 149.
— montanus 1875, 150.
— nasutus 1878, 153. 1882, 12.
  1883, 293. 307. 1891, 204. 205.
— — cephalomelas 1891, 205. 206.
— — nigriceps 1891, 205.
— — nepalensis 1878, 151.
— newtoni 1891, 429.
— nigriceps 1878, 135. 136. 138. 152.
  153. 154. 155. 156. 1882, 12. 168.
  1883, 308. 1891, 205.
— — nasutus 1891, 205.
— nubiens 1874, 52. 1888, 176.
— obscurior 1878, 151.

Lanius olivaceus 1873, 434.
— orbitalis 1874, 234.
— pallidirostris 1869, 327. 1873,
  345. 366. 389. 1874, 234. 438.
  1875, 179.
— pallidus 1869, 327.
— personatus 1869, 30.
— phoenicuroïdes 1873, 347. 1874,
  412. 1875, 133. 136. 145. 148. 346.
  1876, 146. 1878, 225. 1879,
  347. 1885, 131. 1887, 65. 1891,
  345. 1892, 40.
— phoenicurus 1868, 333. 339. 1870,
  167. 1871, 213. 1872, 445.
  1873, 334. 355. 380. 1874, 322.
  335. 418. 420. 1875, 130. 132.
  133. 135. 136. 140. 142. 148. 149.
  346. 432. 1876, 145. 146. 1886,
  541.
— pileatus 1878, 153.
— pomeranus 1883, 213.
— pyrrhonotus 1878, 141.
— pyrrhostictus 1884, 400.
— raddei 1889, 190. 192. 1891, 37.
  38. 1893, 116. 173.
— ruficaudus 1875, 134. 145.
— ruficeps 1875, 427. 1877, 71.
  1879, 274. 362. 1885, 76. 1880,
  145.
— rufus 1869, 30. 31. 338. 1871,
  202. 464. 1872, 139. 144. 381.
  1874, 52. 1875, 287. 288. 1876,
  66. 131. 177. 381. 1879, 100. 122.
  1880, 348. 1883, 214. 1885,
  273. 1886, 246. 514. 521. 587.
  623. 1887, 163. 205. 257. 461.
  1888, 130. 180. 421. 1889, 218.
  1890, 310. 1891, 188. 386.
— rutilans 1888, 180. 181. 1892,
  275. 384.
— schach 1873, 349. 1875, 179.
  1877, 355. 357. 1878, 133. 135.
  136. 137. 138. 139. 141. 142. 143.
  1879, 214. 1888, 100.
— — var. formosae 1878, 139.
— schalowi 1882, 12. 1884, 177.
  178. 244. 1885, 69. 367. 1887,
  141. 159. 1892, 40.
— schwaneri 1875, 137. 1876, 214.
  1883, 148.
— senator 1874, 52. 1877, 302.
  1878, 54. 389. 1880, 36. 373.
  1882, 47. 1883, 37. 388. 1884,
  22. 1887, 163. 205. 1890, 26.
  41. 1891, 167. 282. 370. 386.
  1892, 205. 206. 1893, 151.
— smithii 1869, 335. 1875, 27.
  1877, 24. 1887, 300. 305. 308.
— seebohmi 1886, 100.

429. 432. 433. 1875, 238.
1876, 134. 1881, 312. 321.
1890, 45.
Locustella salicaria 1868, 334. 339.
1872, 355. 1873, 118.
Loddigesia mirabilis 1882, 238.
Loedorusa analis 1882, 378. 381.
— brunneus 1882, 379. 380.
— finlaysoni 1882, 380. 381. 1885,
154.
— plumosus 1882, 379. 1885, 154.
— simplex 1882, 380.
Lomvia arra 1885, 196.
— brünnichi 1885, 190. 196.
— troile 1887, 186. 608.
— — californica 1885, 196.
Londra 1873, 187.
Longipennes 1873, 13. 1890, 289.
1891, 262.
Lophalector 1871, 438.
Lophoaetus occipitalis 1890, 110.
1892, 19.
Lophobasileus 1891, 40.
— elegans 1891, 40.
Lophoceros camurus 1890, 116.
— damarensis 1888, 302.
— deckeni 1889, 275.
— erythrorhynchus 1891, 59. 151.
— fasciatus 1890, 114—116. 1892,
26.
— melanoleucus 1878, 236. 1883,
348. 1885, 126. 1887, 150. 235.
1889, 274. 1891, 59. 151.
— nasutus 1878, 236. 1883, 348.
1885, 126. 1887, 150. 235. 1891,
59. 151.
— semifasciatus 1890, 115. 1891,
380.
Lophochroa 1881, 24.
— goffini 1881, 26.
— learii 1881, 26.
— minor 1881, 25.
Lophodytes 1885, 148.
— cucullatus 1875, 385. 1885, 148.
192.
Lophophanes beivani 1886, 539.
— cristatus 1873, 11. 16. 1880, 267.
1884, 197. 1885, 199. 385. 1887,
257. 1888, 309.
— dichroides 1886, 540.
— dichrous 1884, 197.
— griseus 1884, 421.
— inornatus 1884, 421.
— — cineraceus 1886, 438.
— melanolophus 1868, 29.
— rufonuchalis 1868, 29.
Lophophaps ferruginea 1876, 326.
Lophophorus 1871, 438.
— impeyanus 1868, 36.
— sclateri 1871, 79. 1881, 73.

Lophopsittacus mauritianus 1881, 10.
19.
Lophorinus delattrei 1887, 329.
Lophornis 1877, 351. 1887, 329.
— chalybea 1873, 275.
— delattrei 1887, 329.
— festivus 1873, 275.
— magnifica 1874, 226.
— pavoninus 1884, 383.
— reginae 1887, 329.
— stictolophus 1887, 329.
— verreauxi 1884, 383. 1887, 329.
1889, 305.
Lophostrix stricklandi 1869, 367.
Lophortyx californica 1868, 265.
1870, 145.
Lophospingus pusillus 1878. 195.
1891, 119.
Lophospiza 1878, 195.
— griseiceps 1877, 365. 1883, 134.
— pusilla 1891, 119.
— trivirgata 1889, 374, 1890, 144.
Lophotibis 1877, 153.
Lophotis fulvicrista 1882, 113. 123.
1883, 402.
Lophotriccus spizifer 1889, 301.
Lophotriorchis kieneri 1892, 217.
232.
Loriculus 1869, 138. 1880, 312.
1881, 176.
— amabilis 1881, 231.
— apicalis 1881, 229. 1883, 294.
— aurantiifrons 1877, 448. 1881,
230.
— bonapartei 1881, 176. 231.
— catamene 1881, 230.
— chrysonotus 1881, 229.
— cyanolaemus 1881, 227. 229.
— edwardsi 1881, 227.
— exilis 1881, 226. 1882, 348.
1883, 134.
— flosculus 1881, 226.
— galgulus 1882, 243.
— hartlaubi 1883, 294.
— melanopterus 1881, 229.
— mindorensis 1891, 298.
— panayensis 1881, 227.
— philippensis 1881, 227. 1882,
347. 1883. 294.
— puniculus 1881, 227.
— pusillus 1881, 226.
— quadricolor 1873, 404. 1881, 231.
1883, 134.
— regulus 1881, 228.
— rubrifrons 1881, 228.
— sclateri 1881, 230.
— sinensis 1881, 227.
— stigmatus 1877, 363. 1883, 134.
— tener 1877, 448. 1881, 229.
Loriinae 1881, 4. 5.

Lorius 1880, 313. 1881, 163.
— amboinensis 1881, 253.
— borneus 1881, 168.
— cardinalis 1881, 162.
— ceramensis 1881, 170.
— chlorocercus 1881, 171.
— chloronotus 1881, 171.
— cyanocinctus 1881, 173.
— domicella 1877, 364. 1890, 175. 232.
— erythrothorax 1881, 173. 1892, 257. 258.
— flavopalliatus 1881, 170.
— garrulus 1881, 170. 1883, 116.
— guilielmi 1880, 208.
— gulielmi 1881, 397.
— hypoenochroa 1876, 324. 1880, 208. 1881, 172. 397.
— isidorii 1881, 166.
— lory 1885, 31. 1892, 257. 258.
— moluccensis 1881, 170.
— orientalis indicus 1881, 171.
— phigy 1881, 173.
— philippensis 1881, 172.
— ruber 1877, 364.
— solitarius 1876, 324. 1879, 394.
— speciosus 1881, 173.
— squamatus 1881, 169.
— superbus 1881, 173.
— tibialis 1872, 80. 1881, 170.
— torquatus indicus 1881, 171.
— tricolor 1881, 172. 173.
— vini 1881, 175.
Loxia 1872, 209. 1874, 453. 1875, 74. 1883, 112. 1884, 365. 366. 367. 368. 443. 1888, 77. 1891, 398.
— africana 1886, 393.
— albiventris 1881, 186.
— americana 1879, 129. 1883, 274.
— amurensis 1884, 406.
— astrild 1868, 7.
— atrata 1879, 179. 327.
— bifasciata 1868, 335. 1869, 122. 1871, 310. 1872, 383. 1873, 95. 341. 1874, 336. 1875, 75. 79. 172. 1876, 122. 1879, 179. 1885, 202. 1887, 565. 1889, 330. 337. 1890, 41. 61. 1891, 18. 26. 167. 174. 175. 281. 1892, 423. 1893, 162.
— brasiliana 1868, 4.
— butyracea 1871, 314.
— caerulea 1874, 126.
— canora 1874, 123.
— cantans 1868, 2.
— chloris 1876, 122. 1877, 197.
— coccotbraustes 1868, 236. 393. 404. 1869, 121. 1880, 232.
— cucullata 1874, 308. 312.

Loxia curvirostra 1868, 335. 406. 1869, 20. 111. 121. 1870, 89. 1871, 64. 67. 68. 69. 106. 111. 121. 310. 1872, 380. 387. 1873, 95. 149. 305. 411. 413. 1874, 342. 1875, 74. 75. 1876, 122. 200. 1877, 72. 312. 1878, 48. 105. 400. 1879, 179. 371. 1880, 46. 232. 379. 1881, 186. 190. 1882, 65. 1883, 44. 1884, 27. 364. 443. 1885, 202. 212. 312. 423. 1886, 335. 538. 1887, 167. 288. 564. 565. 1888, 31. 233. 522. 1889, 58. 59. 1890, 41. 254. 416. 1891, 167. 247. 257. 281. 1892, 322. 459. 1893, 54. 162.
— — americana 1881, 405. 406. 1883, 274. 1885, 183.
— dominicensis 1874, 307.
— elegans 1879, 180.
— enucleator 1871, 309. 1891, 256.
— erythrocephala 1868, 4.
— fasciata 1868, 3.
— frontalis 1890, 189.
— himalayana 1869, 121. 1873, 345. 1875, 75. 79. 172. 1892, 441.
— jugularis 1868, 3.
— lathami 1886, 394.
— leucoptera 1869, 122. 1870, 90. 1871, 212. 215. 1873, 411. 1879, 179. 1880, 233. 1881, 405. 406. 1883, 274. 1884, 406. 1885, 183.
— leucotis 1868, 217.
— maculosa 1868, 4.
— naevia 1871, 297.
— nigra 1874, 125.
— oryzivora 1868, 142.
— pityopsittacus 1868, 117. 1870, 118. 1871, 24. 122. 222. 310. 1872, 382. 387. 1873, 305. 1876, 122. 1877, 312. 1878, 47. 105. 133. 399. 1879, 179. 372. 1880, 46. 233. 265. 1881, 309. 1882, 65. 1883, 44. 1885, 93. 201. 423. 1886, 335. 1887, 564. 565. 1888, 522. 1889, 58. 59. 1890, 41. 1891, 18. 167. 287. 1893, 162.
— portoricensis 1874, 307. 308. 312.
— prasipteron 1868, 1.
— psittacea 1880, 231. 1891, 256.
— pyrrhula 1871, 309. 1879, 176. 177. 1880, 231. 1888, 521.
— rubrifasciata 1885, 202.
— sanguinirostris 1886, 391.
— serinus 1868, 93. 1872, 132. 1875, 409.
— taenioptera 1869, 105. 1870, 90.

Malaconotus sublacteus 1878, 224.
259.
Malacopteron rostratum 1884, 215.
Malacopterum erythrotis 1886, 444.
— magnum 1889, 350.
Malacoptila 1873, 318. 1883, 82.
1884, 316.
— castanea 1882, 120.
— costaricensis 1869, 312.
— inornata 1869, 311. 1884, 315.
316.
— — costaricensis 1884, 316.
— mystacalis 1884, 315. 316.
— panamensis 1884, 315. 316.
— poliopsis 1884, 316.
— torquata 1873, 271. 1874, 226.
— veraepacis 1869, 311.
Malacorhynchus membranaceus 1868,
67.
Malacothraupis dentata 1877, 112.
Malia grata 1883, 127.
Malimbus bartletti 1892, 440.
— cassini 1877, 351. 1890, 121.
— cristatus 1890, 121.
— malimbicus 1892, 440.
— nigerrimus 1890, 121.
— nigricollis 1885, 373.
— nitens 1890, 121. 1891, 387.
— racheliae 1892, 313.
— rubriceps 1877, 351. 1890, 121.
— rubricollis 1892, 440.
— rubropersonatus 1887, 223.
— scutatus 1890, 121. 1891, 387.
Malurinae 1869, 288. 1872, 111.
1882, 362.
Malurus 1891, 401.
— cyaneus 1882, 457.
— cyanochlamys 1882, 457.
— gouldi 1880, 204.
— numidicus 1870, 45. 1892, 396.
— saharae 1870, 45. 1888, 139.
1892, 395.
Manucodia 1891, 88. 402.
— atra |1885, 84. 1892, 260.
— chalybeata 1882, 347, 348. 1892.
260.
— comrii 1877, 112.
— jobiensis 1882, 348.
— keraudreni 1882, 348.
Mareca 1885, 146.
— americana 1874, 314. 1875, 378.
1878, 162. 190. 1885, 146. 191.
— chiloënsis 1885, 21.
— penelope 1870, 55. 182. 1871,
21. 22. 23. 148. 1872, 139. 369.
382. 1873, 110. 408. 415, 1874,
337. 402. 1877, 336. 1878, 86.
1879, 382. 1880, 276. 1885,
191. 206. 1886, 457. 1887, 183.

268. 604. 1888, 296. 1890, 232.
1893, 103.
Mareca sibilatrix 1887, 133.
Margarops 1874, 350.
— dominicensis 1882, 460. 1884,
432.
— fuscatus 1874, 308. 310. 1878,
159. 166.
— herminieri 1880, 324.
— montanus 1874, 350.
— rufus 1889, 334.
— sanctaeluciae 1880, 324.
Margarornis brunnescens 1869, 304.
— rubiginosa 1869, 304.
Marila frenata 1893, 95.
Marmonetta angustirostris 1868, 67.
1880, 279. 1893, 95.
Mascarinus 1881, 251.
— duboisi 1881, 10. 398.
— madagascariensis 1881, 398.
— obscurus 1881, 398.
— prasinus 1881, 252.
Mecistura caudata 1868, 335. 1870,
117. 1872, 445. 1874, 335.
1876, 129. 1877, 199. 1878,
91. 1880, 118. 267. 1881, 55.
— tephronota 1880, 267.
Mecocerculus poecilocercus 1884, 297.
— setophagoïdes 1874, 98. 1884,
276. 297.
— stictopterus 1874, 98. 1884, 297.
— taeniopterus 1874, 98.
Megabias 1875, 22.
— bicolor 1875, 25.
— flammulatus 1873, 217. 1874,
103.
Megacephalon 1878, 332.
— maleo 1875, 121. 1883, 139.
Megaceryle alcyon 1874, 308.
— caesia 1873, 269.
— torquata 1873, 269. 1891, 117.
Megacrex 1891, 414.
— inepta 1879, 309. 310.
Megadyptes 1882, 111.
Megalaema 1889, 421.
— asiatica 1889, 334. 429.
— atroflava 1875, 7. 48. 1877, 17.
1890, 112.
— bilineata 1875, 8. 48. 1877, 17.
1890, 112. 1891, 378.
— caniceps 1875, 286. 1893, 134.
135.
— chrysopogon 1889, 372.
— davisoni 1889, 334.
— duchaillui 1875, 8. 48. 1890, 112.
— duvauceli 1889, 402.
— haemacephala 1889, 372.
— haematocephala 1891, 398.
— henrici 1889, 402.
— hodgsoni 1893, 135.

Melanerpes flavifrons 1874, 283.
1887, 120.
— flavigularis 1884, 319.
— formicivorus 1869, 364.
— portoricensis 1874, 307. 308. 312.
1878, 160. 183.
— pulcher 1884, 276. 315.
Melanerpinae 1874, 227.
Melanetta 1885, 148.
— fusca 1885, 192. 1893, 95.
— velvetina 1885, 148.
Melaniparus leucomelas 1868, 68.
1892, 55.
— leucopterus 1876, 417. 1886, 579.
— semilarvatus 1868, 68.
Melanobucco 1889, 340
— aequatorialis 1889, 340.
Melanocharis 1881, 93. 403.
— nigra 1885, 33.
Melanochlora flavocristata 1882, 372.
— sultanea 1882, 372. 1889, 387.
416.
Melanocichla 1886, 445.
Melanocorypha 1868, 220. 1873,
187. 190. 364.
— affinis 1873, 193.
— albigularis 1873, 187.
— alboterminata 1868, 221. 222.
1869, 52. 1873, 188. 189. 1874,
53. 441.
— arabs 1868, 226.
— arenaria 1868, 232. 1873, 193.
— bimaculata 1873, 188. 189. 347.
368. 387. 1874, 441. 1875, 174.
1880, 266. 1885, 202.
— brachydactyla 1873, 193.
— calandra 1868, 64. 221. 222. 1870,
41. 144. 1873, 187. 188. 343. 368.
387. 1871, 295. 1874, 53. 1875,
174. 1876, 183. 1877, 83. 199.
1879, 268. 273. 1880, 266. 1881,
190. 1882, 54. 1883, 41. 1886,
491. 1888, 223. 1890, 311.
1893, 45.
— clot-bey 1873, 187. 1893, 46.
— deserti 1868, 226.
— erythropyga 1868, 222.
— ferruginea 1868, 227. 1873, 208.
— galeritata 1868, 226.
— gallica 1873, 193.
— graeca 1868, 232.
— infuscata 1868, 222.
— isabellina 1868, 226.
— itala 1868, 232. 1873, 193. 194.
— leucoptera 1873, 190. 1874, 438.
1875, 174. 1880, 266.
— macroptera 1868, 232.
— maxima 1873, 209. 1885, 405.
1886, 529. 531. 532. 534. 535. 536.
— microptera 1873, 195.

Melanocorypha minor 1875, 174.
— mongolica 1872, 137. 1873, 190.
1874, 318. 335. 1886, 541.
— obsoleta 1873, 195.
— rufescens 1868, 221. 1873, 188.
189.
— semitorquata 1873, 187. 188.
— sibirica 1885, 76.
— subcalandra 1873, 187.
— tatarica 1870, 219. 1873, 9. 189.
1875, 174.
— tenuirostris 1873, 193.
— torquata 1873, 188. 189.
— yeltonensis 1873, 189.
Melanodera 1873, 154.
Melanopelargus 1877, 169.
— episcopus 1873, 355. 1882, 254.
1883, 140.
Melanopepla 1884, 241. 1886, 423.
— atra 1884, 241.
— atronitens 1878, 223. 1884, 241.
— pammelaena 1878, 223. 1883,
179. 353. 1884, 241. 1892, 36.
— tropicalis 1884, 241. 1885, 128.
1889, 278.
Melanopitta atricapilla 1882, 169.
— forsteni 1883, 132.
Melanotrochilus 1881, 85.
Melasoma 1884, 241.
Meleagridae 1882, 196. 1883, 257.
341. 1885, 119.
Meleagrinae 1871, 438.
Meleagris 1871, 251. 438. 1882,
272. 281. 1891, 398.
— americana 1888, 304.
— gallopavo 1868, 358. 1872, 8.
1879, 258. 390. 1882, 270. 271.
1885, 12. 1888, 304. 1889,
260. 1890, 2.
— — americana 1883, 257.
— — ellioti 1892, 433.
— ocellata 1883, 11. 1885, 12. 21.
Meliarchus 1881, 93. 403.
— sclateri 1881, 93.
Melidipnus gilolensis 1876, 321.
— megarhynchus 1876, 321.
Melidora 1880, 313.
— jobiensis 1881, 84.
— macrorhina 1876, 323. 1885, 32.
1892, 258.
Melierax 1885, 50.
— gabar 1876, 437.
— mechowi 1882, 229. 1883, 413.
1887, 157.
— monogrammicus 1868, 50.
— musicus 1876, 312. 1882, 229.
1886, 600.
— niger 1876, 437.
— poliopterus 1868, 413. 1882, 229.
1885, 121. 1887, 53.

10*

Mimus gilvus melanopterus 1892, 75.
— — rostratus 1892, 62. 64. 69. 71. 74. 75. 76. 102. 108. 115.
— gracilis 1869, 290. 1881, 66. 1884, 279.
— gundlachi 1871, 281. 293. 294. 1872, 409.
— hillii 1871, 294. 1872, 409.
— magnirostris 1892, 76.
— melanopterus 1884, 279.
— modularis 1891, 118.
— modulator 1887, 113.
— orpheus 1878, 159. 166.
— — var. dominicus 1884, 426.
— patachonicus 1891, 118.
— polyglottus 1869, 214. 1870, 67. 1872, 318. 408. 1873, 311. 1874, 308. 311. 1875, 115. 1878, 159. 166. 1881, 66. 1884, 426.
— — var. orpheus 1874, 311.
— — var. portoricensis 1874, 308.
— thenca 1891, 118.
— triurus 1887, 113. 1891, 118.
Minla brunneicauda 1886, 445.
— castaneiceps 1886, 445.
— rufogularis 1889, 416.
Mino dumonti 1885, 33.
Mionectes assimilis 1869, 307.
— oleagineus 1869, 307. 1884, 299.
— olivaceus 1869, 307.
— rufiventris 1874, 88.
Mirafra affinis 1875, 290.
— africana 1892, 52.
— albicauda 1891, 223.
— angolensis 1881, 419.
— apiata 1891, 60. 159. 1892, 53.
— assamica 1889, 419.
— cordofanica 1868, 227. 235.
— damarensis 1876, 447.
— deserti 1868, 211. 1873, 199.
— erythropygia 1891, 370. 390.
— fringilloides 1876, 447.
— fischeri 1891, 159. 1892, 53.
— horsfieldi 1891, 401.
— sabota 1887, 74.
— simplex 1868, 226.
— torrida 1884, 411. 1887, 74.
Miro 1874, 189.
— longipes 1874, 186.
— traversi 1874, 189.
Misocalius 1880, 313.
Mitrephorus aurantiiventris 1869, 308. 1873, 320.
— ochraceiventris 1873, 320.
— pallescens 1885, 213.
— phaeocercus 1869, 308.
Mitua salvini 1879, 224. 310.
Mixornis bornensis 1882, 370. 1884, 227. 1885, 350.

Mixornis capitalis 1879, 95. 1890, 145. 147.
— gularis 1882, 380. 443. 1885, 154. 1889, 356.
— javanica 1882, 370.
— plateni 1890, 145. 147.
— rubricapillus 1882, 370. 444. 1884, 272.
Mniotilta 1872, 411.
— varia 1869, 292. 1871, 282. 293. 1872, 411. 1874, 311. 1878, 159. 167. 1880, 416. 1884, 282.
Mniotiltidae 1883, 267. 1885, 372. 1887, 113. 1888, 6. 1891, 118.
Mohoa 1872, 24.
— apicalis 1872, 26.
— braccata 1872, 26.
— fasciculata 1872, 26.
— nobilis 1872, 25. 26.
Mohoua albicilla 1870, 253. 1873, 393. 394. 1874, 185.
— cinerea 1873, 388.
— ochrocephala 1870, 253. 1872, 110. 1873, 393. 394. 1874, 184.
Mohua 1873, 395. 396.
Molobrus 1869, 125. 1870, 1. 3. 5. 9. 10. 11. 12. 13. 15. 16. 17. 18. 1872, 193.
— aeneus 1892, 224.
— badius 1869, 127. 128. 134. 286. 411. 1870, 19.
— bonariensis 1874, 85.
— brevirostris 1869, 128. 1892, 224.
— pecoris 1892, 224.
— sericeus 1869, 125. 259. 269. 270. 271. 273. 286. 411. 1870, 15. 16. 17. 31. 1871, 76. 1872, 199 ff. 1873, 249. 1875, 443. 1891, 120. 1892, 224.
Molothrus 1869, 125. 1873, 250. 309.
— aeneus 1869, 303. 1881, 68.
— atronitens 1873, 249.
— badius 1887, 11. 116. 1891, 120.
— bonariensis 1873, 249. 250. 1874, 85. 1881, 68. 1887, 116. 1888, 5. 1891, 120.
— brevirostris 1887, 10. 116.
— cassini 1873, 250. 251.
— discolor 1873, 250.
— niger 1873, 249.
— pecoris 1880, 418. 1883, 84.
— rufoaxillaris 1887, 11. 116. 1888, 5. 1891, 120.
— sericeus 1873, 249. 250. 1881, 68.
Molpastes intermedius 1884, 414.
— pygmaeus 1884, 414. 1889, 417.
Molybdophanes 1877, 152.
Momotidae 1869, 311. 1871, 327 ff. 1887, 121.
Momotus 1873, 268.

Momotus brasiliensis 1889, 308.
— — ignobilis 1889, 307. 308.
— cyanogaster 1873, 268.
— lessoni 1869, 311.
— levaillantii 1873, 268.
— martii 1869, 311.
— melancholicus 1873, 269.
— ruficapillus 1873, 268. 269.
— superciliaris 1881, 66.
Monacha 1882, 120. 1883, 82.
Monachalcyon cyanocephala 1883, 120. 121. 135.
— monachus 1877, 367. 1883, 120. 122.
— princeps 1877, 367. 1883, 120. 135.
Monarcha 1885, 348.
— alecto 1883, 125.
— barbata 1880, 101.
— browni 1884, 392.
— brodiei 1879, 435. 1880, 101.
— castus 1883, 431. 1886, 96.
— chalybeocephala 1885, 32.
— cinerascens 1883, 123. 132. 161.
— commutatus 1883, 120. 132. 156. 161.
— cordensis 1876, 320.
— frater 1884, 392.
— godeffroyi 1879, 403.
— inornata 1883, 5. 132. 156.
— lessoni 1879, 403.
— leucotis 1879, 435. 1886, 96.
— loricata 1879, 435.
— lucida 1876, 320.
— melanonotus 1885, 32.
— melanotus aurantiacus 1892, 129.
— mundus 1883, 431. 1886, 96.
— nigra 1870, 122. 402.
— periophthalmicus 1884, 392.
— rufocastanea 1880, 101. 1884, 393.
— ugiensis 1882, 224. 1884, 396.
— verticalis 1877, 352. 1879, 435.
Monasa morpheus 1889, 309.
— — var. peruana 1869, 312. 1889, 309.
— nigrifrons 1889, 309.
— pallescens 1884, 318.
Monedula 1871, 458. 1887, 441. 1889, 186.
— daurica 1872, 137. 1886, 536.
— nigra 1868, 310.
— turrium 1868, 310. 1870, 143. 180. 191. 256. 1873, 14. 1880, 348. 1890, 179. 1892, 370.
Monticola 1869, 145. 1878, 334. 1885, 227. 1886, 503. 507.
— angolensis 1889, 77.
— cyanea 1879, 388. 1880, 266. 1881, 190. 1882, 357. 1886, 503. 1888, 126. 211.
— — solitaria 1882, 357.

Monticola rufocinerea 1885, 142.
— saxatilis 1868, 264. 1869, 146. 1874, 52. 397. 1878, 208. 219. 1879, 388. 1885, 24. 142. 295. 1886, 134. 289. 503. 1887, 78. 88. 89. 158. 508. 1888, 191. 461. 1891, 166. 1892, 238. 316. 389.
— solitaria 1882, 357. 440. 1885, 152. 1891, 201,
Montifringilla 1878, 331. 332.
— adamsi 1868, 35. 1873, 353. 1886, 531. 534.
— arctoa 1879, 175.
— brunneinucha 1879, 175. 1880, 153.
— griseinucha 1880, 153.
— haematopygia 1868, 35.
— leucura 1886, 526.
— littoralis 1880, 153.
— nivalis 1870, 102. 111. 118. 1871, 310. 1872, 384. 18.75, 173. 1876, 184. 1879, 175. 1886, 321. 1887, 102. 1888, 497. 1890, 404.
— nivicola 1885, 79.
— sanguinea 1868, 98.
— tephrocotis 1880, 153.
Morinellus 1878, 329.
Moriones 1869, 12.
Mormon 1870, 436. 1871, 333.
— arcticus 1869, 99. 1871, 82. 92. 101. 1876, 65. 1890, 234 ff. 1893, 168.
— cirrhatum 1870, 436. 1876, 203. 1880, 132. 1883, 259. 1888, 96.
— corniculatum 1870, 436. 1883, 259.
— fratercula 1868, 407. 1871, 107. 1872, 123. 1887, 85. 86. 186. 1888, 138. 298. 1890, 214. 1892, 430. 1893, 105.
— glacialis 1871, 90. 101. 105. 1872, 124.
Mormonidae 1882, 127.
Morococcyx erythropygia 1869, 361.
Morphnus 1871, 441. 1889, 337.
— guianensis 1879, 261. 262. 263. 264. 265. 266. 1880, 3. 195.
— harpyia 1874, 229.
— hastatus 1875, 164.
— taeniatus 1879, 261. 262. 263. 265. 266. 1880, 3. 195.
— urubitinga 1871, 281. 365.
Motacilla 1871, 458. 1884, 2. 1885, 227. 1886, 419. 1891, 31. 398.
— aëdon 1870, 165.
— aestiva 1872, 414. 1874, 307.
— alba 1868, 116. 157. 164. 211. 261.

264. 299. 389. 403. 1869, 19. 21.
96. 111. 228. 393. 1870, 45. 56.
57. 93. 105. 108. 117. 151. 181. 388.
453. 1871, 11 64. 65. 123. 156.
192. 214. 227. 228. 1872, 128.
139. 380. 387. 1873, 10. 16. 73.
306. 342. 416. 420. 454. 455. 1874,
52. 80. 339. 396. 423. 448. 449.
454. 1875, 175. 265. 416. 420.
427. 1876, 117. 140. 156. 158. 182.
195. 196. 353. 1877, 34. 63. 201.
289. 291. 428. 1878, 32. 363. 378.
407. 1879, 58. 119. 270. 271. 363.
389. 1880, 22. 119. 146. 236. 271.
364. 1881, 190. 1882, 30. 79.
1883, 26. 382. 1884, 15. 32.
1885, 45. 79. 92. 199. 305. 433.
1886, 303. 305. 306. 456. 494. 522.
583. 623. 1887, 82. 90. 201. 212.
216. 289. 368. 520. 522. 1888,
25. 26. 192. 213. 332. 360. 463.
475. 1889, 80. 129. 141. 150. 255.
1890, 32. 41. 188. 236. 311. 1891,
167. 280. 1892, 198. 202. 321.
449. 450. 1893, 25. 113. 159.

Motacilla alba var. lugens 1875, 252.
— albicollis 1872, 414.
— alboides 1872, 343.
— algira 1870, 45. 1892, 389.
— alpina 1871, 197.
— amurensis 1880, 119. 1881, 55.
1882, 333. 1886, 112. 1888,
71.
— aurocapillus 1872, 416.
— baicalensis 1872, 343. 1873, 82.
1874, 396. 1886, 529. 530. 531.
1889, 418.
— blackistoni 1883, 209. 1886, 112.
— boarula 1868, 29. 334. 1869, 224.
225. 229. 1871, 123. 192. 1874,
453. 1875, 265. 1876, 182.
1877, 290. 1878, 379. 1879,
363. 1880, 24. 120. 146. 365.
1881, 55. 1882, 81. 1883, 27.
1884, 15. 1886, 254. 455. 463.
473. 479. 1887, 90. 1888, 213.
1889, 354. 1890, 277. 395. 1891,
203. 1893, 25. 159.
— — melanops 1889, 354. 1891,
203.
— borealis 1887, 525. 1893, 160.
— caerulea 1872, 409. 1874, 311.
— caerulescens 1872, 413. 1874,
311.
— calidris 1874, 310.
— campestris 1871, 214.
— capensis 1889, 418.
— chrysoptera 1872, 411.
— cinereocapilla 1871, 64. 120. 1873,

418. 1875, 47. 1879, 442. 1881,
190. 1892, 306.
Motacilla citrea 1872, 411.
— citreola 1870, 58. 1885, 92.
1888, 26. 27. 1889, 418.
— citreloides 1889, 418.
— citrina 1874, 183.
— — citrinella 1874, 183.
— coronata 1872, 413. 1874, 311.
— cyana 1873, 237. 1881, 192.
1893, 23.
— dominica 1872, 415. 1874, 311.
— dukhunensis 1873, 348. 359. 380.
1875, 80. 175. 1876, 182. 1880,
271.
— feldeggi 1871, 192. 1893, 27.
— felix 1880, 119. 1888, 71.
— flava 1868, 261. 1869, 110. 338.
1870, 58. 151. 1871, 11. 120. 192.
1872, 139. 151. 387. 1874, 11.
1875, 167. 265. 424. 427. 1877,
30. 63. 71. 290. 1878, 33. 268.
379. 1879, 294. 303. 363. 1880,
24. 120. 146. 365. 1881, 190.
1882, 31. 333. 1883, 27. 120. 121.
155. 1884, 15. 1885, 60. 92.
199. 261. 1886, 522. 1887, 42.
73. 90. 102. 143. 156. 201. 261. 307.
522. 1888, 27. 71. 213. 309.
1892, 52. 1893, 27. 160.
— — var. beema 1888, 105.
— — cinerocapilla 1893, 26.
— — melanocephala 1893, 28.
— — var. rayi 1875, 47.
— flaveola 1870, 58. 1880, 236.
— frenata 1872, 343.
— hodgsoni 1872, 343. 1889, 417.
418.
— japonica 1872, 343. 1875, 252.
1876, 194. 195. 196. 1880, 119.
1886, 112. 1888, 71.
— kalinitschenkii 1870, 58. 1873,
83. 1877, 71.
— leucomela 1869, 160. 161.
— leucopsis 1889, 417. 418.
— leucorrhoa 1869, 157.
— lichtensteini 1877, 30. 1886, 582.
583. 1889, 418.
— longicauda 1889, 418.
— ludoviciana 1874, 307.
— lugens 1868, 334. 339. 1870, 56.
57. 307. 308. 1875, 252. 1876,
194. 1880, 119. 120. 1881, 55.
1889, 418. 1893, 118.
— lugubris 1871, 214. 1880, 271.
1889, 418. 1892, 422.
— luteola 1880, 200.
— luzoniensis 1873, 354. 357. 359.
— maculosa 1872, 415. 1874, 311.

Motacilla maderaspatensis 1875, 175.
1889, 418.
— melanocephala 1872, 151. 1875,
265. 1877, 58. 71. 1886, 309.
1888, 105. 309. 1893, 27.
— melanope 1873, 82. 1885, 199.
1890,42.1892,202.321.1893,111.
— melanota 1875, 175.
— mitrata 1872, 419.
— modularis 1880, 237.
-- montium 1890, 395. 396.
— mystacea 1874, 307.
— neglecta 1880, 236.
— nigricapilla 1893, 28.
— noveboracensis 1872,416. 1874,
307. 311.
— ochruros 1880, 270.
— ocularis 1872, 343. 1873, 82.
1874, 335. 1875, 252. 1876,
195. 196. 1880, 119. 1885, 181.
1889, 418. 1891, 254.
— oenanthe 1869, 167. 1871, 200.
— palmarum 1872, 415. 1874, 311.
— paradoxa 1870, 56. 57. 307. 308.
1872, 343. 1873, 81. 82. 1874,
335. 1886, 528.
— persica 1889, 418.
— personata 1868, 29. 1873, 339.
347. 355. 357. 380. 1874, 418.
1875, 175. 1889, 417.
— petechia 1874, 311.
— philomela 1889, 187.
— pileolata 1891, 253.
— proregulus 1872,208. 1891,253.
— rayi 1886, 570. 1893, 160.
— rubetra 1869, 167.
— rubicola 1869, 167.
— — caffra 1869, 168.
— salicaria 1868, 334. 1870, 307.
1872, 355. 1875, 431.
— saxatilis 1881, 192. 1893, 23.
— sialis 1872, 409.
— spec. 1886, 420.
— splendens 1874, 89.
— stapazina 1869, 163. 1879, 412.
— striata 1874, 311.
— suecica 1880, 239.
— sulphurea 1870, 57. 110. 117.
1871, 64. 65. 67. 69. 111. 192.
1872, 336. 379. 1873, 334. 343.
382. 1874, 339. 1875, 175. 424.
425. 427. 1876, 140. 1877, 71.
1878, 33. 1879, 363. 1880, 120.
1881, 55. 222. 290. 314. 319.
1882, 57. 361. 446. 1883, 120.
156. 382. 1885, 152. 306. 421.
1886, 306. 494. 522. 570. 1887,
201. 212. 290. 520. 522. 524. 1888,
26. 71. 213. 476. 478. 1890, 58.
188. 232. 1892, 422.

Motacilla tigrina 1872, 412. 1874,
311.
— torquata 1869, 167.
— trochilus 1891, 253.
— troglodytes 1891, 254.
— umbria 1874, 307.
— vaillanti 1889, 418.
— varia 1872, 411. 1874, 311.
— vermivora 1872, 412.
— vidua 1875, 47. 50. 1876, 432.
1877, 9. 30. 1879, 294. 355.
1883, 206. 366. 1885, 60. 71.
137. 1886, 413. 425. 582. 583.
1887, 42. 73. 143. 156. 242. 1889,
418. 1890, 124. 1891, 60. 160.
390.
— virens 1872, 413.
— virescens 1874, 90.
— viridis 1878, 129. 1883, 120.
121. 155. 1885, 199. 1893, 26.
— vitiflora 1869, 158.
— yarrelli 1876, 196. 1886, 456.
1892, 422. 1893, 25. 159.
Motacillidae 1872, 162. 1874, 171.
1883, 268. 366. 1885, 137. 372.
1887, 113. 1888, 190. 1890,
124. 139. 1891, 60. 160. 167. 202.
416.
Motacillinae 1882, 361.
Mulleripicus fulvus 1877, 366. 1883,
123. 135·
— wallacei 1883, 123.
Munia atricapilla 1885, 352.
— brunneiceps 1873, 405. 1883,
138.
— capistrata 1891, 221.
— ferruginea 1871, 236.
— forbesi 1880, 203.
— grandis 1884, 405.
— jagori 1873, 405. 1882, 170.
1883, 138. 1884, 405. 1891,
203.
— leucogastra 1883, 313.
— leucosticta 1879, 327.
— maja 1869, 81. 1870, 28.
— malabarica 1868, 34. 1875, 291.
— malacca 1871, 236. 1875, 291.
— melaena 1880, 322. 335.
— minuta 1882, 170.
— molucca 1883, 138.
— nisoria 1883, 132. 1892, 440.
— sinensis 1871, 236. 1883, 132.
— spec. 1884, 227.
— undulata 1875, 291.
Muscicapa 1874, 82. 88. 89. 1878,
333. 1884, 56. 365. 368. 442.
1886, 419. 421. 435.
— acadica 1871, 281. 1872, 427.
— agilis 1873, 232. 1874, 83.
— albicollis 1868, 118. 1870, 95.

118. 181. 443. 1871, 200. 220.
1872, 381. 450. 1873, 142. 1876,
66. 133. 177. 1878, 387. 1879,
67. 274. 362. 1880, 34. 1883,
36. 1884, 21. 1885, 274. 1886,
134. 251. 501. 502. 521. 1887,
163. 469. 1888, 187. 427. 1891,
222. 1892, 316. 387. 1893, 158.
Muscicapa albifrons 1872, 112.
— aquatica 1886, 590.
— atricapilla 1868, 117. 158. 164.
291. 403. 1869, 20. 112. 1870, 95.
181. 443. 1871, 200. 1872, 144.
381. 1873, 9. 15. 1874, 52. 391.
1875, 276. 290. 1876, 133. 1877,
65. 300. 428. 1878, 29. 387. 1879,
362. 387. 1880, 34. 240. 267. 372.
1882, 44. 1883, 36. 389. 429. 1884,
21. 1885, 24. 79. 95. 200. 273.
1886, 590. 1887, 162. 206. 1888,
34. 187. 412. 1890, 25. 26. 41.
1891, 168. 282. 370. 383. 1892,
169. 205. 246. 387. 1893, 122.
131. 132. 158.
— aurantia 1873, 264. 266. 1874,
89. 284.
— barbata 1874, 88.
— bivittata 1884, 283.
— brevirostris 1874, 88.
— carolinensis 1872, 407.
— caudacuta 1887, 128.
— cayennensis 1874, 88.
— chrysoceps 1874, 88.
— cinerascens 1880, 200.
— cinerea 1874, 86.
— cinereoalba 1870, 167. 1872,
447. 1876, 410. 1879, 218. 345.
1883, 179. 353. 1885, 58. 128.
1886, 413. 414. 423. 424. 426.
1887, 41. 62. 152. 238. 1891,
163.
— citrina 1874, 88.
— coerulescens 1880, 200.
— collaris 1868, 300. 403. 1871,
200. 1872, 388. 1874, 52. 1875,
275. 1877, 71. 1878, 30. 1879,
122. 1880, 267. 348. 1881, 319.
1885, 24. 200. 1887, 163. 1888,
187. 1889, 190. 1890, 41. 58.
1891, 168. 1892, 246. 387. 1893,
121. 122. 129. 131.
— coronata 1874, 307.
— crinita 1872, 426.
— cucullata 1891, 247. 253.
— cyanea 1882, 382.
— deserti 1872, 165.
— elisabeth 1871, 281. 1872, 428.
— ferox 1874, 89.
— flaveola 1871, 268.
— flavigaster 1883, 323.

Muscicapa fuliginosa 1872, 165.
— fulvifrons 1885, 213.
— furcata 1873, 262.
— fusca 1871, 281.
— fuscedula 1868, 333.
— griseosticta 1883, 5. 116. 1891,
294.
— grisola 1868, 300. 403. 1869,
20. 237. 358. 1870, 106. 237.
1871, 10. 24. 70. 200. 1872, 381.
388. 1873, 302. 342. 371. 387.
420. 1874, 52. 371. 421. 1875,
49. 275. 428. 1876, 410. 1877,
65. 180. 300. 1878, 28. 386.
1879, 67. 122. 302. 362. 1880,
33. 146. 239. 371. 1882, 45. 159.
1883, 37. 353. 389. 1884, 21.
196. 364. 367. 1885, 16. 44. 58.
95. 200. 273. 347. 1886, 248. 501.
521. 623. 1887, 62. 162. 206. 257.
300. 305. 465. 1888, 34. 187. 424.
1889, 127. 136. 139. 251. 277. 338.
1890, 25. 41. 118. 310. 1891,
168. 283. 370. 382. 1892, 32. 33.
205. 387. 1893, 158.
— gularis 1875, 251.
— guttata 1891, 250. 251.
— hyacinthina 1876, 319.
— hylocharis 1870, 167. 1875, 250.
— hypogrammica 1883, 115.
— infulata 1882, 224. 1887, 62.
1891, 342. 345. 1892, 32.
— joazeiro 1873, 258.
— lembeyei 1872, 427.
— leucophrys 1880, 122.
— longipes 1872, 161.
— luctuosa 1868, 300. 1870, 389.
1872, 450. 1873, 179. 1875,
428. 1876, 177. 1879, 62. 112.
1880, 240. 1885, 273. 1886,
250. 501. 502. 521. 1887, 162.
206. 257. 468. 1888, 111. 187.
426. 1889, 74. 1890, 310. 476.
479. 1892, 387. 436.
— lugens 1875, 22. 49. 1877, 8.
22. 1890, 118.
— lugubris 1884, 241. 1892, 35.
— luteola 1870, 167. 309. 1880,
121. 1881, 56. 57. 1888, 73.
— luzoniensis 1890, 147.
— martinica 1892, 85.
— melanoleuca 1880, 122.
— miles 1873, 258.
— minuta 1893, 123.
— modesta 1876, 410.
— monacha 1873, 256. 1874, 87.
— mugimaki 1872, 450. 1881, 56.
1888, 73.
— narcissina 1870, 167. 1875, 250.
1880, 122.

11*

Numenius spec. 1886, 523. 524.
— tahitiensis 1873, 121. 1885, 190.
— tenuirostris 1870, 53. 385. 1872,
154. 1873, 121. 1874, 53. 1877,
66. 73. 1878, 210. 1879, 442.
1880, 307. 1881, 190. 1883,
65. 1890, 86. 1891, 211. 1893,
79.
— uropygialis 1876, 327. 1880, 294.
— variabilis 1880, 245.
— variegatus 1885, 35. 1890, 145.
— viridis 1877, 146.
Numida 1871, 251. 438. 458. 1877,
188. 1879, 259. 1881, 335.
1882, 271. 272. 275. 277. 1885,
42. 1886, 412. 420. 431. 432. 433.
434. 1887, 228.
— cornuta 1876, 210. 306.
— coronata 1876, 210. 306. 1878,
244. 250. 294. 1882, 197. 1883,
341. 1885, 40. 53. 64. 67. 119.
1886, 412. 430. 1887, 51. 139.
147. 1889, 270. 1891, 58. 342.
1892, 16.
— — marungensis 1887, 228.
— — var. 1887, 228.
— cristata 1874, 383. 1876, 306.
1890, 255. 1891, 374.
— edwardsii 1876, 306.
— ellioti 1880, 140.
— granti 1872, 240.
— maculipennis 1876, 434.
— marchei 1883, 408.
— meleagris 1870, 152. 1871, 7.
1874, 309. 313. 1876, 210. 211.
1878, 161. 186. 1886, 603. 1887,
84. 1888, 304. 1889, 83. 261.
1890, 2. 296. 1891, 374.
— mitrata 1876, 210. 306. 307. 1882,
196. 1885, 189. 1892, 16.
— orientalis 1876, 210.
— plumifera 1891, 374.
— ptilorhyncha 1876, 210. 1889,
260. 262. 1890, 193.
— pucherani 1878, 250. 293. 294.
1879, 284. 300. 1880, 140. 1885,
119.
— rendalli 1876, 434.
— tiarata 1876, 210.
— verreauxii 1876, 306.
— vulturina 1878, 250. 1880, 140.
Nychthemerus 1871, 438.
— argentatus 1872, 77. 78.
Nyctaetus verreauxii 1876, 313.
Nyctala scandiaca 1890, 40. 93. 254.
— siju 1869, 207.
— tengmalmi 1869, 226. 1873, 460.
1874, 49. 1889, 72. 150. 1890,
40. 94. 1891, 168. 195.

Nyctala tengmalmi richardsoni 1891,
249.
Nyctale acadica 1883, 96.
— dasypus 1873, 8. 14. 1886, 182.
1887, 400.
— funerea 1871, 185. 1872, 350.
379. 1874, 51. 1875, 243. 1877,
324. 1880, 67. 1881, 180.
— harrisi 1887, 93.
— kirtlandi 1872, 320.
— richardsoni 1885, 185.
— tengmalmi 1868, 56. 1871, 64.
66. 112. 120. 1873, 421. 1877,
57. 1880, 227. 1885, 185. 204.
247. 1886, 182. 1887, 174. 400.
Nyctalops stygius 1887, 93.
Nyctea alba 1875, 171.
— nisoria 1889, 200. 1890, 100.
1891, 104. 394.
— nivea 1868, 331. 405. 1869, 109.
1871, 182. 285. 331. 1872, 114.
349. 383. 1873, 8. 410. 419.
1874, 334. 1875, 171. 1876,
28. 1877, 323. 1878, 414. 1880,
67. 227. 390. 1881, 303. 1887,
398. 1888, 63.
— scandiaca 1871, 91. 1885, 185.
204. 1889, 72. 150. 1891, 168.
— ulula 1889, 72. 1890, 5. 20. 21.
40. 66. 93. 1891, 40. 168. 1892,
134.
Nyctherodius 1877, 239. 276.
— violaceus 1874, 313. 1875, 311.
1878, 161. 187.
Nycthierax ulula 1886, 401. 1890,
49.
Nyctiardea 1877, 233. 235. 237. 276.
— americanus 1877, 237.
— ardeola 1877, 237.
— badius 1877, 237.
— caledonica 1883, 133.
— caledonicus 1877, 238. 276.
— cancrophagus 1877, 116. 236. 276.
— cayennensis 1877, 116. 139. 276.
— crassirostris 1877, 238.
— europaeus 1877, 237.
— gardeni 1874, 313. 1875, 310.
1878, 161. 187.
— gesneri 1877, 237.
— goisagi 1877, 246.
— griseus 1877, 12. 237. 276. 326.
— leuconotus 1877, 12. 239. 276.
— limnophilax 1877, 247.
— manillensis 1877, 238. 276.
— meridionalis 1877, 237.
— nycticorax 1874, 401.
— obscurus 1877, 238. 274. 276.
— oceanicus 1877, 275.
— orientalis 1877, 237.
— pileatus 1877, 240. 276.

Otis rhaad 1881, 334.
— ruficrista 1882, 113. 123.
— ruficristata 1883, 402.
— senegalensis 1874, 382. 1875,
57.
— spec. 1885, 48. 1886, 425.
— tarda 1868, 337. 339. 1870, 174.
181. 1871, 121. 136. 382. 1872,
138. 337. 384. 1873, 12. 99. 340.
380. 1874, 331. 332. 399. 403. 409.
410. 448. 1875, 182. 283. 1876,
25. 37. 42. 187. 1877, 67. 333.
1878, 78. 427. 1879, 73. 1880,
82. 241. 275. 348. 399. 1881,
190. 302. 1882, 100. 1883, 68.
394. 1884, 46. 1885, 208. 316.
423. 1886, 351. 1887, 98. 181.
208. 263. 296. 574. 1888, 265.
534. 1889, 217. 1890; 13. 39.
1891, 19. 169. 287. 1892, 124.
211. 249. 328. 423. 1893, 79.
163.
— tetrax 1868, 406. 1870, 181.
1871, 137. 298. 382. 1872, 154.
384. 1873, 12. 148. 344. 381. 457.
1874, 53. 409. 410. 448. 1875,
182. 283. 344. 347. 1876, 25. 36.
39. 42. 187. 339. 350. 1877, 67.
73. 355. 1878, 78. 1879, 211.
217. 332. 1880, 83. 241. 275. 399.
1881, 301. 1885, 24. 208. 317.
403. 423. 1886, 134. 351. 1887,
575. 1888, 267. 535. 1890, 39.
64. 1891, 169. 176. 197. 214. 287.
1892, 211. 225. 249. 424. 1893,
81, 1
Otocompsa analis 1889, 347. 380.
— fuscicaudata 1882, 378.
— jocosa 1875, 289.
— leucogenys 1868, 31.
— pyrrhotis 1885, 154.
Otocoris 1887, 285.
— albigula 1868, 334. 1872, 137.
1873, 346. 1886. 526. 532. 541.
542. 543. 1887, 285.
— alpestris 1868, 334. 1872, 116.
1883, 220. 1888, 192. 1890,
33. 42. 102.
— berlepschi 1890, 102.
— bilopha 1868, 234. 1870, 44.
1888, 191. 1890, 102.
— nigrifrons 1886, 529. 532. 534.
— penicillata 1868, 35. 1880, 266.
1887, 284.
— petrophila 1873, 346.
— teleschowi 1887, 284.
Otocorys 1885, 220. 223.
— albigula 1873, 86. 378. 379. 382.
1874, 335. 1875, 175. 192. 193.
197.

Otocorys alpestris 1869, 393. 1873,
86. 1874, 335. 399. 1875, 108.
109. 175. 192. 1876, 127. 1881,
190. 1882, 54. 1885, 81. 202.
421. 1891, 167. 1892, 241.
1893, 110.
— — insularis 1891, 207.
— — pallida 1891, 207.
— alpina penicillata 1891, 212.
— bicornis 1873, 379. 1875, 175.
193. 197.
— bilopha 1874, 52. 1876, 183.
1892, 316. 389. 441.
— jocosa 1882, 378.
— larvata 1876, 182. 183.
— longirostris 1875, 192. 193. 197.
— monticola 1882, 378.
— penicillata 1875, 192. 193. 197.
1876, 183.
— petrophila 1873, 379. 387. 1875,
175. 191. 192. 193. 197.
— pyrrhotis 1882, 378. 381.
— scriba 1875, 192. 197.
Otogyps 1886, 601.
— auricularis 1872, 71.
— calvus 1875, 169. 1889, 405.
432.
— nubicus 1872, 71. 1888, 140.
1892, 285.
Otomela 1875, 115. 123. 129. 130.
144. 145. 146. 151. 1884, 247.
1891, 37. 38.
— arenaria 1875, 138. 143. 144. 147.
— bogdanowi 1893, 116.
— crassirostris 1875, 143.
— cristata 1875, 130. 132. 133. 134.
136. 137. 138. 139.
— incerta 1875, 140.
— isabellina 1875, 145. 146. 147. 149.
150. 1891, 38.
— lucionensis 1875, 132. 136. 138.
139. 140. 142. 1876, 214. 215.
1881, 182.
— magnirostris 1875, 142. 1876,
190. 197. 214. 1881, 182.
— phoenicura 1875, 130. 1876,
197. 1881, 183.
— phoenicuroides 1875, 148. 150.
1876, 145. 146.
— schwaneri 1875, 137. 139. 1876,
215.
— speculigera 1875, 150. 1891, 38.
— superciliosa 1875, 132. 137. 139.
140. 142. 1876, 215.
Otothrix hodgsoni 1885, 343.
Otus 1876, 170. 1886, 187. 188.
— americanus 1869, 248.
— ascalaphus 1868, 56.
— brachyotus 1868, 56. 1869, 109.
243. 1871, 281. 1872, 114. 142.

266. 1874, 284. 1879, 208. 209.
1887, 14.
Pachyrhamphus rufescens 1873, 264.
1874, 89. 1879, 208. 209.
— rufus 1873, 264. 266. 1874, 284.
1879, 208.
— viridis 1873, 263. 264. 1886, 85.
1887, 14. 118.
Pachyrhynchus albinuchus 1892, 125.
— cinereus 1892, 125.
— cuvieri 1873, 263.
— mitratus 1892, 125.
— rufescens 1873, 264.
— ruficeps 1873, 264.
Padda oryzivora 1869, 81. 1870,
29. 81. 1872, 11. 19. 87. 1877,
444. 1882, 170. 1884, 227.
1885, 352. 1887, 86. 1889, 258.
Pagodroma nivea 1891, 17.
Pagophila eburnea 1869, 394. 1872,
125. 1875, 167. 1885, 192. 210.
1888, 285. 1893, 95.
Pagurothera orientalis 1878, 235.
1883, 350.
— variegata 1878, 235. 1883, 349.
Palaeeudyptes antarcticus 1874, 168.
Palaeocygnus 1883, 401.
Palaeornis 1873, 33. 1876, 445.
1881, 2. 4. 232. 233. 1889, 423.
— affinis 1881, 242. 243.
— alexandri 1881, 234. 241.
— anthopeplus 1881, 184.
— barbatus 1881, 241.
— bitorquatus 1881, 236.
— borbonicus 1881, 239.
— borneus 1881, 241.
— calthropae 1881, 239.
— caniceps 1881, 240.
— canicollis 1881, 234.
— columboides 1881, 239.
— cucullatus 1881, 234.
— cyanocephalus 1879, 211. 1881,
233. 237. 238. 1889, 431.
— derbyanus 1881, 234. 240. 241.
— docilis 1876, 435. 1881, 234.
236. 1886, 574. 598.
— echo 1881, 239.
— eques 1881, 234. 238.
— erythrogenys 1881, 234. 342.
— eupatrius 1881, 233. 234. 235.
— exsul 1881, 233. 235.
— fasciatus 1881, 234. 241. 242.
1882, 11.
— finschi 1881, 233. 237. 1889,
412. 481.
— flavicollaris 1881, 237.
— fraseri 1881, 242.
— gironieri 1881, 234. 239. 397.
— hodgsoni 1881, 233. 236. 237.

Palaeornis indoburmanicus 1880, 195.
1881, 233. 235.
— inornatus 1881, 236.
— lathami 1881, 241.
— layardi 1881, 236.
— longicauda 1881, 234. 243. 1884,
223. 1889, 373. 380.
— longicaudatus 1881, 243.
— luciani 1881, 234. 242.
— magnirostris 1881, 233. 235.
— melanorhynchus 1872, 18. 1881,
241.
— melanurus 1881, 134.
— modestus 1881, 242.
— neglectus 1881, 234.
— nicobaricus 1881, 242.
— nigrirostris 1881, 241.
— nipalensis 1881, 233. 235.
— parvirostris 1881, 236.
— peristerodes 1881, 234. 239. 397.
— punjabi 1881, 235.
— rosa 1868, 35. 1879, 211.
— rosaceus 1881, 133.
— rosea 1881, 233. 238.
— sacer 1881, 235.
— schisticeps 1868, 35. 1881, 236.
— sivalensis 1881, 235.
— torquatus 1870, 30. 1871, 155.
1881, 234. 235. 236. 239. 1889,
373. 1890, 172. 173. 232.
— tytleri 1881, 242.
— vindhiana 1881, 235.
— viridimystax 1881, 243.
— wardi 1881, 233. 235.
Palaeornithidae 1881, 7. 9. 232. 233.
397. 1883, 417. 1885, 459.
1887, 54. 1891, 59. 144.
Palaeortyx 1891, 398.
Palaeotringa 1891, 396.
Palamedea 1871, 333 ff. 431. 1874,
347. 1877, 119. 1884, 210. 322.
354.
— chavaria 1869, 277. 1870, 20.
1884, 333. 352. 1891, 125.
— cornuta 1882, 11.
Palamedeidae 1882, 304. 1888, 6.
1891, 125.
Paleolodus 1891, 398.
Paleospiza bella 1891, 398.
Pallasia 1873, 190. 1884, 234.
— leucoptera 1873, 190. 192.
— mongolica 1873, 190.
Pallenura sulphurea 1870, 45. 1873,
82. 1874, 335.
Palmipedes 1884, 438.
Paloelodus ambiguus 1877, 226.
— crassipes 1877, 226.
— goliath 1877, 226.
— gracilipes 1877, 226.
— minutus 1877, 226.

Paroïdes 1873, 311.
Parra 1871, 329. 332. 1877, 349.
1884, 226. 1885, 66. 1886, 431.
435. 1887, 42.
— africana 1873, 212. 1874, 363.
375. 1875, 48. 1876, 299. 1877,
12. 1878, 248. 295. 1879, 297.
303. 338. 1880, 188. 1882, 188.
1883, 340. 1885, 38. 117. 1886,
575. 607. 1887, 48. 145. 299.
1889, 268. 1890, 108. 1891,
339. 341. 345. 1892, 10.
— calidris 1874, 307.
— capensis 1877, 349. 350.
— gallinacea 1879, 409. 1884, 226.
— gymnostoma 1869, 375.
— hypomelaena 1884, 320.
— jacana 1871, 267. 272. 278. 1874,
231. 276. 277. 1875, 338. 1878,
162. 189. 248. 1887, 35. 125.
1889, 320. 1891, 125.
— intermedia 1874, 277.
— melanopygia 1889, 320.
— spinosa 1889, 320.
— violacea 1882, 114.
Parridae 1871, 405. 406. 433. 1882,
114. 1890, 108. 1891, 125. 302.
415.
Parula 1872, 411.
— americana 1871, 275. 1872, 411.
1874, 308. 311. 1878, 159. 167.
1880, 446.
— gutturalis 1869, 292.
— pitiayumi 1873, 331. 1884, 282.
1891, 118.
Parus 1872, 111. 1873, 397. 1878,
334. 1884, 368. 442. 1888, 70.
99. 1891, 31.
— albiventris 1882, 220. 1883, 207.
358. 1885, 139. 1887, 40. 75.
1891, 60. 162.
— alpestris 1870, 109. 110. 117.
1874, 453. 1877, 202.
— amabilis 1878, 112.
— americanus 1872, 411. 1874,
311.
— ater 1868, 158. 164. 304. 404.
1869, 123. 1870, 41. 89. 95. 106.
110. 117. 1871, 70. 122. 189. 463.
1872, 379. 387. 442. 443. 1873,
11. 16. 421. 1874, 328. 338.
1875, 172. 249. 428. 1876, 130.
157. 1877, 303. 1878, 26. 390.
391. 1879, 101. 123. 268. 274.
378. 1880, 37. 118. 146. 233.
267. 268. 373. 1881, 94. 1882,
50. 1883, 38. 390. 1884, 23.
1885, 95. 199. 277. 304. 1886,
255. 257. 1887, 164. 207. 476.
477. 479. 480. 1888, 35. 68. 69.

413. 433. 1889, 80. 218. 1890,
33. 42. 1891, 166. 280. 1892,
321. 1893, 160.
Parus atricapillus 1869, 123. 1880,
418.
— — occidentalis 1883, 266.
— — septentrionalis 1885, 181.
— barbatus 1877, 64. 305.
— biarmicus 1871, 190. 1873, 176.
1875, 272. 1878, 27. 1879, 443.
1888, 439.
— bochariensis 1873, 346. 385. 386.
1875, 172.
— bombycilla 1891, 252.
— borealis 1868, 235. 335. 339. 1869,
123. 392. 1871, 24. 25. 1873,
55. 421. 1875, 249. 1880, 118.
234. 1883, 39. 1885, 199. 1888,
105. 309. 1889, 150. 153. 1890,
236. 1891, 32. 1893, 160.
— — var. alpestris 1888, 48. 1891,
32.
— brandtii 1880, 258.
— britannicus 1872, 160.
— bucharensis 1886, 525.
— carbonarius 1880, 233.
— caudatus 1868, 181. 304. 403.
1869, 122. 1870, 397. 1871,
24. 122. 190. 1872, 144. 379.
387. 1873, 11. 1874, 369. 1875,
272. 428. 1877, 65. 305. 1878,
391. 1879, 223. 1880, 38. 118.
233. 374. 1881, 55. 1882, 49.
50. 51. 1883, 39. 1884, 23.
1887, 164. 207. 258. 273. 483.
1888, 35. 68. 70. 437. 1889, 84.
1893, 160.
— cinctus 1869, 392. 1871, 237.
1885, 199.
— — grisescens 1885, 181.
— — obtectus 1891, 255.
— cinereus 1868, 29. 1882, 372.
1889, 416. 1891, 32.
— coeruleanus 1888, 188. 1890,
364.
— coeruleus 1868, 211. 304. 403.
1870, 90. 106. 117. 151. 181. 394.
455. 1871, 24. 122. 189. 236.
1872, 144. 157. 379. 387. 1873,
11. 16. 410. 415. 419. 1874, 307.
338. 1875, 272. 428. 1876, 129.
130. 177. 1877, 64. 304. 1878,
26. 106. 109. 160. 343. 390. 391.
1879, 68. 101. 122. 269. 368.
1880, 38. 146. 233. 267. 373.
1883, 39. 390. 1884, 17. 23.
364. 367. 1885, 95. 199. 277.
1886, 257. 258. 1887, 164. 206.
257. 290. 476. 479. 480. 481. 1888,
34. 188. 189. 413. 432. 433. 437.

337. 358. 1884, 237. 421. 1885, 217. 1887, 306.
Parus rufonuchalis 1873, 346. 374. 1875, 74. 78. 172.
— senilis 1873, 398.
— sibiricus 1869, 123. 392. 1871, 237. 1873, 421. 1874, 396. 1880, 234. 1891, 247. 255.
— — sitchensis 1891, 255.
— sinensis 1873, 33.
— sitchensis 1883, 267. 1891, 255.
— songarus 1873, 346. 373. 386. 1875, 80.
— spec. 1886, 426.
— superciliosus 1892, 441.
— teneriffae 1886, 486. 1888, 188. 1889, 199. 263. 1890, 310. 362— 364. 476 Tab. IV. 2.
— thruppi 1886, 128.
— ultramarinus 1888, 127. 129. 188. 1889, 199. 263. 1890, 363—365. 477. 1892, 316. 388.
— violaceus 1888, 188.
— zealandicus 1872, 110.
Passer 1875, 97. 1878, 314. 1882, 15. 1884, 366. 1886, 469. 1887, 294.
— alpicola 1881, 418.
— ammodendri 1873, 346. 366. 388. 1875, 174. 1886, 526. 541.
— arboreus 1868, 82. 83. 84. 1888, 233.
— — var. castaneus 1888, 233.
— arctous 1880, 153. 1891, 256.
— arcuatus 1876, 427.
— brancoensis 1886, 107.
— brasiliensis 1886, 391.
— cahirinus 1868, 82.
— campestris 1868, 211. 1875, 427. 1877, 64.
— carduelis 1868, 90.
— castaneus 1868, 82.
— caucasicus 1880, 258.
— cinnamomeus 1868, 34.
— cisalpina 1888, 240. 1893, 61.
— cisalpinus 1868, 93. 1872, 235. 1877, 198. 1879, 175. 221.
— diffusus 1875, 42· 1876, 427. 1878, 218. 228. 229. 1880, 143. 1883, 201. 364. 1885, 136. 1886, 108. 584. 1887, 305. 1889, 284. 1890, 124. 1891, 158. 1892, 50. 51.
— domesticus 1868, 82. 84. 211. 335. 1869, 19. 57. 1870, 50. 118. 143. 180. 184. 389. 1871, 10. 24. 72. 308. 1872, 87. 139. 234. 380. 386. 1873, 9. 15. 91. 123. 128. 324. 342. 349. 387. 388. 410. 420. 1874, 48. 52. 335. 448. 449. 1875,

173. 200. 342. 427. 1876, 66. 123. 1877, 64. 198. 309. 429. 436. 1878, 44. 103. 366. 389. 390. 395. 1879, 60. 119. 175. 219. 370. 390. 1880, 42. 146. 231. 376. 413. 1881, 207. 1882, 57. 1883, 42. 385. 1884, 25. 364. 1885, 80. 81. 93. 200. 309. 1886,' 118. 321. 1887, 83. 165. 188. 212. 262. 288. 534. 540. 1888, 30. 108. 232. 233. 240. 241. 492. 1889, 130. 150. 153. 190. 256. 262. 1890, 31. 37. 41. 96. 136. 189. 190. 193. 1891, 26. 167. 282. 1892, 203. 409. 1893, 54.
Passer domesticus caucasicus 1880, 264. 1881, 418.
— — cisalpinus 1868, 84. 85.
— — italiae 1893, 62.
— — typicus 1880, 264.
— erythrophrys 1871, 6.
— erythrorhynchus capitis bonae spei 1886, 391.
— euchlorus 1893, 113.
— hansmanni 1871, 6.
— hispaniolensis 1872, 234. 1875, 173. 1879, 175. 221. 1888, 128. 241. 1890, 312. 1892, 316. 1893, 62.
— jagoènsis 1871, 6. 7. 1886, 107.
— indicus 1868, 34. 1873, 349. 1875, 173. 1879, 175. 1880, 264. 265. 1889, 195. 1891, 88.
— insularis 1881, 430. 1882, 453.
— italiae 1868, 85. 1874, 48. 52. 1886, 489. 490. 1888, 240. 241. 1893, 61.
— italicus 1868, 84. 1877, 437. 438.
— lichtensteinii 1868, 88.
— linaria 1891, 256.
— lunatus 1868, 81.
— melanorhynchus 1868, 82.
— montanus 1868, 85. 88. 335. 1869, 57. 1870, 180. 184. 221. 389. 1871, 24. 308. 1872, 87. 139. 234. 380· 387. 1873, 9. 15. 91. 123. 340. 355. 380. 381. 388. 410. 419. 1874, 52. 335. 398. 448. 1875, 173. 200. 254. 290. 1876, 123. 199. 1877, 198. 308. 1878, 45. 395. 1879, 30. 61. 119. 175. 371. 1880, 42. 62. 146. 231. 376. 1881, 219. 418. 1882, 57. 386. 387. 440. 1883, 41. 385. 1884, 25. 1885, 93. 155. 200. 309. 1886, 321. 527. 530. 531. 536· 1887, 165. 212. 262. 289. 534. 539. 540. 1888, 360. 497. 1889, 131. 136. 190. 256. 354. 355. 380.

Pelargopsis 1871, 240. 1891, 398.
— amauroptera 1882, 398.
— capensis 1882, 398. 444.
— gigantea 1883, 300. 1890, 137.
— gurial 1882, 398.
— intermediâ 1875, 352.
— leucocephala 1884, 215. 1891, 296.
— magnus 1877, 161.
— malaccensis 1882, 398. 443.
— melanorhyncha 1883, 136.
Pelecanidae 1869, 379. 1871, 324 ff. 417. 418. 1872, 257. 1874, 50. 174. 282. 373. 1882, 179. 438. 1883, 285. 338. 1885, 114. 1891, 58. 87. 170. 415.
Pelecaninae 1872, 257.
Pelecanoides urinatrix 1870, 370. 1874, 208.
— — berardi.1891, 17.
Pelecanopus medius 1883, 140.
Pelecanus 1870, 231. 1871, 247. 340. 458. 1873, 211. 1875, 99. 1876, 287. 1877, 156. 1878, 310. 388. 341. 1879, 252. 253. 272. 273. 1882, 285. 302. 1890, 167. 489. 1891, 398. 415.
— aquilus 1874, 315. 1875, 406.
— barbieri 1890, 166. 167.
— brachyrhynchus 1884, 442.
— carbo 1880, 251.
— conspicillatus 1882, 285. 286. 287. 292.
— crispus 1874, 54. 1875, 284. 1876, 189. 1877, 68. 393. 394. 1880, 276. 1882, 285. 287. 292. 1888, 297. 1893, 104.
— erythrorhynchus 1890, 167.
— fiber 1874, 314. 1875, 402.
— fuscus 1869, 379. 1871, 273. 278. 1874, 309. 314. 1875, 397. 1877, 393. 1878, 163. 191. 1881, 400.. 1890, 165—167. 1892, 66. 104. 122.
— manillensis 1889, 435.
— minor 1874, 50. 54. 1880, 276.
— mitratus 1874, 402. 1882, 11. 1891, 4.
— molinae 1890, 165—167.
— onocrotalus 1869, 319. 1872, 339. 1873, 344. 389. 1874, 54. 307. 402. 1875, 185. 284. 1876, 189. 1877, 68. 393. 1879, 383. 1880, 251. 276. 1882, 286. 287. 289. 292. 1885, 205. 1886, 612. 1888, 272. 297. 1890, 9. 1891, 170. 291. 1893, 104.
— philippensis 1875, 58. 1889, 435.
— pica 1870, 376.

Pelecanus rufescens 1870, 156. 1874, 50. 373. 374. 1875, 58. 1876, 292. 434. 1878, 247. 296. 1879, 295. 1885, 62. 114. 1886, 612. 1887, 137.
— sharpei 1871, 239. 1872, 400. 1876, 292.
— spec. 1885, 205.
— sulcirostris 1877, 381.
— thayus 1869, 379. 1871, 273. 1890, 165. 167.
— trachyrhynchus 1869, 379. 1885, 102. 1890, 167.
— urile 1891, 265.
— violaceus 1891, 265.
Pelidna 1871, 429.
— alpina 1873, 17. 418. 1875, 183. 1879, 274. 1881, 190. 1888, 277. 1890, 313. 456. 1893, 90.
— — americana 1885, 189.
— cinclus 1871, 387. 1872, 383. 1876, 188.
— minuta 1871, 387. 1872, 383. 1875, 183. 1876, 188.
— pectoralis 1871, 289. 1874, 261.
— pusilla 1871, 289.
— schinzii 1871, 289. 387. 1872, 383. 1874, 263. 1875, 183. 1888, 278. 1893, 79.
— subarcuata 1869, 394. 1890, 313. 456. 1893, 90.
— subarquata 1871, 24. 301. 387. 1872, 383. 1873, 355. 1875, 183. 1881, 190. 1888, 277.
— temminckii 1872, 383. 1873, 355. 356. 1875, 183. 1888, 278. 1893, 91.
Peliocichla 1882, 318. 319. 1884, 433.
— bocagei 1882, 320. 1884, 434.
— cabanisi 1882, 319.
— chiguancoides 1882, 320.
— cryptopyrrha 1882, 320.
— cryptopyrrhus 1886, 577.
— deckeni 1882, 319.
— icterorhyncha 1882, 320. 1886, 577.
— libonyana 1882, 319. 1884, 434.
— olivacea 1882, 319.
— pelios 1882, 320. 1884, 434.
— saturata 1882, 320. 1884, 434.
— schuetti 1882, 319. 1884, 434.
— tephronota 1882, 320.
— tropicalis 1882, 320.
— verreauxi 1882, 320.
Pelionetta 1885, 148.
— perspicillata 1885, 148. 192.
Pellorneum 1882, 444.
— intermedium 1886, 445.
— mantelli 1872, 320. 1882, 371.

1887, 84. 174. 208. 263. 568.
1888, 36. 1889, 259. 260. 338.
1890, 16. 40. 133. 193. 1891,
169. 271. 285. 1892, 209. 1893,
163.
Perdix cinerea montana 1890, 203.
— cinereogularis 1873, 345. 388.
— coturnix 1871, 124. 1876, 25.
42. 1877, 35. 66. 193. 1886,
516. 523. 1893, 163.
— cranchii 1885, 465.
— daurica 1875, 80.
— dentata 1874, 230. 251.
— francolinus 1875, 282.
— graeca 1875, 282. 1876, 66.
1879, 391. 1882, 90.
— griseogularis 1875, 80. 181. 1880,
275.
— hispaniensis 1892, 226.
— hodgsoni 1890, 193.
— montanus 1890, 194.
— pillida 1873, 354.
— petrosa 1869. 339. 1870, 228.
1872, 87. 330. 1877, 193. 1879,
247. 252. 258. 378. 1880, 343.
1882, 234. 270. 1889, 189.
— punctulata 1885, 465.
— robusta 1885, 456.
— rubra 1869, 339. 1870, 228.
1871, 313. 1872, 154. 330. 1879,
247. 252. 258. 378. 1880, 108.
343. 1882, 270. 271. 284.
— rufa 1877, 194. 1879, 377. 1886,
455. 483. 1889, 189.
— saxatilis 1869, 339. 1870, 66.
1871, 121. 124. 1874, 332. 1875,
282. 1877, 193. 202. 1879, 377.
1887, 568. 1888, 528.
— sifanica 1886, 528. 535. 536. 540.
1892, 441.
Pericrocotus 1889, 421.
— brevirostris 1868, 32.
— cinereus 1870, 167. 1875, 249.
1876, 196. 1881, 57. 182. 1882,
344. 365. 440. 1885, 153. 1888,
75. 1889, 353.
— elegans 1882, 364. 365. 443. 1885,
152.
— flagrans 1882, 365.
— flammifer 1889, 353.
— igneus 1882, 365. 441. 1889,
353. 389.
— marchesae 1890, 139. 142.
— minutus 1882, 365.
— modiglianii 1892, 228.
— montanus 1879, 321. 1892, 217.
— speciosus 1882, 364. 365. 444.
1889, 422.
— wrayi 1889, 111.

Periglossa tigrina 1871, 275.
Perisoreus canadensis 1884, 401.
— — fumifrons 1884, 401. 1885,
185.
— — nigricapillus 1884, 401.
— infaustus 1868, 332. 1872, 450.
1885, 202.
Perissoglossa 1872, 412.
— tigrina 1872, 412. 1874, 311.
1878, 159. 167.
Perissura carolinensis 1874, 298.
Peristera 1886, 604.
— afra 1877, 13. 1891, 373.
— albifrons 1881, 69.
— brasiliensis 1874, 247.
— brehmeri 1877, 13.
— chalcospilus 1877, 13.
— cinerea 1869, 371. 1874, 230.
243. 1887, 34. 124. 1889, 319.
1892, 114.
— frontalis 1874, 230. 243.
— gelastes 1875, 180.
— geoffroyi 1874, 230. 242.
— jamaicensis 1874, 243.
— macrodactyla 1874, 230. 247.
— mondetura 1869, 371.
— passerina 1892, 64.
— rufaxilla 1874, 243.
— rufidorsalis 1873, 151.
— rupicola 1875, 180.
— turtur 1875, 180. 1877, 429.
— tympanistria 1874, 388. 1875,
48. 1876, 316. 1877, 13. 173.
176. 1878, 243. 250. 1882, 197.
1885, 119. 1887, 51. 147. 1889,
270. 1890, 109. 1891, 342. 343.
1892, 15.
Pernis apivorus 1868, 55. 294. 403.
1869, 225. 1870, 215. 391. 1871,
56. 109. 153. 178. 1872, 380.
1873, 8. 14. 156. 294. 421. 1874,
51. 70. 371. 385. 395. 1875, 48.
170. 242. 417. 427. 1876, 30. 282.
310. 1877, 32. 321. 1878, 66.
91. 95. 411. 1879, 41. 111. 267.
273. 359. 1880, 60. 114. 226. 260.
386. 1881, 178. 303. 1882, 82.
331. 1883, 55. 374. 1884, 34.
1885, 77. 205. 243. 1886, 177.
1887, 171. 194. 294. 390. 1888,
61. 141. 158. 350. 1889, 71. 175.
215. 271. 1890, 18. 40. 55. 91.
94. 110. 169. 232. 309. 1891, 168.
284. 1892, 208. 249. 346. 1893,
155.
— celebensis 1873, 404. 1883, 114.
135. 413. 1891, 299.
— cristatus 1872, 347. 1875, 242.
1881, 178.
— cyaneus 1893, 155.

Phoenicopterus andersoni 1877, 228.
— andinus 1875, 444. 1877, 229.
276. 1887, 160. 161. 1889, 76.
1891, 125.
— antiquorum 1870, 53. 385. 1871,
9. 1874, 53. 1875, 284. 368.
1877, 223. 227. 1887, 268. 1888,
131. 291. 1893, 102.
— antiquus 1877, 227.
— blythi 1877, 227.
— chilensis 1877, 228. 276.
— croizeti 1877, 226.
— erythraeus 1870, 53. 385. 1874,
374. 1876, 295. 1877, 228. 276.
1888, 285. 1893, 95.
— europaeus 1877, 227.
— glyphorhynchus 1877, 229.
— guyanensis 1875, 368. 1877,
229.
— jamesi 1887, 101. 160. 161. 223.
1889, 76.
— ignipalliatus 1877, 228. 1887,
133. 161. 1891, 124. 1892, 104.
122.
— minor 1876, 295. 434. 1877,
228. 276. 1885, 118. 1887, 146.
— parvus 1875, 184. 1877, 228.
— platyrhynchus 1877, 227.
— roseus 1870, 230. 429. 1875,
184. 1877, 142. 227. 276. 382.
383. 384. 389. 390. 392. 393. 394.
1880, 276. 1882, 93. 295. 296.
— ruber 1871, 272. 278. 1874, 307.
314. 1875, 368. 1877, 227. 229.
276. 386. 394. 1878, 162. 190.
1888, 302. 1892, 104. 122.
— rubidus 1877, 228.
Phoenicorodias 1877, 227.
Phoenicosoma azarae 1886, 113.
Phoenicothraupis carmioli 1869, 299.
— fuscicauda 1869, 299.
— gutturalis 1884, 318.
— rhodinolaema 1886, 112.
— rubica 1874, 83. 1887, 115.
— salvini 1884, 443. 1886, 112.
— stolzmanni 1886, 113.
— vinacea 1869, 299.
Pholidauges 1886, 417. 425. 427. 428.
— bocagei 1876, 423.
— leucogaster 1869, 10. 1875, 37.
57. 1876, 423. 435. 1886, 586.
1891, 343. 386. 1892, 41.
— verreauxi 1876, 423. 1877, 26.
1878, 233. 261. 286. 1885, 132.
1887, 66. 305. 1891, 60.
Pholidocoma musica 1871, 14.
Pholidophalus 1883, 422.
Pholidornis jamesoni 1891, 33.
Phonasca violacea 1874, 83.

Phoneus brachyurus 1884, 247.
— bucephalus 1876, 190. 197.
— ruficeps 1880, 267.
— rufus 1876, 197.
Phonipara bicolor 1874, 308. 1884,
295.
— marchi 1878, 173.
— pusilla 1869, 301. 1884, 295.
— zena 1878, 173. 174.
— — var. marchi 1878, 173.
— — var. portoricensis 1874, 308.
Phonygama hunsteini 1884, 402.
— keraudreni 1884, 402.
Phrygilus 1873, 154. 1888, 98.
— caniceps 1891, 119.
— dorsalis 1883, 109. 1886, 108.
— fruticeti 1891, 119.
— gayi 1876, 322.
— plebejus 1887, 130.
— plumbeus 1878, 195.
— unicolor 1878, 195. 1884, 318.
1887, 130. 1891, 119.
Phrynorhamphus capensis 1885, 129.
Phylidor rufobrunneus 1890, 129.
Phyllastrephus 1873, 438.
— fulviventris 1877, 26.
— rufescens 1882, 350.
Phyllergates 1886, 445.
— sumatranus 1892, 217.
Phyllobasileus 1872, 202 204. 207.
— coronatus 1872, 207.
— proregulus 1872, 208. 1880,
116. 1881, 55. 1888, 67.
— superciliosus 1872, 207. 208. 309.
1890, 50. 1891, 253.
Phyllobates coronatus 1889, 385.
Phyllodytes 1873, 393. 397.
— albicilla 1873, 393. 1874, 171.
185.
— novae-zealandiae 1873, 397. 1874,
171. 185.
Phyllolais 1882, 458.
— pulchella 1885, 140.
Phyllomanes 1872, 401. 403.
— agilis 1873, 232. 1878, 195.
— altiloquus 1872, 402.
— barbatulus 1871, 268. 274. 1872,
401. 403 ff. 1878, 165.
— calidris 1872, 402. 1874, 310.
1878, 158. 165.
— chivi 1874, 83. 1878, 195.
— olivaceus 1871, 291. 293. 1872,
403. 1874, 310. 1878, 158. 165.
195.
Phyllomyias 1884, 300. 1887, 131.
— brevirostris 1874, 88. 1884, 300.
— cinereicapilla 1873, 67.
— cristatus 1884, 250. 277. 300.
— griseicapilla 1873, 67.
— griseiceps 1884, 250. 300.

Picus crissoleucos 1869, 391. 1888,
87.
— cristatus 1887, 21.
— cruentatus 1870, 91. 1875, 278.
— cynaedus 1880, 229.
— danfordi 1885, 462.
— dominicanus 1874, 228. 1887,
21.
— erythrops 1874, 227.
— exotorhynchus 1873, 385.
— flavescens 1873, 280. 1874, 227.
— fokiensis 1882, 425.
— fulviscapus 1892, 26.
— goertan 1875, 7. 48. 1876, 97.
1886, 596. 1890, 114.
— gouldii 1880, 273. 1881, 83.
— gularis 1882, 425. 426.
— gymnophthalmus 1883, 421.
— harmandi 1881, 82.
— harrisii 1869, 364.
— hartlaubi 1877, 207. 1878, 254.
292. 1883, 168. 1885, 125. 1886,
426. 427. 1892, 26.
— hemprichi 1878, 254. 1883, 347.
1887, 302. 303. 304. 1891, 340.
1892, 26.
— himalayensis 1868, 35. 1876,
186.
— japonicus 1885, 462.
— jardinii 1869, 364.
— imberbis 1877, 207. 1878, 253.
1880, 141. 1883, 168. 347.
— incognitus 1881, 82.
— kaleensis 1881, 61.
— kamtschatkensis 1873, 97. 1874,
336. 1875, 235.
— karelini 1880, 272.
— khan 1876, 185.
— kisuki 1881, 60. 61.
— leptorhynchos 1873, 347. 1875,
77. 180.
— leuconotus 1868, 336. 1869, 48.
235. 1871, 24. 186. 211. 1872,
384. 386. 1873, 11. 16. 97. 147.
304. 420. 1874, 336. 1875, 255.
432. 1876, 77. 115. 1877, 65.
72. 1878, 62. 1879, 216. 1880,
131. 229. 273. 1881, 305. 320.
1882, 337. 1885, 203. 270. 404.
1886, 133. 238. 525. 1887, 446.
1888, 45. 86. 87. 1890, 43. 1892,
247.
— — var. lilfordi 1888, 45. 46.
— leucopterus 1875, 180.
— lilfordi 1872, 160.
— lineatus 1874, 227.
— luciani 1885, 463.
— macei 1881, 82. 1889, 425.
— maculatus 1883, 297.
— maculosus 1876, 95. 96. 97. 98.

Picus mandarinus 1880, 273. 1886,
536. 540.
— major 1868, 159. 164. 336. 395.
1869, 49. 117. 232. 1870, 91.
106. 117. 181. 316. 391. 394. 1871,
24. 66. 113. 122. 132. 185. 1872,
4. 139. 379. 386. 1873, 11. 16.
97. 420. 1874, 307. 336. 1875,
255. 278. 428. 1876, 115. 168.
185. 1877, 65. 196. 212. 220. 222.
319. 438. 1878, 60. 409. 1879,
52. 116. 361. 1880, 59. 131. 147.
229. 272. 1881, 191. 219. 1882,
87. 337. 1883, 52. 99. 317. 371.
1884, 32. 360. 362. 363. 1885,
90. 203. 270. 370. 376. 1886, 237.
1887, 80. 85. 172. 192. 256. 287.
445. 1888, 12. 87. 408. 1889,
133. 199. 260. 1890, 97. 1892,
127. 1893, 156. 170.
— — canariensis 1890, 429.
— — cissa 1885, 462.
— — kamtschaticus 1885, 463.
— martius 1868, 339. 395. 403.
1869, 48. 226. 234. 1870, 117.
151. 218. 319. 1871, 24. 65. 66.
122. 185. 221. 1872, 379. 386.
1873, 11. 420. 1875, 231. 1876,
168. 171. 1877, 65. 319. 1878,
60. 408. 1879, 51. 274. 361.
1880, 59. 147. 229. 385. 1881,
219. 1882, 80. 1883, 51. 1884,
32. 1885, 90. 423. 1887, 170.
191. 445. 1888, 12. 85. 86. 308.
409. 1889, 191. 1890, 44. 1892,
128. 1893, 156.
— medius 1868, 61. 404. 1870, 181.
391. 1871, 133. 185. 1872, 60.
379. 1875, 275. 279. 428. 1876,
114. 168. 1877, 65. 222. 319.
1878, 61. 409. 1879, 116. 1880,
59. 229. 1881, 304. 1882, 81.
1883, 52. 1884, 33. 1885, 108.
203. 270. 370. 371. 1886, 238.
1887, 170. 192. 287. 447. 1889,
215. 1890, 97. 1893, 156.
— melanochlorus 1874, 227.
— mexicanus 1891, 258.
— minor 1868, 336. 339. 395. 403.
404. 1869, 49. 338. 1870, 40.
218. 1871, 24. 118. 186. 1872,
379. 386. 1873, 11. 16. 420. 1874,
339. 1875, 255. 409. 428. 1876,
114. 168. 1877, 33. 65. 72. 222.
320. 1878, 61. 409. 1879, 52.
146. 212. 274. 361. 1880, 59. 147.
230. 272. 1881, 60. 304. 1882,
81. 337. 1883, 52. 371. 1884,
33. 1885, 90. 203. 271. 462. 1886,
238. 525. 1887, 170. 256. 447.

1888, 12. 74. 87. 170. 409. 1889,
215. 1890, 310. 1892, 370.
1893, 156.
Picus mitchelli 1869, 49. 1881, 60.
61.
— mixtus 1887, 120. 1891, 116.
— moluccensis 1883, 420. 1889,
362.
— mombassicus 1884, 262.
— montanus 1873, 346. 387. 1875,
180.
— namaquus 1876, 97. 1883, 168.
1886, 418.
— nanus 1883, 421.
— nivosus 1875, 7. 48. 1881, 82.
1890, 113.
— nubiens 1878, 253. 292. 1879,
289. 1883, 168. 1886, 426. 428.
— numidicus 1870, 40. 1880, 273.
1888, 170. 1889, 199. 1890,
350. 1892, 370.
— olivaceus 1876, 95. 96. 97. 98.
— pardinus 1881, 82.
— passerinus 1874, 227. 306.
— percussus 1871, 266. 270. 277.
1874, 151.
— permistus 1876, 98.
— phaioceps 1882, 425. 426. 444.
— pipra 1871, 186. 1880, 230.
— poelzami 1880, 258. 272. 273. 274.
1881, 83. 1890, 354.
— portoricensis 1874, 307. 308. 309.
312.
— principalis 1871, 276.
— pubescens 1883, 94. 275. 1885,
185.
— puna 1883, 97. 98.
— pyrrhogaster 1873, 214. 1875,
7.
— pyrrhothorax 1883, 421.
— radiolatus 1871, 270.
— rhodeogaster 1884, 180.
— robustus 1873, 280. 1874, 227.
— ruficeps 1871, 270.
— rufoviridis 1876, 95. 96. 97.
— schoënsis 1876, 97. 1879, 343.
1885, 125.
— scintilliceps 1880, 131. 1881,
60. 61. 1882, 214. 1888, 87.
— spec. 1885, 41. 1886, 414. 426.
— spilogaster 1873, 281.
— spodiocephalus 1876, 94. 1884,
180.
— squamigularis 1882, 425.
— striatus 1874, 306.
— superciliaris 1871, 270. 1874,
152.
— syriacus 1871, 460. 1875, 278.
1876, 186.
— tiga 1882, 416. 418.

Picus tridactylus 1869, 50. 390. 1870,
110. 117. 1871, 64. 120. 186.
1873, 147. 342. 350. 373. 384. 386.
411. 1875, 80. 1876, 331. 1879,
361. 1880, 230. 1887, 448. 1888,
86.
— validirostris 1883, 297.
— variegatus 1889, 362.
— varius 1871, 277. 1874, 150.
— villosus 1883, 94. 1891, 247.
258.
— — barrisii 1883, 275.
— viridicanus 1889, 335. 1890, 40.
1891, 168. 283, 1892, 206.
— viridis 1868, 395. 404. 1870, 391.
1871, 122. 186. 1872, 60. 334.
379. 386. 1878, 11. 1874, 11.
1875, 231. 428. 1877, 65. 215.
220. 318. 1878, 62. 418. 1879,
52. 101. 116. 361. 1880, 59. 147.
229. 385. 1882, 80. 159. 1883,
51. 317. 371. 1884, 32. 360. 362.
363. 1885, 90. 269. 1886, 233.
234. 1887, 81. 170. 256. 287.
445. 1888, 12. 1889, 85. 187.
1890, 24. 40. 1891, 168. 283.
1892, 206. 1893, 156.
Piezorhynchus florenciae 1891, 428.
— melanocephalus 1884, 395.
— richardsi 1884, 396.
— squamulatus 1884, 396.
— vidua 1879, 436. 1880, 200.
Pilerodius 1877, 240. 276.
— pileatus 1874, 271.
Pilorhinus albirostris 1869, 12.
Pinarochroa 1891, 400.
Pinarolaema 1881, 86.
— buckleyi 1881, 86.
Pinarolestes melanorhynchus 1884,
401.
— nigrogularis 1891, 128.
— powellii 1879, 322.
— sanghirensis 1884, 400.
— vitiensis 1879, 322. 1891, 129.
Pinguinus clusii 1868, 246.
Pinicola burtoni 1874, 361. 1875,
50.
— canadensis 1883, 274.
— enucleator 1870, 68. 1873, 9.
1877, 309. 1879, 120. 180. 1880,
156. 1881, 405. 1882, 333. 453.
1883, 274. 1885, 182. 183. 201.
1888, 109. 1890, 31. 41. 1891,
167. 195. 1892, 242. 1893, 114.
— erythrinus 1890, 41. 1891, 167.
1892, 243.
— flammula 1880, 156. 1882, 453.
Pionias 1873, 33. 1880, 109. 1881,
6. 361. 381. 1884, 263. 1886,
415. 1887, 240.

Plòceus **badius** 1868, 168.
— baglafecht 1885, 373.
— baya 1868, 63. 1875, 291. 1889, 355. 391.
— bicolor 1885, 373.
— bohndorffi 1887, 214. 307. 1892, 44.
— **capensis** 1868, 169.
— capitalis 1887, 223.
— castaneigula 1889, 281.
— castaneo-auratus 1868, 168.
— castaneo-fuscus 1891, 388.
— castanops 1891, · 342. 1892. 44.
— chloronotus 1868, 167. 1885, 374.
— chrysogaster 1885, 373.
— cinctus 1887, 305.
— cruentus 1884, 177.
— cucullatus 1887, 214. 1890, 121. 1891, 387. 1892, 186.
— dimidiatus 1886, 624. 1887, 68. 1892, 44.
— duboisi 1886, 624. 1887. 95.
— erythrops 1877, 28. 1891, 221.
— fischeri 1887, 69.
— flavocapillus 1885, 374.
— gurneyi 1887, 223.
— holoxanthus 1891, 221.
— jacksoni 1892, 44.
— icterocephalus 1868, 169.
— intermedius 1885, 374. 1887, 69. ·
— jonquillaceus 1885, 373.
— larvatus 1887, 214. 1892, 44.
— mariqnensis 1868, 268. 1885, 374.
— melanocephalus 1868, 168.
— melanogaster 1888, 99. 1890, 122.
— melanoxanthus 1892, 43.
— mordoreus 1868, 168.
— nigerrimus 1887, 305. 1890, 121. 1891, 312. 345. 1892, 43. 186.
— nigriceps 1887, 69. 1889, 282. 1891, 342. 1892, 43.
— ocularius 1892, 43.
— pelzelni 1887, 69. 1891, 338. 1892, 44.
— personatus 1868, 170. 1885, 374. 1887, 300. 307. 1890, 121.
— philippinus 1877. 344.
— reichardi 1886, **Tab. II.** 1887, 135. 1890, 75.
— rubiginosus 1868, 168.
— rufocitrinus 1868, 168.
— sakalava 1877, 344. 1886, 624.
— sanguineus 1886, 418.
— sanguinirostris 1877, 28. 1878, 232. 1879, 280. 286. 1883, 199. 1885, 59. 71.

Ploceus **sanguinirostris var. aethiopicus** 1886, 393.
— subpersonatus 1886, 624.
— superciliosus 1887, 300. 1891, 221. 388.
— taeniopterus 1868, 168.
— textor 1870, 27. 1891, 387. ·
— velatus 1868, 167. 1885, 374.
— vitellinus 1890, 75.
— xanthops 1886, 624. 1891, 345. . 1892, 44.
— xanthopterus 1889, 264. 281.
Plotidae 1871, 417. 418.
Plotus 1873, 299. 1875, 218. 1877, 393. 1878, 313. 338. 341. .1886, 390. 411. 420. 428. 431. 433. 1891, 415.
— **anhinga** 1869, 379. 1871, 273. 284. 1875, 405. 1883, 11. 1887, 28. 123. 1889, 100.
— chantrei 1883, 400. 1891, 400.
— melanogaster 1873, 405. 1883, 140. 1889, 407. 1891, 302.
— levaillanti 1874, 373. 1875, 48. 1876, 293. 434. 441. 1877, . 8. 10. 1878, 247. 296. 1882, 179. 1885, 37. 114. 1886, 390. 411. 612. 1887, 45. 144. 226. 1889, 265. 1890, 107. 1891, 339. 1892, 4.
Pluvialis apricarius 1871, 383. 1872, 383. 1880, 138.
— cantianus 1877, 429.
— fluviatilis 1878, 132.
— fulvus americanus 1874, 255.
— hiaticula 1877, 429.
— longipes 1888, 266. 1893, . 79.
— **varius** 1883, 126.
Pluvianus aegyptius 1888, 265. 1893, 79.
Plyctolophus 1881, 23.
— buffoni 1881, 30.
— **citrino-cristatus** 1881, 29.
— croceus 1881, 29.
— erythropterus 1881, 28.
— leadbeateri 1881, 28.
— licmetorhynchus 1881, 30.
— macrolophus 1881, 30.
— parvulus 1881, 30.
— productus 1881, 21.
Pnigohierax 1872, 156.
— lanarius 1872, 156.
— **jugger** 1872, 156.
— **mexicanus** 1872, 156.
Pnoepyga 1874, 183. 1892, 217.
— lepida 1892, 217.
— longicauda 1884, 431.
— pusilla 1884, 427. 1889, 415.
— rufa 1884, 417.

Pnoepyga squanata 1868, 26.
Podager diurnus 1868, 372.
— gouldii 1868, 382.
— nacunda 1868, 372. 1869, 254.
1887. 19. 120. 1891, 117.
Podargidae 1877, 448. 1880, 311.
313. 1885, 32. 1891, 416.
Podarginae 1868, 362. 1871, 445.
448. 449.
Podargus 1871, 331. 1878, 331.
1880. 313. 1885, 342. 343.
— australis 1868, 383.
— brachypterus 1868, 383.
— cinereus 1868, 383.
— cornutus 1868, 388.
— humeralis 1868, 383.
— javanensis 1868, 388.
— novae-hollandiae 1868, 384.
— ocellatus 1885, 32.
— papuensis 1885, 20. 32.
— strigoides 1868, 383.
Podica 1871, 416 432. 1886, 432.
— petersi 1879, 297. 1885, 117.
— senegalensis 1873, 299. 1874,
362. 375. 1875, 48. 1877, 12.
1890, 108.
Podiceps 1870, 141. 313. 1871, 324 ff.
458. 1872, 343. 1875, 88. 99.
285. 1877, 392. 1878, 310. 333.
341. 1879, 252. 253. 1882, 285.
298. 299. 300. 301. 1885, 413.
415. 1886, 565. 566. 1889, 188.
1891, 398. 415.
— affinis 1868, 70.
— arcticus 1868, 407. 1872, 378.
1876, 64. 1879, 384. 1886, 382·
1887, 269. 609. 1888, 564.
— auritus 1868, 407. 1870, 56. 231.
1872, 339. 378. 384. 1873, 13.
18. 1874, 326. 336. 447. 1875,
186. 1876, 64. 65. 1878, 85.
1879, 83. 129. 1880, 276. 1885,
210. 1888, 297. 1889, 151. 1891,
270. 1893, 105.
— australis 1870, 359.
— callipareus 1875, 440. 1887, 134.
— cooperi 1868, 70.
— cornutus 1868, 407. 1869, 47.
349. 1870, 141. 435. 1872, 378.
1873, 108. 340. 386. 421. 1874,
336. 409. 1875, 99. 186. 1876,
4. 64. 203. 1879, 384. 1880,
251. 276. 1883, 284. 1884, 166.
1887, 269. 1888, 296. 1891,
270. 1893, 104.
— cristatus 1868, 70. 244. 407. 1870,
56. 141. 182. 313. 314. 315. 318.
359. 1871, 151. 1872, 83. 86.
139. 260. 382. 1873, 13. 18. 340.
418. 420. 1874, 54. 401. 447.

1875. 185. 196. 1876, 3. 4. 64.
161. 1877, 34. 35. 69. 73. 1878,
85. 1879, 83. 129. 384. 1880,
251. 276. 1881, 292. 1882, 299.
300. 1884, 200. 1885, 210. 336.
1886, 382. 539. 1887, 85. 86.
162 185. 297. 608. 1888, 297.
563. 1889, 133. 436. 440. 1890,
55. 1891, 270. 401. 1893, 104.
105.
Podiceps cucullatus 1874, 336. 1875,
196. 197. 198. 257. 1876, 203.
— dominicus 1874, 314. 1875, 365.
1878, 162. 190.
— griseigena 1868, 70. 1874, 54.
1875, 197. 198. 1890, 254.
— hectori 1868, 244. 1870, 359.
1872, 83. 260. 1874, 217.
— holboelli 1868, 70. 1885, 194.
— longirostris 1875, 197.
— ludovicianus 1882, 300.
— micropterus 1891, 400.
— minor 1868, 402. 407. 1869, 349.
1870, 182. 1871, 151. 1872,
139. 378. 380. 1873, 340. 1874,
54. 1875, 99. 105. 186. 207. 218.
1876, 4. 65. 161. 162. 292. 391.
1878, 85. 295. 338. 1879, 83.
129. 223. 297. 384. 1880, 147.
188. 251. 276. 1881, 292. 1883,
140. 398. 1885, 38. 210. 336.
1886, 382. 1887, 86. 178. 185.
212. 269. 297. 610. 1888, 297.
565. 1893, 105.
— minutus 1876, 4.
— nestor 1870, 359.
— nigricollis 1868, 407. 1869, 394.
1872, 378. 382. 1874, 54. 1875,
186. 1876, 4. 65. 1887, 609.
1888, 297. 565.
— rollandi 1875, 440. 1887, 134.
— rubricollis 1868, 407. 1871, 75.
91. 106. 1872, 378. 1875, 186.
196. 197. 198. 348. 1876, 64. 161.
1880, 251. 276. 1886, 382. 1887,
185. 269. 609. 1888, 297. 564.
1891, 270. 1893, 105.
— ruficollis 1879, 129.
— rufipectus 1870, 359. 1872, 261.
1874, 174. 217.
— sclavus 1893, 104.
— subcristatus 1870, 56. 182. 435.
1871, 151. 213. 1872, 378. 382.
1873, 13. 18. 108. 1875, 196.
257. 1876, 4. 1877, 69. 73.
1878, 85. 1879, 83. 384. 1880,
251. 1881, 292. 1885, 210.
1887, 269. 1888, 297. 1893,
105.

Psittacus caffer 1881, 383.
— caica 1881, 356.
— caledonius 1881, 122. .
— calthopticus 1881, 344.
— canicularis 1881, 283.
— canus 1881, 256. 259.
— capensis 1881, 349.
— capistratus 1881, 158.
— capitatus 1881, 120.
— cardinalis 1881, 253.
— carolinensis 1881, 279. 378.
— carycinurus 1881, 262.
— cayanensis 1881, 344. 367. 377.
— cayenneus 1881, 344.
— ceylonensis 1881, 253.
— chalcopterus 1881, 365.
— chinensis 1881, 169.
— chiripepe 1887, 25.
— chiriqui 1881, 342.
— chiriri 1887, 25.
— chlorolepidotus 1881, 146. 156.
— chloropterus 1881, 278.
— choraeus 1881, 346.
— chrysogaster 1881, 47.
— chrysopterus 1881, 341. 344.
— chrysostomus 1881, 46.
— chrysurus 1881, 359.
— cinereicollis 1881, 346.
— cingulatus 1881, 360.
— citrinus 1881, 29.
— clusii 1881, 380.
— coccineus 1881, 168. 175.
— cochinchinensis 1881, 166.
— collarins 1881, 367. 376.
— columbinus 1881, 372.
— comorensis 1882, 11.
— concinnus 1881, 148.
— cookii 1881, 33.
— cornutus 1881, 45.
— coronatus 1881, 371. 380.
— cotorro 1881, 346.
— cristatus 1881, 27. 29.
— cruentatus 1881, 287.
— cubicularis 1881, 236.
— cucullatus 1881, 166.
— cumanensis 1881, 271.
— cyanauchen 1881, 173.
— cyaneocapillus 1881, 370.
— cyanicollis 1881, 248.
— cyanocephalus 1881, 237.
— cyanogaster 1881, 161. 352.
— cyanogula 1881, 362.
— cyanomelas 1881, 124.
— cyanonotus 1881, 169.
— cyanopis 1881, 350. 369.
— cyanopterus 1881, 337.
— cyanopygius 1881, 128.
— cyanorrhynchus 1881, 369.
— cyanostictus 1881, 168.
— cyanotis 1881, 372. 1891, 365.

Psittacus cyanurus 1881, 169.
— desmaresti 1881, 136. 137. 138.
— diadema 1881, 372.
— discolor 1881, 39.
— discurus 1881, 254.
— docilis 1881, 236.
— domicella 1881, 163. 171.
— dominicensis 1874, 306. 307. 308.
  309. 1881, 371.
— dorsalis 1881, 129.
— dufresnianus 1881, 374.
— eburnirostrum 1881, 283.
— edwardsii 1881, 48.
— elegans 1881, 123.
— eos 1881, 26.
— eques 1881, 238.
— erithacus 1871, 334. 1872, 18.
  1873, 218. 299. 1875, 10. 48.
  1877, 14. 1880, 189. 1881, 262.
  1884, 229. 1885, 212. 1886,
  570. 598. 1887, 56. 220. 309.
  1890, 105. 110. 1891, 122. 344.
  345. 398. 1892, 21.
— erubescens 1881, 243.
— erythrocephalus 1881, 237. 354.
— erythrogaster 1881, 287.
— erythrogenys 1881, 275.
— erythroleucus 1881, 262.
— erythronotus 1881, 41.
— erythropis 1881, 372. 1891, 365.
— erythrops 1881, 375.
— erythropterus 1881, 125. 126.
— erythrurus 1881, 359. 371. 1891,
  363. 364. 365.
— euchlorus 1881, 174.
— euops 1881, 272.
— eupatria 1881, 233. 234.
— euteles 1881, 154. 156.
— eximius 1881, 120.
— farinosus 1881, 368.
— fasciatus 1881, 241.
— ferrugineus 1881, 286.
— festivus 1881, 370.
— fieldii 1881, 249.
— fimbriatus 1881, 31.
— flammipes 1881, 383.
— flavicollis 1881, 237.
— flavigaster 1881, 122.
— flavigulus 1881, 229.
— flavinuchus 1881, 368.
— flavirostris 1874, 228. 1881, 363.
— flavitorques 1881, 237.
— flaviventris 1881, 287.
— flavoscapulatus 1881, 385.
— formosus 1881, 16.
— forsteni 1881, 157.
— frenatus 1881, 236.
— fringillaceus 1881, 174.
— frontalis 1881, 286.
— funereus 1881, 32.

Psittacus fuscicapillus 1881, 249.
— fuscicollis 1881, 383.
— fuscus 1881, 246. 365.
— gala 1881, 245.
— galeatus 1881, 31.
— galeritus 1881, 23. 30.
— galgulus 1881, 229.
— garrulus 1881, 170.
— geoffroyanus 1881, 249.
— geoffroyi 1879, 211. 1881, 249. 250.
— — heteroclitus 1881, 248.
— gigas 1881, 35.
— ginginianus 1881, 234. 237.
— gloriosus 1881, 123.
— gnatho 1881, 274.
— goliath 1881, 34. 35.
— gouaruba 1881, 278.
— gramineus 1881, 244.
— grandis 1881, 253.
— griseus 1881, 35.
— guarouba 1881, 272.
— guebiensis 1877, 364. 1881, 167. 169.
— guianensis 1874, 228. 306. 1881, 234. 271. 275. 276.
— guildingi 1876, 255. 1881, 380.
— guineensis 1881, 257.
— — alis rubris 1881, 262.
— — cinereus 1881, 262.
— — rubrovarius 1881, 262.
— gulielmi 1881, 384.
— guttatus 1881, 168. 377.
— gutturalis 1881, 376.
— gutture rubro 1881, 376.
— haematodus 1881, 158. 162.
— haematuropygius 1881, 25.
— haemorrhous 1881, 365.
— havanensis 1874, 163. 1881, 369. 379.
— himalayanus 1881, 239.
— histrio 1881, 167. 353. 354. 356.
— hueti 1881, 357. 360.
— humeralis 1881, 39.
— hyacinthinus 1881, 264. 265.
— hypochondriacus 1881, 379.
— hypophonius 1881, 130.
— hypoxanthus 1881, 385.
— hysginus 1870, 123. 1881, 132.
— icterocephalus 1881, 378.
— icterotis 1881, 393.
— illigeri 1881, 269.
— incertus 1879, 210. 211. 1881, 256.
— indicus 1881, 166. 167. 226. 227. 287.
— infuscatus 1881, 365. 383.
— inornatus 1881, 282.
— inquinatus 1881, 160.
— intermedius 1881, 253.

Psittacus iris 1881, 155.
— jamaicensis gutture rubro 1881, 376.
— — icterocephalus 1881, 377.
— jaguilma 1881, 347.
— janthinus 1881, 253.
— javanicus 1881, 241.
— jendaya 1881, 279.
— jonquillaceus 1881, 126.
— jugularis 1881, 343.
— krameri 1881, 236.
— lateralis 1881, 252.
— lathami 1881, 39.
— leachii 1881, 83.
— lecomtei 1881, 384.
— lepidus 1881, 281.
— leucocephalus 1871, 266. 271. 277. 1874, 161.
— leucogaster 1881, 382.
— leucophthalmus 1881, 276.
— leucorhynchus 1881, 364.
— leucotis 1881, 338.
— levaillantii 1881, 383.
— lichtensteini 1881, 152.
— longicauda 1881, 233. 243.
— lory 1881, 172.
— loxia 1881, 137.
— lucionensis 1881, 244.
— ludovicianus 1881, 279.
— lunulatus 1881, 136. 137.
— luteocapillus 1881, 280.
— luteolus 1881, 377.
— luteus 1881, 377. 378.
— — insulae cubae 1881, 376.
— macao 1881, 267.
— macawuanna 1881, 270.
— macropterus 1881, 256.
— macrorhynchus 1881, 243. 246.
— maculatus 1881, 278.
— madagascariensis niger 1881, 261.
— magnificus 1881, 33.
— magnus 1881, 251. 252. 253.
— maitaca 1881, 354.
— malaccensis 1881, 243. 256.
— malachitaceus 1881, 352.
— manilatus 1881, 270.
— marginatus 1881, 244.
— martinicanus 1881, 376.
— — cyanocephalus 1881, 375.
— mascarinus 1880, 195. 1881, 232. 397. 1882, 126.
— maximiliani 1881, 362.
— megalorhynchus 1881, 246.
— melanocephalus 1881, 380. 382.
— melanonotus 1881, 359.
— melanopterus 1881, 225. 228. 360.
— melanotis 1881, 355. 1883, 418.
— melanotus 1881, 126.
— menstruus 1881, 361. 362.
— mercenarius 1881, 368.

Pucrasia biddulphi 1879, 424.
— joretiana 1885, 456.
— macrolopha 1868, 36. 1882, 11.
— xanthospila 1885, 456.
Puffinuria urinatrix 1870, 370.
Puffinus 1870, 371. 403. 411. 1878,
   333. 1885, 415. 1886, 487. 518.
   570. 1891, 398. 415.
— amaurosoma 1872, 256. 1874,
   209.
— anglorum 1867, 382. 1874, 54.
   303. 1880, 276. 1882, 108. 1886,
   455. 484. 1887, 186. 1890, 289.
   314. 462. 487. 1892, 430. 1893,
   6. 96. 102.
— arcticus 1886, 518. 1888, 285.
   286. 1890, 462. 1893, 102.
— assimilis 1870, 371. 1872, 256.
   1874, 208. 209. 223. 1893, 8.
— auduboni 1881, 400.
— auricularis 1891, 207.
— baroli 1885, 453.
— borealis 1882, 112.
— brevicaudatus 1870, 371. 1872,
   256. 273.
— brevicaudus 1872, 256. 1874,
   210.
— chlororhynchus 1877, 11. 1889,
   440.
— cinereus 1871, 121. 1875, 284.
   1885, 453. 1886, 455. 484. 1890,
   461. 1893, 95. 101.
— columbinus 1890, 463.
— curilicus 1874, 210. 1891, 246.
   264.
— dichrous 1870, 371. 1872, 57.
   256. 1874, 209.
— edwardsii 1885, 453.
— elegans 1869, 144.
— fuliginosus 1874, 209.
— gavia 1872, 256.
— gavins 1874, 174. 208. 209.
— griseus 1874, 174. 209. 210.
— kuhli 1874, 54. 1882, 112. 1888,
   131. 186. 291. 1890, 289. 314. 462.
   487. 1893, 6. 101. 112. 119.
— leucomelas 1883, 120. 121. 1892,
   266.
— major 1869, 382. 1874, 209. 455.
   1875, 167. 1876, 64. 1888,
   285. 1893, 95.
— nugax 1870, 371.
— obscurus 1870, 55. 370. 1872,
   256. 1874, 208. 209. 1875, 284.
   1880, 295. 309. 1883, 336. 1886,
   455. 484. 1888, 285. 1890, 289.
   298. 314. 462. 1892, 430. 1893,
   7. 95.
— opisthomelas 1870, 371. 1872, 57.
   256. 1874, 209.

Puffinus opisthomelas spec. 1886,
   524. 1889, 440.
— tenebrosus 1874, 209.
— tenuirostris 1874, 174. 210. 1891,
   264.
— tristis 1870, 243. 371. 1872, 256.
   274. 1874, 209.
Pullastrae 1869, 370.
Purpureocephalus 1881, 125.
Pycnonotidae 1890, 124. 1891, 60.
   87. 160.
Pycnonotinae 1882, 378.
Pycnonotus 1881, 94. 1885, 46.
   1886, 411. 412. 413. 415. 416. 420.
   422. 423. 428.
— analis 1885, 349. 1889, 351.
   388.
— arsinoë 1875, 32. 33.
— ashanteus 1875, 32.
— barbatus 1873, 462. 1886, 570.
   581. 1891, 390.
— burmanicus 1884, 414.
— capensis 1875, 33.
— falkensteini 1887, 301. 305.
— gabonensis 1873, 462. 1875, 33.
   1887, 301. 1890, 125. 1892,
   188.
— goiavier 1891, 202.
— haemorrhous 1875, 289. 1884,
   414.
— inornatus 1869, 335. 1875, 32.
   1891, 390.
— layardi 1880, 198. 1883, 360.
   1885, 137. 1887, 74. 1889,
   285. 1891, 60. 160. 1892, 54.
— nigricans 1874, 47. 1875, 33.
   1877, 175. 1878, 227. 260. 269.
   277. 278. 1879, 287. 303. 1880,
   188. 192. 198. 1883, 188. 194.
   1885, 45. 1886, 428. 1887,
   242.
— nigripileus 1884, 414.
— obscurus 1874, 372. 387. 1875,
   32. 33. 49. 1890, 125. 1891,
   390.
— pusillus 1889, 351.
— pygaeus 1868, 31.
— salvadorii 1884, 213. 215. 218.
   1889, 351.
— simplex 1884, 227. 1889, 351.
— spec. 1886, 428.
— tricolor 1873, 462. 1875, 33.
   1876, 419. 1877, 25. 1892, 53.
   54.
— valombrosae 1874, 47.
— xanthopygius 1874, 47.
— xanthopygos 1874, 47. 1875,
   33. 1893, 113.
Pycnopygius 1881, 94. 403.

Pyromelana sanguinolenta 1885, 69.
— spec. 1885, 70.
Pyrope murina 1878, 196. 1891,
121.
Pyrophthalma melanocephala 1870,
: 46. 181. 384. 451. 1871, 61. 1878,
318. 1881, 190. 1886, 499.
522. 1888, 126. 130. 209. 1890,
311. 382. 478. 1892, 403.
— mystacea 1873, 346. 1875, 177.
— sarda 1870, 46. 1888, 191.
Pyrotrogon diardi 1882, 413.
— duvaucelii 1882, 244. 1884, 214.
223.
— kasumba 1882, 243.
— orrhophaeus 1882, 412. 444.
— rutilus 1882, 413. 444.
Pyrrhocentor bicolor 1883, 136.
— celebensis 1877, 372. 1883, 136.
— melanopus 1883, 303.
Pyrrhococcyx macrurus 1874, 226.
Pyrrhocoma ruficeps 1885, 376. 1887,
115. 127.
Pyrrhocorax alpinus 1868, 33. 307.
309. 1869, 338. 1870, 95. 102.
103. 115. 118. 1871, 120. 1872,
8. 16. 145. 1873, 149. 343. 374.
382. 1874, 342. 350. 1875, 74.
78. 171. 409. 1876, 119. 185.
1877, 219. 1880, 263. 1886,
215. 528. 540. 1887, 425. 1888,
43. 386. 1891, 167. 1892, 243.
— — var. digitata 1868, 309.
— graculus 1868, 308. 1869, 111.
338. 1872, 2. 14. 1888, 43. 171.
1890, 41. 474. 1891, 222.
Pyrrhodes 1881, 149.
Pyrrhomitris cucullatus 1871, 282.
387. 1874, 309. 312. 1878, 160.
174.
Pyrrhophaena 1887, 331.
— castaneiventris 1887, 331.
— cyaneifrons 1887, 332.
— iodura 1887, 332.
— iucunda 1887, 332.
— lucida 1887, 332.
— riefferi 1869, 317. 1887, 331.
— — dubusi 1887, 332.
— saucerottei 1887, 332.
— suavis 1887, 331.
— viridiventris 1887, 332.
— warscewiczi 1887, 336.
Pyrrhospiza longirostris 1886, 539.
540.
— olivacea 1890, 124. 1892, 188.
Pyrrhula 1871, 316. 1879, 191.
1880, 147. 1890, 49.
— aurantiaca 1871, 317.
— auranticollis 1878, 175.

Pyrrhula cassini 1871, 316. 1872,
315. 316. 1873, 95. 315. 1874,
39. 40. 316. 1883, 260.
— caucasica 1873, 52.
— cineracea 1872, 315. 316. 1873,
95. 314. 341. 342. 1874, 39. 40.
41. 42. 43. 44. 45. 46. 336. 1875,
103. 173. 254. 1877, 223. 1879,
177. 178. 1881, 185. 1882, 334.
1885, 201. 1888, 81.
— coccinea 1871, 316. 1873, 95.
314. 315. 1874, 39. 40. 41. 42.
43. 44. 45. 336. 1875, 254. 1879,
175. 176. 1884, 308. 1888, 233.
521.
— — var. cassini 1873, 315.
— collaris 1871, 266. 276. 1874,
123.
— enucleator 1869, 61. 1871, 212.
1878, 107. 1880, 231.
— erithacus 1871, 317. 1886, 540.
— erythrina 1869, 20. 60. 1870,
221. 1871, 215. 1872, 11. 387.
1874, 412. 1875, 109. 1876,
122. 1880, 231.
— erythrocephala 1868, 34. 1871,
317. 1879, 178.
— europaea 1871, 316. 1879, 131.
176. 177. 1883, 385. 1885, 93.
312. 1886, 334. 388. 1887, 263.
288. 563. 1888, 113. 521. 1889,
216. 257. 1890, 41. 97. 1891,
167. 1892, 203. 322.
— — var. minor 1886, 334.
— germanica 1879, 176. 177. 223.
1880, 43. 377. 1882, 58. 1888,
521.
— githaginea 1868, 54. 57.
— griseiventris 1871, 316. 1872,
315. 1873, 314.
— kamtschatica 1884, 408.
— major 1879, 131. 175. 176. 1880,
265. 1885, 201. 1886, 334. 388.
1887, 562. 1888, 113. 521.
— murina 1871, 317.
— nigra 1871, 266. 276.
— nipalensis 1871, 317. 1879, 178.
— orientalis 1868, 335. 1869, 60.
1871, 316. 1872, 315. 316. 1873,
314. 1876, 200. 1880, 126. 1882,
335. 1884, 409. 1888, 81.
— payraudaei 1868, 98.
— peregrina 1879, 176. 1880, 154.
1888, 521.
— pusilla 1871, 229.
— pyrrhula 1871, 316.
— rosacea 1884, 409.
— rosea 1869, 60. 1871, 213.
— rubicilla 1868, 335. 1869, 60.
1870, 221. 1871, 316. 1872,

Saxicola lugubris 1869, 159. 1875,
  56. 1884, 57.
— maura 1869, 168.
— melaena 1869, 153.
— melanogenys 1875, 178.
— melanoleuca 1876, 180.
— melanura 1869, 41. 165.
— melas 1869, 153.
— moesta 1869, 160. 1874, 47.
  1892, 282. 283. 362. 389. 416.
  1893, 16. 19. 50.
— monacha 1869, 154. 156. 1874,
  47. 1875, 78. 1876, 180. 1880,
  270. 1888, 191.
— montana 1869, 146.
— monticola 1884, 442.
— morio 1869, 160. 1874, 328. 440.
  1875, 178. 188. 1876, 180. 1878,
  220. 1880, 270. 1885, 142.
  1886, 525.
— oenanthe 1868, 300. 334. 339. 403.
  1869, 20. 34. 86. 110. 158. 228.
  338. 1870, 47. 64. 102. 105. 110.
  112. 114. 118. 145. 181. 227. 236.
  388. 446. 1871, 10. 11. 24. 67.
  82. 110. 199. 223. 236. 1872, 128.
  146. 381. 388. 435. 1873, 10. 15.
  117. 118. 120. 122. 383. 384. 392.
  410. 416. 420. 1874, 52. 322. 335.
  339. 396. 420. 423. 425. 448. 449.
  1875, 178. 230. 427. 1876, 117.
  141. 180. 196. 1877, 34. 63. 201.
  288. 428. 1878, 30. 208. 220. 315.
  378. 1879, 55. 117. 365. 388.
  1880, 21. 146. 239. 270. 363.
  1881, 218. 219. 315. 1882, 29.
  233. 234. 1883, 25. 260. 377.
  1884, 14. 1885, 60. 142. 180.
  197. 303. 1886, 300. 495. 522.
  1887, 78. 82. 90. 188. 196. 212.
  260. 518. 1888, 19. 112. 130. 209.
  474. 1889, 80. 82. 141. 150. 216.
  255. 344. 431. 1890, 4. 36. 42.
  187. 311. 1891, 30. 166. 277.
  1892, 200. 301. 415. 416. 1893,
  10. 158.
— olivastra 1868, 27.
— opistholeuca 1869, 156. 1873,
  345. 381. 1874, 437. 1875, 70.
  78. 79. 1876, 180.
— pallida 1869, 156.
— persica 1884, 435.
— phillipsi 1886, 128.
— philothamna 1869, 160. 1870,
  47. 1874, 47. 1892, 282. 316.
  389. 1893, 16.
— picata 1868, 27. 1876, 180.
  1880, 270.
— pileata 1876, 433.
— pratincola sybilla 1869, 168.

Saxicola rostrata 1869, 158.
— rubetra 1868, 157. 164. 1869,
  34. 110. 167. 1870, 397. 1871,
  199. 222. 1872, 15. 338. 1875,
  420. 427. 1877, 63. 1880, 239.
  1886, 522. 1893, 158.
— rubicola 1869, 34. 167. 338. 1870,
  161. 236. 1871, 108. 199. 223.
  1875, 246. 427. 1877, 71. 1879,
  274. 1880, 239. 1886, 522.
— — hemprichi 1875, 246.
— rufa 1876, 180. 1888, 209.
— rufescens 1874, 47. 1888, 210.
  1892, 416.
— ruficeps 1893, 19.
— rufocinerea 1869, 151.
— salina 1873, 359. 388. 389. 1875,
  178. 1886, 528. 1888, 190.
  1892, 389.
— saltator 1869, 85. 157.
— saltatrix 1868, 27. 334. 1870,
  64. 1872, 435. 1873, 117. 119.
  122. 347. 379. 384.
— — squalida 1873, 348. 1874, 322.
  419. 1875, 178. 1879, 388.
— schalowi 1884, 457. 1885, 142.
— shelleyi 1882, 211. 212. 236. 1883,
  83. 367.
— scotocerca 1875, 56.
— seebohmi 1884, 435. 1891, 52.
  53.
— semirufa 1869, 150.
— semitorquata 1869, 166.
— sennaarensis 1884, 435.
— sordida 1869, 164.
— spec. 1885, 60.
— sperata 1875, 235.
— squalida 1869, 157. 1873, 384.
  1875, 178.
— stapazina 1869, 34. 163. 1870,
  103. 118. 1871, 213. 1872, 147.
  1873, 346. 1874, 47. 52. 321.
  1875, 136. 178. 1876, 180. 1877,
  201. 1879, 388. 389. 412. 1880,
  270. 1881, 190. 1882, 29. 234.
  1886, 495. 522. 1888, 130. 209.
  210. 211. 1890, 297. 1892, 301.
  307. 422. 1893, 13.
— stricklandi 1869, 157.
— syenitica 1869, 155. 1874, 437.
— talas 1873, 347. 381. 1875, 79.
  178.
— valida 1868, 27.
— vitiflora 1888, 210. 1892, 416.
— vittata 1873, 346. 384. 1874,
  419. 1875, 178. 1876, 180.
— xanthomelaena 1869, 164. 1873,
  343. 1875, 178.
Saxicolidae 1880, 413. 1883, 269.
  1888, 190.

Saxicolinae 1869, 145. 1871, 456.
1882, 357.
Saxilauda 1873, 187.
— tartarica 1873, 189.
Sayornis 1878, 331. 332.
— aquatica 1869, 306.
— cineracea 1884, 297.
— latirostris 1887, 131.
— dominicensis 1886, 89.
— fuscus 1883, 85. 89.
— sayus 1874, 79.
Scansores 1870, 318. 1871, 158.
1873, 11. 1874, 11. 148. 226.
1881, 317. 1882, 404. 1883,
345. 1884, 360. 364. 376. 1886,
5. 6. 520. 1887, 140. 149. 1888,
139. 170. 1890, 6. 50. 315. 488.
1891, 173. 258.
Scaphidurinae 1874, 85.
Scaphidurus ater 1873, 251.
Scaphorhynchus audax 1873, 261.
— sulphuratus 1874, 88.
Scardafella squamosa 1892, 97.
Sceloglaux albifacies 1872, 95. 1874,
170. 177.
Schistes geoffroyi 1887, 318.
Schistochlamys speculigera 1882, 452.
Schizaerhis zonurus 1886, 69.
Schizoeaca palpebralis 1873, 319.
Schizognathae 1874, 347.
Schizorhis 1873, 218. 1885, 17.
1886, 5. 6. 7. 8. 9. 10. 11. 18. 28.
48. 58. 66. 67. 72. 74. 75. 1887,
43. 232.
— africana 1886, 7. 67. 68. 70. 598.
1891, 376.
— concolor 1876, 316. 440. 1885,
123. 1886, 58. 59. 60. 62. 65.
425. 429. 431. 432. 1887, 149.
— cristatus 1886, 56.
— leopoldi 1881, 214. 336. 1882,
119. 1883, 162. 345. 1886, 10.
65. 73. 429. 1887, 40. 44.
— leucogaster 1878, 214. 237.
— — var. pallidirostris 1878, 237.
1879, 299. 340. 1882, 208.
1883, 163. 1885, 122. 1886, 59.
63. 64. 65. 74. 429. 1887, 44. 56.
— leucogastra 1891, 59. 146.
— personata 1881, 214. 1883, 163.
1886, 73. 74. 76. 1887, 56.
— senegalensis 1885, 217.
— variegata 1886, 58. 67.
— zonarius 1886, 69.
— zonura 1875, 55. 1886, 60. 69.
71. 77. 1887, 42. 44. 56. 1891,
338. 343. 345. 1892, 21.
Schoeniclus arundinacea 1873, 432.
Schoenicola 1869, 396. 1882, 351.
1888, 50.

Schoenicola apicalis 1892, 58.
— arundinacea 1870, 50. 1873, 90.
1874, 335. 1893, 53. 54.
— intermedia 1868, 79. 1888, 49.
— pallasii 1869, 396. 401. 1872,
138. 1873, 90. 1874, 335. 1881,
184. 1882, 336.
— passerina 1868, 335.
— pithyornus 1886, 389.
— pusilla 1892, 423.
— pyrrhuloides 1888, 233. 234. 1893,
54. 55.
— rustica 1892, 422.
— schoeniclus 1885, 309. 1886, 320.
1887, 165. 202. 212. 260. 262. 287.
538. 1888, 234. 495.
Scissirostrum dubium 1877, 376.
1882, 348. 1883, 138.
— pagei 1877, 376.
Scleroptera ashantensis 1889, 87. 88.
— grantii 1878, 243.
— hildebrandti 1878, 206. 243.
— modesta 1889, 87. 88. 1890, 109.
— schütti 1880, 351. 1882, 116.
1889, 87. 88. 1892, 17.
— subtorquata 1878, 243. 1892,
17.
Sclerurus 1890, 256. 1891, 29.
208.
— caudacutus 1874, 86.
— lawrencei 1891, 29. 208.
— mexicanus 1873, 67.
— olivascens 1873, 67.
— ruficollis 1873, 67.
— umbretta 1873, 67. 1887, 132.
Scolecophagus 1874, 132. 134.
— atroviolaceus 1874, 134. 1878,
178.
— ferrugineus 1871, 270. 1883, 86.
271. 1885, 148.
— niger 1881, 108.
Scolopaceae 1871, 429.
Scolopaces 1874, 252. 257. 258. 260.
261. 263.
Scolopacidae 1869, 377. 1871, 80.
327 ff. 1872, 173. 1874, 172.
376. 1881, 70. 1882, 185. 437.
1883, 278. 401. 1884, 226. 439.
1885, 35. 116. 144. 1887, 47.
226. 1888, 265. 1890, 89. 107.
145. 1891, 87. 126. 169. 216. 302.
415. 416.
Scolopacinae 1872, 174. 1882, 437.
Scolopax 1871, 326. 1875, 283.
1877, 98. 99. 1878, 341. 1884,
342. 343. 344. 346. 1886, 431.
1891, 415.
— alba 1877, 145.
— alpina 1891, 259.
— arquata 1871, 390. 1880, 246.

15*

Surnia 1873, 353.
— caparoch 1890, 102.
— funerea 1870, 203. 1871, 120.
1872, 386. 1873, 8. 419. 1875,
171. 1880, 227. 1882, 445.
1885, 186.
— hudsonia 1891, 249.
— nisoria 1868, 331. 1870, 180.
1872, 307. 308. 1873, 339. 373.
384. 386. 1874, 409. 1875, 79.
171. 1879, 113. 1880, 263. 1885,
204. 423. 1887, 98. 221. 398.
1888, 358. 359. 1889, 190. 200.
1890, 65.
— nyctea 1868, 56. 1872, 114. 128.
232. 386. 1885, 423.
— passerina 1868, 56. 1869, 232.
1873, 304. 1880, 227.
— ulula 1871, 182. 1872, 349. 383.
1873, 148. 1876, 77. 1882,
332. 1885, 186. 1890, 102.
— — caparoch 1891, 249.
— — hudsonia 1883, 265.
Surniculus 1880, 313. 1884, 229.
— lugubris 1889, 370.
Suthora bulomachus 1876, 190. 196.
1879, 180. 1885, 398.
Sutoria 1889, 386.
Suya albosuperciliaris 1873, 355.
360.
— criniger 1868, 26.
Sycalis 1873, 354. 1886, 107.
— arvensis 1887, 116. 1891, 120.
— brasiliensis 1869, 80. 81. 272.
1870, 14. 27. 1871, 17. 1873,
247. 1874, 84. 1878, 196. 1883,
216. 1886, 109. 1891, 120.
— canariensis 1871, 17.
— citrina 1883, 109.
— flaveola 1873, 247. 1891, 120.
— intermedia 1883, 216. 1886,
109.
— luteiventris 1869, 127. 133. 271.
1870, 13. 15.
— luteola 1878, 196. 1891, 120.
— pelzelni 1873, 247. 1878, 196.
1883, 216. 1886, 109. 1887, 10.
116.
— spec. 1887, 127.
Sycobius 1873, 214. 301. 302. 446.
447. 450. 452. 453. 1874, 360.
371. 1875, 38. 1876, 424. 1885,
374. 1886, 396. 1890, 105.
— cristatus 1873, 214. 453. 1875,
38. 49. 1876, 209. 425. 1877,
5. 26. 1890, 121.
— malimbus 1873, 214. 453. 1875,
38.
— melanotis 1882, 322. 1883, 197.
362. 1886, 427.

Sycobius nigerrimus 1873, 450.
— nitens 1873, 453. 1875, 38. 50.
1877, 5. 26. 1890, 121. 1891,
8⁸⁷.
— rubriceps 1876, 209. 424. 1890,
121.
— scutatus 1873, 301. 453. 1874,
369. 1875, 38. 50. 1890, 121.
Sycobrotus 1885, 133. 374. 1886,
420. 421. 422.
— amaurocephalus 1880, 349. 1881,
417. 1885, 373. 1887, 241. 309.
— bicolor 1880, 349. 1883, 199.
1885, 132. 1886, 419. 1887,
154. 1892, 185. 219.
— chrysogaster 1892, 185. 219.
— emini 1882, 350. 1884, 181.
— gregalis 1880, 349.
— insignis 1891, 428.
— kersteni 1878, 263. 285. 291.
1879, 281. 288. 302. 350. 1880,
143. 349. 1883, 199. 362. 1885,
132. 1886, 416. 1887, 241.
— melanoxanthus 1878, 285 1885,
374. 1892, 43.
— nigricollis 1878, 232. 1892, 43.
— reichenowi 1884, 180.
Sylbeocyclus carolinensis 1871, 289.
— minor 1870, 56. 1872, 378.
— podiceps 1871, 289.
Sylochelidon cantiaca 1870, 141.
— caspia 1874, 337. 402. 1876,
189.
— caspica 1870, 141.
— caspius 1875, 185.
— regia 1871, 294.
Sylvania pileolata 1891, 253.
— pusilla 1891, 253.
Sylvia 1873, 134. 1874, 428. 1884,
2. 368. 1885, 227. 248. 1889,
192.
— abietina 1880, 238.
— aestiva 1871, 281.
— albicollis 1871, 281.
— albigularis 1869, 39. 43.
— althea 1889, 190.
— americana 1871, 275.
— aquatica 1869, 322. 1872, 336.
1877, 63. 72.
— aralensis 1886, 527. 541.
— ardosiaca 1887, 128.
— arundinacea 1869, 36. 1871,
195. 1872, 336. 1877, 63. 1879,
366. 367. 1880, 237.
— atricapilla 1868, 210. 303. 403.
1869, 37. 225. 1870, 97. 110.
118. 181. 450. 1871, 5. 69. 72.
113. 124. 197. 1872, 149. 381.
388. 1873, 10. 15. 1874, 52.
1875, 416. 420. 1876, 66. 1877,

63. 294. 1878, 19. 381. 1879,
56. 118. 389. 1880, 27. 217. 238.
271. 367. 1882, 36. 79. 1883,
30. 378. 1884, 18. 1885, 92.
198. 261. 284. 1886, 272. 453. 454.
455. 475. 476. 477. 479. 499. 522.
1887, 78. 81. 85. 91. 198. 212.
259. 497. 498. 500. 1888, 21. 22.
103. 200. 451. 1889, 413. 1890,
34. 42. 265. 281. 283. 303. 311.
380. 477. 1891, 166. 279. 1892,
201. 319. 402. 1893, 158.

Sylvia aurocapilla 1871, 269.
— bachmani 1872, 411.
— blanfordi 1879, 327.
— bonellii 1875, 260.
— borealis 1872, 388.
— bowmani 1870, 385.
— brachyura 1882, 347.
— brevicaudata 1891, 64.
— caerulea 1872, 414.
— caerulescens 1871, 275.
— caligata 1875, 431.
— canadensis 1871, 266. 269.
— canicapilla 1874, 82.
— cariceti 1869, 86. 1871, 195.
1872, 336. 1873, 162.
— celata 1891, 247. 253.
— cettii 1869, 37. 1875, 263. 1877,
63. 72. 1888, 193.
— chivi 1887, 5.
— cinerea 1868, 291. 302. 403. 1869,
20. 227. 338. 1870, 46. 115. 118.
181. 226. 388. 449. 450. 1871, 5.
69. 197. 227. 1872, 87. 135. 148.
381. 388. 1873, 10. 15. 342. 380.
381. 1874, 52. 409. 421. 1875,
176. 261. 263. 420. 1876, 157.
369. 1877, 63. 295. 1878, 20.
318. 382. 407. 1879, 17. 57. 118.
396. 442. 1880, 28. 238. 271. 364.
368. 1882, 36. 79. 1883, 30.
379. 1884, 18. 1885, 79. 92.
198. 284. 1886, 200. 269. 270.
486. 488. 522. 526. 1887, 85. 91.
198. 259. 495. 498. 500. 1888,
22. 195. 450. 1889, 142. 1890,
311. 372. 375. 383. 1891, 185.
1892, 397. 1893, 108. 158.
— — marmora 1886, 454.
— cisticola 1869, 37. 1879, 442.
— clarisonans 1875, 261.
— conspicillata 1870, 46. 1871, 5.
1872, 148. 1874, 48. 52. 1879,
398. 1881, 193. 1886, 457. 486
1888, 126. 130. 195. 1890, 302.
311. 371. 379. 396. 477. 1892,
281. 316. 397. 399. 442. 1893, 1.
9.

Sylvia coronata 1871, 266. 275.
1872, 207. 1875, 429.
— curruca 1868, 302. 339. 403.
1869, 20. 37. 338. 1870, 46.
102. 110. 117. 163. 181. 450. 1871,
70. 197. 1872, 139. 337. 381. 388.
1873, 10. 15. 344. 355. 380. 381.
1874, 52. 396. 421. 1875, 176.
1876, 157. 161. 181. 1877, 71.
83. 295. 1878, 343. 382. 389. 407.
1880, 28. 238. 271. 1882, 37.
1883, 30. 379. 1884, 18. 1885,
198. 283. 1886, 200. 269. 276.
499. 522. 525. 528. 529. 531. 541.
1887, 91. 198. 259. 463. 494. 498.
500. 1888, 190. 195. 448. 1889,
190. 192. 1890, 34. 42. 1891,
166. 279. 1892, 201. 389. 397.
1893, 158.
— cyana 1873, 237.
— cyanecula 1871, 198.
— dichrosterna 1871, 198.
— discolor 1871, 281. 1872, 416.
— doriae 1876, 181.
— elaeica 1869, 32. 338. 1872, 60.
1875, 258. 259.
— eversmanni 1875, 429. 430. 1885,
180.
— familiaris 1869, 38.
— fitis 1871, 196.
— fluviatilis 1869, 37. 65. 325. 1870,
283. 440. 1871, 27. 195. 1873,
161. 163. 165. 171. 178. 181. 182.
— formosa 1872, 417.
— fuscipilea 1875, 177.
— galactodes 1869, 32. 38. 1875,
186.
— garrula 1869, 37. 1878, 21.
1879, 57. 118. 1887, 198. 1888,
21. 22.
— gundlachi 1871, 281.
— heineckeni 1886, 453. 454. 455.
479. 480. 481. 482. 548. 1890,
266. 281. 282. 283. 380. 477. 478.
— hortensis 1868, 140. 215. 302. 403.
1869, 20. 37. 338. 1870, 95.
97. 102. 110. 118. 181. 226. 388.
450. 1871, 65. 196. 224. 227.
1872, 75. 149. 381. 1873, 10.
15. 1874, 52. 453. 1875, 420.
1876, 66. 157. 161. 369. 1877,
63. 294. 434. 1878, 20. 312. 343.
381. 389. 1879, 56. 118. 1880,
27. 146. 238. 271. 367. 1882, 35.
79. 1883, 29. 50. 379. 1884,
17. 1885, 92. 198. 261. 285. 1886,
273. 456. 499. 1887, 77. 81. 85.
91. 158. 198. 259. 498. 499. 1888,
21. 22. 190. 195. 453. 1889, 141.
142. 150. 252. 262. 1890, 34. 42.

Tinnunculus sparverius carribaearum
   1892, 68. 70. 91. 92. 97.
— vespertinus 1870, 143. 144. 1871,
   24. 1872, 131. 1873, 120. 123.
   1882, 331. 1886, 553.
Tinochorus orbignyanus 1875, 440.
Tityra aglaiae 1881, 67.
— albitorques 1869, 309.
— atricapilla 1887, 13.
— brasiliensis 1887, 13. 118.
— castanea 1873, 264.
— inquisitor 1887, 132.
— personata 1869, 309. 1884, 305.
   1889, 99.
— rufa 1873, 264. 1887, 13.
— semifasciata 1889, 99.
— viridis 1887, 14.
Tmetoceros 1886, 426. 428.
— abyssinicus 1885, 126. 1886, 422.
   1887, 60. 150.
Tmetothylacus 1880, 206.
— tenellus 1879, 438.
Tockus bocagei 1883, 422.
— camurus 1875, 13. 49. 1890,
   116. 1891, 221.
— deckeni 1868, 413. 1883, 422.
— elegans 1876, 405. 406.
— erythrorhynchus 1868, 60. 1876,
   405. 406. 1883, 422. 1886, 596.
— fasciatus 1873, 300. 1875, 12.
   13. 1876, 445. 1887, 300. 308.
   1890, 114. 1892, 26.
— fistulator 1875, 13.
— flavirostris 1876, 405. 406.
— melanoleucus 1875, 12. 49. 1876,
   406. 1890, 114.
— nasutus 1886, 596.
— semifasciatus 1875, 13. 1876, 445.
   1886, 595. 1891, 380.
Todiramphus 1870, 378.
Todirostrum 1884, 298.
— cinereum 1869, 307. 1884, 298.
   1889, 301.
— ecaudatum 1869, 307.
— furcatum 1874, 87.
— lenzi 1884, 249.
— maculatum 1882, 217. 218.
— multicolor 1884, 299.
— nigriceps 1869, 307.
— ruficeps 1884, 250.
— rufigene 1884, 249.
— signatum 1882, 217.
Todus 1871, 445. 449. 458. 1875,
   128. 1878, 332. 1883, 430. 1889,
   184.
— hypochondriacus 1871, 288. 292.
   1874, 146. 308. 309. 312. 1878,
   160. 180.
— multicolor 1871, 265. 276. 280.
   288. 292. 293. 1874, 146. 1878, 180.

Todus poliocephalus 1874, 87.
— portoricensis 1871, 280. 288. 292.
   1874, 146. 1878, 180.
— pulcherrimus 1875, 128.
— rubecula 1875, 50.
— subulatus 1875, 128.
— viridis 1871, 265. 288. 1874,
   146.
Totanidae 1882, 435.
Totaninae 1882, 435. 1887, 103.
Totanus 1870, 229. 1871, 326. 427.
   458. 1872, 64. 1878, 341. 1885,
   65. 72. 144. 1886, 420. 431. 432.
   433. 574. 1887, 104. 159. 1889,
   211. 1890, 4. 57. 1891, 398.
   415.
— albicollis 1875, 184.
— bartramius 1874, 260.
— brevipes 1873, 102.
— calidris 1868, 397. 1869, 96.
   337. 344. 1870, 53. 143. 182. 423.
   1871, 12. 81. 83. 141. 389. 1872,
   8. 139. 154. 382. 389. 1873, 12.
   17. 1874, 53. 325. 400. 1875,
   183. 1876, 20. 46. 188. 1877,
   33. 35. 66. 329. 429. 1878, 80.
   314. 423. 1879, 74. 274. 380.
   1880, 77. 244. 275. 396. 1882,
   96. 1883, 66. 219. 429. 1884,
   43. 1885, 209. 331. 1886, 371.
   526. 528. 529. 535. 539. 608. 1887,
   179. 187. 267. 593. 594. 1888,
   279. 391. 549. 1889, 150. 328.
   434. 1890, 12. 39. 86. 237. 314.
   457. 1891, 169. 197. 288. 1892,
   211. 1893, 92. 165.
— caligatus 1874, 258.
— canescens 1870, 349. 1873, 212.
   299. 1874, 222. 377. 1875, 48.
   1877, 8. 12. 1881, 190. 1885,
   66. 72. 209. 1887, 138. 159.
   1890, 107. 1892, 9.
— chloropygius 1871, 267. 289. 1874,
   258.
— flavipes 1869, 377. 1871, 267.
   278. 1874, 257. 309. 1883, 279.
   1885, 144. 189. 1887, 126. 1891,
   126. 260. 1892, 120.
— fuscus 1868, 337. 1869, 96.
   1870, 53. 182. 393. 423. 1871,
   121. 141. 389. 1872, 5. 139. 154.
   383. 1873, 12. 102. 340. 388. 421.
   1874, 50. 52. 336. 400. 1875,
   183. 1876, 20. 46. 1877, 59.
   66. 73. 329. 1878, 98. 423.
   1880, 77. 244. 275. 1882, 96.
   339. 1883, 66. 429. 1885,
   209. 421. 1886, 370. 1887, 179.
   267. 593. 1888, 279. 540. 1889,
   150. 1890, 39. 57. 86. 1891,

22. 47. 1877, 8. 11. 67. 73. 330.
429. 1878, 424. 1879, 391. 1880,
78. 245. 275. 397. 1881, 327.
330. 1882, 97. 1883, 117. 219.
221. 1884, 43. 1885, 64. 76.
96. 116. 332. 1886, 457. 1887,
138. 180. 1888, 277. 1889, 266.
1890, 39. 89. 1891, 169. 260.
288. 1893, 10. 165.
Tringa subminuta 1868, 337. 1870,
426. 1873, 103.
— temminckii 1868, 337. 407. 1870,
36. 53. 426. 1871, 81. 82. 121.
278. 280. 387. 1872, 128. 338.
1873, 12. 103. 340. 377. 384. 386.
407. 408. 409. 416. 420. 1874,
53. 336. 400. 409. 1875, 74. 329.
1877, 72. 330. 427. 1878, 123.
132. 1880, 78. 245. 275. 397.
1881, 323. 324. 1885, 76. 421.
1886, 373. 529. 532. 1887, 180.
267. 1888, 552. 1889, 150.
1890, 89. 1891, 169. 247. 259.
288. 1893, 91. 165.

— vanellus 1871, 383. 1878, 314.
— variabilis 1868, 337. 1870, 36.
53. 230. 1879, 380. 1886, 457.
1891, 259.

— wilsonii 1869, 377. 1875, 329.
1883, 281.

Tringinae 1872, 174.

Tringoides 1885, 145. 1891, 415.
— bartramia 1874, 260.
— hypoleucus 1869, 377. 1874,
400. 1882, 435. 440. 1885, 35.
161. 1892, 9.

— macularius 1869, 377. 1874, 308.
313. 1875, 325. 1878, 161. 188.
1885, 145.

Tripsurus flavifrons 1874, 227.

Trochalopteron erythrocephalum
1868, 31.
— lineatum 1868, 31.
— variegatum 1868, 31.

Trochalopterum erythrocephalum
1884, 430.
— erythrolaema 1884, 430.
— fairbanki 1881, 96.
— meridionale 1881, 96. 112.

Trochilidae 1869, 314. 1871, 328 ff.
445. 450. 1874, 141. 143. 225.
1882, 216. 1883, 93. 265. 1884,
275. 362. 1886, 83. 1887, 120.
1891, 87. 117.

Trochilinae 1874, 226.

Trochilus 1871, 326. 1874, 141.
225. 1878, 331.

Trochilus aglajae 1887, 331.
— alice 1887, 334.
— amabilis 1887, 333.
— amaryllis 1887, 328.
— amethystinus 1874, 236.
— anais 1887, 318.
— anthophilus 1887, 315.
— apicalis 1887, 314.
— aquila 1887, 313.
— arsinoides 1887, 331.
— aspasiae 1887, 316.
— atricapillus 1887, 17. 317.
— augusti 1887, 314.
— aureliae 1887, 322.
— auritus 1874, 225. 1887, 319.
— aurogaster 1887, 323.
— aurulentus 1874, 309.
— azara 1887, 17.
— bicolor 1874, 225.
— brachyrhynchus 1887, 326.
— brasiliensis 1874, 225. 1887, 314.
— buffoni 1887, 316.
— caeruleogaster 1887, 316.
— caligatus 1887, 332.
— calurus 1887, 328.
— carbunculus 1887, 319.
— casiopygus 1887, 322.
— castanurus 1887, 316.
— caudacutus 1887, 17.
— chrysobronchus 1887, 317.
— chrysogaster 1887, 323.
— cinereicollis 1887, 18.
— cinereus 1887, 18.
— colubris 1869, 315. 1871, 270.
276. 293. 1874, 141. 142. 145.
312. 1878, 160. 180. 1883, 93.
— conversi 1887, 328.
— coruscans 1887, 318.
— coruscus 1887, 325.
— crispus 1874, 225.
— cupreieaudus 1874, 99.
— cupreoventris 1887, 321.
— cupripennis 1887, 324.
— cyanifrons 1887, 332.
— cyanopterus 1887, 324.
— cyanotus 1887, 318.
— cyanurus 1887, 18. 326.
— dasypus 1887, 321.
— delalandi 1874, 226.
— derbianus 1887, 323.
— dispar 1887, 322.
— dominicus 1874, 307. 1887, 314.
— elatus 1887, 319.
— emiliae 1887, 314.
— esmeralda 1887, 334.
— euanthes 1887, 326.
— eucharis 1887, 328.
— euphrosinae 1887, 323.
— eurynomus 1874, 225.

1888, 21. 211. 1889, 150. 252.
1890, 36. 42. 184. 214. 284. 303.
416. 1891, 166. 277. 1892, 200.
1893, 24. 159.
Turdus migratorius 1872, 405. 1877,
288. 1878, 100. 133. 1880, 410.
1883, 268.
— — var. migratorius 1883, 268.
1885, 423. 1890, 187. 232. 1891,
247. 252. 426.
— minor 1869, 43. 1871, 274.
1872, 309. 1891, 247. 251. 252.
— minutus 1874, 189.
— montanus 1874, 350.
— musicus 1868, 113. 176. 262. 286.
301. 403. 1869, 19. 286. 318.
1870, 59. 61. 181. 318. 388. 394.
448. 1871, 24. 68. 69. 123. 193.
1872, 87. 380. 387. 442. 1873,
10. 15. 142. 408. 416. 419. 1874,
52. 397. 452. 1875, 198. 230. 420.
427. 1876, 143. 157. 365. 444.
1877, 62. 287. 301. 303. 318. 428.
1878. 3. 315. 377. 1879, 55. 117.
216. 364. 388. 1880, 20. 146.
236. 266. 362. 363. 1882, 28.
1883, 23. 377. 1884, 13. 32.
364. 367. 368. 1885, 79. 91. 197.
260. 287. 292. 294. 1886, 134.
285. 456. 507. 521. 581. 1887,
82. 89. 102. 196. 212. 260. 290.
368. 372. 507. 1888, 20. 179.
212. 332. 334. 461. 1889, 128.
133. 150. 216. 254. 1890, 36. 42.
95. 186. 311. 354. 393. 394. 479.
1891, 41. 166. 277. 1892, 200.
1893, 24. 159.
— mustelinus 1871, 274. 1872, 405.
1874, 310. 1878, 159. 1880,
410. 412. 1883, 85.
— mystacinus 1873, 325. 346. 373.
386. 1875, 64. 71. 96. 178.
— naevius 1872, 157. 1883, 268.
1891, 247. 252.
— nanus 1874, 78. 1891, 250. 251.
252.
— naumanni 1868, 170. 171. 173.
174. 175. 176. 177. 178. 1869,
47. 1870, 60. 61. 62. 63. 1872,
77. 138. 343. 437. 440. 1874, 335.
397. 1875, 246. 1876, 192.
1878, 6. 1879, 216. 1880, 121.
1881, 56. 1888, 72. 73. 1891,
166. 190.
— nigrescens 1869, 290.
— nigriceps 1874, 97. 1878, 195.
1891, 118.
— nigrilorum 1892, 164. 225.
— obscurus 1868, 333. 1870, 59.
60. 306. 1871, 193. 1872, 384.

440. 1874, 335. 1875, 246. 247.
1876, 193. 1881, 182. 1885,
287. 1890, 42. 1891, 166. 190.
1892, 421.
Turdus obsoletus 1869, 290.
— ochrotarsus 1870, 321.
— olivaceus 1871, 206.
— olivacinus 1871, 207.
— pacificus 1887, 246.
— poecilopterus 1890, 184.
— pallasii 1871, 285. 1872, 394.
1874, 78. 1880, 411. 1882,
11.
— — nanus 1883, 269. 1891, 250—
252.
— pallens 1870, 59. 60. 1875, 178.
1876, 143. 1880, 363. 1885,
423. 1892, 421.
— pallidus 1870, 225. 1871, 193.
1874, 397. 1875, 246. 248. 1876,
193. 1880, 121. 1888, 72.
— pelios 1868, 333. 1870, 238. 306.
1871, 208. 1872, 441. 1875,
47. 50. 247. 1881, 56. 182. 1882,
318. 320. 1884, 434. 436. 1888,
73. 1890, 128.
— phaeopygioides 1884, 436.
— phaeopygus 1884, 436.
— pilaris 1868, 113. 114. 115. 157.
261. 301. 333. 403. 1869, 19. 20.
21. 47. 85. 111. 232. 319. 1870,
61. 181. 206. 224. 225. 447. 448.
1871, 10. 11. 24. 64. 66. 116. 123.
193. 1872, 379. 388. 437. 439.
1873, 10. 15. 123. 145. 342. 408.
416. 419. 1874, 52. 1875, 112.
124. 178. 230. 425. 1876, 78. 142.
1877, 63. 72. 287. 428. 1878, 5.
314. 315. 376. 1879, 117. 274.
364. 405. 1880, 19. 236. 266. 361.
363. 1881, 191. 315. 1882, 25.
360. 1883, 22. 378. 430. 1884,
5. 12. 265. 266. 267. 1885, 24.
79. 91. 197. 234. 287. 289. 290.
291. 1886, 124. 134. 278. 283.
287. 507. 1887, 81. 89. 94. 96.
196. 197. 260. 290. 370. 504. 505.
506. 1888, 21. 191. 459. 1889,
88. 109. 128. 150. 182. 235. 1890,
36. 42. 56. 57. 58. 61. 71. 94. 99.
186. 236. 311. 394. 1891, 166.
176. 178. 191. 277. 1892, 200.
318. 389. 421. 436. 1893, 159.
— pinicola 1886, 452.
— — maculirostris 1886, 452.
— plebejus 1869, 290.
— plumbeus 1874, 307.
— poiteaui 1889, 292.
— polyglottus 1871, 269. 274. 1872,
408. 1874, 307. 311. 1879, 367.

Turdus reevii 1886, 450.
— roseus 1871, 204. 1873, 224.
— rubripes 1871, 266. 274. 1872, 406.
— ruficollis 1868, 170. 172. 178. 355. 1870, 60. 61. 62. 63. 1871, 213. 1872, 77. 343. 437. 440. 1873, 320. 325. 346. 1874, 397. 1875, 71. 113. 178. 1876, 192. 193. 1879, 117. 1886, 531. 1891, 166. 1892, 421.
— rufiventris 1870, 22. 1873, 228. 229. 1874, 82. 1887, 113. 1891, 117.
— rufogularis 1868, 333.
— samoensis 1882, 461.
— saturatus 1882, 318. 1890, 128.
— saxatilis 1869, 34. 140. 338. 409. 1871, 199. 1873, 334. 1874, 420. 1875, 106. 107. 427. 1886, 522. 1887, 78. 88. 89. 158. 508.
— schlegeli 1875, 454.
— schuetti 1882, 319.
— seleucis 1869, 17.
— semiensis 1875, 56. 1876, 433.
— sibiricus 1868, 175. 176. 1870, 59. 63. 64. 1872, 157. 337. 1874, 397. 1876, 78. 142. 1878, 107. 1879, 216. 1890, 42. 1891, 166. 191. 1892, 421.
— simensis 1876, 433.
— solitarius 1869, 145. 1880, 121. 1888, 72.
— stormsi 1886, 624. 1887, 95.
— strepitans 1876, 433. 1882, 321.
— striatus 1887, 246.
— suratensis 1869, 17.
— swainsoni 1869, 289. 1871, 274. 285. 293. 1872, 405. 1884, 277. 1880, 411.
— — aliciae 1880, 411.
— tephronotus 1878, 205. 218. 268. 279. 1879, 279. 1885, 141. 1891, 164.
— torquatus 1869, 19. 86. 227. 338. 1870, 103. 110. 117. 1871, 66. 70. 83. 110: 118. 194. 222. 463. 1872, 379. 1874, 52. 1875, 230. 1876, 143. 1877, 58. 63. 72. 286. 428. 1878, 6. 118. 375. 1879, 405. 1880, 18. 361. 1882, 26. 1883, 21. 1884, 12. 1885, 197. 1886, 141. 507. 1887, 81. 88. 190. 197. 260. 504. 1888, 99. 212. 459. 1889, 144. 150. 252. 1890, 36. 42. 186. 1891, 166. 1892, 200. 238. 1893, 24. 159.
— — alpestris 1891, 166. 278. 1892, 168.

Turdus trichas 1871, 269. 275. 1872, 417.
— tropicalis 1881, 50. 1884, 436. 1885, 141. 1889, 286. 1892, 60.
— unalaschkae 1883, 269. 1891, 252.
— vanicorensis 1879, 405. 1880, 100.
— varius 1870, 59. 1872, 337. 1873, 150. 1874, 397. 1877, 74. 1879, 216. 1891, 166.
— verreauxii 1876, 433.
— viscivorus 1868, 112. 300. 301. 317. 403. 1869, 34. 232. 1870, 45. 117. 181. 205. 225. 388. 448. 1871, 11. 24. 67. 123. 198..296. 1872, 139. 146. 379. 388. 437. 1873, 10. 15. 142. 150. 342. 382. 416. 419. 1874, 11. 52. 452. 1875, 178. 198. 230. 427. 1876, 143. 1877, 62. 74. 286. 1878, 3. 314. 315. 340. 375. 1879, 56. 117. 364. 1880, 18. 237. 266. 1881, 191. 335. 1882, 26. 1883, 21. 377. 1884, 12. 1885, 79. 92. 197. 291. 1886, 280. 284. 507. 521. 524. 526. 1887, 81. 89. 196. 223. 260. 290. 504. 505. 506. 1888, 20. 191. 459. 1889, 128. 1890, 36. 42. 94. 1891, 166. 277. 1892, 200. 389. 1893, 159.
— — hodgsoni 1873, 347.
— vitiensis 1879, 405.
— vociferans 1873, 442.
— werneri 1870, 60.
— wheitei 1872, 337.
— wilsoni 1871, 285.
Turnagra crassirostris 1870, 322. 1874, 191.
— hectori 1870, 323. 1872, 83. 166. 1874, 191.
Turnicidae 1871, 428. 1885, 117. 1887, 103. 226. 1891, 58. 142. 414. 415.
Turnicinae 1882, 433.
Turnix 1878, 329. 1882, 271. 272. 280. 282. 284. 1891, 414.
— andalusica 1870, 51.
— beccarii 1883, 119.
— fasciata 1883, 316.
— gibraltariensis 1869, 415.
— lepurana 1876, 306. 1878, 249. 293. 1879, 284. 339. 1880, 188. 1882, 196. 1885, 117. 1886, 412. 1887, 145. 226. 1891, 58. 142. 337. 339. 1892, 11.

Urodiscus spatuliger 1881, 254.
Urodynamis 1880, 313.
Urogalba 1883, 82.
Urogallus major 1871, 313.
Urolampra 1874, 99.
— aeneicauda 1874, 97.
— eupogon 1874, 97.
— smaragdinicollis 1874, 97.
— tyrianthinus 1874, 99.
Urolestes aequatorialis 1887, 65.
1891, 59. 155. 1892, 39.
— cissoides 1876, 415.
— melanoleucus 1876, 415. 1883,
188. 357. 1885, 131. 1887, 65.
1891, 59. 155. 1892, 39.
Uroloncha acuticauda 1882, 387. 462.
1884, 405. 1885, 155.
— cantans 1868, 2. 1869, 75. 1875,
57. 1883, 200. 1885, 136.
— jagori 1872, 317.
— malabarica 1869, 79. 1870, 28.
— punctularia 1868, 213. 1869, 79.
1870, 28.
— swinhoei 1882, 462. 1884, 405.
Urosphena squamiceps 1893, 107.
Uropsila auricularis 1883, 105. 1886,
447.
Urospiza cruentus 1883, 124. 131.
— iogaster 1883, 151. 152.
— rufitorques 1883, 131.
— torquatus 1883, 131.
Urospizias 1880, 312.
— dampieri 1883, 414.
— etorques 1885, 31.
— griseigularis 1883, 414.
— haplochroa 1887, 245.
— pallidiceps 1879, 425.
— poliocephalus 1885, 20. 31.
— torquatus 1876, 325. 1879, 425.
1885, 31.
Urosticte intermedia 1884, 283.
Urothraupis stolzmanni 1885, 376.
Urubitinga anthracina 1869, 368.
— brasiliensis 1871, 365.
— zonura 1869, 368.
Vanellus 1871, 326. 1875, 283.
1878, 341. 1884, 229.
— aralensis 1873, 80.
— capella 1890, 12. 39. 86. 1891,
170. 289. 1893, 10.
— — gregaria 1891, 170. 1892,
211.
— cayanensis 1869, 143. 275. 1870,
20. 1874, 231. 253. 1875, 443.
1884, 320. 1887, 125. 1888,
6. 7. 1889, 185. 1891, 126.
— crassirostris 1868, 67. 1889,
266. 1892, 7.
— cristatus 1868, 302. 337. 396. 404.

1869, 231. 341. 1870, 20. 54.
143. 175. 181. 392. 1871, 24. 25.
65. 67. 108. 119. 138. 383. 1872,
8. 139. 382. 389. 1873, 12. 17.
101. 340. 355. 380. 421. 1874,
53. 336. 399. 409. 1875, 183. 428.
1876, 23. 43. 160. 188. 1877,
35. 67. 333. 429. 1878, 78. 313.
428. 1879, 74. 124. 218. 379.
444. 1880, 83. 147. 242. 275.
399. 1882, 100. 1883, 69. 394.
1884, 46. 1885, 25. 80. 96. 318.
327. 1886, 134. 353. 456. 534.
539. 1887, 84. 181. 187. 208. 264.
296. 579. 1888, 36. 89. 271. 537.
1889, 129. 132. 133. 213. 303.
1890, 198. 313. 1892, 8. 1893,
85. 164.
Vanellus flavipes 1874, 49.
— gregarius 1874, 420. 1879, 218.
219.
— lateralis 1892, 8.
— leucopterus 1889, 264—266. 330.
— leucurus 1873, 80. 345. 389. 1875,
99.
— melanogaster 1871, 121.
— modestus 1891, 126.
— morinellus 1885, 208.
— squatarolus 1871, 278.
Vanga 1885, 348.
Venilia porphyromelas 1889, 362.
Vidua 1873, 33. 214. 447. 1874,
96. 362. 369. 1885, 70.
— albonotata 1877, 28.
— ardens 1892, 45.
— axillaris 1871, 236. 1882, 121.
— chrysonotus 1891, 388.
— erythrorhyncha 1892, 236.
— fischeri 1882, 350. 1884, 404.
— macroura 1873, 215. 447. 1875,
40. 50. 1877, 6. 28. 1890, 123.
1891, 388.
— paradisea 1869, 79. 1870, 28.
1871, 236. 1876, 420. 1885,
60. 64.
— principalis 1873, 215. 447. 1875,
41. 50. 1876, 426. 1877, 3. 6.
28. 1878, 230. 264. 1879, 280.
300. 303. 351. 1883, 200. 1885,
71. 135. 1886, 432. 584. 1887,
70. 143. 154. 301. 305. 308. 1889,
283. 1890, 123. 1891, 60. 157.
1892, 49. 236.
— procne 1872, 75.
— regia 1876, 426.
— serena 1869, 79. 1870, 28. 1878,
282. 1892, 49.
— splendens 1879, 300. 316. 352.
1881, 223. 1885, 135.

II. Autoren- und Sach-Register.

1879, 169. — Ueber Vögel des Uman'schen Kreises (Nachtrag), 1879, 266.

Goeldlin, E. A., Verzeichniss der im Kanton Schaffhausen vorkommenden Vogel, 1879, 357. — Ornithologisches aus Neapel, 1881, 188.

Golz, H., Nachruf an Freese, 1871, 398.

Gottland (s. Holtz).

Gottska-Sandö (s. Holtz).

Gräffe,E., Vogelwelt der Tonga-Inseln, 1870, 401.

Granada, Neu (s. Berlepsch).

Gressner, H., Ornithologische Miscellen, 1886, 402.

Grunack, A., Gelege von Nucifraga caryocatactes, 1873, 310. — Notiz zur Färbung d. Kuckucks-Eier, 1873, 454. — Der Tamarisken-Rohrsänger, Lusciniola melanopogon, 1892, 213.

Guanolager (s. Bolle).

Gueinzius, W., Aus dem Vogelleben Sud-Afrikas, 1873, 434.

Guinea (s. Reichenow).

Gundlach, J., Neue Beiträge zur Ornithologie Cubas, 1871, 265. 353. 1872, 401. 1874, 113. 286. 1875, 293. 353. 1881, 400. — Beitrag zur Ornithologie der Insel Portorico, 1874, 304. 1878, 157. 1881, 401. — Briefliches üb. e. neue Dysporus-Art auf Cuba, 1878, 298. — Fortpflanzungsgeschichte des Chlorospingus speculiferus, 1882, 161.

Habichts-Adler in Böhmen (s. E. F. v. Homeyer).

Hahnfedrigkeit (s. Henke, J. Müller, P. M. Wiebke).

Hanf's Ornithologische Sammlung (s. Tschusi).

Hannover (s. Mejer).

Hausmann, A., Unter den Kormoranen, 1872, 310. — Zwei Schwirrer, 1873, 426. — Notizen über einige Vögel Pommerns, 1874, 388.

Hartert, E., Ornithologische Ergebnisse einer Reise in den Niger-Benuë-Gebieten, 1886, 570. — Die Vögel der Gegend von Wesel, 1887, 248. — Leben einiger Vogel Indiens, 1889, 193. — E. F. v. Homeyer, 1889, 231. — Ornithologische Notizen, 1890, 100. — Neue Vogelarten, 1890, 154. — Bemerkung zu Ammomanes lusitanica parvirostris, 1891, 110. — Die bisher bekannten Vögel von Mindoro, nebst Bemerkungen über einige Vögel von anderen Inseln der Philippinen, 1891, 199. 292. — Bemerkungen uber einige Capitoniden, 1893, 133.

Hartert, E. und Kutter, Zur Ornithologie der indisch-malayischen Gegenden, 1889, 345.

Hartlaub, G., Ueber einige seltene Vögel der Bremer Sammlung, 1879, 187. — Ueber einige neue von Dr. Emin Bey um Ladó, Central-Afrika, entdeckte Vögel, 1880, 210. — Vorlaufiges über einen neuen Webervogel, 1880, 325. — Vögel aus dem oberen Nilgebiete, 1882, 321. — Neue Arten des oberen Nilgebiets, 1882, 349. — A Monograph of the Jacamars, by P. L. Sclater. Referat, 1883, 81. — Beitrag zur Ornithologie von Alasca, 1883, 257. — Gattung Hyliota Sw., 1883, 321. — Diagnosen neuer Vögel des östl. aequat. Afrikas, 1883, 425. — Aus den ornithologischen Tagebüchern Emin Paschas, 1887, 310. 1888, 1. — Bericht über: Argentine Ornithology by Sclater and Hudson, 1888, 4. 1889, 184. — Aus den ornithologischen Tagebüchern Emin Paschas, 1889, 46. — Ornithologische Beiträge 1889, 113. — Von Emin Pascha entdeckte Arten, 1890, 150.

Hartmann, R., Orazio Antinori, Beschreibung und Verzeichniss einer vom Mai 1859 bis Juli 1861 in Nord-Central-Afrika angelegten Vögelsammlung, 1869, 327.

Hartwig, W., Zum Vogelzuge, 1885, 427. — Vögel Madeiras, 1886, 452. 545. 1893, 1. — Ornithologische Beobachtungen auf einer Reise nach dem Nordcap, 1889, 137. — Zwei seltene Brutvögel Deutschlands, 1893, 121.

Hausmann, Ludwig (s. Cabanis).

Hautmuskeln (s. Helm).

Heck, R., Zur Verhütung des chronischen Magenkatarrhs bei Stubenvögeln, 1870, 392.

Heerstrassen und Stationen der Vögel (s. E. F. v. Homeyer).

Heine, F., Ueber Cyanalcyon elisabeth, 1883, 218. — Zwei anscheinend noch unbeschriebene Papageien, 1884, 263.

Helgoland (s. Gätke, Schalow).

Helm, F., Nisten von Chrysomitris spinus in Gefangenschaft, 1872, 156. — Die Hautmuskeln der Vögel,

1884, 321. — Trommelt der Grünspecht wirklich nicht? 1893, 169.
Henke, K. G., Einiges über Rackelwild und Hennenfedrigkeit, 1892, 170.
Hermaphroditisches Exemplar von Pyrrhula vulgaris (s. v. Tschusi).
Hessen (s. Berlepsch, Floricke, Junghans, Kleinschmidt, W. Muller).
Henglin, Th. v., Synopsis der Vögel Nord-Ost-Afrikas, des Nilquellengebietes und der Küstenländer des rothen Meeres, 1868, 1. 305. 1869, 1. 145. — Ueber ostafrikanische Vögel, 1868, 211. — Cursorius isabellinus in Wurttemberg erlegt, 1869, 256. — L. Taczanowski's Uebersicht der Vögel Algeriens, 1870, 383. — Brieflicher Bericht über eine Reise im europ. Norden, 1871, 10. — Vogelfauna im hohen Norden, Orn. Notizen aus Finmarken und Spitzbergen, 1871, 81. 205. — Ueber die rothäugige Drossel, Turdus olivacinus Bp., 1871, 206. — Ornithologie von Nowaja-Semlja und der Waigatsch-Insel, 1872, 113. 464. — Ueher Turtur isabellinus Cab., 1873, 151. — Bericht über A handbook of the Birds of Egypt by G. E. Shelley, 1874, 46. — Verzeichniss der in China beobachteten europaischen Vögel. Nach Swinhoe. 1874, 393. — Catalogo degli Uccelli, compilato per cura di O. Antinori e T. Salvadori. Bericht, 1875, 52. — Briefliches aus Nordost-Afrika, 1876, 211.
Heuglin, Th. v., (s. König-Warthausen).
Heuschreckensänger, Gefangenleben des (s. Fickert).
— Aufenthalt des (s. A. v. Homeyer).
Hiddens-Oe (s. Kessler).
Hildebrandt, J. M., (s. Cabanis).
Himalaya (s. v. Pelzeln).
Hintz, W., Ornithologischer Jahresbericht über die Ankunft und den Herbstzug der Vögel, nebst Bemerkungen über ihre Brutzeit, im Jahre 1867 in der Umgegend von Schlosskämpen bei Coslin in Pommern, 1867, 149. 1868, 289. 389.
Hocker, J., Bastardirung der Vögel, 1870, 152. — Ueber die wilde Jagd, 1870, 234. — Nistort des Waldkauzes, 1870, 315. — Abändern der Eier, 1870, 397. — Ueber das Nisten der Seidenschwänze in Deutschland, 1871, 151. — Ueber

die verschiedene Färbung der Eier von Lanius minor, 1871, 464. — Schwarze Eier von Hausenten, 1872, 232.
Hörning, R., Die nordamerikanische Wanderdrossel in Thüringen, 1891, 426.
Hoflheinz, H., Sammlung von Vogelflügeln als ornithologisches Lehrmittel, 1891, 106.
Holtz, L., Brutvogel der Insel Gottland, 1868, 100. — Die Insel Gottska-Sandö, 1868, 145. — Briefl. über Syrrhaptes paradoxus, 1869, 256. — Beschreibung südamerikanischer Vogel-Eier, 1870, 1. — Oologisches, 1871, 234. — Molobrus-Eier, 1872, 193. — Aquila pennata, 1872, 286. — Ueber Brutvögel Süd-Russlands, insbesondere des im Gouvernement Kiew belegenen Kreises Uman, 1873, 133. — Vorkommen der Beutelmeise in Mecklenburg, 1887, 270.
Homeyer, A. v., Ornithologie européenne von Degland & Gerbe. Zweite Auflage. Paris 1867, Bericht, 1868, 52. — Zwei Notizen uber Cuculus canorus, 1868, 140. — Fringilla chloris als Höhlenbrüter, 1868, 285. — Wie gelangen junge Enten, die in der Höhe ausgebrütet werden, auf das Wasser? 1868, 356. — Ueber die Oertlichkeit des Sommeraufenthaltes des Heuschreckensängers (Sylvia locustella Lath.), 1869, 61. — Falco rufipes und Ardea purpurea in Schlesien, 1869, 66. — Bericht über: Ant. Fritsch, Die Naturgeschichte der Vogel Europas, 1870, 150. — Zusatze und Berichtigungen zu Dr. Bernhard Borggreve's Werk „Vogel-Fauna von Norddeutschland", 1870, 214. — Briefliche Mittheilungen von der Festung Königstein und aus Breslau, 1871, 107. — Erwiderung an Borggreve, 1871, 396. — Microlepidopteren-Raupen in Vogelnestern, 1872, 159. — Ueber einige Vögel Schlesiens, 1873, 145. 218. — Nachruf an v. Zittwitz, 1874, 58. — Biolog. Beobachtungen über einige schlesische Vögel, 1875, 111.
— E. F. v., Einige Notizen, 1868, 51. — Bemerkungen über einige europaische Drosseln, namentlich Turdus ruficollis, T. fuscatus u. T. naumanni, 1868, 170. — Beiträge

zur Kenntniss der Vögel Ostsibiriens und des Amurlandes, 1868, 197. 248. 1869, 48. 119. 169. 1870, 56. 161. 421. — Herrn Dr. Altum's Morgenexcursion und die Angaben Naumann's, 1868, 354. — Beiträge z. Gennaja und Falco, 1871, 39. — Erinnerungsschrift an die Frühjahrs-versammlung in Gorlitz 1870, 1871, 313. — Die sibirischen Laubvögel, 1872, 201. — Baron v. Droste's Bericht uber die XVIII. Versamm-lung der deutsch. Ornithologen-Gesellschaft 1870, 1872, 305. — Ueber einige Vögel Norddeutsch-lands mit besonderer Rücksicht auf die Vögel Pommerns, 1872, 332. — Zur Synonymie von Turdus hodgsoni, 1873, 150. — Monogra-phische Beiträge über einige Grup-pen der Lerchen, 1873, 186. — Notiz über Calandritis beinei, 1873, 425. — Ueber einheimische Vögel, 1875, 122. — Ueber die Gruppe der Schreiadler, 1875, 153. 1876, 162. — Bastard von Hirundo rus-tica und urbica, 1876, 203. — Mauser von Harelda glacialis, 1876, 317. — Die Zugstrassen der Vögel von Palmén, 1876, 387. — Zur Ornis Bulgariens, 1877, 69. — Ueber den I. Jahresbericht für Be-obachtungsstationen der Vögel Deutschlands, 1878, 98. — Heer-strassen und Stationen der Vögel nach ererbten Gewohnheiten, 1878, 113. — Beiträge zur Gattung Bu-dytes, 1878, 126. — Meine orni-thologische Sammlung, 1879, 171. 1880, 152. 277. — Vögel des Uman-schen Kreises, 1879, 417. — Die europäischen grossen Würger, 1880, 148. — Eine neue Lerche, 1882, 315. — Der Habichts-Adler in Böhmen, 1882, 317.

Homeyer, E. F. v., Nachruf (s. Hartert).
—, Kronprinz Rudolf von Oesterreich und Brehm, zwölf Frühlingstage an der mittleren Donau, 1879, 1.

Höyningen-Huene, A. v., Bericht über die Ankunft der Zugvögel in Est-land, sowie Notizen uber das Nisten einiger Vögel in der Umgegend von Lechts im Jahre 1868, 1869, 18. —, Ornithologische Mittheilungen aus Estländ, 1868, 217. — Notiz über Meleagris gallopavo, 1868, 352. — Notiz über das Denkver-mögen bei Sturnus vulgaris, 1869, 255.

Hutton, F. W., Ueber die Arten der Gattung Ocydromus in Neuseeland. Aus dem Englischen von Capt. Paul Conrad, 1873, 398. — (s. auch Finsch).

Jagd auf Gänse (s. Droste).

Jex, C., Notizen über Cuculus canorus, 1886, 622.

Illinois (s. Nehrling).

Indien (s. Hartert).

Indische Vogeleier (s. Rey).

Jona (s. Schalow).

Jovanowitsch, M., Flugvermögen der Vögel, 1876, 147.

Italien (s. Schalow).

Jugendkleider einiger Vögel aus Klein-Asien (s. Rey).

Jugendkleider von Hühnerarten (s. Altum).

Junghans, K., Bienenfresser in Hessen nistend, 1890, 156. — Ornitholo-gisches aus Hessen, 1893, 150.

Kaiser Wilhelms-Land (s. A. B. Meyer).

Kalckreuth, v. (s. Cabanis).

Kamerun (s. Reichenow, Sjöstedt).

Kanarienvogel, sprechend (s. Lühder).

Kanarische Inseln (s. König).

Kaukasus (s. Lorenz, Radde, Scha-low).

Kerguelen-Inseln (s. Cabanis).

Kessler, G., Die Schnee-Eule auf Hiddens-Oee erlegt, 1871, 224. — Vogelleben auf Hiddens-Oe, 1873, 47.

Kiew (s. Goebel).

Klein-Asien (s. Krüper).

Kleinschmidt, O., Vogel des Gross-herzogthums Hessen, 1892, 195.

Knauthe, K., Die Vögel des Zobten, 1888, 9.

Knochenhöhlen Brasiliens (s. Schäff).

Koch, G. v., Ornith. Notizen aus den Jahren 1859, 1870, 393. — Ornith. Notizen vom Jahre 1870, 1871, 231. — Briefliches über Nistkästen, 1874, 391 — (s. auch Cabanis).

König, A., Die Vogelwelt auf der Insel Capri, 1886, 487. — Avifauna von Tunis, 1888, 121. — Zwei neue Vogelarten von den kana-rischen Inseln, 1889, 182. — Fauna der kanarischen Inseln, 1889, 193. — Ueber einige Vogelarten von den kanarischen Inseln, 1889, 263. — Ornithologische Forschungser-gebnisse einer Reise nach Madeira und den kanarischen Inseln, 1890, 257. — Zweiter Beitrag zur Avi-

— Vögel von Algerien, 1870, 33.
— Dybowski's Verzeichniss der in Darasun beobachteten Vögel, 1870, 305. — Notiz über die ostsibr. Numenius-Arten, 1871, 56. 395. — Beleuchtung einiger Fragen, die Herr v. Heuglin zu meiner Uebersicht der Vögel Algeriens gestellt, 1871, 61. — Ueber die ostsibirischen rauhfüssigen Bussarde, 1872, 189. — Ueber die ornith. Untersuchungen Dybowski's in Ost-Sibirien, 1872, 340. 433. — Bericht über die ornithologischen Untersuchungen des Dr. Dybowski in Ost-Sibirien, 1873, 81. — Syrnium lapponicum in Polen, 1873, 313. — Zweiter Nachtrag zum Bericht über die ornith. Untersuchungen des Dr. Dybowski in Ost-Sibirien, 1874, 315. — Briefliches über zwei fragliche sibirische Vögel, 1875, 151. — Verzeichniss der Vögel, welche durch die Herren Dybowski und Godlewski an der Ussurimündung gesammelt wurden, 1875, 241. — Verzeichniss der Vögel, welche von Dybowski und Godlewski im südl. Ussuri-Lande und an den Küsten des japanischen Meeres gesammelt wurden, 1876, 189. — Notiz über den kaukasischen Grünspecht, Gecinus saundersi, 1878, 349. — Fauna der Insel Askold, 1881, 177.
Talsky, J., Lestris cephus u. L. pomarina in Oesterreich, 1885, 162.
Tannenheher, dritte Form des (s. Reichenow).
— im Harz brütend (s. Thiele).
Thiele, H., Drei Kuckucks-Eier in einem Nest aufgefunden, 1874, 80. — Der Tannenhäher im Harz brütend, 1876, 364.
Thienemann, W., Mittheilungen über die Zwergtrappe, 1876, 36. — Otis tetrax in Thüringen, 1876, 343. — Nachruf (s. Schalow).
Thüringen (s. Krieger, Liebe).
Tibet (s. Deditius, Pelzeln, Przewalski).
Timaliiden, afrikanische (s. Sharpe).
Tirol (s. Stejneger).
Tobias, R., Ornitholog. Berichtigungen und Notizen, 1875, 105.
Togoland (s. Reichenow).
Tonga-Inseln (s. Finsch u. Hartlaub, Gräffe).
Tragen der Jungen seitens einer Waldschnepfe (s. Tschusi).
Trinomina in der zoologischen Nomenclatur (s. Ridgway).

Tristan d'Acunha (s. Cabanis).
Trogoniden-Eier (s. Nehrkorn).
Trompetervogel, neuer (s. W. Blasius).
Tschusi, V. v., Ornithologische Mittheilungen, 1869, 217. — Bemerkungen über verschiedene Vögel Oesterreichs, 1870, 257. — Ein Zug aus dem Vogelleben, 1870, 274. — Ueber ein bemerkenswerthes Nest der Bachamsel, Cinclus aquaticus, und das Benehmen der Nestjungen bei Gefahr, 1870, 275. — Eigenthümlicher Nestbautrieb des Zaunschlüpfers, Troglodytes parvulus, 1870, 276. — Wanderungen im Böhmerwalde, 1871, 62. 110. — Ornithologische Mittheilungen aus Oesterreich und Ungarn, 1871, 116. 1872, 131. 1873, 148. 1874, 340. 1875, 408. 1876, 330. 1877, 56. 1878, 94. 1879, 129. 1880, 133. 1881, 209. — Pfarrer Bl. Hauf's ornithol. Sammlung in Mariahof, 1871, 119. — Die Stellungen der Vögel. Bericht. 1872, 231. — Zweites, wahrscheinlich gleichfalls hermaphroditisches Exemplar von Pyrrhula vulgaris, 1875, 413. — Eine Waldschnepfe, die ihre Jungen davonträgt, 1875, 413. — Das Grafl. Dzieduszyckische Museum in Lemberg, 1882, 162. — Ruticilla tithys var. cairii, 1887, 216.
Tunis (s. Alessi, König, Spatz).
Ugogo (s. Emin).
Uhus in Gefangenschaft gezüchtet (s. Landois).
Umanscher Kreis, Gouv. Kiew (s. Goebel, Holtz, E. v. Homeyer).
Uralkauz in Ost-Preussen (s. Altum).
Ussurigebiet (s. Taczanowski).
Varietäten (s. Leverkühn, Martin, A. B. Meyer, Stölker).
Variiren der Acredula caudata (s. v. Berlepsch).
Vegesack, Insel bei (s. Wiepken).
Verbastardirung von Corv. corone und Corv. cornix, Nachweis derselben an den Eischalen (s. Nathusius).
Verdauungssystem der Vögel (s. Gadow).
Vergiftung der Vögel mit Mennige, angebliche (s. Altum).
Victoria Njansa (s. Reichenow).
Vogel, G., Vorkommen von Buteo tachardus und Nisten von Nucifraga caryocatactes in der Schweiz, 1868, 329.

Deutsche Ornithologische Gesellschaft zu Berlin.

Allgemeine Deutsche Ornithologische Gesellschaft zu Berlin.

Januar-Sitzung (1876) 1876, 98.
Februar-Sitzung (1876) 1876, 207.
März-Sitzung (1876) 1876, 21J.
April-Sitzung (1876) 1876, 216.
Mai-Sitzung (1876) 1876, 332.
I. Jahresversammlung (1876) 1876, 337.
September-Sitzung (1876) 1876, 441.
October-Sitzung (1876) 1876, 443.
November-Sitzung (1876) 1877, 101.
December-Sitzung (1876) 1877, 104.
Januar-Sitzung (1877) 1877, 106.
Februar-Sitzung (1877) 1877, 209.
März-Sitzung (1877) 1877, 216.
April-Sitzung (1877) 1877, 218.
Mai-Sitzung (1877) 1877, 349.
September-Sitzung (1877) 1877, 444.
II. Jahresversammlung (1877) 1877, 353.
October-Sitzung (1877) 1877, 445.
November-Sitzung (1877) 1878, 101.
December-Sitzung (1877) 1878, 104.
Januar-Sitzung (1878) 1878, 109.
Februar-Sitzung (1878) 1878, 204.
März-Sitzung (1878) 1878, 204.
April-Sitzung (1878) 1878, 207.
Mai-Sitzung (1878) 1878, 352.
III. Jahresversammlung (1878) 1878, 357.
November-Sitzung (1878) 1879, 210.
December-Sitzung (1878) 1879, 212.
Januar-Sitzung (1879) 1879, 215.
Februar-Sitzung (1879) 1879, 219.
März-Sitzung (1879) 1879, 221.
April-Sitzung (1879) 1879, 331.
Mai-Sitzung (1879) 1879, 335.
IV. Jahresversammlung (1879) 1880, 1—8.
September-Sitzung (1879) 1879, 437.
October-Sitzung (1879) 1879, 441.
November-Sitzung (1879) 1879, 445.
December-Sitzung (1879) 1880, 105.
Januar-Sitzung (1880) 1880, 109.
Februar-Sitzung (1880) 1880, 215.
März-Sitzung (1880) 1880, 219.
April-Sitzung (1880) 1880, 329.
Mai-Sitzung (1880) 1880, 333.
V. Jahresversammlung (1880) 1880, 337.
September-Sitzung (1880) 1880, 419.
October-Sitzung (1880) 1880, 422.
November-Sitzung (1880) 1881, 103.
December-Sitzung (1880) 1881, 107.
Januar-Sitzung (1881) 1881, 110.

Februar-Sitzung (1881) 1881, 212.
März-Sitzung (1881) 1881, 215.
April-Sitzung (1881) 1881, 219.
Mai-Sitzung (1881) 1881, 332.
VI. Jahresversammlung (1881) 1882, 1—16.
October-Sitzung (1881) 1881, 424.
November-Sitzung (1881) 1882, 120.
December-Sitzung (1881) 1882, 123.
Januar-Sitzung (1882) 1882, 125.
Februar-Sitzung (1882) 1882, 228.
März-Sitzung (1882) 1882, 231.
April-Sitzung (1882) 1882, 233.
Mai-Sitzung (1882) 1882, 349.
September-Sitzung (1882) 1882, 462.
VII. Jahresversammlung (1882) 1883, 1—9.
October-Sitzung (1882) 1883, 97.
November-Sitzung (1882) 1883, 100.
December-Sitzung (1882) 1883, 104.
Januar-Sitzung (1883) 1883, 106.
Februar-Sitzung (1883) 1883, 214.
März-Sitzung (1883) 1883, 218.
April-Sitzung (1883) 1883, 333.
Mai-Sitzung (1883) 1883, 427.
VIII. Jahresversammlung (1883) 1884, 193.
September-Sitzung (1883) 1884, 231.
October-Sitzung (1883) 1884, 237.
November-Sitzung (1883) 1884, 238.
December-Sitzung (1883) 1884, 242.
Jauuar-Sitzung (1884) 1884, 244.
Februar-Sitzung (1884) 1884, 246.
März-Sitzung (1884) 1884, 248.
April-Sitzung (1884) 1884, 252.
Mai-Sitzung (1884) 1884, 436.
September-Sitzung (1884) 1884, 439.
IX. Jahresversammlung (1884) 1885, 1.
October-Sitzung (1884) 1885, 97.
November-Sitzung (1884) 1885, 101.
December-Sitzung (1884) 1885, 103.
Januar-Sitzung (1885) 1885, 109.
Februar-Sitzung (1885) 1885, 211.
März-Sitzung (1885) 1885, 216.
April-Sitzung (1885) 1885, 220.
Mai-Sitzung (1885) 1885, 371.
X. Jahresversammlung (1885) 1885, 377.
September-Sitzung (1885) 1885, 463.
October-Sitzung (1885) 1885, 467.
November-Sitzung (1885) 1886, 117.
December-Sitzung (1885) 1886, 119.
Jaunar-Sitzung (1886) 1886, 121.

III. Verzeichniss der Abbildungen.

Kennzeichen der Strausseneier 1885, T. II u. III.

G. v. Koch, Stellungen der Vögel 1871, T. I. II. (Probetafel.)

Reichenow's Systematische Uebersicht der Gressores 1877, T. I. u. II.

Sibirische Vogeleier 1873, T. I—III.

Uebersicht der Gattungen und Untergattungen der Papageien 1881, T. V.

Unterscheidungszeichen verschiedener Strausseneier, 1885, I. II. III.

Verbreitungstabelle zur „Ornis der Insel Salanga", 1882, T. IV.

Lippert & Co. (G. Pätz'sche Buchdr.), Naumburg a/S.

Lightning Source UK Ltd.
Milton Keynes UK
UKHW012146120119
335365UK00007BA/349/P